Normungszahlen

Wissenschaftliche Normung

Schriftenreihe, herausgegeben in Verbindung mit dem Seminar für Technische Normung an der Technischen Hochschule Hannover von Professor Dr.-Ing. Otto Kienzle

2

Normungszahlen

Von

Dr.-Ing. Otto Kienzle

Professor an der Technischen Hochschule Hannover

Mit 149 Abbildungen und 79 Zahlentafeln im Text

Springer-Verlag

Berlin / Göttingen / Heidelberg

1950

ISBN-13: 978-3-642-99832-4 e-ISBN-13: 978-3-642-99831-7
DOI: 10.1007/978-3-642-99831-7

Alle Rechte,
insbesondere das der Übersetzung in fremde Sprachen, vorbehalten.
Copyright 1950 by Springer-Verlag OHG, Berlin/Göttingen/Heidelberg.
Softcover reprint of the hardcover 1st edition 1950

Dieses Buch widme ich dem Manne,
der mir als jungem Ingenieur
in der ersten Aufbauzeit der deutschen Normung
die Normenmethodik zur Aufgabe machte,

Dr.-Ing. E. h. Waldemar Hellmich †

dem feinsinnigen Denker und unermüdlichen Baumeister
der deutschen Normung

Berichtigung.

Seite 158: Bild in Zahlentafel 315/4 ist um 180^0 zu drehen.

Seite 222: 1. Zeile, Formel (2): statt k_4 **lies** k_2.

Seite 235: 10. Zeile v. u. und Bild 423/2 statt u **lies** U.

Seite 317: Zahlentafel 512/4 : Die Spaltenüberschrift „Mittlere Strichdicken" gehört auch mit zu Spalte 4, die sowohl mittlere Strichdicken (für Breitschrift) als auch fette Strichdicken (für fette Engschrift) enthält.

Kienzle, Normungszahlen.

251/4038 4.50 2625

Vorwort.

Wie unser ganzes Leben von Normen mannigfaltiger Art durchwoben ist, so auch das technische Schaffen, seitdem der Verein Deutscher Ingenieure vor 60 Jahren und der Deutsche Normenausschuß vor 30 Jahren Normen herauszugeben begann.

Eine der weitest wirkenden Normen bilden die Normungszahlen, finden sie doch bei Berechnung und Versuch, bei Gestaltung und Fertigung, ihre oft als nützlich erwiesene Anwendung. Diese Grundnorm steht an Bedeutung nur wenig hinter der umfassenderen unseres in Meter, Kilogramm und Sekunde ausgedrückten Maßsystems zurück, liefert sie ihr doch das notwendige Zahlengerippe, wo die Zusammenhänge in Vervielfachungen und Potenzen bestehen. Ihre innere Gesetzmäßigkeit ist von solcher Art, daß die gleichen Zahlenreihen in den Normen der meisten Industrieländer, einschließlich der Vereinigten Staaten von Nordamerika, auftauchen.

Angesichts solcher Bedeutung kann es nicht genügen, lediglich die als DIN 323 herausgegebene Zahlentafel mit ihren kurzen Erläuterungen der Praxis zu übergeben. So war das Bedürfnis nach einer Schrift über Wesen und Anwendung der Normungszahlen schon vor 1939 an mich herangetreten, der ich in ihrer Entwicklung seit 1925 als Obmann des Arbeitsausschusses für Normungszahlen im Deutschen Normenausschuß tätig war. So bedauerlich es ist, daß ihre Fertigstellung durch die Nöte der Kriegs- und Nachkriegszeit um ein Jahrzehnt verschoben wurde, so liegen darin doch zwei Vorteile. Einmal haben sich die Normungszahlen in weiten Gebieten, besonders bei der Typnormung, bewährt und sind damit aus der theoretischen Grundlage tief in die Praxis hineingewachsen, zum andern ergaben sich eben daraus eine Reihe von Fragen, die einer systematischen Klärung wert schienen.

Wer in Zukunft mit den Normungszahlen zu tun hat, soll auch um ihre Herkunft und ihr Wesen wissen. Um ihre Herkunft soll sich der denkende Ingenieur schon deshalb kümmern, weil es ihm nicht genügen darf, eine Zahlentafel — und entstamme sie auch dem Ansehen des Deutschen Normenausschusses — blindlings zu benutzen; er könnte sonst leicht geneigt sein, irgendwann einer anderen Reihe einer anderen Autorität den gleichen Platz einzuräumen. Er soll mit Wissen und innerer Überzeugung für ihre Anwendung eintreten, wo sie am Platze ist, und sie freischaffend abwandeln oder beiseite lassen, wo andere Gesetzmäßigkeiten herrschen.

Dazu muß er aber auch mit ihrem Wesen vertraut sein; dem dient nach der allgemeinen Begründung im ersten Abschnitt die mathematische Behandlung im Abschnitt 2, wo die Eigenschaften der allgemeinen geometrischen Reihen und der besonderen dezimal-geometrischen Reihe zusammengefaßt sind. Hier lernt der Leser ein neues „Einmaleins" des technischen Rechnens.

In Abschnitt 3 folgen die Nutzanwendungen auf Grundnormen. Im Vordergrund stehen die Längenmaßnormen wie die bekannte DINorm 3 über Normdurchmesser, DIN 250 über Halbmesser und als erste Winkelnorm DIN 254 über Kegel; es folgen Normbetrachtungen über Leistungen, Festigkeiten, Gewichte, Toleranzgütegrade. Wie sich fast selbsttätig weitere zum Teil weitgreifende Normen ergeben, ist für Vergrößerungs- und Verkleinerungsmaßstäbe und für die Unterteilung stetiger Bereiche gezeigt. Sodann werden die den Ingenieur so oft quälenden Unstimmigkeiten zwischen den allgemeinen Baumaßen einerseits und den Gewinden, Schlüsselweiten und Zahnrädern andererseits im Lichte der Normungszahlen behandelt; auch hier entsteht — zwanglos, weil mathematisch begründet — eine neue Grundnorm, nämlich für das noch nicht erfaßte Gebiet der Schneckenverzahnungen.

Auf diesen Unterbau können einige wichtige Gegenstandsnormen aus dem Maschinenbau (Abschnitt 4) und anderen Gebieten (Abschnitt 5) gesetzt werden.

Daß zu alten Normen, an deren Änderungen im Ernst nicht zu denken ist, Erwägungen hinsichtlich ihrer Umstellung auf die Normungszahlen dargelegt worden sind, mag manchem Leser müßig erscheinen. Der Verfasser glaubt jedoch, daß diese Darlegung des Versäumten für die Zukunftsarbeit eine ernstlichere Mahnung darstellt, als nur das Aufzeigen der Vorteile der Normungszahlen.

Mit der Behandlungsfolge

Mathematische Reihen,
Technische Maßreihen,
Technische Gegenstandsreihen,

also im Übergang vom Abstrakten zum Konkreten, wird ein Stück wissenschaftlicher *Normenmethodik* vorgelegt. Dieser Aufbau bringt es mit sich, daß manche Gedanken, wie zum Beispiel die gruppengeometrische Reihe im mathematischen Abschnitt allgemeingültig begründet sind, im Abschnitt Grundnormen auf die Technik angewandt werden und, ein drittes Mal wiederkehrend, in den praktischen Anwendungsabschnitten für bestimmte Gebiete Gestalt annehmen. Diese Folge vom Allgemeinen zum Besonderen zeigt sich für die Normung als Methodik insofern nützlich, als sie dem Gedanken des geschlossenen Normenwerkes im Sinne von HELLMICH und WÖLFEL starke Stützen verleiht.

In diesem Sinne werden in Abschnitt 4 vor den Augen des Lesers einige Beispiele methodisch im Sinne der Normenschaffung durchgearbeitet. Wo dabei eine Kritik an bestehenden Normen entsteht, möge sie zunächst als lehrhaftes Beispiel für andere Arbeiten dienen; sollte sie trotz der Gefahr, daß der Verfasser den einen oder anderen Gesichtspunkt übersehen hat, bei einer Erneuerung dieser Normen nützlich sein, um so besser!

Dieses Buch will also über die Normungszahlen unterrichten und lehren, wie man daraus Normen nach den heutigen Kenntnissen methodisch aufbaut. Für diese Zwecke will das Buch Abschnitt für Abschnitt durchgearbeitet sein — vorzüglich von den Normeningenieuren, für die es sozusagen eine große Übungsaufgabe darstellt. Den selbständigen Konstrukteuren dient es als Leitfaden bei jeglicher Reihenentwicklung, selbst in der zeichnerischen Entwicklung; auch dem *Typnormer* (der bald der Konstruktionsleiter, bald der Verkaufsleiter ist) gibt es entscheidende Anregungen; eine Reihe von Abschnitten wendet sich an den Fertigungsingenieur und ein besonderer Abschnitt an den Versuchsingenieur.

Ein gut Teil dieser Schrift ist in dem vom Verfasser begründeten *Seminar für Technische Normung* an der Technischen Hochschule Berlin in den Jahren 1942 bis 1945 und nach dessen Wiederbegründung an der Technischen Hochschule Hannover im Jahre 1947 erarbeitet worden. Die Auswahl der Beispiele richtete sich vornehmlich nach ihrer Eignung, vorher theoretisch abgeleitete Sätze zu bestätigen oder bestimmte Anwendungsmethoden sichtbar zu machen.

Hinsichtlich der Gebiete, denen die Beispiele entnommen sind, ist sich der Verfasser bewußt, daß seine eigene Verwurzelung im Maschinenbau, insbesondere in der Fertigung, zu einer gewissen Einseitigkeit geführt hat. Ergänzungsvorschläge aus anderen Gebieten werden ihm daher willkommen sein.

Möge diese Arbeit den in der deutschen und in der internationalen Gemeinschaftsarbeit entwickelten Normungszahlen zu einer sinnvollen Anwendung überall da verhelfen, wo sie durch Vereinfachung und Ordnung den Menschen nützen können, und möge das Methodische in diesem Buch als Beitrag zu einer allgemeinen Normenmethodik gewertet werden!

Herrn Dipl.-Ing. KUSCHNEREIT im Deutschen Normenausschuß danke ich für die Durchsicht der ersten Abschnitte, Herrn Dipl.-Ing. NITSCHE für die Durchsicht des zweiten Teiles. Dem Springer-Verlag sei Dank dafür, daß er dieser Arbeit trotz der erschwerenden Zeitumstände die vorzügliche Ausstattung zuteil werden ließ, die für das freudige Durcharbeiten eines technischen Buches so wesentlich ist.

Hannover, im Oktober 1949.

Otto Kienzle.

Inhaltsverzeichnis.

Erster Teil.

Grundlagen.

Zweiter Teil.

Anwendungen von Normungszahlen.

Erster Teil.

Grundlagen.

1. Die allgemeinen Grundlagen der Normungszahlen.

11 Das technische Bedürfnis nach ausgewählten Zahlen und Reihen.

Mehr als im Alltag hat man es in der Technik mit vielen Größen der verschiedenen Dinge zu tun. Bekanntlich gibt man die Größen durch Nennung von Zahl und Maßeinheit an: 50 mm oder 5 cm oder 2 Zoll.

Die Maßeinheiten festzulegen ist der erste Schritt einer jeden Normung. Man ist dann in der Bemessung irgendwelcher Größen nur noch in der Zahl frei.

Im Abschnitt 12 wird gezeigt werden, daß ganz allgemein der Mensch durchaus nicht geneigt ist, fortgesetzt aus der unendlichen Menge der Zahlen beliebig zu schöpfen, sondern wie er ganz natürlich zu einer Auswahl kommt. In der Technik, wo die Zahl in das Gegenständliche übersetzt wird, bedeutet eine Auswahl von Zahlen gleichzeitig eine Auswahl von Größen. Damit wird ein erster Schritt zur Ordnung getan, denn ganz natürlicherweise wird man gleichartige Gegenstände gleicher Größen zusammenlegen, für gleiche Zwecke verwenden, zu gleichen Preisen verkaufen. Da einzelne Stücke meist keine selbständigen Gebrauchsgegenstände darstellen, so kommen die Stücke gemeinsam in Geräten vor. Die einmal für eine Stückart gewählten Größen wiederholen sich also bei den Stückarten, mit denen die erste Stückart zusammengefügt wird: Die Gewindegröße der Schraube finden wir in der Mutter wieder. Wir erweitern diese Bindung allgemein auf *Gegenstücke:* Gegenflansch zu Flansch, Aufnahmebohrung am Werkstück zu Aufnahmedorn, Gegenlehre zu Lehre. Hierzu können wir auch das Verhältnis Hülle zu umhülltem Gegenstand rechnen. Eine ähnliche Bindung zwischen an sich wesensfremden Stücken schafft die Gemeinsamkeit mit Werkzeug und Lehre. Hat man für eine Bohrung, in die ein anderes Stück passen soll, eine Größe festgelegt, so benötigt man dazu als Werkzeuge Spiralbohrer und Reibahle, als Lehre einen Lehrdorn. Sind diese Fertigungsmittel dann vorhanden, so wird man für eine Bohrung in einem völlig anderen Stück die gleiche Größe bevorzugen, um die vorhandenen Lehren und Werkzeuge benutzen zu können.

Ein ähnlicher Zusammenhang besteht zwischen Werkstück und Vorrichtung, zwischen Zeichnungsgröße und Pausgerät, zwischen Briefbogen und Schreibmaschine, also allgemein zwischen einem Gegenstand und einem an seine Form oder Größe gebundenen Fertigungsmittel. Im erweiterten Sinne können wir die Fertigungsmittel zur Gruppe der Gegenstücke rechnen. Auch spiegelbildliche Formen oder Rechts- und Linksausführungen des gleichen Gegenstandes gehören hierher; wir nennen sie kurz „Spiegelstücke".

Eine zweite Bindung an gleiche Größen schafft die Gemeinsamkeit von *Halbzeugen* für verschiedene Stücke, wie zum Beispiel von Rundstahl für Stifte, Schrauben, Bolzen, Griffe. Hat man etwa mit der Durchmesserauswahl für eine Schraube begonnen, so ist damit für das Walzwerk ein Stangendurchmesser festgelegt. Liegt diese Stange irgendwo im Lager, so kann man hieraus verschiedene Bolzen usw. machen. So pflanzt sich die Wahl einer Größe von einem Stück zu vielerlei anderen fort. (Schr. 46).

Eine weitere Gruppe von Bindungen entsteht durch Zusammenschaltung verschiedener Gegenstände in einem *Kraftsystem.* Darunter verstehen wir etwa die Kraft in dem System Kran — Seil — Flasche — Haken — Kette, oder die Spannung in den Teilen einer Dampfanlage. Wir beziehen unter Kraftsysteme also Spannungssysteme ein, die gerade normentechnisch weitgreifende Zusammenhänge aufzeigen, wie außer in der Dampftechnik noch in der Hydraulik und in der Elektrotechnik.

Fassen wir diese normentechnisch höchst wichtigen Abhängigkeiten zusammen, so finden wir eine Gesetzmäßigkeit, die wir das *Größen-Fortpflanzungsgesetz* nennen wollen. Es lautet so:

> Eine einmal für einen Gegenstand gewählte technische Größe pflanzt sich unmittelbar auf andere Gegenstände fort, wenn diese Gegenstücke oder Halbzeuge sind oder wenn sie dem gleichen Kraftsystem angehören.

Die hierunter fallenden Gruppen seien nachstehend mit Beispielen übersichtlich zusammengestellt:

	Art der fortgepflanzten Größen
1. *Gegenstücke.* *Anschlußstücke:* Schraube — Mutter — Unterlegscheibe; Rohrflansch — Ventilflansch; Glühbirne — Fassung. *Spiegelstücke.* *Hüllstücke:* Kiste — Büchse — Pille; Ableegschrank — Mappe — Briefbogen; Wohnraum — Bett — Matratze; Zeitschriftenseite — Anzeige.	Längenmaß

Fertigungsmittel (formgebundene): Bohrung — Reibahle — Lehrdorn; Topfdurchmesser — Ziehring; Profilstahl — Walze; Zeichnung — Pause; Brief — Schreibmaschine;	Längenmaß
Zahnrad — Teilscheibe an Schleifmaschine.	Winkel
2. *Halbzeuge:* Zylinderstift — geschliffene Stahlstange; Mutter — Sechskantstange; Drehknopf — Kunstharzstange; Unterlegscheibe — Blech.	Längenmaß; Festigkeit
3. *Kraftsysteme:* Reine Kraftsysteme: Kran — Seil — Haken — Kette; Welle — Kupplung — Riemenscheibe; Spannungssysteme (zusammenhängende Leitungs-Systeme)	Kraft; Drehmoment
dampftechnisch:	Druck
hydraulisch:	Druck
elektrisch:	elektrische Spannung

Ist somit einerseits das Bedürfnis nach einer Bevorzugung und Auswahl gewisser Zahlen und anderseits das Gesetz von der Größenfortpflanzung festgestellt, so ergibt sich daraus ohne weiteres, daß es wünschenswert ist, für möglichst viele Zwecke immer wieder auf die gleichen Zahlen zurückzugreifen. Wäre dies rechtzeitig erkannt worden, so würden z. B. Wellendurchmesser, Gewindedurchmesser, Schlüsselweiten aus den gleichen Reihen entnommen sein. Dafür, um alle diese Dinge nach den gleichen Reihen (selbstverständlich stets mit der Einschränkung der technischen und wirtschaftlichen Möglichkeit) zu bemessen, ist es allerdings zu spät. Man kann jedoch hoffen, daß technische Größen in alten Normen auf Normungszahlen umgestellt werden, soweit diese im Zuge der technischen Entwicklung von Grund auf verbessert werden.

Viele Stücke gibt es in verschiedenen Größen. Legt man sie nach der Größe nebeneinander, so hat man damit Reihen gebildet. Gleichgültig, ob man eine solche gegenständliche Reihe betrachtet oder die Größenreihe schaubildlich darstellt, wird man sie nach einer gewissen Gleichmäßigkeit des Anwachsens der Größen beurteilen (Bild 11/1). Es fällt etwa auf, wenn mehrere hintereinander angeordnete Größen sich nicht oder nur wenig unterscheiden, ebenso, wie wenn plötzlich ein sehr großer Unterschied auftritt. In einem Falle fühlt man, daß unnötig viele Größen vorhanden seien, im anderen, daß Größen fehlen oder daß die größeren

Gegenstände eigentlich eine Gruppe für sich, also eine vom ersten Teil der Reihe unterschiedliche und selbständige Reihe bilden (in Bild 11/1 die Größen 7—10 neben der Reihe 1—6).

Handelt es sich um eine Reihe etwa gleichmäßig wachsender Größen, zum Beispiel nach Länge geordneter Handgriffe, so setzt eine zweite Beurteilung ein, nämlich die nach einer zweiten Hauptabmessung, wie etwa dem Durchmesser. Da fallen besonders dicke und dünne auf; das sind in der schaubildlichen Darstellung (Bild 11/2) die Größen E und F. Ohne nähere Prüfung wird empfunden, daß, wenn im allgemeinen die längeren Griffe dicker sind als die kürzeren, es dann sinnwidrig sei, einen kürzeren dicker zu machen als einen längeren. Wir sagen: „Solche Größen fallen aus der Reihe.“

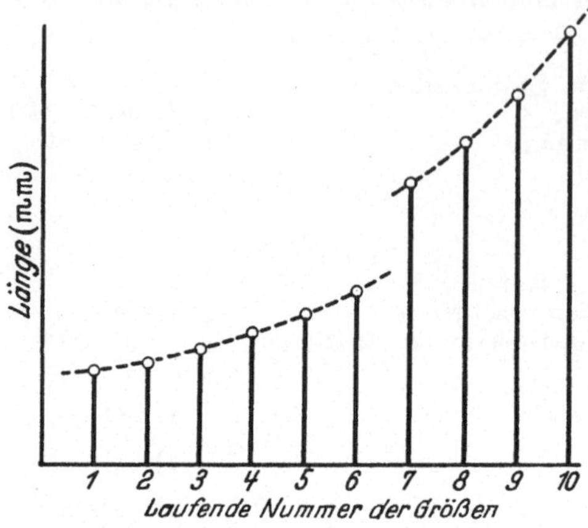

Bild 11/1. Reihe nach Größen geordnet.

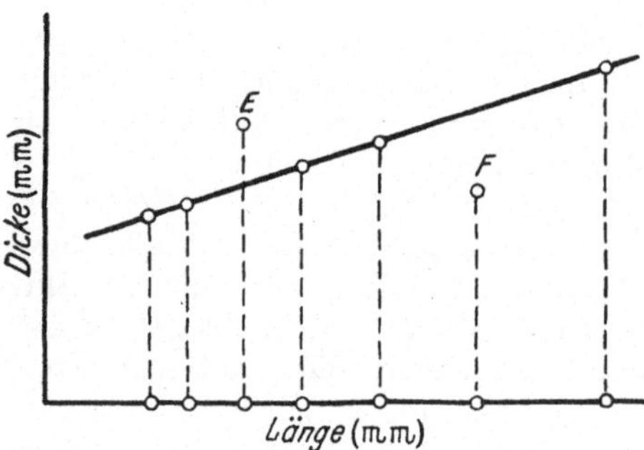

Bild 11/2. Zugeordnete Reihen (z. B. Länge und Dicke von Handgriffen).

Wie oben für die einzelnen Stücke gezeigt, so treten auch ganze *Gegenstandreihen* zueinander in Beziehung. Haben wir etwa zwischen 1 und 10 kW zehn Größen von Elektromotoren, so könnten wir keine harmonische Zuordnung zwischen Welle, Lager und Gehäuse finden, wenn wir 8 Durchmesser der Wellenstümpfe und 6 Lagergrößen benutzen sollten. Offensichtlich verlangen die 10 Größen von Motoren auch 10 verschiedene Wellenstümpfe, mit anderen Worten, die eine Reihe ist bestimmend für die andere.

Das gilt nun nicht nur für Längenmaße, sondern wie dieses Beispiel zeigt, auch für Leistungen; ja, so gut wie alle technischen Größen werden in Reihen gebraucht. Hier seien nur Drücke, Drehzahlen, Stromstärken und Leuchtstärken genannt. Diese allgemeine Darlegung führt zu folgendem Ergebnis:

Die Technik braucht eine Auswahl von Zahlen für ihre Größen; diese Zahlen müssen geeignet sein, Reihen bestimmter Gleichmäßigkeit zu bilden.

Dieses Bedürfnis war es, das schon frühzeitig nach einer einheitlichen Auswahl von Zahlen suchen ließ, die für viele technische Zwecke anwendbar sein sollen. Sie wurden in den Normungszahlen gefunden, die in DIN 323 zusammengestellt sind. Die Normungszahlen bilden eine in das Dezimalsystem eingebaute geometrische Reihe und sind daher, wie noch näher gezeigt werden wird, für die Bildung von Größenreihen besonders geeignet. Sie gelten aber ebenso für die Hauptgrößen einzelner Gegenstände, und zwar aus zwei Gründen: einmal wegen des Größenfortpflanzungsgesetzes und zum anderen, weil ein zunächst in einer Größe geschaffener technischer Gegenstand späterhin Glied einer Reihe werden kann.

Normungszahlen heißen die Zahlen, weil sie im weitesten Sinne der Normung dienen. Dabei gilt es, über die unmittelbare Schaffung von Reihen genormter Größen hinauszublicken auf das freie Schaffen in der Industrie. Benutzt jeder die Normungszahlen in einheitlicher Weise bei der Schaffung neuer Gegenstände, so geht damit ohne weiteres eine Vereinheitlichung der Hauptgrößen der betreffenden Gegenstände vor sich und wenn dann später eine förmliche Normung durchgeführt wird, dann braucht an den Hauptgrößen nichts mehr geändert zu werden. Das sind die Gründe, die den Deutschen Normenausschuß schon zu Beginn seines Schaffens bewogen haben, allgemein anwendbare Normungszahlen zu schaffen. Ein ähnliches Verhältnis, wie es zwischen dem Einzelunternehmen und seinem nationalen Normenausschuß besteht, gilt auch für das Schaffen der einzelnen nationalen Normenausschüsse und die internationale Normung. Auch bei ihr hat man frühzeitig begonnen, Normungszahlen zu schaffen, und es sind heute fast in der ganzen Welt die gleichen Normungszahlen anerkannt. Nun geht dem Bedürfnis nach internationaler Normung gewöhnlich das Bedürfnis nach nationaler Normung um einige Jahre voraus. Wenn man hierbei die Hauptgrößen der zu normenden Gegenstände nach Normungszahlen festlegt, dann besteht stets eine hohe Wahrscheinlichkeit dafür, daß diese Zahlen später auch bei einer internationalen Normung zugrunde gelegt und anerkannt werden. Der rechtzeitige Gebrauch der Normungszahlen bedeutet also häufig *große Ersparnisse*

bei der Zusammenziehung einzelner Größen in Werksnormen,

bei der Umstellung von Werksnormen auf DIN-Normen,

bei der Umstellung von DIN-Normen auf internationale Empfehlungen.

Die Bedeutung der Normungszahlen geht aber noch weiter. Eine Normung im weiteren Sinne liegt auch vor, wenn eine Maschinenfabrik die Größen einer Gerätereihe nach den Normungszahlen stuft, denn damit lenkt sie die Bedürfnisse ihrer Kunden immer auf diese gleichen Größen; sie wird in Zukunft auch bei Neuentwicklungen die gleiche Größenstufung beibehalten. Schließlich wird bei der immer weitergehenden Anerkennung der Normungszahlen auch das Nachbarunternehmen seine gleichartigen Maschinen ebenso stufen. Dies wiederum bringt große Vorteile in bezug auf *Leistungs- und Preisvergleich* und schließlich auf die Gestaltung ganzer Anlagen mit sich. Eine solche wohlgestufte Festlegung von *Typengrößen* in einem Industriezweig bedeutet nichts weniger als eine *Typnormung* zunächst im Sinne einer Werksnorm. Der Zweck der Normungszahlen ist also keineswegs allein auf die frühere oder spätere Aufstellung von Normenreihen gerichtet, sondern vielmehr auf die vorzugsweise Anwendung bei allem technischen Schaffen lange, bevor eine Gegenstandsnormung oder eine Typnormung ins Auge gefaßt wird. So kann man sagen, ihre Benutzung diene schon im Einzelfalle der „Normung des Ungenormten".

An dieser Stelle sei hervorgehoben, daß die geometrisch gestuften Normungszahlen, denen dieses Buch gilt, durchaus nicht alle Bedürfnisse nach Größenreihen oder anderen Zahlenfolgen zu erfüllen vermögen. Es wird versucht, ihr natürliches Geltungsgebiet zu umreißen und darüber hinaus aufzuzeigen, wieweit auch andere Zahlenfolgen aus ihnen gewonnen werden können. Damit wird auch jene Grenze sichtbar werden, an der versucht werden muß, für andere Gesetzmäßigkeiten, zum Beispiel die der arithmetischen Reihen, Anschlußpunkte an die Normungszahlen zu gewinnen.

12 Das allgemeine Bedürfnis nach ausgewählten Zahlen.

Wenn schon der in der Technik tätige Mensch, der an den Gebrauch von Zahlen gewöhnt ist, ein Bedürfnis nach einer Auswahl hat, wieviel mehr gilt das für den Menschen im Alltag. Er flüchtet sich in eine Auswahl und bevorzugt dabei Zahlen, die einfach zu sprechen, zu hören und zu merken sind. Ganz von selbst ergibt sich daraus, daß man einmal ausgewählte Zahlen immer wieder benutzt. Die Grundlage bildet das Zahlensystem, das ist in der Gegenwart das *Zehnersystem oder Zehnergefüge*. Neben der Einheit Eins sind die bevorzugten Zahlen dieses Systems die *Zehnerpotenzen*

100 10 1 1/10 1/100 usw.

Danach sind es auf Grund der einfachsten Rechnung und Handlung, die der Mensch vorzunehmen pflegt, die Doppel und Hälften dieser Zahlen, also

	200	20	2	2/10	2/100	usw.
sowie	50	5	5/10	5/100	5/1000	
oder			$^1/_2$	$^1/_{20}$	$^1/_{200}$	

Schreiben wir diese *bevorzugten Zahlen* in eine Reihe:

$$\frac{1}{200}\quad\frac{1}{100}\quad\frac{1}{50}\quad\frac{1}{20}\quad\frac{1}{10}\quad\frac{1}{5}\quad\frac{1}{2}\quad 1\quad 2\quad 5\quad 10\quad 20\quad 50\quad 100\quad 200,$$

so stellen wir daran zwei wichtige Erkenntnisse fest.

1. Bevorzugte Zahlen müssen in das Zehnergefüge passen.
2. Bevorzugte Zahlen sollen soweit als möglich Doppel und Hälften voneinander bilden.

Beziehen wir einen Teil der obigen Reihe auf die häufigste Zahlengröße des Alltags, nämlich das Geld, so sehen wir, daß die Reihe

1 2 5 10 20 50 100

nichts anderes als die Reihe unserer Geldstücke (Münzen und Geldscheine) darstellt. Jede folgende Zahl ist das Zwei- oder Zweieinhalbfache der vorhergehenden. Es ist also fast eine geometrische Reihe, ja, wir können sagen, eine geometrische Reihe mit Abrundungen, die diesem praktischen Bedürfnis der Münzen und Geldscheine mit ihren Stufungen Rechnung trägt. Die Betrachtung der Münzenreihe zeigt uns noch deutlicher das Bedürfnis nach gleichmäßiger, und zwar geometrischer Stufung. Bei den Pfennigen fehlt in der Reihe

1 2 5 10 ( ) 50

offensichtlich ein Glied zwischen 10 und 50; (die Älteren erinnern sich, daß vor vier Jahrzehnten bald 20-, bald 25-Pfennig-Stücke hier eingeschoben waren). Das Bedürfnis war schon da, nur es war nicht so stark, um diese Münze gegenüber anderen Bestrebungen zu halten. Umgekehrt besaß man früher zwischen 2 Mark und 5 Mark das auf den Taler zurückgehende 3-Mark-Stück, das offensichtlich in der Reihe „zuviel" war und daher ausgeschieden wurde. Dies ist ein recht aufschlußreiches Beispiel für die Wechselwirkung zwischen einer theoretischen geometrischen Stufung und der Rückwirkung des Alltags.

Wir haben damit eine dritte Erkenntnis gewonnen:

Bevorzugte Zahlen sollen die Bildung geometrischer Reihen ermöglichen.

Für diesen Satz, den wir im folgenden Abschnitt noch aus einer anderen Quelle unterbauen werden, finden wir noch zwei Stützen in unserem Zahlensystem selbst und in unserem Maßsystem. Bekanntlich kehren in unserem Zahlensystem gleiche Zahlzeichen jeweils nach dem Zehnfachen wieder und bedeuten mit einer Null mehr versehen, das

Zehnfache. Mit der Eins und der Null entsteht damit die erste reine geometrische Reihe

1 10 100 1000

Dieser Reihe folgen die Worte

eins zehn hundert tausend

Im engsten Zusammenhang mit den Zahlen selbst stehen die *Maßeinheiten*. Wir bilden, ausgehend vom Meter nach der im Zahlensystem gegebenen geometrischen Reihe mit dem Stufensprung 10^3, folgende Längenmaße

nm — μ — mm — m — km
nanometer mikron millimeter meter kilometer

Wo mit einer einzigen Einheit zu große oder zu kleine Zahlen entstünden, benutzt man die andere Einheit, die kleinere Zahlen gibt.

Beispiele:

Statt	10000 m zehntausend Meter	10 km zehn Kilometer
statt	0,000015 g fünfzehn Millionstel Gramm	15 μg fünfzehn Mikrogramm

Wir beobachten, daß beim Sprechen ein die Dreiergruppe nennendes Wort (tausend, Millionstel) in das Wort für die Maßeinheit als Vorsilbe (Kilo-, Mikro-) hinübergleitet.

Diese Ordnung ist logisch, umfassend und im Zahlensystem begründet und kann daher für alle Zwecke genügen. Sie ist auch in DIN 1301 durch den AEF (Ausschuß für Einheiten und Formelgrößen) angewandt und gilt für jede Art von Maßeinheit (Meter, Volt, Farad u. a. m.).

Einheiten (Kurzzeichen) nach DIN 1301 (März 1933)

Kurzzeichen	Vorsilbe	Zehnerpotenz
T	Tera-	$= 10^{12}$
G	Giga-	$= 10^{9}$
M	Mega-	$= 10^{6}$
k	kilo-	$= 10^{3}$
h	hekto-	$= 10^{2}$
D	Deka-	$= 10^{1}$
d	Dezi-	$= 10^{-1}$
c	Centi-	$= 10^{-2}$
m	Milli-	$= 10^{-3}$
μ	Mikro-	$= 10^{-6}$
n	Nano-	$= 10^{-9}$
p	Pico-	$= 10^{-12}$

Nebenbei beobachten wir hieran, daß in der geometrischen Reihe mit dem Stufensprung 1000 in der Mitte des Bereiches eine feinere Reihe mit dem Stufensprung 10 eingeschoben ist. Das hängt damit zusammen, daß diese mittleren Maße auf gewissen Gebieten des Alltags besonders häufig gebraucht werden.

Wie stark eine Abweichung von einem so umfassenden System stört, zeigt der Gebrauch des Zentimeter im physikalischen Maßsystem, das alle Umrechnungen in das technische Maßsystem schwierig macht. Sehr zu bedauern ist auch, daß in jüngerer Zeit die Physiker mit dem Ångström (10^{-7} mm) wieder eine nicht in das Tausendersystem passende Maßeinheit eingeführt haben.

Gedächtnis. Das Suchen nach einfachen Zahlen hängt mit dem Bedürfnis zusammen, die Zahlen leicht im Gedächtnis behalten zu können. Für den Tischler ist es zum Beispiel bequem, von einem halbzölligen, einem dreiviertelzölligen und einem einzölligen Brett zu sprechen. Wenn diese Zahlen $^1/_2$ $^3/_4$ 1 regelmäßig bevorzugt werden, so kann es keine Verwechslungen etwa zwischen 0,5 Zoll und 0,55 Zoll geben. Auch zeigt sich an diesem einfachen Beispiel der Vorteil, daß sich mit der Bevorzugung von einzelnen Zahlen von selbst Grundnormen herausbilden. Das Sägewerk kann 1-Zoll-Bretter auf Lager legen, weil es weiß, daß niemand auf den Gedanken kommen wird, etwa Dicken von 0,95 oder 1,1 Zoll zu verlangen.

Wenn oben von dem ursprünglichen Streben nach einfachen Zahlen die Rede war, so muß nun unter gegenwärtigen Verhältnissen etwas zur Frage der *runden Zahlen* gesagt werden. Der Mensch der Gegenwart ist durch Geld und Gewichte, durch Fahrzeiten und Fernsprecher, besonders also durch die Berührung mit der Technik so stark an den Gebrauch von Zahlen gewöhnt worden, daß er viel eher die Fähigkeit hat, mit weniger runden Zahlen umzugehen als seine Vorfahren. Die Forderung nach runden Zahlen, die bisweilen den Normungszahlen entgegengehalten wird, entspringt nur allzu oft einer unangebrachten Bequemlichkeit, die nicht selten sehr zum Schaden technischer Größenreihen ausschlägt. Es sei hier vorweggenommen, daß dem Bedürfnis nach Rundung in zwei Stufen Rechnung getragen ist. In den wichtigsten Reihen kommt nur eine Zahl vor, zu deren dauernder Benutzung man sich einen gewissen Rück geben muß; das ist die Zahl 3,15 und ihr Doppel 6,3. Welcher Ingenieur dächte aber nicht an die Zahl π, mit der diese Normungszahl praktisch zusammenfällt? Da lange über die Frage 3,15 oder 3,2; 63 oder 64 gestritten wurde, sind die Gründe für die Wahl 63 statt 64 in Anhang 1 zusammengefaßt.

Wir halten fest, daß die Normungszahlen zum Gedächtnisstoff des Technikers und des Industriearbeiters der Zukunft gehören.

13 Eine physiologische Grundlage. Das WEBER-FECHNERsche Gesetz.

Eine zweite Begründung für das menschliche Bedürfnis nach geometrischen Stufungen ist in der Physiologie 1846 von WEBER (Schr. 70) entdeckt worden. Er beobachtete, um wie viel man auf der menschlichen Hand aufliegende Gewichte verändern mußte, damit der Mensch das „Mehr“ empfand. Dabei entdeckte er, daß jeweils ein bestimmtes Verhältnis des als „Mehr“ empfundenen Gewichts zum vorherigen vorlag.

Dieses Gesetz, nach ihm ursprünglich das WEBERsche Gesetz genannt, ist von FECHNER (Schr. 14) weiter untersucht und verallgemeinert worden und ist seither als das WEBER-FECHNERsche Gesetz bekannt. Es gilt für alle Sinneswahrnehmungen und besagt, daß die *Empfindungsstärke* mit dem Logarithmus der *Reizstärke* (Druck, Schall, Beleuchtung, Grauleiter nach OSTWALD usw.) wächst (Schr. 47). Mit anderen Worten:

Wenn die Empfindungsstärken sich um gleich viel, d. h. im Sinne einer arithmetischen Reihe ändern sollen, so müssen die Reize nach einer geometrischen Reihe geändert werden.

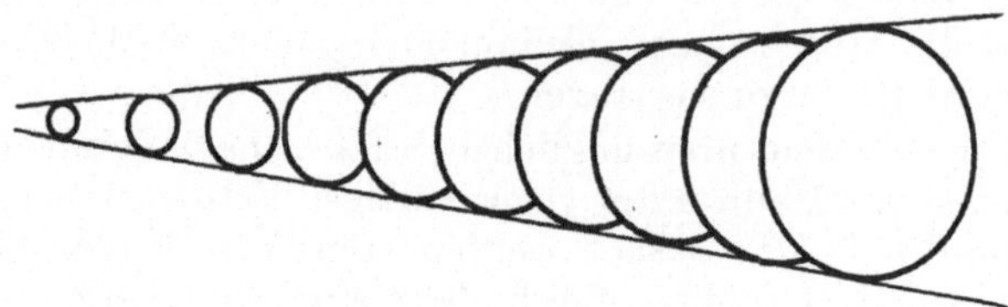

Bild 13/1. Reihe von Kugeln mit *arithmetisch* gestuften Durchmessern.

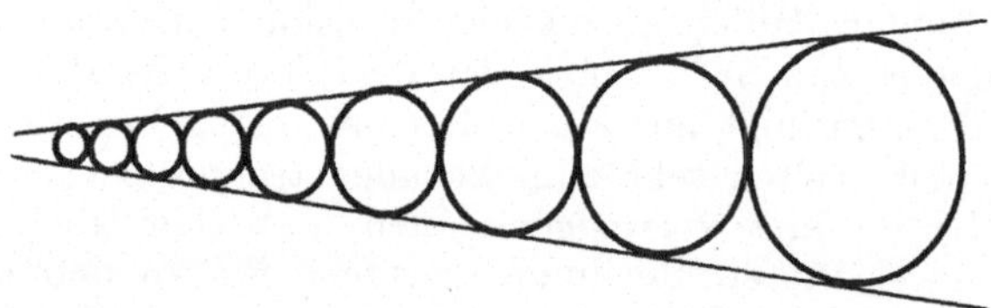

Bild 13/2. Reihe von Kugeln mit *geometrisch* gestuften Durchmessern.

Dieses Gesetz tritt am stärksten hinsichtlich der Seh-Wahrnehmungen in Erscheinung. Wenn in einer Gegenstandsreihe jeder Gegenstand „eben merklich" größer als der vorhergehende ist, dann haben wir eine geometrische Größenreihe vor uns. Das älteste Beispiel dafür bilden die Druckbuchstaben[1]:

a a a a a a.

Bekannt ist das Bild der aneinandergereihten Kugeln (Bild 13/2), das nicht nur eine vollkommene Harmonie ausdrückt, sondern auch den Unterschied zu einer arithmetischen Reihe zwischen denselben Endgrößen (Bild 13/1) ins Auge springen läßt.

Die verhältnismäßig gleiche Stufung in der geometrischen Reihe bildet auch für die Erinnerung eine wesentliche Stütze. Wenn ein Arbeiter in der Werkzeugausgabe gefragt würde, ob er einen Fräser

---

[1] Vgl. Abschnitt 512.

mit 32- oder 40-mm-Bohrung brauche, so wird er sich, falls er sich diese Zahlen nicht gemerkt hat, zwei Fräser mit den beiden Bohrungen zeigen lassen und nun nach *Erinnerung* und *Augenmaß* ohne weiteres feststellen, ob er bisher mit kleineren oder größeren Bohrungen gearbeitet hat. Hierbei spielt das Verhältnis der Größen zueinander eine wichtige Rolle, es beträgt in diesem Falle 1,25, ein Wert, der auch sonst eine sichere Voraussetzung für ein erinnerungsmäßiges Unterscheiden bietet. Bei großer Übung oder sehr nachhaltiger *Gewöhnung* kann man auch beim „halben" Stufensprung 1,12 noch erinnerungsmäßig schätzen. Ein Beispiel dafür ist die Höhe von Papierbogen beim DIN-Format 297 mm, beim alten Kanzleiformat 330 mm. Ja, der Fachmann, der täglich mit diesen Dingen zu tun hat, wird sogar bei einem nochmals gehälfteten[1] Stufensprung 1,06 auch ohne unmittelbaren Vergleich Unterschiede feststellen. Weiter herunter dürfte aber das Empfinden eines merklichen Unterschiedes nicht gehen. Übrigens ist die *Größenempfindlichkeit* durchaus nicht über einen ganzen Bereich gleich. So wird jemand, dem ein Brief von 310 mm Höhe gegenüber dem gewohnten von 297 mm auffällt, vermutlich nicht bemerken, wenn er eine Briefmarke erhält, die 26 statt 25 mm hoch ist, ebensowenig wenn er einen Packpapierbogen erhält, der statt 1 m lang, 1,06 m lang ist.

14 Bedürfnis nach Vorzugszahlen mit arithmetischen Beziehungen.

Wir haben im bisherigen den Satz begründet:

Bevorzugte Zahlen sollen die Bildung geometrischer Reihen ermöglichen.

Daneben besteht ein Bedürfnis nach solchen Zahlen, die arithmetische Reihen ermöglichen. Dieses wird durch die natürliche Zahlenreihe in beliebiger Weise erfüllt. Aber welche Zahlen soll man dafür bevorzugen? Diese Frage sollte einmal Gegenstand einer ebenso umfassenden Untersuchung sein, wie sie hier für die geometrischen Zahlenfolgen angestellt wird.

Indes sei hier folgendes angedeutet: während geometrische Reihen große Bereiche[2] zu erfassen vermögen, z. B. 10^{10} bei Blechbehältern, werden arithmetische Reihen nur für kleinere Bereiche gebraucht. Während man von der Einheit ausgehend auf eine gewisse Strecke jede ganze Zahl braucht, zum Beispiel für Preise bis einige hundert Pfennige, werden über 1000 Pfennige nur noch arithmetische Stufen von 5 Pfennigen gebraucht. Der Statistiker rechnet bei kleinen Mengen mit einzelnen Mark, Kilogramm oder Tonnen, bei großen Mengen mit Tausenden oder Millionen.

---

[1] Diese verkürzte Ausdrucksweise meint, daß das anteilige „Mehr" einer Größe gegenüber der anderen halb so groß ist, nämlich 12% statt 25%.

[2] Unter Bereich wird das Verhältnis der größten zur kleinsten Größe einer Reihe verstanden.

Es werden also je nach Lage im gesamten Zahlenbereich arithmetische Zahlenfolgen mit folgenden Endgliedern zu bevorzugen sein:

	2		4		6		8		0
				5					0
10	20	30	40	50	60	70	80	90	00
	20		40		60		80		00
				50					00

Ein Blick auf diese Zahlen zeigt, daß trotz der grundlegenden Verschiedenheit der geometrischen und der arithmetischen Zahlenfolgen bestimmte Anschlußpunkte bestehen. Auch ermöglicht uns dies, in den Abschnitten 244, 25, 312 auf bestimmte arithmetische Zusammenhänge einzugehen.

In ähnlicher Weise werden andere Zahlenfolgen geeignete Anschlußpunkte in der geometrischen Zahlenfolge finden, die im nächsten Abschnitt beschrieben werden wird.

2. Die Normungszahlen nach DIN 323.

21 Geschichtliche Entwicklung.

Die Normungszahlenreihen sind mehrere Male unabhängig voneinander aufgestellt worden, ja man darf eher sagen, sie sind entdeckt worden von Menschen, die zwei natürliche Gegebenheiten unter *einem* Gesichtswinkel sahen, nämlich das Dezimalsystem unserer Zahlen und das Bedürfnis nach geometrischer Stufung. So stufte man in die Zehnerstufe, das heißt in den Bereich zwischen einer Zahl und ihrem Zehnfachen zehn geometrische Glieder ein.

In Deutschland kam man im Rahmen der Arbeiten des 1918 gegründeten Arbeitsausschusses für Normungszahlen auf diese Reihen. RÜDENBERG und VON DOBBELER haben grundlegende Arbeiten darüber veröffentlicht (Schr. 55, Schr. 10, Schr. 11, Schr. 12). Zunächst hatte es geschienen, als ob mit dem Einbau in das Zehnergefüge gewisse Bedürfnisse der Praxis, vor allem das Bedürfnis nach Verdoppelung und der Hälftung der Zahlen, nicht erfüllt werden können, und es wurden ernste Vorschläge für ein rein auf der Verdoppelung beruhendes System gemacht, also für ein Zweiergefüge

$$\tfrac{1}{8} \quad \tfrac{1}{4} \quad \tfrac{1}{2} \quad 1 \quad 2 \quad 4 \quad 8.$$

Dieser scheinbare Gegensatz löste sich aber in überaus glücklicher Weise dadurch, daß die zehn in einer Zehnerstufe eingebauten geometrischen Glieder zugleich die Doppel- und Halbwerte voneinander enthalten. Die Normungszahlen vereinigen daher *Zweiergefüge* und *Zehnergefüge* in glücklicher Weise miteinander und bilden somit ein natürliches Ergebnis unseres Zahlensystems (siehe auch Anmerkung in Abschnitt 222).

Der erste Entwurf erschien 1920, die DIN-Norm darüber, DIN 323, wurde erstmalig 1922 herausgegeben.

Diese Norm war zunächst nur auf Längenmaße bezogen, und es war 1933 ein bedeutsamer Entschluß, das Kurzzeichen mm fortzunehmen und damit ihre Anwendung bei allen anderen Maßeinheiten zu empfehlen. SCHLESINGER hatte einige Jahre zuvor die Drehzahlnormung für Werkzeugmaschinen in Gang gebracht, die gleichzeitig für die Vorberechnung der Maschinenzeiten von Bedeutung war (Schr. 58, 59, 60). Dabei stieß er, wie in Frankreich ANDROUIN, auf die besondere Eignung der Normungszahlen. In Zusammenarbeit zwischen ihm und dem Verfasser wurde bei diesem Anlaß festgestellt, daß die Drehzahlnormung eine bessere Anpassung der damaligen Normungszahlen an die genauen geometrisch gestuften Werte erfordere. Dies war zugleich der Anlaß dafür, die Normungszahlen, wie erwähnt, für weitere Gebiete als nur die Millimetermaße anzuwenden und einige zu starke Rundungen in den früheren Reihen abzuändern. Schon Jahre vorher hatte auch IRTENKAUF sich mit den Drehzahlreihen befaßt und dabei die gleiche dezimalgeometrische Reihe unabhängig entdeckt (siehe auch Abschnitt 451).

Dies alles führte zur etwas geänderten Ausgabe vom Juli 1933, bei der bereits die Einigung im ISA-Komitee 32 zugrunde gelegt wurde. *Seither ist an den Normungszahlen nichts mehr geändert worden.*

Die dritte Ausgabe vom Juli 1939 brachte lediglich einen verbesserten Aufbau des Blattes und als wesentliche Erweiterung Erläuterungen, für die die Empfehlungen der ISA benutzt wurden.

Neuere Entwürfe betreffen nur die Erläuterungen Blatt 2 von DIN 323; sie waren im Hinblick auf DIN 3 schärfer abzugrenzen, so daß die künftige Ausgabe von DIN 3 mit ihren Erläuterungen nunmehr für den Konstrukteur hinsichtlich der Durchmesser und Längenmaße vollständig ist und alle Rücksichten auf die Normungszahlen enthält.

In Frankreich waren die Normungszahlen bereits in den achtziger Jahren von Oberst RENARD entdeckt worden, der sie für die Stufung von Halteseilen für Fesselballone benutzte. Unabhängig davon entdeckte sie sein Landsmann ANDROUIN 1917, als er sich mit den Drehzahlen der Werkzeugmaschinen befaßte (Schr. 1). Als er außer der dezimalen Wiederholung und der geometrischen Stufung auch die Verdoppelung und den Einbau der Zahl π als Forderung zugrunde legte, entdeckte er die fertige Zahlenreihe auf seinem Rechenschieber, der neben einer logarithmisch geteilten Zehnerstufe einen arithmetisch in 100 Teile geteilten Maßstab aufwies. Der französische Normenausschuß hat die Reihe bereits 1918 angewendet.

Die Forderung, daß die gesuchte Grundzahl g eines Normungszahlensystems so beschaffen sein soll, daß ganzzahlige Potenzen sowohl die Zahl 2 als auch die Zahl 10 ergeben, führt zu folgender mathematischer Ableitung:

$$g = \sqrt[y]{2} = \sqrt[z]{10} \quad (y,\ z \text{ ganze Zahlen})$$

$$\frac{1}{y} \cdot \lg 2 = \frac{1}{z} \cdot \lg 10$$

$$y = \frac{\lg 2}{\lg 10} \cdot z = 0{,}301 z \approx 0{,}3 z \quad \text{oder}$$

$$10 y = 3 z$$

Die Lösungen dieser diophantischen Gleichung lauten:

$$\begin{array}{llllll} y = & 3 & 6 & 9 & 12 & 15 \\ z = & \mathbf{10} & 20 & 30 & 40 & 50 \end{array}$$

Wählt man zwischen diesen Möglichkeiten, so liegt keine näher, als für z die Zahl 10 zu wählen. Damit nimmt unsere Anfangsgleichung die Form an:

$$\sqrt[3]{2} = \sqrt[10]{10} = 1{,}25$$

Die Werte $z = 20$ und $z = 40$ führen auf die feineren Normsprünge $\sqrt[20]{10}$ und $\sqrt[40]{10}$, während die anderen z-Werte bei der Normenauswahl ausgeschieden werden.

1927 gab der Normenausschuß der Vereinigten Staaten von Amerika eine Norm mit ähnlichen Zahlenwerten heraus (Schr. 23). Diese Zahlenwerte paßte er in der USA-Norm Z. 17. 1. — 1936 genau den ISA-Werten an.

Bemerkenswert ist, daß die 1879 von der Firma Brown & Sharpe, Providence R.I., USA, herausgegebene Zahlentafel von Drahtdurchmessern bis auf ganz geringe Rundungen der heutigen ISA-Reihe entsprach.

Im Schoße der ISA (International Federation of the National Standardizing Associations) wurden die Normungszahlen erstmalig in Mailand 1932 beraten. Hier zeigte sich schon die große Bedeutung der Tatsache, daß man auf beiden Seiten des Rheines, unabhängig voneinander gefundenen, natürlichen Gesetzen gefolgt war; die Unterschiede zwischen der deutschen und französischen Reihe bestanden in der Tat nur in geringfügigen Unterschieden der Rundungen. 1932 kam es dann in Paris zwischen den beiden Obmännern zu einer Einigung, und 1934 stimmten alle Mitglieder der ISA der Zahlenreihe zu, die wir in Deutschland seit 1933 vor uns haben (Schr. 36).

Waren schon unter den bisher genannten Entdeckern einige, von denen das Schrifttum nichts kündet und die nur durch die persönliche Fühlung mit den Obmännern der betreffenden Fachnormenausschüsse bekannt wurden, so gilt es, noch auf eine viel frühere Entdeckung dieser Reihe hinzuweisen. Vor mehr als einem Jahrhundert wurden nämlich Buchstabenhöhen und die „Kegel“ der Drucktypen geometrisch gestuft und fast genau nach Normungszahlen festgelegt[1].

In den letzten Jahren sind die Normungszahlen zur *Grundlage der Typnormung* insbesondere im Maschinenbau geworden; ebenso haben sie sich aber auch wichtige Gebiete der Halbzeuge und der Maschinenteile erobert.

Ihre bedeutsamste Anwendung dürfte aber diejenige auf die Durchmesser und Längenmaße sein. Sie bewirkte die neueste Ausgabe von DIN 3, deren geschichtliche Entwicklung in diesem Zusammenhange Erwähnung verdient.

Wie schon aus der Nummer hervorgeht, war diese Norm eine der ersten. Sie erschien 1918 als Ergebnis einer Umfrage im deutschen Maschinenbau und in der feinmechanischen Industrie. Seit der Neufassung von DIN 323, die eine rasch wachsende Anwendung der Normungszahlen mit sich brachte, hat es die Praxis immer mehr als störend empfunden, daß gewisse Hauptwerte der Normungszahlen wie 56, 63, 315 mm nicht in den Normdurchmessern DIN 3 enthalten waren und daher bei jeder Normung von Maschinenteilen der Zwiespalt auftrat, ob man die Normungszahl oder den Wert aus DIN 3 nehmen soll.

So wurden in die vierte Ausgabe vom Dezember 1939 die genannten Werte aufgenommen, immer noch aber lagen die weniger wichtigen Normungszahlen der sogenannten 40er Reihe außerhalb DIN 3. Daher wurde gemäß Beratungen, die noch vor 1945 lagen, in dem Entwurf vom November 1946 dieser Zwiespalt auch beseitigt und alle Werte von DIN 323 als Millimetermaße in DIN 3 übernommen, jedoch ohne Zwang für die ungewohnten Maße, neben denen bis auf weiteres noch die alten Normdurchmesser bestehen bleiben. So steht zu hoffen, daß DIN 3 in Ergänzung zu den bisherigen, für die Praxis tragbaren Schritten immer mehr der allgemeineren Norm, DIN 323, angepaßt wird; sie wird in Abschnitt 311 eingehend behandelt.

22 Die Zahlen und ihre Reihen.

221 Grundreihen.

Die in DIN 323 enthaltenen Normungszahlen (siehe Zahlentafel 221/1) bilden sogenannte *dezimalgeometrische Reihen*, deren Eigenart darin besteht, daß eine Zehnerstufe in verschiedene Anzahlen von geometrischen Stufen eingeteilt ist. Das Nächstliegende war, für die Anzahl der Glieder in einer Zehnerstufe die Grundzahl des Zehnergefüges, also die Zahl 10

[1] Diese Kunde verdankt der Verfasser Herrn Oberingenieur GOLLER, Berlin-Siemensstadt.

Zahlentafel 221/1. Normungszahlen (NZ) nach DIN 323.

Ordnungsnummern für die Normungszahlen			Mantisse	Genauwerte	Abweichung der Hauptwerte	Hauptwerte				Rundwerte nur für Reihe	Naheliegende Werte
						Grundreihe					
von 0,1 bis 1	von 1 bis 10	von 10 bis 100			%	R 40	R 20	R 10	R 5	R 20, R 10, R 5	
1	2	3	4	5	6	7	8	9	10	11	12
—40	0	40	000	1,0000	—	1,00	1,00	1,00	1,00		
—39	1	41	025	1,0693	+0,07	1,06					
—38	2	42	050	1,1220	—0,18	1,12	1,12			1,1; 11; 110	
—37	3	43	075	1,1885	—0,71	1,18					
—36	4	44	100	1,2589	—0,71	1,25	1,25	1,25		1,2; 12	$\sqrt[3]{2}$
—35	5	45	125	1,3335	—1,01	1,32					
—34	6	46	150	1,4125	—0,88	1,40	1,40				$\sqrt{2}$
—33	7	47	175	1,4962	+0,25	1,50					
—32	8	48	200	1,5849	+0,95	1,60	1,60	1,60	1,60		
—31	9	49	225	1,6788	+1,26	1,70					
—30	10	50	250	1,7783	+1,22	1,80	1,80				
—29	11	51	275	1,8836	+0,87	1,90					
—28	12	52	300	1,9953	+0,24	2,00	2,00	2,00			
—27	13	53	325	2,1135	+0,31	2,12					
—26	14	54	350	2,2387	+0,06	2,24	2,24			2,2; 22; 220	
—25	15	55	375	2,3714	—0,48	2,36					

—24	16	56	400	2,5119	—0,47	2,50	2,50	2,50	2,50		
—23	17	57	425	2,6607	—0,40	2,65					
—22	18	58	450	2,8184	—0,65	2,80	2,80				
—21	19	59	475	2,9854	+0,49	3,00					
—20	20	60	500	3,1623	—0,39	3,15	3,15	3,15		3; 32	π
—19	21	61	525	3,3497	+0,01	3,35					
—18	22	62	550	3,5481	+0,05	3,55	3,55			3,5; 35	
—17	23	63	575	3,7584	—0,22	3,75					
—16	24	64	600	3,9611	+0,47	4,00	4,00	4,00	4,00		
—15	25	65	625	4,2170	+0,78	4,25					
—14	26	66	650	4,4668	+0,74	4,50	4,50				
—13	27	67	675	4,7315	+0,39	4,75					
—12	28	68	700	5,0119	—0,24	5,00	5,00	5,00			
—11	29	69	725	5,3088	—0,17	5,30					
—10	30	70	750	5,6234	—0,42	5,60	5,60			5,5	
— 9	31	71	775	5,9566	+0,73	6,00					
— 8	32	72	800	6,3096	—0,15	6,30	6,30	6,30	6,30	6	2π
— 7	33	73	825	6,6834	+0,25	6,70					
— 6	34	74	850	0,0795	+0,29	7,10	7,10			7; 70	
— 5	35	75	875	7,4989	+0,01	7,50					
— 4	36	76	900	7,9433	+0,71	8,00	8,00	8,00			$\pi/4$
— 3	37	77	925	8,4140	+1,02	8,50					
— 2	38	78	950	8,9125	+0,98	9,00	9,00				
— 1	39	79	975	9,4406	+0,63	9,50					
— 0	40	80	1000	10,0000	0	10,00	10,00	10,00	10,00		g; π^2

selbst, anzuwenden; so entstand zunächst die sogenannte „Zehnerreihe". Die Einteilung in 10 Stufen mit dem Stufensprung $\sqrt[10]{10} = 1{,}25$ kann natürlich nicht alle Bedürfnisse der Technik befriedigen. Daher wurde der Zehnerreihe einerseits eine gröbere beigefügt, die nur jedes zweite Glied, also 5 Stufen innerhalb der Zehnerstufe enthält, den Stufensprung $\sqrt[5]{10} = 1{,}6$ hat und „Fünferreihe" heißt; andererseits fügt man zwei feinere Reihen zu, eine, die zwischen jedes Glied der Zehnerreihe ein Glied geometrisch einstuft, also 20 Stufen innerhalb der Zehnerstufe mit dem Stufensprung $\sqrt[20]{10} = 1{,}12$ enthält und „Zwanzigerreihe" heißt, und eine noch feinere Reihe, die wiederum in die Zwanzigerreihe je eine geometrische Stufe zwischen zwei Glieder einschiebt, also 40 Stufen innerhalb der Zehnerstufe mit dem Stufensprung $\sqrt[40]{10} = 1{,}06$ enthält (Vierzigerreihe). Die Stufensprünge werden, wie alle Normungszahlen, mit der Rundung angegeben, mit der sie in der Reihe der Hauptwerte (siehe weiter unten) angegeben sind. Diese vier Reihen sind die „*Grundreihen*" des ganzen Normungszahlensystems. Man kann nun das System als auf der feinsten dieser Reihen, der Vierzigerreihe, aufgebaut ansehen; die gröberen Reihen enthalten dann den 2., 4., 8. Teil der Gliedanzahl der Vierzigerreihe.

Die folgende Aufstellung gibt eine Übersicht über diese vier *Grundreihen* und ihre abgekürzten Bezeichnungen.

Bezeichnung	Benennung	Gliedanzahlen in einer Zehnerstufe	Stufensprung
Reihe R 40	40er-Reihe	40	$\sqrt[40]{10} = 1{,}06$
Reihe R 20	20er-Reihe	$\frac{40}{2} = 20$	$\sqrt[40]{10^2} = \sqrt[20]{10} = 1{,}12$
Reihe R 10	10er-Reihe	$\frac{40}{4} = 10$	$\sqrt[40]{10^4} = \sqrt[10]{10} = 1{,}25$
Reihe R 5	5er-Reihe	$\frac{40}{8} = 5$	$\sqrt[40]{10^8} = \sqrt[5]{10} = 1{,}6$
allgemein: Reihe R $\frac{40}{a}$	40-a-tel-Reihe	$\frac{40}{a}$	$\sqrt[40]{10^a}$ $a = 1, 2, 4, 8$

Bezüglich der Zahlenwerte sind folgende Begriffe zu unterscheiden:

a) Theoretische Werte: das sind die Werte, die durch $\sqrt[n]{10}$ mathematisch genau ausgedrückt sind oder genauer durch $\sqrt[40]{10^{ay}}$, wo nach obigem $a = 1, 2, 4$ oder 8 und y eine beliebige positive oder negative Zahl ist. Sie bilden den Kern des Systems insofern, als in

Gedanken mit ihnen gerechnet wird (siehe Abschnitt 23); lediglich aus Gründen der bequemen praktischen Handhabung werden sie durch die Hauptwerte *vertreten*.

b) Genauwerte (genau nicht in mathematischem Sinne, sondern im Verhältnis zu den in der Technik üblichen Rundungen): das sind die auf 5 Stellen ausgerechneten theoretischen Werte, die in Spalte 5 der DIN-Zahlentafel (Zahlentafel 221/1) wiedergegeben sind. Sie dienen dazu, die in Spalte 6 des Normblattes angegebenen Abweichungen deutlich zu machen, die die Hauptwerte ihnen gegenüber haben.

c) Hauptwerte, eigentliche Normungszahlen oder kurz *Normungszahlen*, im Ausland auch nach dem ersten namentlich bekannten Entdecker „RENARD-Zahlen“ genannt; die in genügender Annäherung an die Genauwerte für den Gebrauch in der Technik gerundeten Werte. Für sie hat das ISA-Komitee 32 folgende Definition gegeben:

. . . Hauptreihen — die in der Tabelle unter A[1] aufgeführten Reihen sind die Reihen, die normalerweise zu verwenden sind. Sie werden durch folgende Kurzzeichen bezeichnet: R 5, R 10, R 20, R 40 . . .

In DIN 323 sind nur die Hauptwerte in der Zehnerstufe 1 ··· 10 angegeben; alle kleineren und größeren Werte ergeben sich durch Vervielfachung mit ganzen positiven oder negativen Potenzen von 10, mit anderen Worten durch Verschiebung des Kommas.

So werden zum Beispiel durch den Hauptwert 125 alle folgenden Werte vertreten

. . . 0,125 1,25 12,5 125 1250 12500 125000 . . .

Für den Zahleninhalt der DIN 323 stellen wir die höchst wichtige Tatsache fest, *daß sie mit nur 40 Zahlen — Hauptwerten — alle dezimalgeometrischen Werte erfaßt.*

Wesentlich ist ferner der Satz: „*Jede beliebig ausgedehnte Grundreihe enthält auch die Kehrwerte ihrer Glieder.*“

Eine Reihe mit den Normungszahlen einer Grundreihe im Nenner ist somit wieder eine Grundreihe.

Beispiel:

$$\frac{1}{1} \quad \frac{1}{1,25} \quad \frac{1}{1,6} \quad \frac{1}{2} \quad \frac{1}{2,5} \quad \frac{1}{3,15} \quad \frac{1}{4} \quad \frac{1}{5} \quad \frac{1}{6,3} \quad \frac{1}{8} \quad \frac{1}{10}$$

$$= 1 \quad 0,8 \quad 0,63 \quad 0,5 \quad 0,4 \quad 0,315 \quad 0,25 \quad 0,2 \quad 0,16 \quad 0,125 \quad 0,1$$

Innerhalb der Grundreihen soll nach Möglichkeit die gröbste gewählt werden, damit sich möglichst viele technische Größen zuerst auf die Normungszahlen der Reihe R 5, dann auf die der Reihe R 10 und erst in dritter und vierter Linie auf die Werte der Reihen R 20 und R 40 häufen.

[1] Die Spalten unter A entsprechen in DIN 323 den vier Spalten, die mit „Hauptwerte“ überschrieben sind.

In diesem Sinne ist eine Reihe um so besser, je gröber sie ist; die wichtigsten Normungszahlen sind daher die der 5er- und 10er-Reihe.

Was die Größe der Stufensprünge anbelangt, so sei zunächst an die natürliche *Wahrnehmung von Unterschieden* (Abschnitt 13) erinnert. In den allermeisten Fällen kommt man mit dem Stufensprung 1,12 oder einem gröberen aus. Für die selteneren Fälle, in denen feiner gestuft werden muß, ist der Stufensprung 1,06 vorgesehen. Er gilt zum Beispiel für Durchmesser von Drähten, deren Querschnitte und damit deren Zerreißlasten oder deren elektrische Widerstände mit dem Stufensprung 1,12 gestuft werden sollen. Weitere Gesichtspunkte siehe im nächsten Absatz und im zweiten Teil, Abschnitt 3.

Ein feinerer Stufensprung als 1,06 kommt aber für technische Stufungen schon um deswillen so gut wie nie in Frage, weil kaum eine *technische Berechnung* eine höhere Genauigkeit als $\pm 3\%$ beanspruchen kann.

Achtzigerreihe: Trotzdem ist für ganz besondere Fälle noch ein feinerer Stufensprung, nämlich 1,03 in DIN 323 genannt, mit dem man durch Zwischenschieben je eines Gliedes zwischen zwei Glieder der „40"er-Reihe eine „80"er-Reihe bildet. Diese hat weniger den Zweck, eine so fein gestufte Gegenstands*reihe* darzustellen, als vielmehr zu jedem Wert der „40"er-Reihe einen naheliegenden Wert zur Verfügung zu stellen, beispielsweise in dem Sinne, daß der höhere Wert ein Rohmaß zu dem Fertigmaß einer Zahl der „40"er-Reihe darstellt. Da in DIN 323 wegen des seltenen Bedürfnisses nach einer „80"er-Reihe keine Zahlenwerte, sondern nur die Regel für ihre Bildung angegeben ist, so ist in Zahlentafel 221/2 die Reihe dargestellt. Für den oben genannten Zweck der Zuordnung zu den Gliedern der „40"er-Reihe sind diese durch Stufung herausgestellt, so daß man Zuordnung und Unterschied leicht erkennen kann.

Gröbere Reihen als R 5. Es gibt Fälle sehr grober Stufung, in denen man über den Stufensprung 1,6 der Fünferreihe noch hinausgeht. Diese Reihen sind, weil selten, nicht unter die genormten Grundreihen aufgenommen. Sie schließen sich aber zwanglos an sie an und seien daher im folgenden gebildet. Als nächster Stufensprung einer Grundreihe ergibt sich $1{,}6^2 = 2{,}5 = \sqrt[2{,}5]{10}$. Wir finden diesen Stufensprung zum Beispiel in der Astronomie für die Stufung der Helligkeit der Sterne. Nur zwei Stufen in einer Zehnerstufe führen zu einer Reihe R 2 mit dem Stufensprung $\sqrt{10} = 3{,}15$. Die Reihe der Zehnerstufen selbst ist nichts anderes als die Reihe R 1 mit dem Stufensprung 10. Ihr folgen Reihen, die noch viel gröber sind und die Stufensprünge 100 (zum Beispiel die Reihe der Flächenmaße) oder den Stufensprung 1000 (zum Beispiel die Reihen vieler Maßeinheiten, vgl. Abschnitt 11 und 12) haben und Reihen R $^1/_2$ und R $^1/_3$ heißen. Damit haben wir der Bezeichnungs-

Zahlentafel 221/2. Reihe R 80.

× Werte von R 40	0 eingeschobene Werte	× Werte von R 40	0 eingeschobene Werte	× Werte von R 40	0 eingeschobene Werte
100	103	224	218	475	487
106	109	236	230	500	515
112	115	250	243	530	545
118	121	265	257	560	580
125	128	280	272	600	615
132	136	300	290	630	650
140	145	315	307	670	690
150	155	335	325	710	730
160	165	355	345	750	775
170	175	375	365	800	825
180	185	400	387	850	875
190	195	425	412	900	925
200	206	450	437	950	975
212			462		

frage vorgegriffen (siehe Abschnitt 224) und schon im voraus auch auf diese gröberen Reihen die Regel angewandt, daß die Zahl hinter „R" gleich dem Kehrwert der Potenz von 10 ist, die den Stufensprung der Reihe angibt. Diese gröberen Reihen sind also folgende:

Bezeichnung	Benennung	Zahl der Glieder in einer Zehnerstufe	Stufensprung
Reihe R 2	2er-Reihe	$\frac{40}{20} = 2$	$\sqrt[40]{10^{20}} = 3,15$
Reihe R 1	1er-Reihe	$\frac{40}{40} = 1$	$\sqrt[40]{10^{40}} = 10$
Reihe R $\frac{1}{2}$	Halbreihe	$\frac{40}{2 \cdot 40} = \frac{1}{2}$	$\sqrt[40]{10^{80}} = 100$
Reihe R $\frac{1}{3}$	Drittelreihe[1]	$\frac{40}{3 \cdot 40} = \frac{1}{3}$	$\sqrt[40]{10^{120}} = 1000$

[1] Man achte auf den normenmäßigen Einklang in dem Satz: Die *Drittel*reihe der Normungszahlen führt zur *Dreistellen*regel im Zahl- und Maßwesen (vgl. Abschn. 12 u. Schr. 53).

222 Abgeleitete Reihen.

Die Bindung an die Grundreihen kann für einzelne Anwendungsfälle in doppelter Weise aufgelockert werden. Die eine Art besteht darin, daß man zwar einen der Grundstufensprünge benutzt, jedoch nicht mit einer Zehnerpotenz beginnt.

Beispiel: Eine Reihe mit dem Stufensprung der Zehnerreihe $\sqrt[10]{10}$, beginnend mit dem Wert 112 (der jedoch nicht in der Zehnerreihe enthalten ist), führt zu 140 180 usw.

Diese Reihen sind also solche, bei denen ein größerer Stufensprung auf Glieder einer feineren Reihe angewandt wird, ohne daß die Reihe von einer Zehnerpotenz ausgeht.

Diese Reihen sind sozusagen „*verschobene Reihen*".

Beispiel: 118 150 190 236

verschoben um den Faktor 1,18 ($1{,}06^3$), also um 3 Glieder der „40"er-Reihe gegenüber der Zehnerreihe

100 125 160 200

Die verschobenen Reihen haben mit den Grundreihen die Eigenschaft gemeinsam, daß sich alle Werte in allen Zehnerstufen wiederholen, da sie ja einen „Grundstufensprung" benutzen.

Die andere Art der abgeleiteten Reihen besteht darin, daß man andere Stufensprünge benutzt, indem man in einer der genormten Reihen nicht um je ein Glied fortschreitet, sondern um je f-Glieder, wobei f nicht $= 2, 4, 8$ ist.

Die wichtigste der so abgeleiteten Reihen ist die Verdoppelungsreihe. Man erhält sie, indem man in der „10"er-Reihe jedes dritte Glied benutzt. Jedoch ist mit diesem Merkmal die Reihe noch nicht eindeutig angegeben. Beginnen wir sie mit 10, so erhalten wir die Verdoppelungsreihe

10 20 40 80 160 315 630

Bestimmen wir dann die Zahl 100 als Glied einer solchen Reihe, so erhalten wir

12,5 25 50 100 200 400 800,

und dazwischen ist noch eine dritte Reihe möglich:

16 31,5 63 125 250 500 1000

Alle Reihen sind aus der Grundreihe R 10 abgeleitete Reihen. Sie unterscheiden sich nur in der Auswahl der Glieder. Damit sind die Verdoppelungsreihen aber nicht erschöpft. Es lassen sich weitere, aus der Grundreihe R 20 ableiten, indem man jedes 6. Glied auswählt, oder aus der Grundreihe R 40, indem man jedes 12. Glied benutzt. Insgesamt ergeben sich die 12 in Zahlentafel 222/1 enthaltenen Ver-

Zahlentafel 222/1.

Die 12 Verdoppelungsreihen der Normungszahlen.

R 40	aus Reihe			aus Reihe			aus Reihe					
Grund-reihe	R 10 3 (1…)	R 10 3 (1,25…)	R 10 3 (1,6…)	R 20 6 (1,12…)	R 20 6 (1,4…)	R 20 6 (1,8…)	R 40/12 (1,06…)	R 40/12 (1,18…)	R 40 12 (1,32…)	R 40 12 (1,5…)	R 40/12 (1,7…)	R 40/12 (1,9…)
1	1											
1,06							1,06					
1,12				1,12								
1,18								1,18				
1,25		1,25										
1,32									1,32			
1,4					1,4							
1,5										1,5		
1,6			1,6									
1,7											1,7	
1,8						1,8						
1,9												1,9
2	2											
2,12							2,12					
2,24				2,24								
2,36								2,36				
2,5		2,5										
2,65									2,65			
2,8					2,8							
3										3		
3,15			3,15									
3,35											3,35	
3,55						3,55						
3,75												3,75
4	4											
4,25							4,25					
4,5				4,5								
4,75								4,75				
5		5										
5,3									5,3			
5,6					5,6							
6										6		
6,3			6,3									
6,7											6,7	
7,1						7,1						
7,5												7,5
8	8											
8,5							8,5					
9				9								
9,5								9,5				
10		10										
10,6									10,6			
11,2					11,2							
11,8										11,8		
12,5			12,5									
13,2											13,2	

Zahlentafel 222/1 (Fortsetzung).

Die 12 Verdoppelungsreihen der Normungszahlen.

R 40	aus Reihe			aus Reihe			aus Reihe					
Grundreihe	R 10/3 (1···)	R 10/3 (1,25···)	R 10/3 (1,6···)	R 20/6 (1,12···)	R 20/6 (1,4···)	R 20/6 (1,8···)	R 40/12 (1,06···)	R 40/12 (1,18···)	R 40/12 (1,32···)	R 40/12 (1,5···)	R 40/12 (1,7···)	R 40/12 (1,9···)
14						14						
15												15
16	16											
17							17					
18				18								
19								19				
20		20										
21,2									21,2			
22,4					22,4							
23,6										23,6		
25			25									
26,5											26,5	
28						28						
30												30
31,5	31,5											
33,5							33,5					
35,5				35,5								
37,5								37,5				
40		40										
42,5									42,5			
45					45							
47,5										47,5		
50			50									
53											53	
56						56						
60												60
63	63											
67							67					
71				71								
75								75				
80		80										
85									85			
90					90							
95										95		
100			100									
106											106	
112						112						
118												118
125	125											
132							132					
140				140								
150								150				
160		160										
170									170			
180					180							
190										190		

Zahlentafel 222/1 (Fortsetzung).

Die 12 Verdoppelungsreihen der Normungszahlen.

R 40	aus Reihe			aus Reihe			aus Reihe					
Grundreihe	R 10/3 (1···)	R 10/3 (1,25···)	R 10/3 (1,6···)	R 20/6 (1,12···)	R 20/6 (1,4···)	R 20/6 (1,8···)	R 40/12 (1,06···)	R 40/12 (1,18···)	R 40/12 (1,32···)	R 40/12 (1,5···)	R 40/12 (1,7···)	R 40/12 (1,9···)
200			200									
212											212	
224						224						
236												236
250	250											
265							265					
280				280								
300								300				
315		315										
335									335			
355					355							
375										375		
400			400									
425											425	
450						450						
475												475
500	500											
530							530					
560				560								
600								600				
630		630										
670									670			
710					710							
750										750		
800			800									
850											850	
900						900						
950												950
1000	1000											

doppelungsreihen. In ähnlicher Weise erhält man abgeleitete Reihen mit dem Stufensprung $\sqrt{2} = 1{,}4$

aus Grundreihe R 20, indem man um je drei Glieder,
aus Grundreihe R 40, indem man um je sechs Glieder

fortschreitet. Es gilt also die Regel:

Die Reihen R 10, R 20 und R 40 enthalten zu jeder Normungszahl auch ihren halben und ihren doppelten Wert[1].

[1] 1. Wie in Abschnitt 21 abgeleitet, beruht diese sehr willkommene Eigenschaft der Normungszahlenreihe darauf, daß mit hoher Annäherung $\sqrt[3]{2} = \sqrt[10]{10}$ ist bzw. die Abweichung der $\sqrt[3]{2}$ vom Genauwert $\sqrt[10]{10}$ bzw. des Wertes 2^{10} von 1000 nur 0,24% beträgt.

Zahlentafel 222/2 (S.28/29) gibt eine Übersicht über die hauptsächlichen Reihen. Daneben kann man noch weitere ableiten, indem man in beliebigen anderen Sprüngen innerhalb der Grundreihen zum Beispiel um 5 oder 7 Glieder fortschreitet (Schr. 33 und Zahlentafel 222/2). Man sollte sich aber mit den abgeleiteten Reihen der Zahlentafel 222/2 begnügen.

Stets benutzt man Normungszahlen und kommt mit den 40 Zahlen der DIN-Norm 323 aus.

Auf folgendes ist zu achten:

1. Eine abgeleitete Reihe ist um so besser, je gröber die Grundreihe ist, aus der sie abgeleitet ist. Die von der Grundreihe R 40 abgeleiteten Reihen sollen daher möglichst vermieden werden.

2. Wenn man freie Wahl zwischen mehreren abgeleiteten Reihen gleichen Stufensprungs hat, so ist stets diejenige Reihe vorzuziehen, die (u. U. nach gedachter Erweiterung) den Wert 1 enthält.

Regel zur raschen Feststellung, ob die abgeleitete Reihe die Zahl 1 enthält:

Verwandle den die abgeleitete Reihe kennzeichnenden Bruch in einen solchen mit Zähler 40 (z. B. R 20/3 in R 40/6, allgemein R 40/f); ist dann die Ordnungsnummer (Spalte 1—3 von DIN 323, Zahlentafel 221/1) des Anfangsgliedes der Reihe ein ganzes Vielfaches (positiv oder negativ) von f, dann enthält die abgeleitete Reihe die Zahl 1.

Beispiel: R 20/3 (5,6 ··· 160) schreibe „R 40/6"; 5,6 hat die Ordnungsnummer 30 = 5 × 6, also enthält die abgeleitete Reihe die Zahl 1 (1 — 1,4 — 2 — 2,8 — 4) — 5,6 ··· 160.

Gegenbeispiel: R 10/3 (2,5 ··· 20), schreibe „R 40/12", 2,5 hat die Ordnungsnummer 16; sie ist kein Vielfaches des Nenners 12, also enthält die Reihe nicht die Zahl 1. (0,63—1,25) — 2,5 — 5 — 10 — 20.

Außerdem ist es bisweilen wesentlich, ob sich die Zahlenwerte einer abgeleiteten Reihe in jeder Zehnerstufe wiederholen.

Schreitet man in einer Grundreihe mit der Gliedzahl $\frac{40}{a}$ (Reihe R 40/a) in einer Zehnerstufe um f Glieder fort und geht f in $\frac{40}{a}$ auf, so wiederholen sich die gleichen Zahlen in jeder Zehnerstufe, lediglich mit anderen Kommastellungen.

---

2. Diese Abweichung ist jedoch groß genug, um bei mehrfacher Verdoppelung merklich zu werden. So folgt nach viermaliger Verdoppelung der Zahl 10 auf den Wert $10 \cdot 2^4 = 160$ nicht 320 sondern 315. Die obige Regel ist also — wie alle mit Normungszahlen zusammenhängenden Rechenregeln — so zu verstehen, daß die Verdoppelung innerhalb der bei den Hauptwerten vorgenommenen Rundungen gilt; sonst wäre es nicht möglich, daß man nach 10maliger Verdoppelung jeweils auf das Tausendfache kommt (siehe oben $2^{10} \approx 1000$).

Dies gilt also in den Reihen R 10, R 20 und R 40 nur bei folgenden Werten von f (wovon $f = 2, 4, 8$ gemäß obigem verschobene Reihen ergibt):

R 10 : $f =$	2		5			
R 20 : $f =$	2	4	5		10	
R 40 : $f =$	2	4	5	8	10	20

Wenn f und $\frac{40}{a}$ den größten gemeinsamen Teiler T haben, so wiederholen sich die Zahlen erst nach $\frac{f}{T}$-Zehnerstufen.

Beispiel: Aus der Reihe R 20 ($a = 2$, da Reihe $\frac{40}{a} = \frac{40}{2} = 20$ Glieder in der Zehnerstufe) werde jedes 6. Glied f benutzt (Verdoppelungsreihe), dann ist $\frac{a}{f} = \frac{2}{6}$ und $T = 2$, also wiederholen sich die gleichen Zahlen erst nach $\frac{f}{T} = \frac{6}{2} = 3$ Zehnerstufen. Das ist der Grund, weshalb sich die Zahlentafel der Verdoppelungsreihen 222/1 auf 3 Zehnerstufen erstreckt.

223 Zusammengesetzte Reihen.

(Reihen mit verschiedenen Stufensprüngen.)

Zusammengesetzte Reihen können aus zwei Reihen mit gleichem Stufensprung derart entstehen, daß der Stufensprung zwischen dem Endglied der ersten und dem Anfangsglied der zweiten Reihe anders als die Stufensprünge dieser Reihen ist.

Beispiel a:	5	10	20		50	100	200
Stufensprung		2	2	2,5		2	2
Reihe	$\frac{\text{R }10}{3}$ (5 ··· 20)				$\frac{\text{R }10}{3}$ (50 ··· 20)[1]		

Wenn für eine Größenreihe der Stufensprung nicht durchweg gleich sein soll, so kann man verschiedene Stufensprünge anwenden. In der Regel setzt man zu diesem Zweck die Reihe aus mehreren „Teilreihen“ zusammen, deren jede eine geometrische Reihe mit einem eigenen Stufensprung ist. Der einfachste Fall ist der, daß man eine Reihe aus mehreren Grundreihen zusammensetzt; man „springt“ von einer Grundreihe zur anderen.

Beispiel b:	63	71	80	90	100	125	160	200	250	315
Reihe	R 20 (63 ··· 100)					R 10 (100 ··· 315)				
Unterschiede		8	9	10	10	25	35	40	50	65

(Man springt von der feineren Reihe R 20 zur gröberen Reihe R 10.)

[1] Diese besondere Reihe werden wir jedoch nicht als zusammengesetzte Reihe führen, sie kehrt in Abschn. 243 als Reihe eigener Art wieder.

Zahlentafel 222/2.

Grundreihen und bei 1 beginnende abgeleitete Reihen nach Stufensprüngen geordnet.

Reihe R	40	20	$\frac{40}{3}$	10	$\frac{40}{5}$	$\frac{20}{3}$	5	$\frac{20}{5}$	$\frac{10}{3}$	$\frac{5}{2}$
Stufensprünge	q	q^2	q^3	q^4	q^5	q^6	q^8	q^{10}	q^{12}	q^{16}
Ordnungsnummern	1,06	1,12	1,18	1,25	1,32	1,40	1,60	1,80	2,00	2,50
0	1,00	1,00	1,00	1,00	1,00	1,00	1,00	1,00	1,00	1,00
1	1,06									
2	1,12	1,12								
3	1,18		1,18							
4	1,25	1,25		1,25						
5	1,32				1,32					
6	1,40	1,40	1,40			1,40				
7	1,50									
8	1,60	1,60		1,60			1,60			
9	1,70		1,70							
10	1,80	1,80			1,80			1,80		
11	1,90									
12	2,00	2,00	2,00	2,00		2,00			2,00	
13	2,12									
14	2,24	2,24								
15	2,36		2,36		2,36					
16	2,50	2,50		2,50			2,50			2,50

17	2,65									
18	2,80	2,80	2,80			2,80				
19	3,00									
20	3,15	3,15		3,15	3,15			3,15		
21	3,35		3,35							
22	3,55	3,55								
23	3,75									
24	4,00	4,00	4,00	4,00		4,00	4,00		4,00	
25	4,25				4,25					
26	4,50	4,50								
27	4,75		4,75							
28	5,00	5,00		5,00						
29	5,30									
30	5,60	5,60	5,60		5,60	5,60		5,60		
31	6,00									
32	6,30	6,30		6,30			6,30			6,30
33	6,70		6,70							
34	7,10	7,10								
35	7,50				7,50					
36	8,00	8,00	8,00	8,00		8,00			8,00	
37	8,50									
38	9,00	9,00								
39	9,50		9,50							
40	10,00	10,00		10,00	10,00		10,00	10,00		

Beispiel c:	63	80	100	112	125	140	160	180
Reihe	R 10 (63 ··· 100)			R 20 (100 ··· 180)				
Unterschiede	17	20	12	13	15	20	20	

(Man springt umgekehrt von der gröberen Reihe R 10 auf die feinere Reihe R 20.)

Auch ein mehrfacher Wechsel des Stufensprunges ist möglich.

Beispiel d:	35,5	40	45	50	63	80	100	112	125	140
Reihe	R 20 (35,5 ··· 50)			R 10 (50 ··· 100)			R 20 (100 ··· 140)			
Unterschiede	4,5	5	5	13	17	20	12	13	15	

Bisweilen wird es als unzweckmäßig empfunden, daß der Wechsel im Sprung so stark ist, wie in den Beispielen b—d. Dann erweist sich die Einschiebung einer *abgeleiteten Reihe* als nützlich. Dies zeigt

Beispiel e:	10	16	25	35,5	47,5	63	80	100	125
Stufensprung	1,6	1,6	1,4	1,32	1,32	1,25	1,25	1,25	
	R 5 (10 ··· 25)			R 40/5 (35,5 ··· 63)		R 10 (63 ··· 125)			
Unterschiede	6	9	10,5	12	15,5	17	20	25	

Mit solchen Zusammensetzungen kann man zugleich mit der allmählichen Verkleinerung des Stufensprunges unerwünschte „*Rücksprünge*“ in den Unterschieden von Glied zu Glied vermindern oder ganz *vermeiden*. Dies erkennt man deutlich an der Gegenüberstellung der Reihe gemäß Beispiel e mit der nur aus den Teilreihen R 5 (10 ··· 63) + R 10 (63 ··· 125) zusammengesetzten Reihe, die allerdings ein Glied weniger hat:

Reihe	10	16	25	40	63	80	100	125
Unterschiede	6	9	15	23	17	20	25	

(Rücksprung zwischen 63 und 80.)

Mit einer gegenüber Beispiel e geringeren Anzahl von Gliedern läßt sich jedoch eine von R 5 auf R 10 übergehende Reihe auch ohne Rücksprünge dadurch erreichen, daß man nur den Wert 63 der Reihe R 5 durch den Wert 60 aus der Reihe R 40 ersetzt. Damit wären die eingeschobenen Teilreihen zu einem Glied zusammengeschrumpft.

Beispiel f:	10	16	25	40	60	80	100	125
Reihe	R 35 (10 ··· 40)				R 40	R 10 (80 ··· 125)		
Unterschiede	6	9	15	20	20	20	25	

Diese Reihe ist ein Beispiel für einen besonders glücklichen Übergang zwischen der Reihe R 5 und der Reihe R 10. Man erkennt aus dem Vergleich zwischen dem Beispiel e und f, daß *durch den Umfang der eingeschobenen Reihe die Anzahl der Glieder der Gesamtreihe beeinflußt werden kann.*

Besonders deutlich wird die Glättung des Übergangs von einer Grundreihe zur anderen Reihe in ihrer schaubildlichen Darstellung, die im Abschnitt 261 erläutert wird. Die obigen Beispiele sind in Bild 261/3 dargestellt.

Sollte es einmal nötig sein, vom Stufensprung 1,6 bei kleinen Abmessungen, bei denen man wegen der Billigkeit der Gegenstände grob stufen kann, allmählich zum feinsten Stufensprung 1,06 bei den größten Gegenständen der gleichen Reihe, also von der Reihe R 5 allmählich zur Reihe R 40 überzugehen, so ist auch dies möglich, wie der kurvenähnliche Geradenzug in Bild 261/3 zeigt.

Ungleich große Stufensprünge können auch dadurch nötig werden, daß der Gesamtbereich einer Reihe und ihre Gliedzahl vorgeschrieben ist. Wenn sich die Gliedzahl nicht mit einem genormten Stufensprung erzielen läßt, dennoch aber Normungszahlen benutzt werden sollen, so muß im Verlauf der Reihe ein oder mehrere andere Stufensprünge in Kauf genommen werden. Diese Aufgabe wird am besten an Hand eines Schaubildes (Bild 261/5) behandelt.

Man sieht also, daß in zusammengesetzten Reihen die Teilreihen sich *entweder* derart aneinander schließen, daß das letzte Glied einer Teilreihe gleich dem ersten Glied der anschließenden Reihe ist — dann kommen in der Gesamtreihe nur so viele Stufensprünge wie Teilreihen vor (Beispiele b, c und d) *oder* derart, daß zwischen diesen beiden Gliedern ein anderer Stufensprung liegt (Beispiele e und f).

Eine weitere Zusammensetzung kann darin bestehen, daß zwei Reihen *ineinandergeschoben* sind. Dann wechseln zwei Stufensprünge regelmäßig miteinander ab.

Beispiel g: Erste Reihe	100		200		400		800 (Stufensprung 2)
Zweite Reihe		150		300		600	(Stufensprung 2)
Beide Reihen ineinandergeschoben	100	150	200	300	400	600	800
Stufensprünge	1,5	1,33	1,5	1,33	1,5	1,33	

Diese Art der Zusammensetzung ist hier nur der Vollständigkeit halber erwähnt. Diese Reihen werden infolge ihrer besonderen Eigenart im Abschnitt 243 besonders behandelt. Allgemein sei hervorgehoben, daß abgeleitete und zusammengesetzte Reihen nur in besonderen Fällen benutzt werden sollen. Bezeichnungen siehe Abschnitt 224.

224 Kurzzeichen und Formeln.

Benennungen siehe Zahlentafel 224/1 (S. 32/33).

Bezeichnung für Reihen. Eine *Grundreihe* wird durch die Zahl der in einer Zehnerstufe enthaltenen Glieder unter Voransetzung des

Zahlentafel 224/1.

Benennungen bei Normungszahlenreihen.

(Die in Klammern gesetzten Zahlen bezeichnen die Abschnitte, in denen die erläuterten Begriffe behandelt worden sind.)

Werte:

Theoretische Werte: die mathematisch genauen Werte $\sqrt[40]{10^N}$ der Normungszahlen (221).

Genauwerte: die auf 5 Stellen ausgerechneten Werte der Normungszahlen (221).

Hauptwerte: die in genügender Annäherung an die Genauwerte für den Gebrauch in der Technik gerundeten Werte (221).

Rundwerte: die bisherigen Gepflogenheiten entsprechenden, stärker gerundeten Werte (225).

Reihen:

Geometrische Reihe: Zahlenreihe, deren aufeinanderfolgende Glieder im gleichen Verhältnis zueinanderstehen (221).

Grundreihe: eine der Normungszahlenreihen R 5, R 10, R 20, R 40 (221).

Fünfer-, Zehner-, Zwanziger-, Vierzigerreihe (R 5, R 10, R 20, R 40): aus 5, 10, 20, 40 geometrischen Stufen innerhalb der Zehnerstufe bestehende Grundreihe mit dem Stufensprung $\sqrt[5]{10} = 1{,}6$ bzw. $\sqrt[10]{10} = 1{,}25$; bzw. $\sqrt[20]{10} = 1{,}12$; bzw. $\sqrt[40]{10} = 1{,}06$ (221).

Abgeleitete Reihe: Auswahlreihe aus einer Grundreihe, aus der jedes f-te Glied gewählt wurde (222).

Verschobene Reihe: abgeleitete Reihe mit einem Grundstufensprung, die jedoch gegen den Wert 1 um ein oder mehrere Glieder der 40er-Reihe verschoben ist (222).

Teilreihe: Reihe mit bestimmtem Stufensprung (Grundreihe oder abgeleitete Reihe) als Glied zusammengesetzter Reihen (223).

Zusammengesetzte Reihe: Reihe, die aus mehreren Grundreihen oder abgeleiteten Reihen mit verschiedenem Stufensprung zusammengesetzt ist (223).

Rundwertreihe R_a: Reihe, in der ein (mehrere) Hauptwert(e) durch einen Rundwert(e) ersetzt wurde(n) (225).

Gruppengeometrische Reihe R_{gg}: Reihe steigender (fallender) Größen, die aus gleichgroßen Gruppen besteht derart, daß jeder Wert einer Gruppe das gleiche Vielfache des entsprechenden Wertes der vorangehenden Gruppe ist (243).

Harmonische Reihe: Gruppengeometrische Reihe R_{gg} $\left|\begin{matrix} 3 & 4 & 5 \\ 6 & \cdots\cdots & \end{matrix}\right|$ ähnlich Reihe R 10 (243).

Ineinandergeschobene Reihe: aus Teilreihen mit gleichen Stufensprüngen gebildete Reihe, bei der die Glieder der beteiligten Teilreihen abwechselnd aufeinanderfolgen (223) (gleichbedeutend mit gruppengeometrischer Reihe; s. d.).

Verdoppelungs- (Hälftungs-) Reihe: aus den Grundreihen abgeleitete Reihe, in der jedes Glied das Doppelte (die Hälfte) des vorhergehenden Gliedes ist (222).

Abgewandelte Reihe: Reihe, in der gewisse Zahlen von den Normungszahlen abgewandelt sind, um bestimmten Forderungen zu genügen (24).

Ganzzahlige Reihen R_g: abgewandelte Reihe, in der ursprünglich nichtganze Normungszahlen zu ganzen Zahlen abgewandelt sind (241).

Geradzahlige Reihe: abgewandelte Reihe, in der ursprünglich nichtgerade Normungszahlen zu geraden Zahlen abgewandelt sind (242).

Primzahlen-Reihe: abgewandelte Reihe, in der Normungszahlen, die keine Primzahlen sind, zu Primzahlen abgewandelt sind, die den Genauwerten am nächsten stehen (245).

Anfangsglied (einer Reihe) A_1: erstes Glied einer Reihe (231).

Ausgangsglied (einer Reihe) A_1: Glied, von dem aus die (geometrische) Reihe nach oben oder unten entwickelt wird (231).

Stufen:

Stufensprung φ: Verhältnis zweier aufeinanderfolgender Glieder der geometrischen Reihe (221).

Grundstufensprung: Stufensprung einer Grundreihe, also

$$\begin{array}{llll} 1{,}6; & 1{,}25; & 1{,}12 & \text{oder } 1{,}06. \\ q^8; & q^4; & q^2 & \quad\ q^1 \end{array} \quad (222)$$

Gruppensprung γ: Verhältnis der gleichstehenden Glieder zweier aufeinanderfolgender Gruppen einer gruppengeometrischen Reihe (243).

Zehnerstufe: Stufe zwischen einer Zahl und ihrem Zehnfachen, insbesondere zwischen aufeinanderfolgenden Zehnerpotenzen (221, 234).

Verschiedenes:

Kurzbezeichnung: Bezeichnung für Reihen, bestehend aus der Zahl der in einer Zehnerstufe enthaltenen Glieder unter Voransetzung des Buchstabens R (Reihe), z. B. R 5, R 10 usw. (224).

Größenbereich: Gesamtheit aller in einer Reihe zusammengefaßten Größen, die stufenlos aneinander anschließen (237).

Bereichszahl B: Verhältnis der größten zur kleinsten Größe eines Bereiches (237).

Grenzgröße, Grenzwert: größtes und kleinstes Glied eines Größenbereichs (237).

q-Logarithmus: Logarithmus zur Basis $q = \sqrt[40]{10}$ (234).

Ordnungszahl N: laufende Nummer der Normungszahlen (Hauptwerte) der Reihe R 40, beginnend mit Nummer 1 für die Zahl 1,06 (die Ordnungszahlen sind gleichzeitig die q-Logarithmen der Normungszahlen (234).

Wurzelexponent: z. B. 20 in R $\frac{20}{2}$ als Wurzelexponent aus 10, der den Stufensprung $\sqrt[20]{10}$ der zugrunde gelegten Grundreihe ergibt, während $\frac{20}{2} = 10 =$ der *ausgerechnete Wurzelexponent* des Stufensprungs der abgeleiteten Reihe $= \sqrt[10]{10}$ ist (221).

Werttoleranz: Unterschied zwischen dem oberen und unteren Grenzwert, der noch zu einer Normungszahl gerechnet werden kann (236).

Verwertbarer Überschuß: Überschuß aus größter Summe der Glieder der 2er-Potenzreihe und größter zu bildender Summe (252).

Treffsicherheit: Wert, der beim Ersatz jeder beliebigen Zahl durch eine Normungszahl auftritt (23).

NZ-Gleichungen: Gleichungen zwischen Normungszahlen, wobei im allgemeinen wegen der Rundungen kleine Unterschiede zwischen linker und rechter Seite auftreten (23).

NZ-Papier: einfach logarithmisches Netzpapier, dessen Ordinatenteilung Normungszahlen entspricht (261).

Zahlentafel 224/2.

Kurzzeichen und Formelgrößen bei Normungszahlen.
(Nach Abc geordnet.)

A = Abhängige Größe einer Gegenstandsreihe.

A_1 = Anfangs- oder Ausgangsglied einer Gegenstandsreihe.

B = Bereich-Verhältnis der Grenzgrößen eines Größenbereichs.

G = Kurzzeichen (Symbol) für eine beliebige geometrische Reihe.

M = Beliebige Normungszahl.

N = Ordnungszahl einer Normungszahl.

NZ = Kurzzeichen für das Wort „Normungszahl".

R = Kurzzeichen (Symbol) für eine beliebige Normungszahlenreihe mit einem bestimmten Stufensprung.

$\mathrm{R_a}$ = Kurzzeichen für eine Rundwertreihe.

$\mathrm{R_g}$ = Kurzzeichen für eine geradzahlige Reihe (nur sofern ein Bedürfnis dafür besteht).

$\mathrm{R_{gg}}$ = Kurzzeichen für eine gruppengeometrische Reihe.

U = Unabhängige Größe einer Gegenstandsreihe.

V = Vervielfacher der Werte einer gruppengeometrischen Reihe.

a = Faktor, mit dem q zu potenzieren ist, um einen Grundstufensprung zu erhalten. Dieser Faktor kann nur die Zahlenwerte 1, 2, 4, 8 annehmen.

b = Ganze Zahl, mit der q^a zu potenzieren ist, um das Ausgangsglied einer Grundreihe darzustellen.

f = Anzahl der Glieder, um die man in einer Grundreihe fortschreitet, um eine abgeleitete Reihe zu erhalten.

q = $\sqrt[40]{10} = 1{,}06$ = kleinster Grundstufensprung der Normungszahlenreihen.

q^{ab} = Ausgangsglied einer Grundreihe mit dem Stufensprung q^a.

$q^{a(b+xf)}$ = Beliebiges Glied einer aus einer Grundreihe mit dem Stufensprung q^a vom Glied q^{ab} abgeleiteten Reihe mit dem Stufensprung q^{af}.

q_N = $q^{a \cdot f}$ Stufensprung einer Normungszahlenreihe, und zwar einer Grundreihe mit $f = 1$ oder einer abgeleiteten Reihe mit $f > 1$.

x = Anzahl der Schritte, um die vom Anfangsglied einer Reihe an fortgeschritten wurde.

y, z = Beliebige ganze Hochzahlen (Exponenten) von q.

γ = Gruppensprung der gruppengeometrischen Reihen.

φ, η = Beliebiger Stufensprung.

Buchstabens R bezeichnet. (Dieser wird in allen Ländern benutzt, er ist zu Ehren des ersten bekannten Entdeckers, RENARD, gewählt worden und dient dem deutschen Benutzer gleichzeitig als Gedächtnisstütze, da er das Wort „Reihe" abkürzt.)

Die Grundreihen heißen also:

R 5 R 10 R 20 R 40.

Die Zahlen hinter R sind gleichzeitig gleich dem Kehrwert der Potenz von 10, die den Stufensprung der Reihe angibt und damit gleich der Zahl der Glieder in einer Zehnerstufe (wobei nur eine Zehnerpotenz als Glied gezählt werden darf).

Beispiel: R 20 hat den Stufensprung $\sqrt[20]{10} = 10^{\frac{1}{20}}$ und 20 Glieder in einer Zehnerstufe. In Abschnitt 221 ist die folgerichtige Erweiterung dieser Reihe bis R 1 und darüber hinaus gezeigt worden.

Diese Bezeichnungen genügen, wenn keine Grenzen nach oben oder unten angegeben zu werden brauchen. Im anderen Falle werden je nach Bedarf das Anfangsglied oder das Endglied oder beide angegeben, zum Beispiel:

R 10 (125 ···)
R 20 (··· 450)
R 40 (75 ··· 300)

Die *abgeleiteten Reihen* werden bezeichnet, indem man zu der Bezeichnung der Grundreihen hinter einem Bruchstrich die Zahl der Glieder angibt, um die bei Bildung der abgeleiteten Reihe in der Grundreihe fortgeschritten wird. Da man hierbei von verschiedenen Gliedern der betreffenden Grundreihe ausgehen kann, so ist auf alle Fälle *mindestens ein Glied der Grundreihe* anzugeben (Anfangsglied oder Endglied oder beliebiges Glied oder Anfangs- und Endglied).

Beispiele:

R 10/3 (80 ···)
R 20/2 (··· 45)
R 40/4 (··· 106 ···)
R 40/5 (10 ··· 56)

Wir lesen das erste Beispiel so:

Aus der Reihe R 10 nehme man, vom Wert 80 ausgehend, nach oben jedes dritte Glied. Man erhält so die bereits aus Abschnitt 222 bekannte Verdoppelungsreihe

80 — 160 — 315 — 630 — 1250 — 2500.

Bezeichnung für zusammengesetzte Reihen. Die Bezeichnung der Gesamtreihe wird aus den Bezeichnungen der Teilreihen zusammengesetzt. Die Reihen werden dabei mit Anfang- und Endglied angegeben, so daß der oben erwähnte Unterschied zwischen den unmittelbar anschließenden Reihen und denen mit einem zwischengelegenen Stufensprung sichtbar wird, also für die Beispiele von Abschnitt 223.

Beispiel d: R 20 (35,5 ··· 50) + R 10 (50 ··· 100) + R 20 (100 ··· 140).

Beispiel e: R 5 (10 ··· 25) + R $\frac{40}{5}$ (35,5 ··· 63) + R 10 (63 ··· 125)

Endglied einer Reihe und Anfangsglied der folgenden Reihe: nicht gleich gleich

Ein weiteres Beispiel siehe an Hand der schaubildlichen Darstellung in Bild 261/3, Linienzug *g*; er zeigt eine zusammengesetzte Reihe, die den Übergang vom gröbsten Stufensprung auf den feinsten 1,06 bzw. von der Reihe R $\frac{10}{3}$ auf R 40 darstellt.

Wo, wie im Beispiel f von Abschnitt 223, Bild 261/3, Linienzug *f*, zwischen den aneinandergefügten Teilreihen nur ein einzelner Zwischenwert (im Beispiel 60) liegt, könnte man ihn mit einem Nachbarwert zusammen zu einer zweigliedrigen Teilreihe zusammenfassen und folgendermaßen schreiben:

10 16 25 40 60 80 100 125

statt R 5 (10 ··· 40) + R $\frac{40}{7}$ (40 ··· 60) + R 10 (80 ··· 125)

Eine solche Bezeichnung wäre unnatürlich und überlastet. Daher ist die natürliche Schreibweise vorzuziehen:

R 5 (10 ··· 40) + 60 + R 10 (80 ··· 125)

Selbst diese kürzere Bezeichnung kann man nicht als eine „Kurzbezeichnung" ansehen; sie hat nur eine systematische Bedeutung zum Beispiel für den Fall, daß man Vergleiche zwischen verschiedenen Reihen anzustellen hat.

Für zwei *ineinandergeschobene Reihen* ergibt sich die Bezeichnung

R $\frac{40}{12}$ (150 ··· 600) in R $\frac{10}{3}$ (100 ··· 800)

Hierzu vergleiche die Bemerkung am Schluß von Abschnitt 223 und Abschnitt 243.

Die allgemeine *formelmäßige Bezeichnung* für eine Reihe lautet

$$\mathrm{R}\,\frac{40}{a\cdot f}\quad(\cdots q^{ab}\cdots)$$

Hierin ist q das Formelzeichen für den (kleinsten) Grundstufensprung des Systens $q = \sqrt[40]{10} = 1{,}06$ (genau 1,0593).

Das Merkmal der benutzten Grundreihe ist der Wert a; es ist für

Reihe	R 40	R 20	R 10	R 5
$a =$	1	2	4	8

f ist die Anzahl der Glieder, um die man in einer Grundreihe vorwärts schreitet.

Wenn $f = 1$, so haben wir eine Grundreihe vor uns, sonst eine abgeleitete Reihe.

b ist eine beliebige ganze Zahl, und zwar der Faktor, mit dem a in der Potenz q^a zu vervielfachen ist, um das *Ausgangsglied* einer Reihe darzustellen.

In Zahlentafel 224/2 sind alle Formelgrößen zusammengestellt.

Bezeichnung für einzelne Glieder:

Ein beliebiges Glied einer Reihe heißt $q^{a\,(b + xf)}$.

Hierin bezeichnet man

durch a, welcher der vier Grundreihen der Wert angehört,
durch b, von welchem Glied dieser Reihe man ausgegangen ist,
durch f, mit welchem Schritt von jenem Glied fortgeschritten ist,
durch x, wieviele p-Schritte man von jenem Glied aus gemacht hat.

Für ein Glied einer Grundreihe ergibt sich mit $f = 1$ die vereinfachte Form $q^{a(b + x)}$.

Diese Formeln sind notwendig, wenn man bestimmte Gesetzmäßigkeiten der Reihe nachweisen will.

Beispiel: Der Satz von den Kehrwerten (Abschn. 221) soll bewiesen werden. Wenn q^{ab} ein Glied ist, so soll $q^{a(b + x)}$ sein Kehrwert sein.

$$q^{ab} \cdot q^{a(b + x)} = 1$$

$$q^{2\,ab + ax} = 1$$

logarithmiert zur Basis q $2ab + ax = 0$, damit $x = -2b$, damit wird der Kehrwert q^{-ab}.

225 Rundwerte.

Rundwerte sind stärker gerundete Werte, die bisherigen Gepflogenheiten entsprechen und dann anzuwenden sind, wenn schwerwiegende wirtschaftliche Gründe dagegen sprechen, zu den Hauptwerten überzugehen. Da viele Hauptwerte bereits gewohnte Zahlen darstellen, so war es in DIN 323 nur nötig, für verhältnismäßig wenig Werte stärkere Rundungen einzuführen. Sie sind nachstehend angegeben und mit ihren Abweichungen von den Genauwerten in Zahlentafel 225/1 zusammengestellt. Hierbei fallen besonders die Rundwerte 3 — 6 — 12 mit einer Abweichung bis zu 5,13% von den Genauwerten auf; sie sind mit besonderer Vorsicht anzuwenden, da 3 und 6 mit nächst kleineren Hauptwerten in der Reihe R 40 zusammenfallen.

Bezeichnung: Jede Reihe, in der wenigstens ein Hauptwert durch einen Rundwert ersetzt ist, wird gekennzeichnet, indem man dem Kennbuchstaben R den Zeiger a (abgerundet) beifügt. Somit lautet eine Reihenbezeichnung zum Beispiel: R_a 20 (10 ··· 56).

Diese ist jedoch nicht völlig eindeutig, denn in diesem Zahlenbereich kommen gemäß Zahlentafel 225/2 5 Rundwerte vor. Es ist

Zahlentafel 225/1. Zugelassene Rundwerte.

Hauptwerte	Rundwerte	Fehler in % gegenüber Genauwerten	Hauptwerte	Rundwerte	Fehler in % gegenüber Genauwerten
1,12	1,1	—1,96	11,2	11	—1,96
1,25	1,2	—4,68	12,5	12	—4,68
2,24	2,2	—1,73	23,4	22	—1,73
3,15	3	—5,13	31,5	32	+1,19
3,50	3,5	—1,36	35,5	36	+1,46
5,6	5,5	—2,20	71	70	—1,13
6,3	6	—4,89	112	110	—1,96
7,1	7	—1,13	224	220	—1,73

jedoch gar nicht gesagt, daß man immer alle in einer Reihe zugelassenen Rundwerte an die Stellen der Hauptwerte setzt.

Zahlentafel 225/2. Rundwertreihen[1].

Reihe					Reihe									
R_a2	R_a3	R_a5	R_a10	R_a20	R_a2	R_a3	R_a5	R_a10	R_a20	R_a2	R_a3	R_a5	R_a10	R_a20
1	1	1	1	1	10	10	10	10	10	100	100	100	100	100
				1,1					*11*					*110*
			1,2	*1,2*				*12*	*12*				125	125
				1,4					14					140
		1,6	1,6	1,6			16	16	16			160	160	160
				1,8					18					180
	2		2	2		20		20	20		200		200	200
				2,2					*22*					*220*
		2,5	2,5	2,5			25	25	25			250	250	250
				2,8					28					
3			*3*	*3*	*32*			*32*	*32*					
				3,5					*36*					
		4	4	4			40	40	40	Über 250 mm sind keine Rundwerte zugelassen				
				4,5					45					
	5		5	5		50		50	50					
				5,5					56					
		6	*6*	*6*			63	63	63					
				7					*70*					
			8	8				80	80					
				9					90					

Es ist im Gegenteil zu betonen, daß im Sinne der Normungszahlen *jede Reihe mit Rundwerten um so besser ist, je weniger Rundwerte sie enthält.*

[1] Anm. Die Rundwerte sind schräg gedruckt, man soll so wenig Rundwerte als möglich benutzen (vgl. Abschn. 31, Durchmesser und Längenmaße).

Beispiel: Manche Zwecke wird an Stelle der Reihe Ra 20

	10	*11*	*12*	14	16
die Reihe R_a 20	10	*11*	12,5	14	16

ebensogut oder besser erfüllen.

Die Rundwerte können nur für die Reihen R 5, R 10 und R 20 benutzt werden; für R 40 kommen sie nicht in Betracht, da ihre Abweichungen gegenüber den Genauwerten bis zu 5% gehen und damit fast den Stufensprung R 40 selbst erreichen (vgl. oben die Werte 3 und 6). An *eine* „krumme“ Zahl freilich muß man sich gewöhnen, nämlich 63 (siehe Anhang 1). Das dürfte aber nicht schwer fallen, denn das ist das Zehnfache von $2\pi = 6{,}3$. 6,3 selbst wurde nur deshalb gerundet, weil eine Stelle hinter dem Komma für manche Zwecke unbequem ist.

So finden wir auch für 315 und 630 keine Rundwerte, weil dies Zahlen der Reihe R 5 sind, also besonderes Schwergewicht haben.

Rundwertreihen sind in ISA-Bulletin 11 nicht vorgesehen, da nur einzelne, und zwar möglichst wenige Rundwerte in Normungszahlenreihen verwendet werden sollen. Um dem Praktiker aber die Anwendung der Rundwerte auf Reihen zu erleichtern, sind in Zahlentafel 225/2 die Reihen Ra 3, Ra 5, Ra 10 und Ra 20 (1 ··· 250) angegeben, die alle Rundwerte in Schrägdruck enthalten. Man beachte, daß sich hier die Zahlen zum Teil nicht in den benachbarten Zehnerstufen wiederholen, weil nämlich das Rundungsbedürfnis bei verschiedener Kommastellung verschieden ist. Oft erwogene Wünsche, auch hier den Grundsatz der Kommaverschiebung anzuwenden, erwiesen sich als unerfüllbar. Man denke zum Beispiel an die viel zu weitgehende Rundung von 31,5 auf 30 als dem Zehnfachen von 3, das gäbe in der Zwanzigerreihe 22 — 25 — 28 — 30 — 36 — 40 eine völlig unbrauchbare Stufung.

Rundwertreihe R_a 3. Mit Hilfe der Rundwertreihe kann eine Reihe gebildet werden, die als Hauptwertreihe überhaupt nicht besteht, die aber wegen ihrer großen praktischen Bedeutung hier eingereiht wird. Wenn eine Zehnerstufe in drei genaue geometrische Stufen eingeteilt werden sollte, so würde dies eine — nicht genormte — Reihe R 3 mit dem Stufensprung $\sqrt[3]{10}$ und den Werten

1 2,1544 4,6414 10

ergeben. Die Rundung dieser Reihe führt zu der schon in Abschnitt 12 erwähnten Grundreihe des Geldwesens

1 2 5 10

Diese Reihe ist uns bereits in anderem Gewande begegnet, nämlich als zusammengesetzte Reihe und wird uns in Abschnitt 243 in einem dritten Gewande, nämlich als gruppengeometrische Reihe begegnen.

Für die Praxis wählt man für sie wegen ihres häufigen Vorkommens die einfachste Bezeichnungsform, nämlich die hier gewählte Bezeichnung R_a 3.

226 Das Merken der Normungszahlen.

Da die Normungszahlen mindestens als Hauptgrößen bei jedem technischen Entwurf, ganz besonders aber bei der Bildung technischer Größenreihen benutzt werden, so ist es wichtig, die Merkhilfen kennenzulernen, die es leicht machen, die Normungszahlen im Gedächtnis zu haben. Wer sie oft braucht, wird finden, daß sie für den Techniker ein weiteres „Einmaleins" darstellen.

Aus den bisherigen Ausführungen merke man sich kurz folgendes:

1. *Die Normungszahlen enthalten die Zahl 1 und den Stufensprung 10 (und damit alle Zehnerpotenzen).*
2. *Die Normungszahlen enthalten die Zahl 2 und damit alle Doppel und Hälften ihrer selbst.*
3. *Die Normungszahlen enthalten als geometrisches Mittel der ersten Zehnerstufe den Wert $\sqrt{10} = 3{,}15$.*
4. *Zu dem Grundstufensprung 1,25 gibt es einen gröberen*

$$1{,}25^2 = 1{,}6 \quad \left(\sqrt[5]{10}\right)$$

und 2 feinere

$$\sqrt{1{,}25} = 1{,}12 \left(\sqrt[20]{10}\right)$$

$$\sqrt[4]{1{,}25} = \sqrt{1{,}12} = 1{,}06 \left(\sqrt[40]{10}\right)$$

Hieraus ergibt sich eine einfache

Regel für die Bildung der Zehnerreihe (R 10):

1. Schritt: Schreibe die Endziffer 1 und 10 und die $\sqrt{10}$ hin:

1 3,15 10

2. Schritt: Schreibe von 1 die fortgesetzt verdoppelten Werte,

2 4 8

von 10 die fortgesetzt gehälfteten Werte,

1,25 2,5 5

und von 3,15 $\left(\approx \sqrt{10}\right)$ den halben (1,6) und den doppelten Wert hin: (6,3)

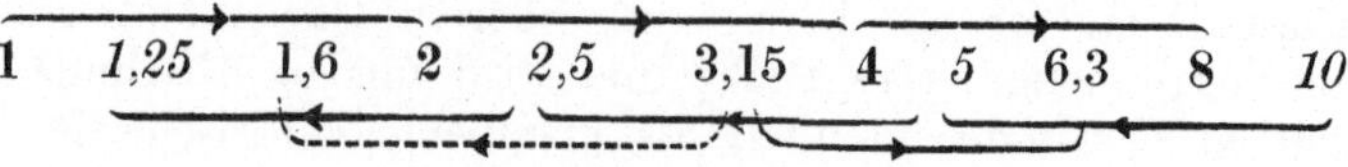

Auf diese Weise kann jeder die Reihe R 10, die den Kern des Systems bildet, jederzeit aus dem Gedächtnis niederschreiben, es ist lediglich zu merken, daß die Hälfte von 3,15 auf 1,6 gerundet wird (daher gestrichelt)[1].

Unschwer schreibt man auch die nächst feinere Reihe nieder; man benutzt folgende

Regel für die Bildung der Zwanzigerreihe (R 20). Zwischen je zwei Glieder der Zehnerreihe setze ein ungefähr in der Mitte stehendes Glied, das, dem geometrischen Gesetz folgend, näher an dem unteren als dem oberen Nachbarwert liegt. Hierbei tritt bekanntlich 1,12 als Stufensprung dieser Reihe sowie $\sqrt{2} = 1{,}4$ und zu jeder Zahl ihr doppelter Wert in Erscheinung. Die eingeschobenen Zahlenwerte lauten demnach:

1,12 1,4 1,8 2,24 2,8 3,55 4,5 5,6 7,1 9

Die Zwanzigerreihe lautet also:

1	1,12	1,25	1,4	1,6	1,8	2	2,24	2,5	2,8	3,15
3,55	4	4,5	5	5,6	6,3	7,1	8	9	10	

Als weitere Regeln merken wir:

5. Normungszahlen in allen anderen Zehnerstufen werden durch Verschieben des Kommas gebildet.

Die Zahlen der Reihe R 40 zählen wir nicht zum engeren Gedächtnisstoff, obwohl es für den Normeningenieur nicht schwer ist, sich nach der für die Zwanzigerreihe gegebenen Regel auch diese Zahlen hinzuschreiben. Allgemeine Beobachtungen zeigen, daß die Reihe R 10 besonders häufig vorkommt, deshalb lohnt es sich, mindestens diese Reihe fest im Gedächtnis zu behalten.

Um *praktische Reihen* im Gedächtnis zu behalten, merke man sich einen Festpunkt und die Stufen. Die Leute, die mit Toleranzen zu tun

---

[1] Goller gibt eine andere, auch leicht merkbare Regel an; sie lautet: Man schreibe von 1 beginnend alle Verdoppelungswerte hin, wobei man sich zwei kleine Abweichungen zu merken hat, nämlich 2 mal 16 = 31,5 und 2 mal 63 = 125.

Man schreibe die entstehende Reihe in den drei Zehnerstufen 1 ··· 10, 10 ··· 100, 100 ···1000 „auf Lücke“ untereinander

1			2			4			8
	16			31,5			63		
		125			250			500	1000

sodann rücke man die Zahlen der zweiten und dritten Zeile in die Lücken nach oben und verschiebe gleichzeitig das Komma entsprechend. Damit finden wir ohne weiteres:

1 1,25 1,6 2 2,5 3,15 4 5 6,3 8 10

(Man erinnere sich, daß nach Abschn. 222 jede Zahl der Verdoppelungsreihe sich erst nach drei Zehnerstufen wiederholt.)

haben, wissen zum Beispiel, daß eine ISA-Toleranz-Qualität von IT 6 an jeweils die 1,6fachen Toleranzen der vorhergehenden Qualität hat. Merken wir uns nun als Festpunkt für die Qualität IT 6 die bei 125 mm Durchmesser geltende Toleranz = 25 μ (beides Normungszahlen), so wissen wir ohne weiteres, daß bei den Qualitäten IT 7, IT 8, IT 9 die Toleranzen für den zugehörigen Durchmesserbereich 40 63 100 μ lauten (vgl. Abschnitt 38).

Der Inhalt ganzer Normentafeln läßt sich merken, wenn man ein Anfangsglied und die Stufensprünge nach zwei Richtungen (Dimensionen) gemerkt hat. Ein Beispiel gibt die Norm für die Querschnitte von Drehmeißeln. Der Festpunkt ist 10 mm als Länge der schmalen Seite. Die schmalen Seiten sind nach R_a 10 und die Seitenverhältnisse nach den Zahlen 1 — 1,6 — 2 — 2,5 gestuft. Somit kann man ohne weiteres aus dem Gedächtnis sagen, daß zu diesen Reihen die Querschnitte

$$20 \times 32, \quad 16 \times 32 \quad \text{oder} \quad 40 \times 63$$

gehören (siehe auch Abschnitt 474).

23 Das Rechnen mit Normungszahlen.

Nachdem in Abschnitt 22 die Normungszahlen und ihre Reihen erläutert wurden, handelt es sich nunmehr darum, ihre allgemeinen mathematischen Eigenschaften zu erfassen und die Regeln für das Rechnen mit Normungszahlen anzugeben. Während sich die natürlichen Zahlen in erster Linie zum Zusammenzählen eignen (man denke an die einfache Zehnerübertragung bei mehrstelligen Zahlen), *bilden die Normungszahlen ein besonders für das Vervielfachen geeignetes Zahlengefüge.*

Bei technischen Berechnungen — man denke an Rauminhalte, Gewichte, Leistungen und dergleichen mehr — herrscht dieses Vervielfachen vor. Deshalb sind die Normungszahlen für die Technik so hervorragend geeignet und deshalb erleichtern sie auch technische Rechnungen in einem ungeahnten Maße.

Dabei steht der Satz voran:

Jeder Hauptwert ist hinsichtlich des Vervielfachens[1] *nichts anderes als ein Vertreter des ihm zugehörigen mathematischen Wertes.*

Statt der genauen mathematischen Beziehung

$$\sqrt[40]{10^{12}} \cdot 10\sqrt[40]{10^{32}} = 100\sqrt[40]{10^{4}}$$

$$\text{oder} \quad 1{,}9953 \cdot 63{,}096 = 125{,}89$$

schreibt man in Normungszahlen (NZ) die „*NZ-Gleichung*“

$$2 \cdot 63 = 125$$

[1] Hierzu wird auch das Teilen und Potenzieren gerechnet.

Genau genommen müßte man an Stelle des Gleichheitszeichens das Ungefährzeichen nach DIN 1302 schreiben. Soweit aber außer Zweifel steht, daß man sich innerhalb einer Normungszahlenrechnung befindet, mag es erlaubt sein, das Gleichheitszeichen auch da zu benutzen, wo die Produkte von Normungszahlen nicht mathematisch genau gleich dem hingeschriebenen Ergebnis sind.

In dem Sinne dürfen wir uns erlauben, zu schreiben:

$$8 \cdot 8 = 63 \text{ (statt 64)}$$

$$\text{und } 2^{10} = 1000 \text{ (statt 1024)}$$

Die Normungszahlenreihe ist, wie in Abschnitt 22 dargelegt, eine *geometrische Reihe*. Deren allgemeine Eigenschaften, die in Abschnitt 231 wiedergegeben sind, gelten also auch für die Normungszahlenreihen. Sie zu kennen ist daher höchst wichtig. Eine Eigenschaft dieser Reihe sei vorweggenommen, da sie für das technische Schaffen eine besondere Rolle spielt, nämlich die

Treffsicherheit.

Stellen wir uns eine Normungszahlenreihe, etwa die Reihe R 20 vor und fordern wir aus irgendeiner Überlegung heraus einen bestimmten technischen Wert, z. B. 65, so können wir damit von der nächsten benachbarten Normungszahl niemals um mehr als $\sqrt{\text{Stufensprung}}$ abweichen. Wir können also bei der Reihe R 20 niemals mehr als $\sqrt{q^2} = q$ „daneben" treffen. Hier wäre also die Treffsicherheit $\pm (q - 1)$ oder $\pm$ 0,06 oder $\pm$ 6%. Wenn nun in Abschnitt 221 behauptet wurde, daß es kaum einen technischen Wert gebe, der nicht bis zu 3% größer oder kleiner sein dürfte, so kann man dies nunmehr in den Satz kleiden:

Technische Rechnungen erfordern im allgemeinen keine höhere Treffsicherheit als $\pm$ 3%.

Dieser Treffsicherheit genügt die Reihe R 40.

Die Treffsicherheit ist also ein Wert, der beim Ersatz einer beliebigen Zahl durch eine Normungszahl auftritt. Etwas anderes ist die Rechengenauigkeit: Keine Normungszahl weicht von ihrem Genauwert um mehr als + 1,26 — 1,02% ab, kein Rundwert um mehr als — 5,13%. Bei Produkten von Hauptwerten sind die Abweichungen natürlich größer, z. B. 2^{10} um 2,4% größer als 1000. Erst recht ist dies natürlich bei Rundwerten der Fall. Aus diesem Grundesind Rundwerte bisweilen nicht zulässig, wenn sie in höherer Potenz in ein Rechenergebnis eingehen. (Beispiel: Durchmesser von Schraubenfedern, siehe Abschnitt 413.)

Für den, der mit Normungszahlen rechnet, mag es nützlich sein, sich einiger bemerkenswerter Beziehungen zwischen den Normungszahlen bewußt zu werden. Außer den Grundbeziehungen wie $\sqrt[10]{10} = 1,25$

oder $1{,}25^{10} = 10$ gibt es eine Reihe anderer Beziehungen, deren Kenntnis zur Erleichterung des Rechnens beitragen kann. Sie sind in Zahlentafel 23/1 zusammengestellt.

Zahlentafel 23/1.
Bemerkenswerte Beziehungen zwischen Normungszahlen.

1. Beziehung zwischen 2 und 10: $\sqrt[3]{2} = \sqrt[10]{10}$ (= 1,25)

2. Potenzen, die 10, 100, 1000 ergeben.

$1{,}06^{40} = 10$	$1{,}12^{40} = 100$	$1{,}18^{40} = 1000$
$1{,}12^{20} = 10$	$1{,}25^{20} = 100$	$1{,}25^{30} = 1000$
$1{,}25^{10} = 10$	$1{,}6^{10} = 100$	$1{,}4^{20} = 1000$
$1{,}6^{5} = 10$	$2{,}5^{5} = 100$	$1{,}6^{15} = 1000$
$2{,}5^{2,5} = 10$	$3{,}15^{4} = 100$	$2^{10} = 1000$
$3{,}15^{2} = 10$		

3. Potenzen, die 2 und 4 ergeben:

$1{,}06^{12} = 2$	$1{,}12^{12} = 4$
$1{,}12^{6} = 2$	$1{,}25^{6} = 4$
$1{,}25^{3} = 2$	$1{,}6^{3} = 4$

4. Potenzen, die das 10fache und 100fache ihrer Grundzahl ergeben.

$1{,}06^{41} = 10{,}6$	$1{,}06^{81} = 106$
$1{,}12^{21} = 11{,}2$	$1{,}12^{41} = 112$
$1{,}25^{11} = 12{,}5$	$1{,}25^{21} = 125$
$1{,}6^{6} = 16$	$1{,}6^{11} = 160$
$1{,}8^{5} = 18$	$2{,}5^{6} = 250$
$3{,}15^{3} = 31{,}5$	$3{,}15^{5} = 315$

231 Eigenschaften geometrischer Reihen.

Wesen.

1. Benennungen. In der geometrischen Reihe mit $n + 1$ Gliedern

$$A_1 \; A_1\varphi \quad A_1\varphi^2 \cdots A_1\varphi^n \tag{1}$$

heiße A_1 das Anfangsglied, $\varphi = \dfrac{A_1\varphi^m}{A_1\varphi^{m-1}}$ der Stufensprung.

Eine Verlängerung über A_1 hinaus würde lauten:

$$A_1\varphi^{-k} \cdots A_1\varphi^{-2} \quad A_1\varphi^{-1} \quad A_1 \tag{2}$$

somit ist A_1 allgemein das Ausgangsglied der Reihe.

2. Bezeichnung. Bezeichnet man mit G allgemein eine geometrische Reihe („G-Reihe“), so ist jede einzelne Reihe eindeutig durch Angabe von Stufensprung φ und Ausgangsglied A beziehungsweise Anfangs- und Endglied bestimmt.

Somit $G\varphi$ $(\cdots A_1 \cdots)$ = Reihe ohne Begrenzung nach oben und unten

$G\varphi$ $(A_1 \cdots A_n)$ wie (1)

3. Analytische Darstellung. Stellt man die Gliednummer n als Abszisse und die Größe der Glieder als Ordinate dar, so erhält man die Gleichung einer Exponentialkurve

$$A_n = A_1 \varphi^{n-1}, \tag{3}$$

die aber nur für ganzzahlige n sinnvoll ist (siehe Bild 26/1).

Beziehungen der Glieder unter sich.

1. Jedes Glied einer G-Reihe ist ein bestimmtes Vielfaches des vorhergehenden, oder das Verhältnis beliebiger aufeinanderfolgender Glieder ist innerhalb einer G-Reihe gleich.

2. Jedes Glied einer G-Reihe ist das geometrische Mittel seiner Nachbarglieder

$$A_1 \cdot \varphi^m = \sqrt{A_1 \cdot \varphi^{m-1} \cdot A_1 \cdot \varphi^{m+1}} \tag{4}$$

3. Läßt man aus einer G-Reihe Glieder derart aus, daß nur jedes m-te Glied stehenbleibt, so bilden die Restglieder eine G-Reihe mit dem Stufensprung φ^m.

4. Vervielfacht man jedes Glied einer unbegrenzten G-Reihe mit φ^b, so entsteht eine Reihe, die ihr gleich, aber ihr gegenüber um b-Glieder verschoben ist.

5. Vervielfacht man alle Glieder einer G-Reihe mit einem Faktor f, so entsteht eine G-Reihe mit gleichem Stufensprung, nämlich aus $G\varphi\ (\cdots A_1 \cdots)$ die Reihe $G\varphi\ (\cdots fA_1 \cdots)$, somit:

Verschiedene Reihen mit gleichem Stufensprung φ können durch Vervielfachung oder Teilung ineinander umgewandelt werden (technische Maßstabänderung).

6. Potenziert man jedes Glied einer G-Reihe $G\varphi\ (\cdots A_1 \cdots)$ mit einem Exponenten d, so entsteht wieder eine G-Reihe, nämlich eine mit dem Stufensprung φ^d und dem Anfangsglied $A_1{}^d$, also

$$G\varphi^d\ (\cdots A_1{}^d \cdots)$$

7. Die Summen und Differenzen aufeinanderfolgender Glieder einer G-Reihe bilden wieder eine G-Reihe, nämlich mit

$A_1 \pm A_1\varphi = A_1(\varphi \pm 1)$ usf. die Reihe

$A_1(\varphi \pm 1) \quad A_1(\varphi^2 \pm \varphi) \quad A_1(\varphi^3 \pm \varphi^2)$ oder

$A_1(\varphi \pm 1) \quad A_1(\varphi \pm 1)\varphi \quad A_1(\varphi \pm 1)\varphi^2$

abgekürzt $\quad G\varphi\ [A_1(\varphi \pm 1) \cdots]$ (5)

allgemeiner:

Die Summen von je e aufeinanderfolgenden Gliedern einer G-Reihe bilden die Reihe

$$G\varphi^e\ [A_1(1 + \varphi + \varphi^2 + \cdots \varphi^{e-1}) \cdots]$$

8. Die Produkte je f aufeinanderfolgender Glieder einer G-Reihe bilden wieder eine G-Reihe,

$$A_1^f \cdot \varphi^{0+1+2\cdots+f-1} \qquad A_1^f \cdot \varphi^{f+(f+1)+(f+2)+\cdots 2f-1} \quad \ldots\ldots$$

oder $A_1^f \cdot \varphi^{(f-1)f/2}$ $\qquad A_1^f \cdot \varphi^{f \cdot f+1+2+\cdots f-1}$

oder $A_1^f \cdot \varphi^{(f-1)f/2}$ $\qquad A_1^f \cdot \varphi^{f^2+(f-1)f/2}$

somit lautet die Reihe der Produkte

$$G\varphi^{f^2} \cdot (A_1^f \varphi^{(f-1)f/2} \cdots) \tag{6}$$

Die Reihe der Produkte je zwei aufeinanderfolgender Glieder wird mit $f = 2$

$$G\varphi^4 \cdot (A_1^2\varphi \cdots) \tag{6a}$$

G-Reihen mit Ausgangsglied $= \varphi^k$ *(k = ganze Zahl)*

(mit $\varphi = q = \sqrt[40]{10}$ Normungszahlenreihe)

1. *Wird* $A_1 = \varphi^k$, *so lassen sich alle Glieder als reine ganzzahlige Potenzen von* φ *ausdrücken:* $G\varphi\,(\cdots \varphi^k \cdots)$ (7)
2. *Die Produkte, Quotienten und Potenzen beliebiger Glieder solcher Reihen sind wieder (ganzzahlige) Potenzen von* φ.

Kombinationen verschiedener G-Reihen miteinander zugeordneten Gliedern.

1. Die Zuordnung der Glieder verschiedener Reihen bedeutet, daß die 1., die 2. $\cdots$ die n-ten Glieder je einander zugeordnet werden, damit die folgenden Operationen paarweise mit ihnen vorgenommen werden können, also

Glied Nr.	1	2	3	4
1. Reihe	A_1	$A_1\varphi$	$A_1\varphi^2$	$A_1\varphi^3$
2. Reihe	B_1	$B_1\eta$	$B_1\eta^2$	$B_1\eta^3$

2. Die Produkte (Quotienten) einander zugeordneter Glieder zweier Reihen $G\varphi\,(A_1 \cdots)$ und $G\eta\,(B_1 \cdots)$ bilden wieder eine G-Reihe, nämlich

$$G\,(\varphi \cdot \eta)\;\;(A_1 B_1 \cdots) \quad \text{bzw.} \quad G\left(\frac{\varphi}{\eta}\right)\left(\frac{A_1}{B_1}\cdots\right) \tag{8}$$

Aus der fortgesetzten Anwendung dieses Satzes ergibt sich seine Erweiterung:

Die Produkte einander zugeordneter Glieder beliebig vieler geometrischer Reihen ergeben wieder eine geometrische Reihe.

Hat man zum Beispiel eine Größe

$$M_1 = C \cdot \frac{E \cdot F}{G \cdot H}$$

und wachsen, abgesehen von dem Festwert C die einzelnen unabhängigen Größen mit den Stufensprüngen q^e, q^f, q^g, q^h, so erhält man für die nächste Stufe

$$M_2 = C \cdot \frac{E \cdot q^e \cdot F \cdot q^f}{G \cdot q^g \cdot H \cdot q^h} = M_1 \cdot q^{e+f-(g+h)}$$

Das letzte Glied ist der sich ergebende Stufensprung für die abhängige Größe M (siehe auch Abschnitt 235).

3. Jedes Paar von einander zugeordneten Gliedern zweier G-Reihen mit gleichem Stufensprung bildet denselben Quotienten $\frac{A_1}{B_1}$

4. Die Summen einander zugeordneter Glieder mehrerer G-Reihen bilden unter *einer* (einschränkenden) Bedingung, nämlich wenn beide G-Reihen den gleichen Stufensprung haben, wieder eine G-Reihe, nämlich

$$G\varphi\ [(A_1 + B_1) \cdots]$$

Technische Beispiele: Gewicht von Schraube und Mutter.

5. Wenn man mehrere geometrische Reihen mit gleichem Ausgangsglied und gleichem Stufensprung einander so zuordnet, daß jede folgende Reihe gegenüber der vorhergehenden um n-Glieder verschoben ist, dann bilden untereinander stehende Glieder wiederum geometrische Reihen, und zwar mit dem Stufensprung φ^n.

Allgemeine Form mit $n = 2$:

A	$A\varphi$	$A\varphi^2$	$A\varphi^3$	10	12,5	16	20
$A\varphi^2$	$A\varphi^3$	$A\varphi^4$	$A\varphi^5$	16	20	25	31,5
$A\varphi^4$	$A\varphi^5$	$A\varphi^6$	$A\varphi^7$	25	31,5	40	50

Auch in jeder Diagonalrichtung bilden die aufeinanderfolgenden Werte geometrische Reihen.

Dies ist für die Aufstellung von Zahlentafeln bedeutsam, da diese denkbar wenige verschiedene Zahlen aufweisen und in solchen Tafeln eine Reihe von Zahlengleichen (Kontrollen) vorhanden sind (siehe auch Abschnitt 238).

6. Anzahl von Gliedern in einem Bereich (siehe auch Abschnitt 237). Ist ein Bereich durch das Verhältnis B seiner Endglieder angegeben und sind dazwischen $n - 1$ Stufensprünge einzuschieben, damit eine Reihe mit n Gliedern entsteht, so gilt

$$\varphi^{n-1} = B \qquad n = \frac{\log B}{\log \varphi} + 1 \tag{9}$$

7. Summe der Glieder einer geometrischen Reihe.

Nach der Euklidischen Formel ist die Summe einer geometrischen Reihe

$$1 + q + q^2 + \cdots q^m = \frac{q^{m+1} - 1}{q - 1}$$

somit die Summe einer größeren Reihe

$$q^n + q^{n+1} + q^{n+2} + \cdots\cdots q^{n+m} = q^n \frac{q^{m+1} - 1}{q - 1}$$

oder

$$q^e + q^{e+1} + q^{e+2} \cdots\cdots q^g = \frac{q^{g+1} - q^e}{q - 1}$$

232 Kopfrechnen mit Normungszahlen.

Wurden in Abschnitt 226 Merkregeln für die Normungszahlen selbst gegeben, so wendet sich dieser Abschnitt nunmehr dem Kopfrechnen mit Normungszahlen zu, das, wie oben ausgeführt, vornehmlich in Vervielfachen, Teilen, Potenzieren und Wurzelziehen besteht.

Die einfachste Aufgabe besteht darin, zu einer gegebenen Größe die nächste innerhalb einer Normungszahlenreihe auszurechnen. Beträgt der vorgesehene Stufensprung 1,25 und muß man vom Wert einer abgeleiteten Reihe zum Beispiel 45 ausgehen, so rechnet man leicht im Kopf

$$45 \cdot {}^5/_4 = 56^1/_4$$

und „greift“ dazu die nächstgelegene Normungszahl, in diesem Falle 56. Der Geübte, der die Reihe R 40 auswendig weiß, wird bei jedem beliebigen Stufensprung q^f im Kopf um f Glieder weiter zählen und so die betreffende Reihe R $\frac{40}{f}(\cdots A\,1 \cdots)$ frei hinschreiben. Der Leser versuche mit $f = 7$ von 20 an weiter zu rechnen. Er zählt in Gedanken:

21,2 22,4 23,6 25 26,5 28 30

Er findet dann aus dem Verhältnis 30/20 den Stufensprung 1,5, der genau mit einer Normungszahl übereinstimmt, sonst aber zur nächstliegenden Normungszahl geändert werden müßte, und nun ist es leicht, die Reihe fortzusetzen:

20 30 45 67 100 150 224

Hierbei bemerkt man, daß der Stufensprung 1,5 nach vier Schritten auf das Fünffache führt und kann danach nach Fortsetzung der Reihe die Richtigkeit leicht überprüfen.

Vervielfachungen übe man an Hand einiger Rechnungen ein.

Beispiel : 112 · 2,5 · 63

2,5 · 63 gibt überschlägig etwas über 150. Man greift also ohne weiteres die Normungszahl 160. Vervielfacht man 160 mit 112, so heißt das nichts anderes, als daß man das nächste Glied in der Reihe R 20 (Stufensprung 1,12) sucht. Man schlägt rund 10 % dazu und greift die nächste Zahl 180 oder mit dem richtigen Stellenwert 18000.

Gehört nur ein Faktor der Reihe R 40 an, so nehme man zunächst statt seiner den nächsten Wert und gehe beim Ergebnis um diesen Schritt in der Reihe R 40 zurück. Beispiel:

67 · 224, dafür 63 · 224 = 14000, nächste Zahl aus R 40 ist 15000 gleich Ergebnis.

Noch besser wirken sich die Rechenvorteile bei der Teilung aus, was folgendes Beispiel zeigen möge:

$$\frac{\pi \cdot 56^2 \cdot 250}{16 \cdot 710}$$

56^2 gibt etwas über 3000, also nächste Normungszahl 3150. π mal 3150 gibt bekanntlich 10000, da $3{,}15 \approx \pi \approx \sqrt{10}$. Im Nenner ergibt das Kopfrechnen $7 \cdot 16 = 112$, was schon die richtige Normungszahl ist. Somit ergibt sich schon im ersten Schritt der Bruch $\frac{10000 \cdot 250}{11200}$

250:112 muß etwas mehr als 10% unter 2,5 liegen, und zwar bei der nächsten Normungszahl in der Reihe R 20, nämlich 2,24, und damit ist das Ergebnis 224 festgestellt.

Auch die Potenzierung mit ganzen Exponenten ist leicht möglich.

Beispiel: $35{,}5^3$ $35{,}5 \times 35{,}5$ gibt etwas über 1200, also die Normungszahl 1250.

$1250 \cdot 35{,}5$ ist leicht zu rechnen, da 1,25 mal 36 auf 45 führt, das schon eine Normungszahl ist. Also $35{,}5^3 = 1250 \times 35{,}5 = 45000$.

Diese Beispiele sind so genau mit Worten erläutert, damit der Leser durch einige praktische Übungen rasch das Vertrauen zu sich selbst gewinnt, um in Zukunft mit diesen Normungszahlen seine Kopfrechnungen gewaltig zu erleichtern. Er wird schon nach kurzer Übung erstaunt sein, wieviel seltener er den Rechenschieber braucht, wenn er seine Dinge von Anfang an auf Normungszahlen einstellt. Nun könnte noch eingewandt werden, daß auch häufig Rechnungen mit Faktoren gemacht werden müssen, die nicht mit Normungszahlen übereinstimmen, zum Beispiel bei einer Gewichtsberechnung eines quaderförmigen Stückes Stahl mit den Maßen

$$710 \cdot 45 \cdot 28 \text{ mm}$$

$$G = 7{,}8 \cdot 710 \cdot 45 \cdot 28 \cdot 10^{-6} \text{ kg}$$

Dabei benutze man folgenden Kniff:

Man nehme statt der Zahl 7,8, die keine Normungszahl ist, die nächstgelegene Normungszahl, nämlich 8, und merke sich, daß man damit etwa 2,5% zuviel gerechnet hat. Man rechnet nun leicht im Kopf $8 \cdot 45 = 360$ und $710 \cdot 28 = 20000$. Das vorläufige Gewicht ist also $G' = 20000 \cdot 360 \cdot 10^{-6} = 7{,}2$ kg. Davon die oben zuviel genommenen

2,5% wieder ab ergibt $G = 7{,}02$ kg. Die Genauigkeit, die nur wenig hinter der des Rechenschiebers nachsteht, dürfte im allgemeinen genügen (das genaue Ergebnis wäre 7,04 kg).

Umrechnungen. Wenn bei technischen Berechnungen das Ergebnis nicht befriedigt, dann sind Umrechnungen nötig, indem man eine oder mehrere angenommene Größen ändert. Hierbei erweist sich der Gebrauch von Normungszahlen ebenfalls als äußerst vorteilhaft. Ist beispielsweise das Ergebnis nur 0,9 dessen, was erzielt werden soll, und kommt das zu ändernde Maß im Ansatz in der ersten Potenz vor, so sieht man ohne weiteres, daß man statt dieses Maßes das um den Stufensprung 1,12 größere anzusetzen hat. Kommt ein Durchmesser beispielsweise in der zweiten Potenz im Nenner vor und soll das Ergebnis auf das 1,6fache gebracht werden, so sieht man ohne weiteres, daß der Durchmesser mit $\sqrt{1{,}6} = 1{,}25$ geteilt, also auf das 0,8fache verringert werden muß. Sind beispielsweise drei Größen zu ändern und soll das Ergebnis das Doppelte sein, so braucht man den Faktor 2 nur in mehrere Normungszahlen als Teilfaktoren aufzulösen, zum Beispiel $1{,}12 \cdot 1{,}25 \cdot 1{,}4$ und für die beteiligten Größen die um diese Faktoren vergrößerten Werte einzusetzen. Nach kurzer Übung lernt man, auf diese Weise die Änderungsfaktoren zweckmäßig zu verteilen und neue Berechnungen völlig zu ersparen.

233 Die Einbeziehung technischer Festwerte.

Dem Rechnen mit Normungszahlen kommt es zugute, daß viele technische Festwerte Normungszahlen, und zwar Hauptwerte sind. Sie sind nach der Zugehörigkeit zu den verschiedenen Grundreihen zu würdigen. So gehören die Werte 2 4 8 der Reihe R 10 an. Die Werte 32 und 64 werden in bekannter Weise durch die Hauptwerte der Reihe R 10 ersetzt.

Ebenso treten bei der Leistungsberechnung in kW an Stelle der Festwerte 102 bzw. 973 die Zahlen 100 bzw. 1000.

Dasselbe gilt für $g = 9{,}81\ \mathrm{m/sec^2}$. Die runden Zahlen genügen trotz der 2%igen Abweichung für die meisten technischen Rechnungen. Notfalls kann man beim Ergebnis die 2% berichtigen.

Die Werte $1{,}4 = \sqrt{2}$ und $0{,}71 = \frac{1}{2}\sqrt{2} = \sqrt{\frac{1}{2}} = \sin 45$ Grad $= \cos 45$ Grad gehören der Reihe R 20, die Werte 3 6 12 60 75 aber leider nur der Reihe R 40 an. Da von den letzteren Werten zum Beispiel 6 für die Widerstandsmomente rechteckiger Querschnitte $\left(W = \frac{b h^2}{6}\right)$ benutzt wird, so ist, vorausgesetzt, daß die Grundwerte Normungszahlen sind, eine Reihe von Zahlenprodukten für diese Einheiten stets die Reihe R 40/f oder eine von ihr abgeleitete Reihe. Das ergibt sich aus folgender Ableitung:

$$6 = q^{31}$$
$$bh^2 = q^x \cdot q^{2y} = q^{x+2y}$$
$$W = q^{x+2y-31}$$

Nimmt x aufeinanderfolgende Zahlenwerte an (Reihe R 40), so gilt dasselbe für W. Aber auch, wenn x eine gerade Zahl ist (Reihe R 20 oder R 10), wird der Exponent von q ungerade und W eine Zahl der Reihe R 40.

Folgende bekannte Formeln für rechteckige und runde Körper ergeben also stets Normungszahlen, wenn die Längenmaße Normungszahlen sind.

Zahlentafel 233/1.
Querschnitt, Rauminhalt, Widerstandsmoment, Trägheitsmoment.

	Rechteckstange	Rundstange	Kugel
Querschnitt . . .	$b \cdot h$	$\frac{\pi}{4} d^2 = 0{,}8\, d^2$	—
Rauminhalt . . .	$b \cdot h \cdot l$	$\frac{\pi}{4} d^2 \cdot l = 0{,}8\, d^2 l$	$\frac{\pi}{12} d^3 = 0{,}265\, d^3$
Widerstandsmoment	$\frac{bh^2}{6}$	$\frac{\pi}{32} d^3 = 0{,}1\, d^3$	—
Trägheitsmoment	$\frac{bh^3}{12}$	$\frac{\pi}{64} d^4 = 0{,}05\, d^4$	—

Die Zahl 60 spielt in Formeln mit Drehzahlen (Winkelgeschwindigkeiten) bei Umrechnung in die Größen je Sekunde eine Rolle.

$$\omega = \frac{2\pi n}{60} = 0{,}106\, n = \frac{n}{9{,}5}\ [\mathrm{s}^{-1}]$$

wenn n = Drehzahl in der Minute

$$N = \omega \cdot M_d = \frac{\pi}{30} n \cdot M_d = \frac{\pi}{60} \cdot n \cdot P \cdot d = \frac{n}{19} \cdot P \cdot d$$

Die Ludolphsche Zahl π. Sehr günstig ist, daß die Zahl $\pi = 3{,}1416$ nur um $-0{,}65\%$ von dem Hauptwert 3,15 abweicht, der sogar der Reihe R 10 angehört.

Produkte mit der Zahl π sind also stets Normungszahlen, wenn die übrigen Faktoren es sind. Das gleiche gilt für $2\pi\ \frac{\pi}{2}\ \frac{\pi}{4}$, ferner die Potenzwerte $\pi^2 = 9{,}8696$, der um $-1{,}3\%$ von dem Hauptwert 10 abweicht, und $\sqrt{\pi} = 1{,}7724$, der um $-0{,}33\%$ von dem dem Hauptwert 1,8 entsprechenden Genauwert 1,7783 abweicht.

Es werden also Kreisumfänge, Zylinderflächen, Kugelflächen, Kreisquerschnitte, Umfangsgeschwindigkeiten, Rauminhalte von Zylindern und Kugeln ohne weiteres Normungszahlen, wenn die entsprechenden Grundgrößen (Durchmesser, Höhe, Drehzahlen) selbst Normungszahlen sind.

Die Umrechnungszahl von Zoll in Millimeter: 25,4. Diese Zahl weicht vom Genauwert des nächstliegenden Hauptwertes 25 um $+1{,}11\%$ ab. Die Zahl 25,4 kann also in technischen Rechnungen ohne weiteres durch den Hauptwert 25 ersetzt werden, selbstverständlich mit der Einschränkung, daß es sich nur um Hauptabmessungen, nicht aber um Paßmaße handelt (Schr. 20). Diese Tatsache schafft eine der bedeutendsten Möglichkeiten zur *Weltnormung*. Größen, die in Zollländern nach Normungszahlen festgelegt sind (Amerika hat die gleichen Normungszahlen), ergeben auf Millimeter umgerechnet wiederum Normungszahlen. Die Abweichungen zu den Genaumaßen sind entweder unerheblich, wenn es sich zum Beispiel um unbearbeitete Gußstücke, um Leitungsrohre, Seildurchmesser und dergleichen handelt, oder so gering, daß man aus den gleichen Schmiedestücken die Genaumaße sowohl im Zollsystem wie im metrischen System in Werten der Normungszahlen herstellen kann. Das bedeutet, daß, wenn ein europäischer Hersteller für Übersee international genormte Teile in Zollpassungen liefern muß, er von den gleichen Rohstücken ausgehen kann, die er für die Herstellung in metrischen Passungen benutzt.

Den gleichen Nutzen zieht die Typnormung aus diesem Verhältnis, wenn in beiden Ländergruppen die Normungszahlen benutzt werden.

Weitere Maße, die sich als Normungszahlen umrechnen lassen, sind:

1 Fuß	= 304 mm	≈ 300 mm
1 Yard	= 914 mm	≈ 900 mm
1 Statute Mile	= 1,609 km	≈ 1,6 km
1 Quadratzoll	= 645	≈ 630 mm
1 Quadratfuß	= 92000 mm^2	≈ 90000 mm^2
1 Kubikzoll	= 16400 mm^2	≈ 16000 mm^2
1 Kubikfuß	= 0,283 hl	≈ 0,28 hl
1 Registertonne	= 2,832 m^3	≈ 2,8 m^3
1 Pfund/Quadratzoll	= $\frac{450}{630}$	≈ 0,71 g/mm^2

Die englischen Gewichte bilden bei aller rechnerischen Unbequemlichkeit wenigstens Normungszahlenverhältnisse:

1 ton	= 20 hundredweight	= 1016 kg	≈	1000 kg
1 hundredweight	= 4 quarter	= 50,8 kg	≈	50 kg
1 quarter	= 28 pound	= 12,7 kg	≈	12,5 kg
1 pound	= 16 ounces	= 453 g	≈	450 g
1 ounce		= 28,3 g	≈	28 g

Der Goldene Schnitt. Teilt man eine Strecke L nach dem Goldenen Schnitt in die Teilstrecken xL und $(1 - x)\,L$, so ist das Verhältnis

$$\frac{xL}{L} = \frac{(1 - x)\,L}{xL} = 0{,}618$$

Diese Zahl weicht um $-2{,}06\%$ vom Genauwert der Normungszahl 0,630 ab. Daraus ergibt sich mit genügender Genauigkeit:

a) Das Streckenverhältnis beim Goldenen Schnitt ist eine Normungszahl.

b) Ist die Länge einer Strecke durch eine Normungszahl ausgedrückt, so ist die längere der nach dem Goldenen Schnitt abgeteilten Teilstrecke ebenfalls eine Normungszahl.

Anmerkung: Der Goldene Schnitt hat nur den Sinn eines linearen Verhältnisses auf derselben Geraden. Es erscheint daher abwegig, dieses Verhältnis nur deshalb, weil es dem Goldenen Schnitt entspricht, auch auf Seitenverhältnisse von Rechtecken u. a. anzuwenden.

234 Die Logarithmen der Normungszahlen.

In DIN 323 (Zahlentafel 221/1, Spalte 4) sind die Mantissen der Zehner- oder BRIGGSschen Logarithmen angegeben. Der kleinste Wert für $1{,}06 = \sqrt[40]{10}$ ist $^1/_{40} = 0{,}025$, die anderen sind ganzzahlige Vielfache davon. Das Normblatt hat also seine Logarithmentafel bei sich. Mit diesen Logarithmen läßt sich sehr bequem rechnen, insbesondere haben die Logarithmen der Zahlen der Reihe R 10 nur eine Stelle hinter dem Komma.

Trotzdem gibt es noch eine einfachere logarithmische Rechnung; indem man jeder Zahl q^n der Vierzigerreihe eine Ordnungszahl N zuordnet, hat man besondere Logarithmen zur Basis q oder 1,06 oder $\sqrt[40]{10}$ geschaffen.

$$N \equiv {}^{q}\log q^N$$

Die Logarithmen sind daher ganze Zahlen, sie sind die Vierzigfachen der BRIGGSschen Logarithmen. Vervielfachen und Teilen von Normungszahlen läßt sich also auf das höchst einfache Zusammenzählen oder Abziehen dieser ganzen Zahlen zurückführen. Jede Zehnerstufe verändert den q-Logarithmus um 40, das muß beim Ablesen des Ergebnisses berücksichtigt werden.

$${}^{q}\log 10 = 40 \qquad {}^{q}\log 100 = 80 \qquad {}^{q}\log 1000 = 120$$

Dem Ergebnis-Logarithmus kann man ohne weiteres ansehen, welcher Grundreihe die zugehörige Normungszahl angehört.

Ist er teilbar durch:	8	4	2	
so gehört die Zahl der Grundreihe mit der Kennzahl	$\frac{40}{8}$	$\frac{40}{4}$	$\frac{40}{2}$	
also der Grundreihe	R 5	R 10	R 20	an.

Von TILLMANN, Wien, wurde vorgeschlagen, eine dritte Möglichkeit zu benutzen, nämlich das Zehnfache des Zehnerlogarithmus, dann hätten die 10 Zahlen der Reihe R 10 (1,25 ··· 10) als Logarithmen (oder Module genannt) die natürlichen Zahlen 1 2 3 4 ··· 10. Es erschien aber nicht ratsam, neben den BRIGGSschen Logarithmen und den Ordnungszahlen noch einen weiteren aufzunehmen, wiewohl nicht verkannt werden soll, daß der TILLMANNsche Modul den Wert 10 als Kern des Systems schärfer hervorheben würde. Dagegen könnte man aus DIN 323 die Spalte 4, Mantisse der BRIGGSschen Logarithmen weglassen.

Beispiel zum Rechnen mit q-Logarithmus: Verhältnis der Widerstandsmomente eines Quadratstabes vom Querschnitt 63 × 63 mm und eines Rundstabes vom gleichen Querschnitt.

$$W_1 = \frac{63 \cdot 63^2}{6}$$

$$W_2 = 0{,}1 d^3$$

$$\frac{\pi}{4} d^2 = 63^2$$

aus der Gleichheit der Querschnitte ergibt sich

$$d = 63 \cdot \sqrt{\frac{4}{\pi}}$$

$$\frac{W_1}{W_2} = \frac{63^3}{6 \cdot 63^3 \cdot \sqrt{\frac{4}{\pi}}^3 \cdot 0{,}1} = \frac{\pi^{3/2} \cdot 10}{6 \cdot 4^{3/2}}$$

$${}^{q}\log \frac{W1}{W2} = 20 \cdot \frac{3}{2} + 40 - 31 - 24 \cdot \frac{3}{2} = 30 + 40 - 31 - 36 = 3$$

$$\frac{W1}{W2} = q^3 = 1{,}18$$

Mit den Ordnungszahlen als Logarithmen geht auch jede Potenzierung überaus leicht. Zu 45^3 findet man als Logarithmus

$$q = 66 \cdot 3 = 198 = 160 + 38 = 4 \cdot 40 + 38$$

und dann als Normungszahl $10^4 \cdot 9 = 90000$.

Ebenso leicht ist das Wurzelziehen. Soll aus einer Normungszahl die r-te Wurzel gezogen werden, so erkennt man sofort, ob dabei wieder eine Normungszahl heraus kommt; das ist nämlich dann der Fall, wenn die zugehörige Ordnungszahl durch r ohne Rest teilbar ist.

235 Die Stufung abhängiger Reihen.

Produkte und Quotienten. Die mit Normungszahlen am einfachsten zu beherrschende Abhängigkeit liegt vor, wenn die Abhängigkeit das Produkt oder der Quotient von Normungszahlen ist. In Abschnitt 231 wurde der Satz entwickelt:

Der Stufensprung einer Produktenreihe (Quotientenreihe) ist gleich dem Produkt (Quotient) der Stufensprünge der Reihen der einzelnen Faktoren.

Dazu besteht nun der Wunsch, im voraus erkennen zu können, welcher Reihe die Werte der Produktenreihe angehören. Lautet die Abhängigkeit

$$P = \frac{D \cdot E \cdot F}{G \cdot H \cdot I}$$

und gehören z. B. D und G der Reihe R 10
E und H der Reihe R 20
F und I der Reihe R 40

an, so können wir schreiben:

$$D = q^{4d};\quad G = q^{4g}$$
$$E = q^{2e};\quad H = q^{2h}$$
$$F = q^{f};\quad I = q^{i}$$

und erhalten für P den Ausdruck $q^{4(d-g)+2(e-h)+(f-i)}$

Mit Worten: Wenn eine der Faktorenreihen eine feingestufte Grundreihe ist, dann gehören die einzelnen Produkte der gleichen Grundreihe an, es sei denn, daß die Summe der q-Exponenten der feinsten Reihe, im Beispiel $f—i$, eine gerade Zahl ist.

Häufig legt man Wert darauf, trotz der Verwendung von Faktoren aus der Reihe R 40 im Produkt nur Werte aus der Reihe R 20 zu haben. Das kann man unschwer erreichen, sofern die Anzahl der Faktoren aus der feinen Reihe gerade ist; im anderen Falle verschiebt man einen davon um 6%.

Beispiel: Rauminhalt V quaderförmiger Gefäße:

l =	200 (= q^{92})[1]	250 (= q^{96})	315 (= q^{100})	400 (= q^{104}) mm
b =	125 (= q^{84})	132 (= q^{85})	140 (= q^{86})	150 (= q^{87}) mm
h =	60 (= q^{71})	63 (= q^{72})	67 (= q^{73})	71 (= q^{74}) mm

[1] Lies 200 oder q^{92}.

Es ist offensichtlich, daß die q-Exponenten von b und h stets für sich und zuzüglich des stets geraden q-Exponenten von l eine ungerade Summe ergeben. V erhält daher Zahlenwerte, die nur in der Reihe R 40 vorkommen. Verschiebt man nun die h-Werte um 6 %, mit anderen Worten, vervielfacht man sie mit 1,06 oder teilt man sie durch 1,06, so erhält man zum Beispiel mit den Werten

$$h = 63 \ (= q^{72}) \quad 67 \ (= q^{73}) \quad 71 \ (= q^{74}) \quad 75 \ (= q^{75})$$

für jedes Produkt eine gerade Summe der q-Exponenten.

Beim Quadrieren gelangt man demnach stets, beim Erheben einer Zahl in die dritte Potenz dagegen nie zu einer gröber gestuften Reihe. Bei abgeleiteten Reihen gelangt man also auch nur unter der obigen Bedingung für die q-Exponenten im Produkt zu Zahlen einer gröberen Reihe.

Beispiel: $P = E \times G$

$E = 20 \ (= q^{52}) \quad 28 \ (= q^{58}) \quad 40 \ (= q^{64}) \quad 56 \ (= q^{70})$ (R 20/3)
$G = 50 \ (= q^{68}) \quad 67 \ (= q^{73}) \quad 90 \ (= q^{78}) \quad 118 \ (= q^{83})$ (R 40/5)

Die Summen der q-Exponenten sind abwechselnd gerade und ungerade; somit gehört ein Teil der P-Werte der Reihe R 40 an.

Wäre $E = 20 \ (= q^{52}) \quad 23{,}6 \ (\doteq q^{55}) \quad 28 \ (= q^{58}) \quad 33{,}5 \ (= q^{61})$ R 40/3, so wären die Summen der q-Exponenten, obwohl E und F nach verschieden abgeleiteten Reihen verlaufen, stets gerade.

Somit: Die Produkte von Faktoren aus abgeleiteten Reihen gehören nur dann durchweg einer gröberen Reihe an, wenn beide Stufensprünge gerade oder beide ungerade q-Exponenten haben (im Beispiel 3 und 5) und wenn im Produkt der Ausgangsglieder (im Beispiel 20 und 50) die q-Exponenten beider Faktoren gerade oder beide ungerade sind.

Benutzung der Normungszahlen für Reihen abhängiger Größen.

Kenngröße U	Abhängige Größe A
U_0	A_0
U_1	A_1
U_2	A_2
...	...
...	...
U_x	A_x

Wenn in einer Zahlentafel nebenstehender Form von der Kenngröße U andere Größen A abhängen, so entsprechen die Reihen der abhängigen nur unter bestimmten Bedingungen Grundreihen oder abgeleiteten Reihen der Normungszahlen. Zwischen beliebigen Gliedern der Zahlentafel mögen folgende Beziehungen bestehen:

$$A_x = f\,(U_x) \tag{1}$$

U_x sei voraussetzungsgemäß eine Normungszahl, also

$$U_x = q^{a\,(b+x\,f)} \tag{2}$$

Sollen die Werte von A_x ebenfalls Normungszahlen sein, so muß A_x eine Potenzfunktion sein, also allgemein

$$A_x = c \cdot U_x^y \qquad (3)$$
$$= c \cdot q^{a(b+xf)\cdot y}$$

worin c ebenfalls eine Normungszahl ist.

Für y ergibt sich die Bedingung

$$a\,(b + xf)\,y = \text{eine ganze Zahl} \ldots\ldots\ldots\ldots \qquad (4)$$

Da $(b + xf)$ jeden Wert einer ganzen Zahl, also auch einer Primzahl, annehmen kann, und $a = 1$ (bei Reihe R 40) sein kann, so wird Bedingung (4) erfüllt, wenn

$$a\,y = \text{ganze Zahl} \qquad (5\text{a})$$

$$\text{oder } (b + xf)\,y = \text{ganze Zahl} \qquad (5\text{b})$$

Nach (5a) wird, da $a = 1$, 2, 4 oder 8 sein kann, die Bedingung (4) außer durch ganze Zahlen von y erfüllt

bei $a = 2$ durch $y =$ 0,5	1,5	2,5	⋯
bei $a = 4$ durch $y =$ 0,25	0,5	0,75	⋯
1,25	1,5	1,75	⋯
2,25	2,5	2,75	⋯
bei $a = 8$ durch $y =$ 0,125	0,25	0,375	⋯
1,125	1,25	1,375	⋯
2,125	2,25	2,375	⋯

Nach (5b) wird, wenn b und f andere gemeinsame Faktoren als 2, 4, 8, nämlich z. B. 3,5 ⋯ n haben, die Bedingung (4), daß $a(b+xf)y$ = eine ganze Zahl ist, erfüllt durch

$$y = \frac{1}{3}, \frac{1}{5} \cdots \frac{1}{n}$$

Eine Übersicht über die Werte von y, bei denen abhängige Größen Normungszahlen werden, bietet die Zahlentafel 235/1.

Beispiel: Der Durchmesser d eines Körpers sei nach der Reihe R 10 R 10 (160 ⋯) gestuft; seine Länge sei $l = 0{,}4\, d^{1{,}25}$.

1. Schritt: Probe, ob Bedingung 4 erfüllt.

Ein beliebiges Glied der Reihe der Durchmesser d ist

$$d_x = q^{a(b+x\cdot f)} \qquad (6)$$

Hierin ist für Reihe R 10

$$a = 4$$

Voraussetzungsgemäß ist $y = 1{,}25$, somit

$$ay = 4 \cdot 1{,}25 = 5 = \text{ganze Zahl.}$$

2. Schritt: Reihengleichung für l.

In der Reihe R 10 der gegebenen Größe d ist mit $a = 4$ und $f = 1$.

$$d_x = q^{4(b+x)}$$

Ihr Ausgangsglied 160 wird, da der zugehörige Exponent von $q^{ab} = 88$ und $x = 0$ ist, ausgedrückt durch $d_0 = q^{88} = q^{4b}$

$$\text{hieraus } b = 22$$
$$\text{somit } d_x = q^{4(22+x)}$$

Ein Glied der abgeleiteten Reihe für l ist

$$l_x = 0{,}4 \cdot q^{4(22+x)1{,}25} = 0{,}4 q^{5(22+x)}$$

$$= 0{,}4\, q^{110} \cdot q^{5x} = 0{,}4 \cdot q^{80} \cdot q^{30} \cdot q^{5x} = 0{,}4 \cdot 100 \cdot 5{,}6 \cdot q^{5x} = 224 \cdot q^{5x}$$

Dies ist eine Reihe, die jedes 5. Glied der Grundreihe R 40 enthält und deren Anfangsglied ($x = 0$) $= 224$ ist. Sie wird bezeichnet durch

$$\mathrm{R}\,\frac{40}{5}\,(224 \cdots)$$

Die beiden einander zugeordneten Reihen lauten also:

$$\text{Kenngröße } d\text{: R } 10\ (160 \cdots)\ 160 \quad 200 \quad 250 \quad 315 \cdots$$

$$\text{Abhängige Größe } l\text{: R } \frac{40}{5}\ (224 \cdots)\ 224 \quad 300 \quad 400 \quad 530 \cdots$$

Zur Erleichterung solcher Rechnungen sind in Zahlentafel 235/1 die Werte der Exponenten y zusammengestellt, bei denen abhängige Größen Normungszahlen werden.

Zahlentafel 235/1.

Werte der Exponenten y, bei denen abhängige Größen Normungszahlen werden.

a				gemeinsamer Faktor von b und f			
1	2	4	8	3	5	7	n
			0,125			0,143	
					0,2		
		0,25	0,25				
						0,286	
				0,333			
			0,375				
					0,4		
						0,429	
	0,5	0,5	0,5				
						0,571	$\frac{g}{n}$ worin g und n ganze Zahlen
					0,6		
			0,625				
				0,667			
						0,714	
		0,75	0,75				
					0,8		
			0,875			0,857	
1	1	1	1	1	1	1	
			1,125				
						1,143	
		1,25	1,25		1,2		
						1,286	
				1,333			
			1,375				
					1,4		
						1,429	
	1,5	1,5	1,5				

236 Werttoleranzen von Normungszahlen.

In Fällen, in denen geometrische Reihen unter Zwang physikalischer, mechanischer oder anderer außerhalb der Reihe stehender Gesetze nicht genau nach den Hauptwerten der Normungszahlen gebildet werden können, müssen Abweichungen von den Normungszahlen zugelassen werden. Mit anderen Worten: Grenzwerte, innerhalb deren jeder Wert noch als Vertreter eines Hauptwertes gelten kann. Den Unterschied zwischen den Grenzwerten heißen wir auch hier, wo es sich nicht um Maßtoleranzen handelt, „Toleranz“, aber zur besseren Unterscheidung von jenen „Werttoleranz“. Das gilt insbesondere, wenn die praktisch erreichten Zahlen vereinbarungsgemäß innerhalb gewisser Grenzen liegen sollen oder gar einer Abnahmeprüfung unterliegen, also beispielsweise bei Leistungen, Drehzahlen u. ä. Dabei entsteht die Frage, ob die festzulegenden zulässigen Abweichungen auf die Hauptwerte oder die Genauwerte zu beziehen sind. Die Antwort ergibt sich von selbst, wenn man sich daran erinnert, daß jede Normungszahl eine Vertreterin ihres Genauwertes ist, der je für sich — gleichgültig, ob als gegebene Rechnungsgröße oder als Rechnungsergebnis — auf einen Hauptwert gerundet wird. Damit man sich durch die Zulassung von Abweichungen nicht immer mehr von der wirklichen geometrischen Stufung entfernt, gilt folgende Regel: *Abweichungen und Werttoleranzen sind stets auf die Genauwerte zu beziehen.*

Damit werden, wie Zahlentafel 236/1 zeigt, die durch die Rundungen hervorgerufenen Abweichungen der Hauptwerte von den Genauwerten (Spalte 3) praktisch aufgehoben, und es ergeben sich für die in Zahlentafel 236/1 angenommenen Toleranzen von $\pm 2\%$ die in Spalte 5 an-

Zahlentafel 236/1.
Werttoleranzen von Stufungen und Normungszahlen.

Reihe R 20		Abweichung des Hauptwertes vom Genauwert	Toleranz $\pm 2\%$		Toleranz $+ 4\%$	
Hauptwert	Genauwert		Betrag	Grenzwerte	Betrag	Grenzwerte
1	2	3	4	5	6	7
100	100	0	2,00	98 102	4,00	100 104
112	112,20	—0,18	2,24	110 114	4,48	112 117
125	125,89	—0,71	2,52	123 128	5,04	126 131
140	141,25	—0,88	2,83	138 144	5,66	141 147
160	158,49	+0,95	3,17	155 162	6,34	158 165
180	177,83	+1,22	3,56	174 181	7,12	178 185
200	199,53	+0,24	3,99	196 204	7,98	200 208
224	223,87	+0,06	4,48	219 228	8,96	224 233
250	251,19	—0,47	5,02	246 256	10,04	251 261
			bezogen auf Spalte 2			

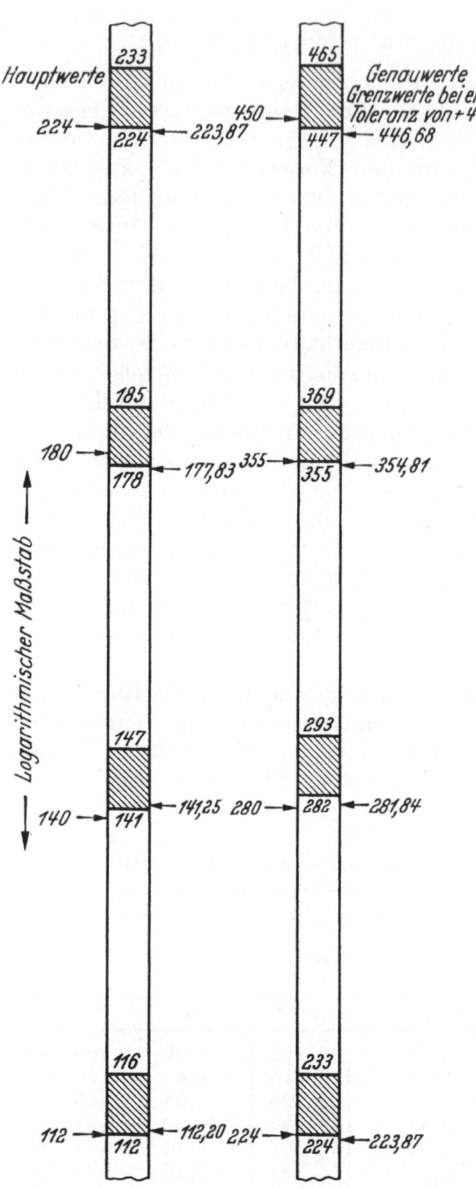

Bild 236/1. Toleranzen für Normungszahlen. (Beispiel: Grenzwerte der Reihe R $\frac{20}{2}$ (112⋯) bei einer Toleranz von $+4\%$.)

gegebenen Grenzwerte. Bald nähern sich die unteren Grenzwerte den Hauptwerten (bei 125 und 140, weil diese Hauptwerte unter den Genauwerten liegen), bald nähern sich ihnen die oberen Grenzwerte (z. B. bei 160 und 180, weil diese Hauptwerte über den Genauwerten liegen).

Bei der Angabe solcher Abweichungen ist natürlich wohl zu unterscheiden zwischen den Fällen, wo durch einen Hauptwert ein genaues Paßmaß angegeben ist, und den Fällen, wo, wie bei den erwähnten Leistungen, Drehzahlen usw. trotz der verhältnismäßig viel größeren „Werttoleranz" eine möglichste Annäherung an die geometrische Stufung gesichert sein soll. Im ersteren Falle ändert sich selbstverständlich an einer Angabe wie z. B. 140 — 0,1 nichts, während man im zweiten Falle zur Vermeidung jeglicher Mißverständnisse am besten die Grenzwerte gemäß Spalte 5 angibt: z. B. 138 ⋯ 144. Das hat vor der Angabe der Hauptwerte den Vorteil, daß man nicht ungleiche und sehr eigenartig aussehende Toleranzen anzugeben braucht, wie z. B. 140^{+4}_{-2}, und es hat vor der Angabe der Genauwerte den Vorzug, daß man bei der Stellenanzahl bleiben kann, die zur Bildung der Hauptwerte benutzt wird, anstatt die fünfstelligen Genauwerte mit entsprechend vielstelligen Toleranzzahlen angeben zu müssen. Bei einseitigen Werttoleranzen kann das Überraschende vorkommen, daß beide Grenzwerte außerhalb des Hauptwertes liegen, wie Spalte 7 für eine Toleranz $+4\%$ zeigt. Schaubildlich sind diese Toleranzfelder und ihre Lage in Bild 236/1 dargestellt. Dort sind jeweils rechts an der Leiter die Genauwerte, links die Hauptwerte angegeben. Bei 112 liegen Hauptwert und Genauwert so eng zusammen, daß der untere Grenzwert mit dem Hauptwert übereinstimmt. Beim Hauptwert 140 liegt der Genauwert um mehr als eine Einheit darüber und somit auch der untere Grenzwert 141. Der Hauptwert 180 liegt über dem Genauwert und daher innerhalb des Toleranzfeldes. Als genaue Anleitung für die Bildung solcher Grenzwerte aus Prozentzahlen sei folgende Regel gegeben. (Die Klammerangaben stellen das *Beispiel 112* $\pm 2\%$ dar):

Man berechnet zuerst die Toleranz ($\pm 2\% = 4\% = 4{,}48$), runde ihren Zahlenwert (4,5), zählesie bei reiner Plustoleranz dem Genauwert zu, ziehe sie bei reiner Minustoleranz vom Genauwert ab, tue bei reiner Plus-Minus-Toleranz beides mit dem halben Wert und berechne so die Grenzwerte ($112{,}20 \pm 2{,}24 = 114{,}44$ und 109,96). Schließlich runde man diese auf drei Stellen.

237 Die Stufung von Größenbereichen.

Unter Größenbereich verstehen wir die Gesamtheit aller in einer Reihe zusammengefaßten Größen. Wir bemessen den Größenbereich entweder als Unterschied zwischen der größten Größe A_g und der kleinsten Größe A_k (Grenzgrößen) oder als ihr Verhältnis; das letztere nennen wir *Bereichszahl* B. Wir verwenden sie stets, wo es sich um geometrische Reihen handelt. Es ist also in einer Reihe von n Gliedern mit dem Stufensprung φ

$$B = \frac{\text{größtes Glied}}{\text{kleinstes Glied}} = \frac{A_g}{A_k} = \frac{A_k \varphi^{n-1}}{A_k} = \varphi^{n-1}$$

Mit Worten: die Bereichszahl einer Reihe von n Gliedern ist gleich der $(n-1)$ Potenz des Stufensprunges φ. Aus ihr ergibt sich der Stufensprung zu

$$\varphi = \sqrt[n-1]{B} \qquad (1)$$

Der Begriff des Bereiches bezieht sich aber nicht nur auf eine endliche Anzahl von Größen, sondern auch auf eine unendliche Anzahl stetiger Größen, die stufenlos aneinander anschließen. Ein Beispiel dafür bietet die Reihe aller denkbaren Bohrungsdurchmesser, denen man bereichsweise verstellbare Reibahlen oder verstellbare Bohrungsmeßgeräte zuordnet. Einen gegebenen Gesamtbereich unterteilen wir also im einen Falle in bestimmte Größen, im anderen Falle in sogenannte *Teil-*

bereiche. Für deren Grenzwerte muß entschieden werden, zu welchem der beiden benachbarten Teilbereiche sie gehören. Die Regel lautet:

Grenzwerte gehören zu dem vorausgegangenen (kleineren) Teilbereich; Teilbereiche werden daher wie folgt angegeben: „über a bis b".

Welche Gesichtspunkte bei der praktischen Anwendung der Normungszahlen für die Bestimmung und Unterteilung stetiger Größenbereiche maßgebend sind, wird Gegenstand des Abschnitts 37 sein. Hier soll das leichte Auffinden von Größenstufen oder von Teilbereichen innerhalb eines Gesamtbereichs an Hand eines Schaubildes (Bild 237/1)[1] gezeigt werden.

Häufig steht man vor der Aufgabe, einen ungefähr gegebenen Größenbereich durch eine in Aussicht genommene Anzahl von Größen zu überdecken. Es gilt dann, einen geeigneten Stufensprung zu finden und danach Zwischengrößen und Gliedzahlen oder Grenzwerte und Anzahl der Teilbereiche genau festzulegen. Ist die Anzahl der Glieder oder der Teilbereichsgrenzen zu n (gleichbedeutend mit der Anzahl der Teilbereiche $= n - 1$), die Bereichszahl zu B angenommen, ergibt sich aus Gleichung (1)

$$\log \varphi = \frac{1}{n-1} \log B$$

$$n - 1 = \frac{\log B}{\log \varphi} \tag{2}$$

Nun sollen die Bereichsgrenzen, die Bereichszahl und der Stufensprung Normungszahlen sein, also

$$\varphi = q^N \left(q = \sqrt[40]{10}\right)$$

worin N die Ordnungszahl.

Wählen wir nun q als Basis der Logarithmen (siehe Abschnitt 234), so wird

$$n - 1 = \frac{{}^{q}\log B}{N} \tag{3}$$

Hiernach läßt sich in einfacher Weise das Schaubild gemäß Bild 237/1 entwickeln, in dessen Abszisse die Bereichszahl logarithmisch und in dessen Ordinate $(n - 1)$ in üblicher Teilung aufgetragen ist, während die Stufensprünge $q^N = 1{,}06$ bis $2{,}5$ als Parameter die einzelnen Strahlen bestimmen. Jeder Knotenpunkt durch den ein Strahl geht, ergibt eine brauchbare Lösung. Neben den Sprüngen sind die Reihenbezeichnungen angegeben, damit sofort erkannt werden kann, aus welchen zu bevorzugenden Grundreihen (siehe Abschnitt 221 und 222) die

[1] Hierfür kann auch unter Vertauschung von Abzisse und Ordinate das sog. NZ.-Papier (s. Bild 261/2) verwendet werden.

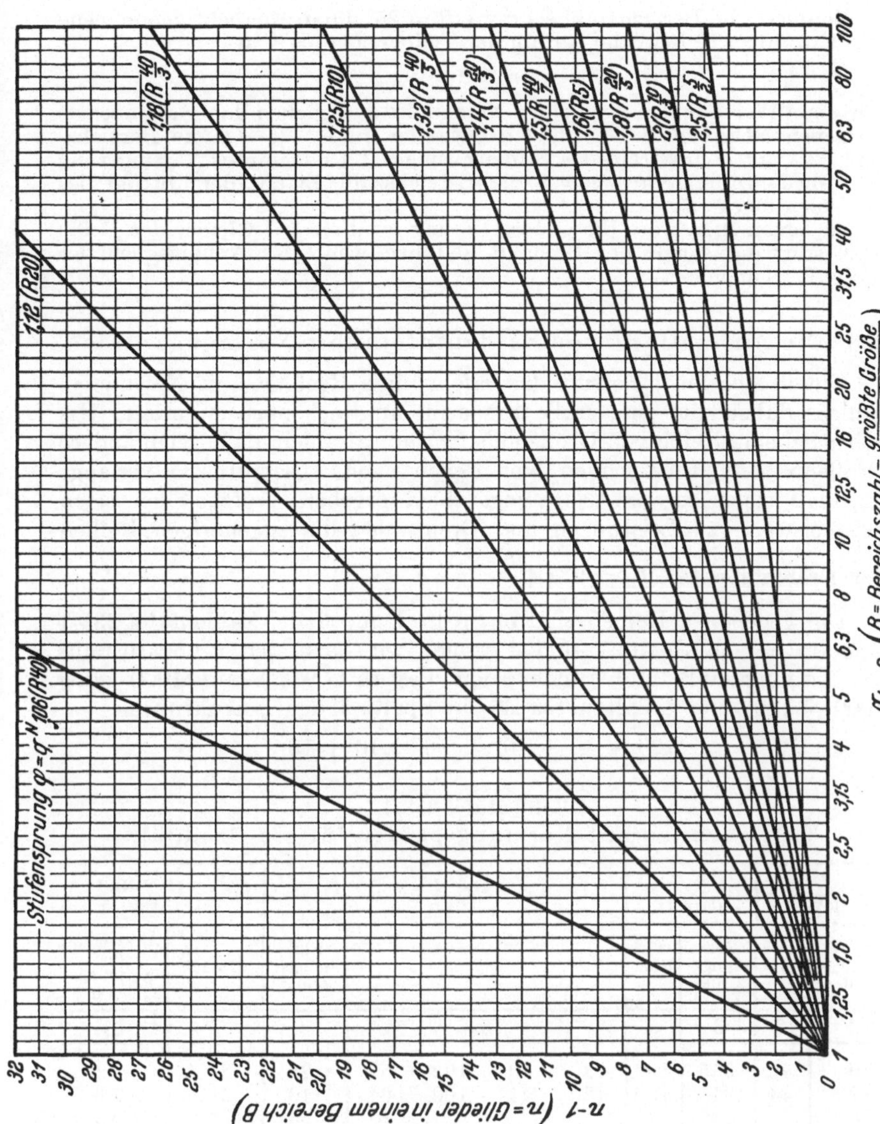

Bild 237/1. Netztafel zur Ermittlung von Gliedanzahl und Stufensprung aus gegebenen Bereichszahlen.

Reihenwerte bestenfalls entnommen werden können. Strahlen für die aus R 40 abgeleiteten Reihen mit einem gröberen Stufensprung als 1,6 (z. B. R 40/9 mit $\varphi = 1{,}7$) sind absichtlich nicht mit ein gezeichnet, da diese vermieden werden sollen.

Beispiel: Die Bereichszahl sei etwa $B = 25$, die in Aussicht genommene Gliedanzahl = 10 bzw. die Anzahl der Teilbereiche = 9, also

$$n - 1 = 9.$$

Für diese Werte finden wir keinen Netzpunkt und suchen daher die nächstgelegenen Netzpunkte. Wir finden entweder zu $n - 1 = 9$ die Bereichszahl 22,4 auf dem Strahl des Stufensprunges 1,4 oder unter Verringerung der Gliedanzahl zu $n - 1 = 8$ die Bereichszahl 25 auf dem Strahl des Stufensprunges 1,5.

Zu bevorzugen wäre die erstere Lösung, weil sie auf Glieder der Reihe R 20 statt auf solche der Reihe R 40 führt, wenn das Anfangsglied der Reihe R 20 angehört.

238 Die Aufstellung von Zahlentafeln mit Normungszahlen.

Dieser Abschnitt betrifft das tafelmäßige Rechnen mit Normungszahlen; dabei tritt eine große Ersparnis an Rechenarbeit zutage. Gegeben sei eine Reihe von Größen als Normungszahlen, dazu seien andere Größenreihen zu berechnen, von denen nach Abschnitt 235 verlangt sei, daß sie wiederum Normungszahlen ergeben. Aufzustellen seien beispielsweise zu Leistungen und Drehzahlen die zugehörigen Reihen der Drehmomente $M_d = 973{,}4 \frac{N}{n}$.

Die gegebenen Reihen sind in Spalte 1 und 3 der Zahlentafel 238/1 eingetragen. In Spalte 2 und 4 tragen wir dazu den q-Logarithmus (= Ordnungszahl) und runden den Festwert 973,4 auf 1000 (${}^{q}\log 1000 = 120$) und erhalten für M_d in Spalte 5 den q-Logarithmus

$$120 + 40 - 102 = 58 = 40 + 18.$$

Zahlentafel 238/1.
Tafelrechnen mit Normungszahlen für ein Produkt.

N kW		n u/min		M_d mkg		M_d errechnet mkg	
Normungszahlen	$q\log$	Normungszahlen	$q\log$	$q\log$	Normungszahlen	$973{,}4 \frac{N}{n}$	Abweichung der Normungszahlen in %
1	2	3	4	5	6	7	8
10	40	355	102	120 + 40 — 102 = 58	28	27,4	2,1
12,5	44	315	100	120 + 44 — 100 = 64	40	38,6	3,5
16		280		70	56	55,6	0,7
20		250		76	80	77,8	2,8
25		224		82	112	108,2	3,4
31,5		200		88	160	153,4	4,2
40		180		94	224	216,3	3,4
50		160		100	315	304,2	3,4
R 10		R 20			R 20/3		

Dazu lesen wir aus Zahlentafel 221/1 zur Ordnungszahl 18 den Wert 28 ab, den wir in Spalte 6 eintragen. Die gleiche Rechnung führen wir in der nächsten Zeile durch und finden als Ergebnis die Ordnungszahl 64, dazu die Normungszahl 40. Damit ist das eigentliche Rechnen beendigt.

Wir setzen jetzt nur die Reihe der Ordnungszahlen in Spalte 5 mit dem soeben gefundenen Unterschied 64 — 58 = 6 fort und schreiben alsdann in Spalte 6 aus Zahlentafel 221/1 die zugehörigen Werte ein. Nun wünscht man noch die Bezeichnung der soeben entstandenen Reihe zu wissen. Da die Ordnungszahlen gerade, jedoch nicht durch 4 teilbar sind, so gehören sie der Grundreihe R 20 an, in der jeweils um drei Glieder vorangeschritten wird. Die Reihe ist also eine abgeleitete Reihe, nämlich R 20/3 (28 ··· 315) mit dem Stufensprung 1,4.

Wir hätten uns die logarithmische Berechnung der zweiten Zeile auch sparen können, indem wir unmittelbar den Stufensprung für M_d berechnet hätten. N wächst mit dem Stufensprung $q^4 = 1{,}25$, n fällt mit dem Stufensprung $q^2 = 1{,}12$; demnach ergibt sich der Stufensprung für M_d zu $q^m = q^4 \cdot q^2 = q^6$ oder $1{,}25 \cdot 1{,}12 = 1{,}4$. Der Stufensprung 1,4 zeigt in Zahlentafel 221/1 ohne weiteres, daß wir von dem zuerst gefundenen Wert von M_d (28) jeweils drei Schritte in der Reihe R 20 weiterzugehen haben. Der nächste Wert 40 ist also ohne weiteres in Spalte 6 einzuschreiben. Wegen der außerordentlichen Einfachheit solcher Tafelrechnungen ist ein allgemeines Schema mit Regeln und einem weiteren Beispiel in Zahlentafel 238/2 und 3 wiedergegeben; dort ist nur der Wert 1,32 gerechnet, alle folgenden sind nach dem für das Produkt gefundenen Stufensprung q^5 aus der Normungszahlentafel hingeschrieben.

Zahlentafel 238/2.
Tafelrechnen mit Normungszahlen (allgemein).

Zeile	A	B	C	D	$P = \frac{A\,B}{C\,D}$
1	A_1	B_1	C_1	D_1	$\frac{A_1\,B_1}{C_1\,D_1}$
2	A_2	B_2	C_2	D_2	$\frac{A_2\,B_2}{C_2\,D_2}$
3	A_3	B_3	C_3	D_3	$\frac{A_3\,B_3}{C_3\,D_3}$
4	A_4	B_4	C_4	D_4	$\frac{A_4\,B_4}{C_4\,D_4}$
Stufensprünge	q^{af_a}	q^{bf_a}	q^{cf_a}	q^{df_a}	$q^{af_a + bf_b - (cf_c + df_d)}$

Ebenso stark, wenn nicht noch mehr, tritt der Vorteil der Rechenersparnis bei Zahlentafeln zutage, bei denen Normungszahlenreihen in zwei Dimensionen, einmal als Zeilenreihe, einmal als Spaltenreihe be-

Zahlentafel 238/3.
Tafelrechnen mit Normungszahlen (Zahlenbeispiel).

Zeile	*A*	*B*	*C*	*D*	Wert	Ordnungszahl
1	2	3	4	5	6	7
1	100	18	71	19	1,32 (gerechnet)	5
2	160	20	100	18	1,80	10
3	250	22,4	140	17	2,36	15
4	400	25	200	16	3,15	20
5	630	28	280	15	4,25	25
6	1000	31,5	400	14	5,60	30
Stufensprünge	q^8	q^2	q^6	q^{-1}	$q^{8+2-(6-1)} = q^5$	

nutzt werden. Als Beispiel diene Zahlentafel 238/4, wo zu rechteckigen Querschnitten $b \times h$ die Widerstandsmomente eingetragen sind. Damit der Leser auch dieses Beispiel Punkt für Punkt verfolgt, sind die Schritte genau erläutert.

Zahlentafel 238/4.
Beispiel einer zweidimensionalen Zahlentafel mit Normungszahlen (Widerstandsmomente rechteckiger Querschnitte).

Zeile	h \ b	10	12,5	16	20	25
1	16	425	530	670	850	1060
2	20	670	850	1060	1320	1700
3	25	1060	1320	1700	2120	2650
4	32	1700	2120	2650	3350	4250
5	40	2650	3350	4250	5300	6700

1. Schritt: Berechne Ergebnis der ersten Zeile mit Hilfe der q-Logarithmen (Ordnungszahlen).
2. Schritt: Ermittle nach der Formel in der oberen Zahlentafel den Stufensprung für die Ergebnisspalte. Sein q-Exponent besagt, um wieviel Schritte man in der Reihe R 40 weiterzugehen hat.
3. Schritt: Schreibe aus Reihe R 40 die Zahlen entsprechend diesem Schritt in die Ergebnisspalte.

Gegeben sind also die Zeilenreihe für b und die Spaltenreihe für h, die beide in diesem Falle Reihen R 10 sind.

1. Schritt: Wir berechnen für den ersten Querschnitt 16×10 das Widerstandsmoment als Normungszahl nach der Formel

$$\frac{b h^2}{6} = \frac{10 \cdot 16^2}{6} = 425$$

Ist der Stufensprung für b q^4, so schreitet man gemäß Zahlentafel 221/1 in der Reihe R 40 um je vier Glieder weiter und schreibt danach die ganze Zeile für $h = 16$ an.

2. Schritt: Das erste Glied der nächsten Zeile erhält man, indem man vom ersten Wert 425 in der Reihe R 40 um acht Glieder weiterschreitet, da ja das Widerstandsmoment mit h^2 wächst.

3. Schritt: Da der erhaltene Wert 670 mit dem Wert der Spalte 16 in der ersten Zeile übereinstimmt, so können auch die rechts von diesem stehenden Werte 850 ⋯ 1060 von dort abgeschrieben werden. Die Zeile wird aus Zahlentafel 221/1 mit den Werten 1320 und 1700 fortgesetzt.

4. Schritt: Beim Anschreiben der dritten Zeile benutzt man die Beobachtung, daß der Wert in der Spalte 10 mit dem um eine Zeile höher stehenden Wert der Spalte 16 übereinstimmt. Man schreibt also aus Zeile 2 die Zahl 1060 ohne weiteres hin.

5. Schritt: Dazu schreibt man die Folgewerte 1320 und 1700 von der zweiten Zeile ab. Da man ferner inzwischen beobachtet hat, daß waagerecht jeder dritte Wert das Doppelte ist, so kann man, wenn man die Zahlenreihe R 40 einigermaßen im Kopf hat, als Doppel der Werte 1060 und 1320 die Hauptwerte 2120 und 2650 hinschreiben.

6. Schritt wie 4.

7. Schritt wie 5.

Hierbei beobachtet man, daß die letzte Zahl in Zeile 4 das Zehnfache der allerersten Zahl ist. Von nun an braucht man also überhaupt nicht mehr Zahlentafel 221/1 einzusehen; denn nun schreibt man, nachdem man im achten Schritt die erste Zahl der Zeile 5 hingeschrieben hat, im neunten Schritt die beiden nächsten Zahlen wieder aus der Zeile 4 ab und die letzten zwei als Zehnfaches aus Zeile 1 usf. Man hat also e i n e Zahl gerechnet, dazu einige aus DIN 323 (Zahlentafel 221/1) entnommen und den größten Teil aus schon hingeschriebenen Zahlen abgeschrieben.

239 Prinzip des abwechselnden Fortschreitens.

Wenn in einer Zahlentafel eine Größe geometrisch gestuft werden soll, die das Produkt zweier Faktoren ist, so kann die Zahlentafel nicht nur in der bekannten Art aufgestellt werden, daß beide Faktoren je eine geometrische, aus Normungszahlen bestehende Reihe bilden. Es ist vielmehr auch möglich, mit den beiden Faktoren *abwechselnd fortzuschreiten*. In Zahlentafel 239/1 (S. 68) ist auf der linken Seite ein allgemeines Beispiel in Buchstabenform, auf der rechten Seite ein besonderes Beispiel in Zahlenform wiedergegeben.

In der linken Hälfte bilden die Faktoren A und B das Produkt

$$A \cdot B = P$$

Zahlentafel 239/1. Prinzip des abwechselnden Fortschreitens.

<table>
<tr><th>Zeile</th><th>A</th><th>B</th><th>P</th><th>a</th><th>b</th><th>$Q = a \cdot b$</th></tr>
<tr><th>Nr.</th><th>1</th><th>2</th><th>3</th><th>4</th><th>5</th><th>6</th></tr>
<tr><td>1</td><td>q^r</td><td>q^s</td><td>q^t</td><td>10</td><td rowspan="2">50</td><td>500</td></tr>
<tr><td>2</td><td>$q^r \cdot q^c$</td><td>q^s</td><td>q^{t+c}</td><td rowspan="2">12,5</td><td>630</td></tr>
<tr><td>3</td><td>$q^r \cdot q^c$</td><td>$q^s \cdot q^c$</td><td>q^{t+2c}</td><td rowspan="2">63</td><td>800</td></tr>
<tr><td>4</td><td>$q^r \cdot q^{2c}$</td><td>$q^s \cdot q^c$</td><td>q^{t+3c}</td><td rowspan="2">16</td><td>1000</td></tr>
<tr><td>5</td><td>$q^r \cdot q^{2c}$</td><td>$q^s \cdot q^{2c}$</td><td>q^{t+4c}</td><td rowspan="2">80</td><td>1200</td></tr>
<tr><td>6</td><td>$q^r \cdot q^{3c}$</td><td>$q^s \cdot q^{2c}$</td><td>q^{t+5c}</td><td>20</td><td>1600</td></tr>
<tr><td colspan="4">Setze: $r + s = t$</td><td>R 10</td><td>R 10</td><td>R 10</td></tr>
</table>

Sind die ersten Größen von A und $B = q^r$ und q^s, so ist ihr Produkt $P = q^{r+s}$. Dieses setzen wir der besseren Übersicht halber $= q^t$.

Das nächst größere Produkt entsteht durch Vervielfachung des *einen* Faktors, nämlich A mit q^c, während der andere Faktor B unverändert bleibt. Das zweite Produkt wird somit $= q^{t+c}$, das dritte Produkt wird mit unverändertem Faktor A und einem gleichfalls mit q^c vervielfachtem Faktor B gebildet und wird q^{t+2c}. Wenn auf diese Weise in den Spalten 1 und 2 weiter *abwechselnd* fortgeschritten wird, so entsteht in Spalte 3 eine geometrische Reihe. Technisch bietet diese Art den großen Vorteil, daß die beiden Größen A und B je nur in halb soviel Stufen auszuführen sind. Handelt es sich beispielsweise um den Querschnitt von genau bearbeitetem Flachstahl, so sind nur halb soviel Lehren für Dicke und Breite nötig, als wenn beide von Querschnitt zu Querschnitt geändert werden. Das abwechselnde Fortschreiten ist in den Spalten 1 und 2 durch dicke Linien gekennzeichnet, innerhalb deren die jeweiligen Größen gleichbleiben. In der Zahlentafel (Spalte 4—6) gelten die entsprechenden Zahlenwerte jeweils für zwei Zeilen.

Wenn das Produkt aus Potenzen zweier Faktoren besteht,

$$P = A^m \cdot B^n$$

dann gestaltet sich das Fortschreiten gemäß Zahlentafel 239/2. Sind die beiden ersten Größen wieder q^r und q^s, so ist jetzt ihr Produkt

$$P = q^{rm+sn}$$

Wird nun für das zweite Produkt die Größe A mit q^c und für das dritte Produkt die Größe B mit q^d vervielfacht, so wird das dritte Produkt P gleich dem in Zeile 3, Spalte 3 genannten Ausdruck. Damit nun die Stufung im Produkt gleichbleibt, muß folgende Bedingung der ganzen Zahlen eingehalten werden:

$$c \cdot m = d \cdot n$$

Das ergibt sich daraus, daß damit das Produkt die in Spalte 3 rechts angeschriebene Form annimmt, aus der die geometrische Stufung klar zu erkennen ist. In den Spalten 4—6 ist ein Zahlenbeispiel für den Rauminhalt eines Zylinders vom Durchmesser D und der Länge L

$$V = \frac{\pi}{4} D^2 \cdot L$$

durchgeführt.

Hierin ist $m = 2$, $n = 1$; das Fortschreiten des Produktes nach der Reihe R 10 bedingt, daß die Größe, die im Quadrat vorkommt (D), nach der Reihe R 20 zu stufen ist. Bei anderen Exponenten ist die obenstehende Bedingung einzuhalten und im allgemeinen leicht zu erfüllen.

Zahlentafel 239/2.

Prinzip des abwechselnden Fortschreitens bei ungleichem Stufensprung der Glieder.

Zahlenbeispiel: Volumen eines Zylinders $V = \frac{\pi D^2}{4} \cdot L$

Zeile	A	B	$P = A^m \cdot B^n$	D	L	V
Nr.	1	2	3	4	5	6
1	q^r	q^s	$q^{rm+sn} = q^t$	100	100	$800 \cdot 10^3$
2	$q^r \cdot q^c$	q^s	$q^{(r+c)m+sn} = q^{t+cm}$		125	$1000 \cdot 10^3$
3	$q^r \cdot q^c$	$q^s \cdot q^d$	$q^{(r+c)m+(s+d)n} = q^{t+cm+dn} = q^{t+2cm}$	112		$1250 \cdot 10^3$
4	$q^r \cdot q^{2c}$	$q^s \cdot q^d$	$q^{(r+2c)m+(s+d)n} = q^{t+2cm+dn} = q^{t+3cm}$		160	$1600 \cdot 10^3$
			Setze: $q^{rm+sn} = q^t$ Bedingung: $cm = dn$	R 20	R 10	R 10

24 Abwandlung der Normungszahlen.

War im letzten Abschnitt von den Abweichungen die Rede, die die Normungszahlen bei ihrer Handhabung von den Grenzwerten haben, so wendet sich dieser Abschnitt Aufgaben zu, bei denen besondere Bedingungen an die Zahlenreihen gestellt werden, wie etwa die, daß darin nur ganze Zahlen oder gerade Zahlen vorkommen dürfen. Es wäre nun nicht richtig, diesen verhältnismäßig seltenen Fällen zuliebe die Normungszahlen zu ändern und sie damit noch mehr von ihren Grenzwerten zu entfernen. Man muß jedoch einen Weg finden, um sie für die besonderen Aufgaben nach bestimmten Regeln *abzuwandeln,* und zwar derart, daß die Abwandlungen ausschließlich für die beschränkte Anzahl bestimmter Fälle gelten. In diesem Zusammenhang werden auch die Beziehungen zu arithmetischen Reihen behandelt.

241 Ganzzahlige Reihen.

Ganze Einzelzahlen und ganzzahlige Reihen sind für technische Zwecke nötig, wenn es sich um Anzahlen handelt.

Beispiel:

a) Zähnezahlen von Zahnrädern, Sperrädern, Schaltscheiben, Werkzeugen, Polpaarzahlen von Wechselstrommotoren.

b) Anzahl von Stücken, durch deren additive Zusammensetzung neue Größen entstehen, die ihrerseits Reihen bilden. (Kernkasten für verschieden lange Gußstücke gleichen Querschnitts, Bausteine und Baugevierte für Gebäude.)

Ganzzahlige Normungszahlenreihen werden, soweit die Normungszahlen-Hauptwerte nicht ganze Zahlen sind, *unter Benutzung der Rundwerte* von DIN 323 gewonnen. Sie finden ihre untere Grenze bei der ganzen Zahl, die gegenüber der in der betreffenden Reihe nächst größeren ganzen Normungszahl nicht kleiner als der φ-te Teil ist, wobei Rundwerte gemäß DIN 323 (Zahlentafel 225/2) eingeschlossen sind (φ = Stufensprung der betreffenden Reihe). Somit beginnt die ganzzahlige Reihe R_a 5 ($\varphi = 1{,}6$) mit 4. Die ganzzahligen Grundreihen sind also:

R_a 5 (4 ···)
R_a 10 (3 ···)
R_a 20 (6 ···)
R_a 40 (50 ···)

Auch abgeleitete Reihen sind von bestimmten Kleinstwerten ab ganzzahlig.

Eine besondere Rolle spielt die Reihe R_a 10 (3 ··· 20) mit der *Zahlenfolge 3 4 5*, die mit der Verdoppelung dieser Zahlen fortgesetzt wird usf.:

3	4	5
6	8	10
12	16	20

Ihre Sprünge sind 1,33 1,25 1,2, die nach je einer Gruppe zu drei Gliedern wiederkehren, ihr mittlerer Sprung ist 1,25. Je vier Zahlen bilden kurze arithmetische Reihen. Diese Reihe ist eine ideale ganzzahlige Anpassung an die Reihe R 10. Längere arithmetische Reihen enthält die Reihe R_a 20 (6 ··· 22):

6	7	8	9	10	11
12	14	16	18	20	22

Oberhalb der angegebenen größten Werte hören die arithmetisch gestuften Gruppen auf, jedoch kommen dann ohnehin nur noch ganze Zahlen vor, wenn man die Rundwerte benutzt. Eine ganzzahlige Reihe mit größeren Unterschieden in den Stufensprüngen, die aber wegen ihrer Grundzahlen 2 und 3 nützlich sein kann, ist die Reihe 2 3 4 6 8 12 16. Hierbei ist zwar noch keine ganze Zahl benutzt, die nicht in DIN 323 vorkäme, jedoch springen die Stufensprünge 1,5 und 1,33 so hin und her, daß wir hier nicht mehr von einer Reihe mit geometrischer Stufung sprechen können. Sie wird uns indes in Abschnitt 243 auf eine neue Art von Reihen führen.

Wie wir gesehen haben, weisen ganzzahlige Reihen arithmetische Gruppen auf. Bisweilen tritt der Wunsch auf, *längere* arithmetische Gruppen durch Zusammensetzung ganzzahliger Normungszahlenreihen zu bilden. Das ist, wie in Abschnitt 223 gezeigt, möglich, jedoch gilt als *zusätzliche Regel*, daß der Übergang an Stellen gewählt wird, die in beiden Reihen gleiche Unterschiede zwischen benachbarten Gliedern aufweisen. So entsteht zum Beispiel eine Reihe mit Übergang von Stufensprung 1,25 auf eine solche mit Stufensprung 1,12 durch Aneinanderfügen der Reihen R_a 10 (3 ⋯ 6) und R_a 20 (6 ⋯ 11):

3 4 5 6 7 *8* 9 ***10*** 11

Eine besonders praktische ganzzahlige Reihe ist die, die wir schon in Abschnitt 225 kennengelernt und mit R_a 3 bezeichnet haben und die außer für Geld- und Gewichtsstufung auch noch für andere Zwecke gebraucht wird (siehe Hauptabschnitt 3):

1 2 5 10 20 50 ⋯

242 Geradzahlige Reihen.

Wird die zusätzliche Bedingung gestellt, daß die ganzen Zahlen gerade sein sollen, zum Beispiel bei Zähnezahlen von Werkzeugen, bei denen sich zwei Zähne gegenüber liegen sollen, so ist eine geometrische Reihe solcher Zahlen als Abwandlung der Normungszahlen dadurch zu gewinnen, daß man diejenigen geraden Werte wählt, die den Genauwerten von DIN 323 (Zahlentafel 221/1, Spalte 5) am nächsten stehen. Man wählt dann zum Beispiel statt 125 nicht 124, sondern man geht von der in Abschnitt 236 abgeleiteten Regel aus, wonach von den Genauwerten möglichst wenig abgewichen werden soll. So führt der Genauwert 125,89 zur geraden Zahl 126.

In Zahlentafel 242/1 sind die geradzahligen Normungszahlenreihen in Anlehnung an die Reihen R 5, R 10, R 20 und R 40 bis zur Größe 100 zusammengestellt. Hierin sind die Werte, die von den Hauptwerten abweichen, in Schrägschrift gedruckt, diejenigen, die auch von den Rundwerten abweichen, außerdem fett gedruckt. Wenngleich für die Wahl einer geraden Zahl die Nähe des zugehörigen Genauwertes maßgebend sein soll, so wird man doch bisweilen den Stufungsbedürfnissen nicht ganz gerecht. So führt der Genauwert 25,119 von der Normungszahl 25 zur geraden Zahl 26, mit der in der Reihe R_g 10 eine gute Folge der Unterschiede erzielt wird:

12		16		20		26		32		40
	4		4		6		6		8	

Dagegen führt dieser Wert in der Reihe R_g 20 zu einem Rücksprung (20 22 26 28 32). Hier ist der Stufung zuliebe dem Wert 26 der in Zahlentafel 242/1 daneben gesetzte eingeklammerte Wert 24 vorzuziehen[1]. Unterhalb der angegebenen Werte bestehen keine geraden Zahlen mehr, die sich einigermaßen dem Stufensprung der betreffenden Reihe anpassen.

Über 100 kann der Leser nach der gegebenen Regel die „nächste gerade Zahl zum Genauwert" bei Bedarf der geraden Zahlen selbst bilden. Sofern ein Bedürfnis besteht, auch geradzahligen Reihen ein Kurzzeichen zu geben, wählen wir dafür „R_g". (Für ganzzahlige Reihen war eine besondere Bezeichnung nicht nötig, da diese R_a-Reihen sind.)

243 Gruppengeometrische Reihen.

Sollen auf Grund technischer Notwendigkeiten an die im Abschnitt 241 erwähnten arithmetisch gestuften Gruppen weitere arithmetische Gruppen angereiht werden, so entstehen neue, von den Normungszahlenreihen zum Teil abweichende Reihen, zum Beispiel durch laufende Verdoppelung der Gruppenwerte zum Beispiel aus den ersten Gruppen:

R_a 10 (3 ··· 5)	3	4	5			
	6	8	10			
	12	16	20			
	24	32	40			
	48	*64*	80			
R_a 20 (6 ··· 11)	6	7	8	9	10	11
	12	14	16	18	20	22
	24	28	32	36	40	44
	48	56	*64*	*72*	80	*88*
	96					

(Die von den Normungszahlen abweichenden Werte sind schräg gedruckt.) Solche Reihen, in denen ganze Gruppen um gleiche Stufensprünge fortschreiten, nennen wir *gruppengeometrische Reihen.*

Wir binden sie aber nicht an die Bedingung, daß die Gruppe eine arithmetische Reihe darstellen müsse, jedoch daran, daß die Gruppen eine Folge von steigenden Zahlen darstellen und daß der erste Wert

[1] Siehe auch Abschnitt 313 „Rundungen", Zahlentafel 313/2.

einer Gruppe größer als der letzte Wert der vorangehenden Gruppe sei. Daraus ergibt sich folgende allgemeine Begriffserklärung:

Gruppengeometrische Reihen sind Reihen steigender Größen, die aus gleichgroßen Gruppen bestehen derart, daß jeder Wert einer Gruppe das gleiche Vielfache des entsprechenden Wertes der vorangehenden Gruppe ist.

Die gruppengeometrischen Reihen werden vornehmlich auf ganze Zahlen angewandt.

Zweckmäßigerweise werden die Gruppen untereinander geschrieben, damit die Eigenart der Reihe sofort übersehbar ist. Ihre allgemeine Form lautet daher:

$$\begin{array}{cccc} a & b & c & d \\ a\gamma & b\gamma & c\gamma & d\gamma \\ a\gamma^2 & b\gamma^2 & c\gamma^2 & d\gamma^2 \end{array}$$

Hierin heißen wir γ „*Gruppensprung*“.

Die Eigenart dieser Reihe bleibt erhalten, wenn wir sie statt mit dem ersten mit dem zweiten oder dritten Glied anfangen. Solche Reihen würden lauten:

$$\begin{array}{cccc} b & c & d & a\gamma \\ b\gamma & c\gamma & d\gamma & a\gamma^2 \\ b\gamma^2 & c\gamma^2 & d\gamma^2 & a\gamma^3 \end{array}$$

oder

$$\begin{array}{cccc} c & d & a\gamma & b\gamma \\ c\gamma & d\gamma & a\gamma^2 & b\gamma^2 \\ c\gamma^2 & d\gamma^2 & a\gamma^3 & b\gamma^3 \end{array}$$

In einer gruppengeometrischen Reihe, deren Grup-

Zahlentafel 242/1.
Reihen gerader Zahlen in Anlehnung an die Normungszahlen.

R_g 5	R_g 10	R_g 20	R_g 40	Genauwerte zum Vergleich
4				3,9811
6	*6*			6,3096
	8			7,9433
10	10			10,000
	12	*12*		12,589
		14		14,125
16	16	16		15,849
		18		17,783
	20	20		19,953
		22		22,387
26	***26***	***26*** (***24***)[1]	***26***	25,119
		28	28	28,184
			30	29,854
	32	*32*	*32*	31,623
			34	33,497
		36	*36*	35,481
			38	37,584
40	40	40	40	39,811
			42	42,170
		44	*44*	44,668
			48	47,315
	50	50	50	50,119
			54	53,088
		56	56	56,234
			60	59,566
64	***64***	***64***	***64***	63,096
			68[1]	66,834
		72	***72***[1]	70,795
			76[1]	74,989
	80	80	80	79,433
			84	84,140
		90	90	89,125
			94	94,406
100	100	100	100	100,00

Zahlenwerte, die von den Hauptwerten abweichen, sind schräg gedruckt; solche, die auch von den Rundwerten abweichen, außerdem fett gedruckt.

[1] Diese Werte sind der gleichmäßigen Stufung zu Liebe abweichend von der Regel gebildet.

pengröße durch den Gruppensprung bestimmt ist, kann eine Gruppe an jeder beliebigen Stelle beginnen.

Eindeutig gekennzeichnet ist eine gruppengeometrische Reihe durch die Angabe der ersten Gruppe und des Gruppensprunges oder des ersten Gliedes der zweiten Gruppe; somit lautet die abgekürzte Bezeichnung:

$$\begin{matrix} a & b & c & d \\ a\gamma \cdots & & & \end{matrix}$$

Sofern eine gruppengeometrische Reihe ohne bestimmten Anfang kurz bezeichnet werden soll, empfiehlt es sich, für die erste Gruppe die kleinsten Zahlen zu wählen. Dies ist auch sonst zweckmäßig, denn häufig besteht die erste Gruppe aus den gleichen Vielfachen V kleiner Zahlen. Wir gelangen damit zur ganz allgemeinen Kennzeichnung, indem wir die Schreibweise einer Determinanten anwenden und als allgemeines Zeichen die Abkürzung $\mathrm{R_{gg}}$ voransetzen:

$$\mathrm{R_{gg}} \begin{vmatrix} a & b & c & d \\ a\gamma \cdots & & & \end{vmatrix} \times V$$

Praktisch werden wir die gruppengeometrischen Reihen fast ausschließlich mit ganzzahligen Gliedern der ersten Gruppe und mit ganzzahligen Gruppensprüngen benutzen.

Die Ausbildung der ersten Gruppe führt zu folgenden drei Abarten:

1. Allgemeine gruppengeometrische Reihe.
   (Für die Beziehung der Glieder einer Gruppe besteht keine Regel.)
2. Gruppengeometrische Reihe mit arithmetischen Gruppen.
   Die Gruppe ist eine arithmetische Reihe.
3. Gruppengeometrische Reihe mit geometrischen Gruppen.

Ist die Gruppe eine geometrische Reihe mit dem Stufensprung η und besteht sie aus g Gliedern, so ergibt sich hieraus der Gruppensprung derart, daß

$$\gamma > \eta^{g-1}$$

Zur ersten Art können wir die Reihe rechnen, die wir als Reihe $\mathrm{R_a}\,3$ kennengelernt haben; sie wäre als gruppengeometrische Reihe wie folgt zu bezeichnen:

$$\mathrm{R_{gg}} \begin{vmatrix} 1 & 2 & 5 \\ 10 \cdots\cdots\cdots & & \end{vmatrix}$$

Wir bleiben jedoch dabei, diese Reihe, wie schon in Abschnitt 225 erörtert, für den allgemeinen Gebrauch als Rundwertreihe $\mathrm{R_a}\,3$ zu bezeichnen.

Eine besondere Rolle spielt die gruppengeometrische Reihe mit arithmetischen Gruppen. Es liegt in ihrem Wesen, daß sich die Glieder einer Gruppe durch Hinzufügen gleicher Zusatzgrößen zur Anfangsgröße jeder Gruppe bilden lassen (additive Eigenschaft innerhalb der Gruppen).

Beispiel in der Reihe:

$$R_{gg}\left|\begin{matrix}3 & 4 & 5\\ 6\cdots\end{matrix}\right|$$

$3+1\cdot 1=4$	$6+1\cdot 2=8$	$12+1\cdot 4=16$	$24+1\cdot 8=32$
$3+2\cdot 1=5$	$6+2\cdot 2=10$	$12+2\cdot 4=20$	$24+2\cdot 8=40$
$3+3\cdot 1=6$	$6+3\cdot 2=12$	$12+3\cdot 4=24$	$24+3\cdot 8=48$

Diese additive Eigenschaft kann eine praktische Bedeutung gewinnen, wenn man die Größen dieser gruppengeometrischen Reihen derart als Gegenstände ausführen kann, daß sie aus der Anfangsgröße jeder Gruppe durch Zusammensetzen mit einer oder mehreren gleichen Zusatzgrößen gebildet werden.

Eine Zusatzgröße braucht in unserem Beispiel nur einmal vorhanden zu sein, wenn ihre Reihe fortgesetzt wird,

z. B.: $40 = 3 + 1 + 4 + 32$

Man wird aber häufig bestrebt sein zu sparen, und zwar vornehmlich an der großen Größe,

z. B.: $40 = 3 + 1 + 4 + 16 + 16$

oder $40 = 3 + 1 + 2 + 2 + 4 + 4 + 8 + 16$

Im ersteren Fall ist nur die größte Größe zweimal anzufertigen. Im anderen Falle müssen die beiden mittleren Größen doppelt vorhanden sein. Hierüber muß im einzelnen Falle die Wirtschaftlichkeit entscheiden. Ein praktisches Beispiel siehe Abschnitt 352.

Eine gruppengeometrische Reihe ist auch die schon unter den ganzzahligen Reihen erwähnte Reihe

2	3	
4	6	
8	12	abgekürzt $R_{gg}\left\|\begin{matrix}2 & 3\\ 4\cdots\end{matrix}\right\|$
16	24	
32	48	
64	96	

Wie man sieht, erfordert sie bei der Verlängerung über 16 hinaus Abwandlungen von Hauptwerten (24 statt 25, 48 statt 50, 64 statt 63), die schließlich erheblich werden (96 statt 100).

Wenn gruppengeometrische Reihen mit arithmetischen Gruppen nur ganze Zahlen enthalten, so ist die kleinste Differenz D in einer Gruppe $= 1$ und daher der kleinste Sprung von einer Gruppe zur nächsten die Zahl 2. Soll die erste arithmetische Gruppe eine größere arithmetische Differenz D ($D =$ ganze Normungszahl) haben, so wird der Vervielfacher $V = D$.

Beispiele:

Die unten stehende Längenreihe ist durch Vervielfachung der Glieder der Anfangsgruppe 2—3 mit $V = 250$ mm gebildet:

2	3	
500	750	
4	6	
1000	1500	abgekürzt $R_{gg} \left\| \begin{matrix} 2 & 3 \\ 4 & \cdots \end{matrix} \right\| \times 250$ mm
8	12	
2000	3000	
16	24	
4000	6000	

Durch das Mittel der gruppengeometrischen Reihe können wir Reihen in das System der Normungszahlen einbauen, die sich, wie die soeben aufgeführte, ihr sonst gänzlich zu entziehen scheinen. Ein wichtiges praktisches Beispiel für diese Reihen bilden die Synchrondrehzahlen von Schnellfrequenzmotoren (siehe Abschnitt 461. 1), die aus der Anfangsgruppe 3 4 5 mit dem Vervielfacher 50 gebildet wird:

3	4	5	
150	200	250	
6	8	10	abgekürzt $R_{gg} \left\| \begin{matrix} 3 & 4 & 5 \\ 6 & \cdots & \end{matrix} \right\| \times 50\ \text{sec}^{-1}$
300	400	500	
12	16	20	
600	800	1000	

Die gruppengeometrische Reihe $R_{gg} \left| \begin{matrix} 3 & 4 & 5 \\ 6 & \cdots & \end{matrix} \right|$ spielt als abgewandelte Normungsreihe neben der Reihe $R_{gg} \left| \begin{matrix} 1 & 2 & 5 \\ 10 & \cdots & \end{matrix} \right|$ ($= R_a\,3$) eine sehr wichtige Rolle.

Verlängern wir sie nach unten, was nach der allgemeinen Begriffserklärung möglich ist, so lautet sie:

$\cdots$ *1* *1,25* 1,5 *2* *2,5* *3* *4* *5* *6* *8* *10*
12 *16* *20* 24 *32*

Diese Reihe hat eine sehr große Ähnlichkeit mit der Reihe R 10. Ihr mittlerer Stufensprung stimmt mit deren Stufensprung überein, da sie auch 10 Glieder in einer Zehnerstufe besitzt; überdies stimmen ihre Stufensprünge zum Teil mit denen der Reihe R 10 überein und somit auch die schräg gedruckten Glieder mit denen der Reihe R_a 10. Wie man sieht, besteht die ganze Abweichung nur in der Verschiebung vom Hauptwert 3,15 auf den Rundwert 3 und demzufolge von 1,6 auf 1,5, von 6,3 auf 6 usw. Die größte Abweichung dieser Werte von den Genauwerten der Reihe R10 beträgt 5% und ist angesichts des Stufensprunges 1,25 häufig tragbar.

In französischen Normen wird diese Reihe als *harmonische* Reihe bezeichnet. Diese Benennung rührt von ihrer Beziehung zur Musik her, wo diese Verhältnisse von Schwingungszahlen (z. B. Terz = $^5/_4$, Quart = $^3/_2$) als harmonisch (accord parfait majeur) empfunden werden.

Der Verlauf der drei wichtigen gruppengeometrischen Reihen

$$R_{gg}\left|\begin{matrix}1 & 2 & 5\\ 10 & \cdots & \end{matrix}\right| (= R_a\,3),\; R_{gg}\left|\begin{matrix}2 & 3\\ 4 & \cdots\end{matrix}\right|\; R_{gg}\left|\begin{matrix}3 & 4 & 5\\ 6 & \cdots & \end{matrix}\right| \text{(sog. harmonische Reihe)}$$

ist schaubildlich in Bild 261/4 wiedergegeben.

Im Hinblick auf die Verwendung der gruppengeometrischen Reihen sei hervorgehoben, daß wir sie aus der Forderung nach ganzzahligen Reihen häufig verbunden mit der zusätzlichen Forderung nach arithmetischen Gruppen abgeleitet haben. Wir sehen daher davon ab, die gruppengeometrischen Reihen mit geometrischen Gruppen näher zu behandeln. Sie sollen praktisch nicht in Betracht kommen, da *bei geometrischer Stufung nur Grundreihen, abgeleitete Reihen und zusammengesetzte Reihen* angewendet werden sollen.

Die gruppengeometrische Reihe kann in Verbindung mit den Quadraten ihrer Zahlen noch eine weitere Bedeutung gewinnen. Quadrate dieser Zahlen kommen beispielsweise als Stückzahlen in quadratischen Packungen vor. Diese sind, da sie längs und quer gleich viel Stücke enthalten, bequem zählbar, außerdem sind sie bekanntlich hinsichtlich des Stoffaufwandes sparsamer als rechteckige und werden diesen daher vorgezogen.

Wir setzen daher im folgenden die gruppengeometrische Reihe und die Reihe ihrer Quadrate in gleicher Anordnung nebeneinander.

Grundwerte			*Quadrate*		
3	4	5	9	16	25
6	8	10	36	64 (63)	100
12	16	20	144 (140)	256 (250)	400

Die Reihe der Quadrate ist wieder eine gruppengeometrische Reihe mit dem Gruppensprung 4. Den Quadratzahlen sind, soweit sie von Normungszahlen abweichen, die nächstgelegenen Normungszahlen in Klammern beigesetzt. Diese Normungszahlen sind etwas kleiner, so daß man beim Leerlassen von einem oder mehreren Fächern in einer quadratischen Packung auch die Normungszahlen als günstige Stückzahlen wählen kann.

Wir gewinnen auf diese Weise einen Anhaltspunkt für die Ausbildung von Vorzugswerten für Losgrößen, die man jeweils gemeinsam in Kästen durch die Werkstätten bewegt, wie auch für Normstückzahlen für den Verkauf in größeren Verpackungen. Natürlich gibt es dafür noch eine Reihe anderer Gesichtspunkte; so wird man bei Packungen, die längs und quer verschiedene Stückzahlen aufweisen sollen, unter Umständen andere Zahlen vorsehen; wieder andere bei solchen, bei denen jeweils drei Stücke im Dreieck zusammenliegen, wie bei runden und sechseckigen Einheiten. Man wird aber auch hierbei gut daran tun, Gesetzmäßigkeiten festzulegen, die gegebenenfalls in Verbindung mit Normungszahlen zu Vorzugszahlen führen.

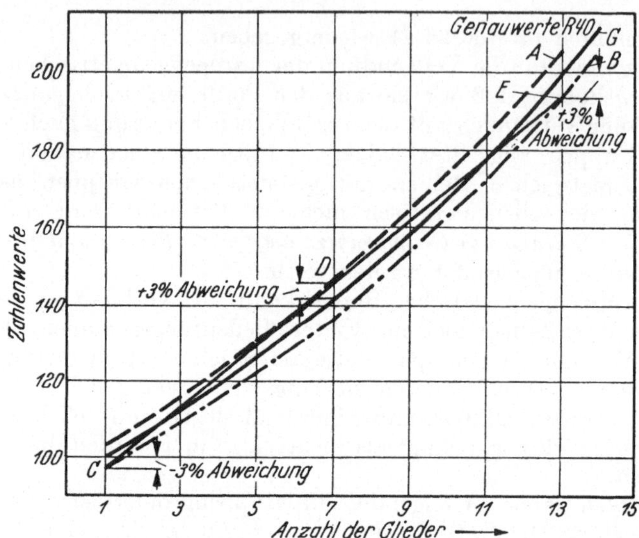

Bild 244/1. Arithmetische Reihe zu Reihe R 40 innerhalb ± 3% Abweichung.

244 Arithmetische Reihen.

Wenngleich geometrische Reihen in ihrem Wesen anders als arithmetische Reihen sind, so lassen sie sich solchen doch streckenweise anschmiegen, ohne daß es dazu größerer Abweichungen bedürfte als bei den bisher behandelten Abwandlungen der Normungszahlen. Ja, bei der Reihe der Normungszahlen selbst finden wir auf Teilstrecken arithmetische Zahlenfolgen. In kleinen Bereichen können nämlich die Unterschiede zu arithmetischen Reihen schon allein durch die Rundungen der Genauwerte zu Hauptwerten verschwinden. So finden wir in der Normungszahlenreihe zum Beispiel die arithmetischen Reihenabschnitte:

aus R 40:	140	150	160	170	180	190	200
aus R 20:	140		160		180		200

Anwendung.

In der Praxis entstandene kurze Reihen in arithmetischer Stufung sollen bei einer Erweiterung aber nicht arithmetisch (auch nicht mit größerem Unterschied D), sondern *geometrisch fortgesetzt* werden.

In Bild 244/1 ist der Zusammenhang schaubildlich dargelegt. Kurve G zeigt die Genauwerte der geometrischen Reihe R 40. Würde man hiervon eine Abweichung von $\pm 3\%$ zulassen (Kurven A und B), so könnte man über 13 Glieder, die durch die Gerade CDE dargestellte arithmetische Reihe erhalten. Hieraus ist die einfache Erkenntnis abzulesen:

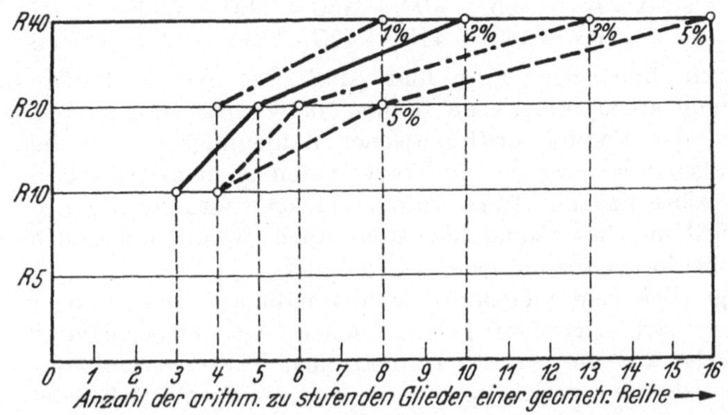

Bild 244/2. Anzahl arithmetischer Glieder in geometrischen Reihen bei verschiedenen Abweichungen von den Genauwerten.

a) Eine arithmetische Reihe weicht von einer geometrischen mit gleicher Gliederzahl und gleichem Bereich am Anfang und Ende nach unten, in der Mitte nach oben ab.

b) Die Zahl der Glieder einer arithmetischen Reihe, die sich einer geometrischen Reihe anschmiegen, ist um so größer, je größer die zugelassene Abweichung ist, und je kleiner der Stufensprungder geometrischen Reihe ist.

Für die Normungszahlenreihen R 10, R 20 und R 40 ist nun in Bild 244/2 für verschieden große Abweichungen in der Ordinate angegeben, mit welcher Anzahl von Gliedern sich eine arithmetische Reihe an sie anschmiegen läßt. Die gleichen Abweichungen von den Genauwerten sind durch Linienzüge zwischen den einzelnen Punkten miteinander verbunden. Wir lesen hieraus beispielsweise ab:

a) Bei 2% zulässiger Abweichung lassen sich anschmiegend an Reihe R 20 fünf Glieder arithmetisch stufen, bei 3% sind es sechs Glieder. Da der Stufensprung dieser Reihe jeweils 12% ist, so ist das aber schon eine sehr starke und meistens nicht tragbare Abweichung.

b) Der oben erwähnte arithmetische Teil in R 20 von 140—200 mit vier Gliedern bedeutet keine größere Abweichung als etwa 1%.

Bei der Reihe R 5 kommt eine arithmetische Stufung überhaupt nicht mehr in Frage, denn schon bei der geringsten in Frage kommenden Gliederanzahl von drei beträgt die Abweichung 11%.

Beispiele für *Reihe R 20* bei Abweichung von $\pm 3\%$ von den Genauwerten:

a) statt 180 — 200 — 224 — 250 — 280 — 315
180 — 205 — 230 — 255 — 280 — 305 $D = 25$

b) statt 224 — 250 — 280 — 315 — 355 — 400
220 — 255 — 290 — 325 — 360 — 395 $D = 35$

c) statt 315 — 355 — 400 — 450 — 500 — 560
310 — 360 — 410 — 460 — 510 — 560 $D = 50$

An diesen Beispielen wird klar, daß *jede Normungszahl* bei Anschmiegung an arithmetische Reihen *anders abzuwandeln* ist, je nachdem, wo der Bereich arithmetischer Zahlenfolge sich befindet. Man weicht also immer wieder anders von den gemeinsamen Grundzahlen ab und sollte das nur tun, wenn technische Gründe die Abwandlung erforderlich machen, sonst höchstens noch, wenn man sich außerhalb des Größenfortpflanzungsgesetzes befindet.

Einige Beispiele mögen die zahlenmäßigen Auswirkungen zeigen: Es lassen sich zwischen geometrischen Normungszahlenreihen und Reihen, die aus mehreren arithmetischen Teilreihen mit wachsenden Unterschieden D bestehen, paarweise Zuordnungen von Gliedern finden. Hierauf kommt es aber an, mit anderen Worten beide Reihen müssen im Bereich gleich viele Glieder besitzen.

Beispiel:

3 4 5 6 8 10 12 16 20 26 32 40 48
←— $D = 1$ —→←— $D = 2$ —→←— $D = 4$ —→←— $D = 6$ —→←— $D = 8$ —→
3,15 4 5 6,3 8 10 12,5 16 20 25 31,5 40 50

Eine ganz andere Beziehung zwischen Normungszahlen und arithmetischen Reihen entsteht durch die ganzzahligen Vielfachen von Normungszahlen. Diese entstehen zum Beispiel als Längenmaße, wenn man Gegenstände mit Normungszahlabmessungen nebeneinander legt, beispielsweise in Packungen. Wir finden bei den Rundwerten, daß alle natürlichen Zahlen von 1 bis 12 Rundwerte der Normungszahlen sind. Da alle Produkte von Normungszahlen wieder Normungszahlen sind, so werden also alle Normungszahlen, die mit einer Zahl zwischen 1 und 12 vervielfacht sind, wieder Zahlen geben, die innerhalb von Abweichungen liegen, die für die Rundwerte von Anfang an zugelassen sind. Bei dieser Vervielfältigung darf natürlich nicht auf Hauptwerte oder Rundwerte gerundet werden. Zahlentafel 244/1 zeigt für die schräg gedruckten Normungszahlen der Reihe R 20, beispielsweise als Längeneinheit gedacht, für die verschiedenen Vielfachen die Summen (Gesamtlängen) und ihre Abweichungen von den Genauwerten. Diese liegen innerhalb von $\pm 2{,}9\%$.

Zahlentafel 244/1.
Ganze Vielfache der Zahlen der Reihe R 20 und ihre Abweichungen in % von Normungszahlen.

Werte aus $R_a 20$ / R 20	2	3	4	5	6	7	8	9	10	11	12
100	**200** *200*	**300** *300*	**400** *400*	**500** *500*	**600** *600*	**700** *710* −1,4	**800** *800*	**900** *900*	**1000** *1000*	**1100** *1120* −1,8	**1200** *1180* +1,1
112	**224** *224*	**336** *335* +0,3	**448** *450* −0,4	**560** *560*	**672** *670* +0,3	**784** *800* −2	**896** *900* −0,4	**1008** *1000* +0,8	**1120** *1120*	**1232** *1250* −1,4	**1344** *1320* +1,8
125	**250** *250*	**375** *375*	**500** *500*	**625** *630* −0,8	**750** *750*	**875** *900* −2,8	**1000** *1000*	**1125** *1120* +0,4	**1250** *1250*	**1375** *1400* −1,8	**1500** *1500*
140	**280** *280*	**420** *425* −1,2	**560** *560*	**700** *710* −1,4	**840** *850* −1,2	**980** *1000* −2	**1120** *1120*	**1260** *1250* +0,8	**1400** *1400*	**1540** *1500* +2,7	**1680** *1700* −1,2
160	**320** *315* +1,6	**480** *475* +1,1	**640** *630* +1,6	**800** *800*	**960** *950* +1,1	**1120** *1120*	**1280** *1250* +2,4	**1440** *1400* +2,9	**1600** *1600*	**1760** *1800* −2,2	**1920** *1900* +1,1
180	**360** *355* +1,4	**540** *530* +1,9	**720** *710* +1,4	**900** *900*	**1080** *1060* +1,9	**1260** *1250* +0,8	**1440** *1400* +2,9	**1620** *1600* +1,3	**1800** *1800*	**1980** *2000* −1	**2160** *2120* +1,9
200	**400** *400*	**600** *600*	**800** *800*	**1000** *1000*	**1200** *1180* +1,7	**1400** *1400*	**1600** *1600*	**1800** *1800*	**2000** *2000*	**2200** *2240* −1,8	**2400** *2360* +1,7
224	**448** *540* −0,4	**672** *670* +0,3	**896** 900 −0,4	**1120** *1120*	**1344** *1320* +1,8	**1568** *1600* −2	**1792** *1800* −0,4	**2016** *2000* +0,8	**2240** *2240*	**2464** *2500* −1,4	**2688** *2650* +1,4
250	**500** *500*	**750** *750*	**1000** *1000*	**1250** *1250*	**1500** *1500*	**1750** *1800* −2,8	**2000** *2000*	**2250** *2240* +0,4	**2500** *2500*	**2750** *2800* −1,8	**3000** *3000*
280	**560** *560*	**840** *850* −1,2	**1120** *1120*	**1400** *1400*	**1680** *1700* −1,2	**1960** 2000 −2	**2240** *2240*	**2520** *2500* +0,8	**2800** *2800*	**3080** *3150* −2,2	**3360** *3350* +0,3
315	**630** *630*	**945** *950* −0,5	**1260** *1250* +0,8	**1575** *1600* −1,6	**1890** *1900* −0,5	**2205** *2240* −1,6	**2520** *2500* +0,8	**2835** *2800* +1,3	**3150** *3150*	**3465** *3550* −2,4	**3780** *3750* +0,8
355	**710** *710*	**1065** *1060* +0,5	**1420** *1400* +1,4	**1775** *1800* −1,4	**2130** *2120* +0,5	**2485** *2500* −0,6	**2840** *2800* +1,4	**3195** *3150* +1,4	**3550** *3550*	**3905** *4000* −2,4	**4260** *4250* +0,2
400	**800** *800*	**1200** *1180* +1,7	**1600** *1600*	**2000** *2000*	**2400** *2360* +1,7	**2800** *2800*	**3200** *3150* +1,6	**3600** *3550* +1,4	**4000** *4000*	**4400** *4500* −2,2	**4800** *4750* +1
450	**900** *900*	**1350** *1320* +2,3	**1800** *1800*	**2250** *2240* +0,4	**2700** *2650* +1,9	**3150** *3150*	**3600** *3550* +1,4	**4050** *4000* +1,3	**4500** *4500*	**4950** *5000* +1	**5400** *5300* +1,9
500	**1000** *1000*	**1500** *1500*	**2000** *2000*	**2500** *2500*	**3000** *3000*	**3500** *3550* −1,4	**4000** *4000*	**4500** *4500*	**5000** *5000*	**5500** *5600* −1,8	**6000** *6000*

Wir können diese Zahlenreihen wiederum als eine bestimmte Abwandlung von den Normungszahlen auffassen.

Die Zahlenreihe läßt sich für die geraden Zahlen von 12 bis 22 erweitern, jedoch bedeutet das nichts anderes, als die Doppel der Spalten 6 bis 11, die wir dort ohnehin zu jeder Reihe um sechs Reihen tiefer vorfinden.

Aus diesen Zusammenhängen ziehen wir folgende Schlußfolgerungen:

1. Sie bestätigen die Art, wie die Glieder der 80er-Reihe durch arithmetische Mittelung der Glieder der 40er-Reihe berechnet werden.
2. Sie erklären die streckenweise arithmetischen Zahlenfolgen der Hauptwerte.
3. Sie lassen bei Benutzung der Rundwerte noch mehr arithmetische Zahlenfolgen erwarten.

245 Primzahlenreihe.

Es gibt Bedingungen, unter denen eine technische Zahlenreihe nur Primzahlen aufweisen darf. Das kann zum Beispiel bei Zahnrädern der Fall sein. Hierfür sind die Normungszahlen wiederum abzuwandeln, und zwar, wie auch in Abschnitt 235 gezeigt, derart, daß man vom Genauwert ausgeht und dazu die nächstliegende Primzahl sucht.

In Zahlentafel 245/1 sind die Primzahlen entsprechend den Normungszahlen R 20 zusammengestellt, und zwar jeweils die nächst höhere und die nächst niedere. Wie man sieht, kann man sich in der feinen Stufung der Reihe R 20 nicht anpassen, weil die Primzahlen bisweilen so weit auseinanderliegen, daß zwei Normungszahlen der Reihe R 20 dazwischenliegen, z. B. 25 und 28 zu 23 und 29. Dagegen läßt sich in Annäherung an die Reihe R 10 eine einigermaßen gleichmäßig gestufte Primzahlenreihe finden, ihre Werte sind in Zahlentafel 245/1 durch Unterstreichen hervorgehoben.

Bisweilen kann die Forderung so lauten, daß man weniger Wert auf die gleichmäßige Stufung legt als darauf, daß jeweils die nächstkleinere Primzahl gewahrt wird, um zum Beispiel an der Zähnezahl von Zahnrädern zu sparen. Auch können gewisse Vorzugswerte eine Rolle spielen, wie zum Beispiel im Werkzeugmaschinenbau die Zähnezahlen 113, 97, die zu Übersetzungen zur angenäherten Darstellung der Zahl π bei Modulsteigungen dienen, oder die Zähnezahl für das Verhältnis:

127 : 100 = 12,7 : 10 = ½″: 10 mm für die Einstellung von Zollsteigungen bei metrischen Leitspindeln bzw. von metrischen Steigungen bei zölligen Leitspindeln.

25 Summen von Normungszahlen.

Es ist selbstverständlich, daß häufig Summen von Normungszahlen entstehen, sei es, daß Gegenstände mit Normungszahlabmessungen aneinandergelegt, Gewichte zusammengezählt oder Geschwindigkeiten einander überlagert werden. *Im allgemeinen sind Summen beliebiger Normungszahlen nicht wieder Normungszahlen.* Das rührt davon her, daß hier ein Vervielfach-Zahlensystem vorliegt (vgl. Abschnitt 231). *Dagegen ist das einzige Zahlensystem, in dem jede Summe beliebiger Zahlen wieder eine Zahl des Systems ergibt, das System aller natürlichen Zahlen.*

251
Bestimmte Summen.

Bestimmte Summen von Normungszahlen geben aber wieder Normungszahlen (innerhalb der üblichen Abweichungen), nämlich

1. Die Summen gleicher Normungszahlen bis zu ihrem Zwölffachen (siehe Zahlentafel 244/1).

Beispiele:

$63 + 63 + 63 = 189 \approx 190$

$25 + 25 + 25 = 75$

2. In den arithmetisch gestuften Teilbereichen (s. Abschnitt 244) die Summe einer Normungszahl und des Unterschiedes D zur nächsten oder dessen Vielfachem (soweit D eine Normungszahl ist).

Beispiel:

$140 + 20 + 20 = 180$

3. Die Summe von einander zugeordneten Paaren

Zahlentafel 245/1.
Primzahlen in Anlehnung an Normungszahlen Reihe R 20.

Hauptwerte	Genauwerte	Primzahl[1] nächst-niedrigere	gleich	nächst-höhere
10	10,000	(7)		(11)
11,2	11,220		(11)	
12,5	12,589	(11)		((13))
14	14,125	((13))		17
16	15,849	((13))		17
18	17,783	17		19
20	19,953	19		((23))
22,4	22,387	19		((23))
25	25,119	((23))		((29))
28	28,184	((23))		((29))
31,5	31,623	((31))		((37))
35,5	35,481	((31))		((37))
40	39,811	((37))		((41))
45	44,668	((43))		((47))
50	50,119	((47))		53
56	56,234		((53))	((59))
63	63,096	((61))		67
71	70,795		((71))	((79))
80	79,433	((79))		((83))
90	89,125	((89))		((97))
100	100,00	((97))		((101))
112	112,20	((109))		((113))
125	125,89	((113))		((127))
140	141,25	((139))		((144))
160	158,49	((157))		((163))
180	177,83	((179))		((181))
200	199,53	((199))		((211))
224	223,87	((223))		((227))
250	251,19	((241))		((251))

(Die Primzahlen, die sich am besten der Reihe R 10 anpassen, sind unterstrichen.)

[1] Bezogen auf die Hauptwerte.
Nicht eingeklammerte Werte sind Hauptwerte, eingeklammerte sind Rundwerte, doppelt eingeklammerte sind weder Haupt- noch Rundwerte.

von Gliedern zweier gleichgestufter Reihen, wenn gemäß Nachstehendem $1 + q^g$ eine Normungszahl ist.

Einer Reihe (1) wird eine Reihe (2) zugeordnet, deren Glieder je das q^gfache der Glieder der ersten Reihe sind, dann ergeben sich paarweise die darunter stehenden Summen (zum Beispiel für Gesamtlänge eines Ballengriffs als Summe von Grifflänge und Zapfenlänge, vgl. Abschnitt 412):

	A	$A \cdot q^a$	$A \cdot q^{2a}$	$A \cdot q^{3a}$
	$A \cdot q^g$	$A \cdot q^{a+g}$	$A \cdot q^{2a+g}$	$A \cdot q^{3a+g}$
Summen:	$A\,(1 + q^g)$	$A \cdot q^a\,(1 + q^g)$	$A \cdot q^{2a}\,(1 + q^g)$	$A \cdot q^{3a}\,(1 + q^g)$

In jedem Glied sind die Faktoren A und q^a Normungszahlen; es kommt also nur noch darauf an, daß auch $(1 + q^g)$ Normungszahlen, und zwar möglichst Hauptwerte sind. Dies trifft jedoch nur für eine beschränkte Anzahl von q^g-Werten zu; sie sind in Zahlentafel 251/1 zusammengestellt.

Zahlentafel 251/1.

Hauptwerte für q^g, zu denen die Summen $1 + q^g$ wieder Hauptwerte sind.

q^g	0,12	0,25	0,4	0,5	0,6	0,8	0,9							
$1 + q^g$	1,12	1,25	1,4	1,5	1,6	1,8	1,9							
q^g	1	1,12	1,5	1,8	2	3	3,75	4	5	5,3	7,5	8	8,5	9
$1 + q^g$	2	2,12	2,5	2,8	3	4	4,75	5	6	6,3	8,5	9	9,5	10
q^g	14	15	16	17	18	19								
$1 + q^g$	15	16	17	18	19	20								

Zahlentafel 251/2.

Summen von Normungszahlen der Reihe R 5[1].

1 + 1,6 = 2,6	(nächster Hauptwert = 2,5)	
1,6 + 2,5 = 4,1	(„ „ = 4)	Summen Werte
2,5 + 4 = 6,5	(„ „ = 6,3)	der Reihe R 5
4 + 6,3 = 10,3	(„ „ = 10)	usw.
6,3 + 10 = 16,3	(„ „ = 16)	
1 + 2,5 = 3,5	(„ „ = 3,55)	
1,6 + 4 = 5,6	(gleich „)	Summen Werte
2,5 + 6,3 = 8,8	(nächster „ = 9)	der Reihe R 20
4 + 10 = 14	(gleich „)	usw.
6,3 + 16 = 22,3	(nächster „ = 22,4)	
1 + 4 = 5	(gleich „)	
1,6 + 6,3 = 7,9	(nächster „ = 8)	Summen Werte
2,5 + 10 = 12,5	(gleich „)	der Reihe R 10
4 + 16 = 20	(gleich „)	
6,3 + 25 = 31,3	(nächster „ = 31,5)	

[1] Gilt auch für Reihen: R $\frac{10}{2}\ \frac{20}{4}\ \frac{40}{8}$ und auch für mehr Summanden.

4. Mit gröberen Abweichungen beliebige Summen je innerhalb der Reihen R 5, R 10, R 20, $R\frac{10}{2}$, $R\frac{20}{2}$, $R\frac{20}{4}$; diese Summen führen zum Teil auf Werte der Reihe R 40 (für R 40 käme man zum Teil auf Werte der Reihe R 80, z. B. 1 + 1,06 = 2,06).

Beispiele für Reihe R 5 zeigt Zahlentafel 251/2.

Anmerkung: Solche Abweichungen sind zum Beispiel für Verpackungen tragbar, die ohnehin eine Maßzugabe gegenüber den genauen Maßsummen der enthaltenen Gegenstände aufweisen. Auch für die drei Glieder der Gleichung

Nettogewicht + Verpackung (Tara) = Bruttogewicht,

wobei das Nettogewicht sich auf eine oder mehrere Einheiten mit je einem Gewicht entsprechend einer Normungszahl beziehen kann, lassen sich Normungszahlen in diesem Rahmen verwenden. Beispiele für Abmessungen siehe Abschnitt 31.

252 Stufung von Zusammenzählelementen zur Bildung arithmetischer Reihen.

Arithmetische Reihen sollen bisweilen dadurch gebildet werden, daß man jedes Glied aus einzelnen Elementen zusammensetzt. Beispiele dafür sind Geldwerte und Gewichte. Man will zum Beispiel in der Lage sein, jeden Pfennigwert oder jeden Grammwert zu bilden, mit anderen Worten, jedes Glied einer arithmetischen Reihe von Pfennig zu Pfennig oder von Gramm zu Gramm darzustellen. Die Aufgabe dabei ist, *mit möglichst wenigen verschiedenen Elementen auszukommen*. Gleichzeitig sollen die Elementgrößen so sein, daß sie sich im Kopf zusammenzählen lassen. Wir nennen diese Elemente daher „Zusammenzählelemente". Bisweilen wird noch eine dritte Forderung gestellt, nämlich daß zu keiner Summengröße mehr als eine bestimmte Anzahl von Elementen gebraucht werden. Die günstigsten Elemente (Einzelgrößen) zu finden, erfordert die Hilfsmittel der Zahlentheorie. Normentechnisch wird die Frage aufgeworfen, ob sich die Einzelgrößen nach Normungszahlen stufen lassen. Diese Aufgabe soll hier nur für einfache Fälle gelöst werden.

Bekannt ist für die oben erwähnten Beispiele von Geld und Gewicht die Wahl der Einzelgrößen:

$$1 \quad 2 \quad 5 \quad 10 \quad 20 \quad 50 \quad 100; \tag{1}$$

es sind Glieder der Reihe R_a 3. Dabei ist jedoch zu beachten, daß es nicht genügt, jedes dieser Glieder nur einmal im „Satz aller Einzelgrößen" zu haben; denn damit könnte man die Vierer- und Neunerwerte nicht bilden. Es ist daher notwendig, daß entweder die Einergrößen oder die Zweiergrößen zweimal im Satz vorhanden sind, so daß er lautet:

$$1,\quad 1,\quad 2,\quad 5,\quad 10,\quad 10,\quad 20,\quad 50\cdots \tag{2}$$

$$\text{oder}\quad 1,\quad 2,\quad 2,\quad 5,\quad 10,\quad 20,\quad 20,\quad 50\cdots \tag{3}$$

Zur Entscheidung, welcher dieser beiden Sätze vorzuziehen ist, können zwei Gesichtspunkte gelten:

a) Geringste Summe aller Elemente; er gilt, wenn der Wert der Elemente stark von ihrer Größe abhängt, zum Beispiel wenn es sich um Gewichte, elektrische Widerstände u. a. aus wertvollem Stoff handelt, danach wäre der erste Satz mit der Summe $1+1+2+5=9$ in einer Zehnerstufe der günstigere, jedoch nicht der günstigste, den Reihe (10) (s. unten) darstellt.

b) Geringste Größtanzahl der zur Bildung einer beliebigen Größe nötigen Elemente. Hiernach ist der zweite Satz überlegen, weil die Summe 4 nur aus zwei statt aus drei und die Summe 9 aus drei statt aus vier Einzelgrößen gebildet werden kann.

Man muß nach dem Gegenstand entscheiden, welcher der Gesichtspunkte der wichtigere ist.

Beiden Reihen ist die bequeme Zusammenzählbarkeit gemeinsam; eine sparsamste Reihe entsprechend der ersten Forderung ist jedoch keine davon. Diese wird nach der Zahlentheorie allgemein durch die Reihe der ganzzahligen Potenzen von 2 gebildet:

$$1\quad 2\quad 4\quad 8\quad 16\quad 32\quad 64\quad 128\quad 256\quad 512\quad 1024\cdots \tag{4}$$

Alle Einzelgrößen bis zu einer bestimmten ergeben nämlich als Summengröße stets eine Größe, die um 1 kleiner ist als die nächste Einzelgröße, z. B.:

$$1+2+4+8+16=31;$$

die nächste Einzelgröße ist 32.

Diese Reihe ermangelt aber der bequemen Zusammenzählbarkeit. Diese erfordert zunächst, daß man möglichst die Zehnerpotenzen als Einzelgrößen benutzt. In der obigen Reihe $1\cdots 1024$ wird man sicherlich spätestens bei 1000 mit einer neuen Einzelgröße, häufig sogar mit einer neuen Maßeinheit (z. B. kg statt g) anfangen. Statt der Verdoppelungsreihe von unten können wir dafür umgekehrt eine Hälftungsreihe anstreben. Wo dabei halbe Zahlen entstehen, runden wir sie auf. Somit entsteht beim fortgesetzten Hälften von 1000 die Reihe:

$$1\quad 2\quad 4\quad 8\quad 16\quad 32\quad 63\quad 125\quad 250\quad 500\quad 1000 \tag{5}$$

Dies aber ist nichts anderes als die Normungszahlenreihe $R_a\,\frac{10}{3}$. Sie ergibt bis 1000 gleichzeitig die sparsamste Reihe von Einzelgrößen, verbunden mit einer verhältnismäßig guten Zusammenzählbarkeit.

Beispiel: $823=500+250+63+8+2$

Falls statt bei 1000 schon bei 100 mit einer neuen Reihe begonnen werden soll, bilden wir von 100 aus wiederum durch Hälftung und Aufrundung eine Reihe und erhalten

1 2 4 7 13 25 50 100 (6)

Hierin läßt sich die Zahl 13 durch die geläufigere Normungszahl 12 ersetzen, da sie zur Bildung der nächstgrößten Summengröße, unter 25, nämlich 24, genügt ($24 = 12 + 7 + 4 + 1$).

Wir sehen hier wieder wie im ganzen Abschnitt 24, daß sich eine Reihe unter bestimmten Gesichtspunkten abwandeln läßt, ohne daß sie gewisse Haupteigenschaften verliert.

Damit erhält man die nur aus Normungszahlen bestehende Reihe der Einzelgrößen, mit der man alle Summengrößen bis 99 bilden kann.

1 2 4 7 12 25 50 (7)

Geht man schließlich auf einer Zehnerstufe zurück, so erhält man durch Hälftung und Aufrundung die Reihe

1 2 3 5 (8)

Daneben haben wir in (7) die Anfangsreihe

1 2 4 7 und oben die Reihen (9)
1 1 2 5 und (2)
1 2 2 5 (3)

kennengelernt. Die weiter unten folgende Regel vom verwertbaren Überschuß führt an Hand des Beispiels 4 außerdem zu den Reihen

1 2 3 3 (10)
und 1 2 3 4 (11)

Davon gibt die Reihe

1 2 4 7 (9)

die geringste Anzahl von Einzelgrößen, die überhaupt in einer Summengröße bis 9 vorkommen kann, nämlich die Zahl 2; nur mit dieser Reihe läßt sich jeder Wert von 1 bis 9 aus einer oder zwei Einzelgrößen bilden. Das kann einmal in bezug auf die Handhabung oder auch in bezug auf die Genauigkeit von Bedeutung sein. Die Reihe 10 ist die in der Aufwandsumme (nur 9!) sparsamste. Die Reihe 3 ergibt die bequemste Zusammenzählbarkeit, weil in ihr nur drei Zahlenwerte vorkommen.

Ergebnis: Als zweckmäßigste Reihe von Zusammenzählgrößen wurde gefunden:

Zur Bildung aller Werte von 1 bis 10^3

1 2 4 8 16 32 63 125 250 500 (5)

zur Bildung aller Werte von 1 bis 10^2

$$1 \quad 2 \quad 4 \quad 7 \quad 12 \quad 25 \quad 50 \tag{6}$$

zur Bildung aller Werte von 1 bis 9, wenn es ankommt auf geringste Anzahl der Einzelgrößen in den Summengrößen,

$$1 \quad 2 \quad 4 \quad 7 \tag{9}$$

auf bequemstes Zusammenzählen

$$1 \quad 2 \quad 2 \quad 5 \tag{3}$$

auf geringste Summe aller Einzelgrößen

$$1 \quad 2 \quad 3 \quad 3 \tag{10}$$

Allgemeine Lösung. Wenn die Unterschiede der darzustellenden Summengrößen nicht gleich der Zahl 1, sondern $= D$ in beliebiger Maßeinheit sind, so ist jeder Wert unserer Reihen mit D zu vervielfachen. Die allgemeine Reihe entsprechend (4) lautet also:

$$D \quad 2\,D \quad 4\,D \quad 8\,D \quad 16\,D \quad 32\,D \quad 64\,D \quad 128\,D \quad 256\,D \cdots \tag{12}$$

Für das Ausmaß der zulässigen Verminderung dieser Gliedgrößen stellen wir die *Regel vom verwertbaren Überschuß auf*. Die Reihe bis zum $(n + 1)$ten Element, das heißt bis zum Wert $2^n D$, hat als Summe $(2^{(n+1)} - 1)\,D$.

$$\sum_0^n 2^n \cdot D = 2^{(n+1)}\,D - D \tag{13}$$

Ist nun die größte Summe, die mit diesen Elementen erreicht werden soll, $G = g \cdot D$, so haben wir einen Überschuß $U = u \cdot D$ an möglichen Summengrößen von

$$U = (2^{(n+1)} - 1) \cdot D - G$$

oder nach Teilung durch D in reinen Zahlen ausgedrückt

$$u = 2^{n+1} - 1 - g \tag{14}$$

Diesen Überschuß können wir zur Verringerung der einzelnen Elemente benutzen, und zwar in der Reihenfolge von oben herab. Vermindern wir das größte Element 2^n um u_1 auf $(2^n - u_1)$, so brauchen die nächsten Elemente nur noch zur Summengröße $(2^n - u_1 - 1)$ auszureichen. Sie reichten aber bis $2^n - 1$, somit entsteht beim zweitletzten Glied ein neuer Überschuß u'

$$u' = 2^n - 1 - (2^n - u_1 - 1)$$
$$u' = u_1$$

Das zweitletzte Glied kann also auch um einen Betrag bis zu u_1 gekürzt werden, sofern nur

$$2\,u_1 \gtreqless u \tag{15}$$

So kann man drei Glieder von oben nacheinander um u_1, u_2, u_3 kürzen, wenn folgende Bedingungen erfüllt sind:

$$\left.\begin{aligned} u_3 &\gtreqless u_2 \\ u_3 + u_2 &\gtreqless u_1 \\ u_3 + u_2 + u_1 &\gtreqless u \end{aligned}\right\} \tag{16}$$

Setzt man diese Reihe fort, so gelangt man zur

Regel vom verwertbaren Überschuß. Der Überschuß aus größter Summe der Glieder der Zweier-Potenzreihe und größter zu bildender Summe kann zur schrittweisen Verringerung der einzelnen Glieder verwendet werden; diese sind in der Reihenfolge vom größten Gliede ab nach rückwärts so zu verringern, daß jede Verringerung eines Gliedes gleich oder größer ist als die Summe der Verringerungen aller kleineren Glieder und daß die Summe aller Verringerungen gleich oder kleiner als der Überschuß ist.

Eine Verwertung des Überschusses hat stets die Wirkung, daß in den Summenbereichen oberhalb des ersten verringerten Elements $(2^m - u_m)$ *mehr* Elemente zu manchen Summenbildungen herangezogen werden müssen, während zwischen diesem und dem größten unverringerten Element (2^{m-1}) zu manchen Summenbildungen weniger Elemente benötigt werden.

Da der Überschuß u in verschiedener Weise aufgeteilt werden kann, so ist jeweils zwischen den verschiedenen möglichen Lösungen zu entscheiden. Dafür werden die schon erwähnten Gesichtspunkte zusammengefaßt:

Gesichtspunkte für die Verringerung der Elemente.

1. Kleinste Summe aller Elemente — wichtig, wenn ihr Wert oder ihr Gewicht oder ihr Raumbedarf entscheidet.

2. Geringste Anzahl der Elemente zur Bildung beliebiger Summen — wichtig bei häufiger Handhabung.

3. Bequeme Zusammenzählbarkeit — wichtig in Werkstatt und Verkehr.

4. Anwendung von Normungszahlen.

Beispiele: 1. Wo man die größte Summe auf einen Wert festsetzt, der um 1 kleiner als eine Zehnerpotenz ist, ist der Überschuß

$$u = 2^n - 1 - (10^h - 1) \tag{17}$$
$$u = 2^n - 10^h \; (u \text{ nur positiv, } n \text{ und } h \text{ ganze Zahlen}).$$

Dies führt auf Reihen wie die obigen (5), (6), (8).

2. **Theoretisches Beispiel:**

$$D = 3; \quad G = 150;$$

somit Bereichszahl $B = \frac{G}{D} = 50.$

Die nächste Potenz von 2 ist $2^6 = 64$, somit nach Gl. (14), $B = g$,

$$u = 2^6 - 1 - 50 = 13.$$

Wir können also die Glieder der Reihe um Beträge $u_1 + u_2 \cdots \gtreqless 13$ kürzen. Es sind eine Reihe von Lösungen möglich:

a) fast völlige Kürzung am größten Stück (Gesichtspunkt 1 + 3)

$$\begin{array}{cccccc} & & & & -1 & -12 = -13 \\ 1 & 2 & 4 & 8 & 15 & 20 \end{array} \tag{16}$$

b) etwa gleiche Kürzungen an den zwei größten Stücken (Gesichtspunkt 1, 3 + 4)

$$\begin{array}{cccccc} & & & & -6 & -7 = -13 \\ 1 & 2 & 4 & 8 & 10 & 25 \end{array} \tag{17}$$

c) Kürzungen nach Gesichtspunkt 2 (entspricht auch Gesichtspunkt 1 + 4)

$$\begin{array}{cccccc} & & & -1 & -2 & -10 = -13 \\ 1 & 2 & 4 & 7 & 14 & 22 \end{array} \tag{18}$$

3. **Praktisches Beispiel:** Verlängerungsstücke von Innenschraublehren mit Verstellbereichen $D = 25$ mm und mit größter Summe aller Verlängerungen $G = 2500$ mm $= 100\,D$ ergeben entsprechend der Reihe (7)

$$\begin{array}{ccccccc} D & 2D & 4D & 7D & 12D & 25D & 50D \\ = 25 & 50 & 100 & 175 & 350 & 625 & 1250 \text{ mm} \end{array} \tag{19}$$

Diese Reihe ist mit 6 Verlängerungsstücken die sparsamste in bezug auf die Anzahl der Verlängerungsstücke im ganzen und in bezug auf Anzahlen in jeder Summengröße. Will man bei diesen zugunsten besserer Addierbarkeit mehr zulassen, so kann man diese Reihe abwandeln zu

$$\begin{array}{ccccccc} D & 2D & 4D & 8D & 12D & 24D & 50D \\ 25 & 50 & 100 & 200 & 300 & 600 & 1250 \text{ mm} \end{array} \tag{20}$$

Überschußprobe: $-4\,D - 8\,D - 14\,D = 26\,D < u = (128 - 100)\,D$

Die Reihe (19) steht wieder in völliger Übereinstimmung mit den Normungszahlen.

4. **Praktisches Beispiel:** Elektrische Stöpselwiderstände. Bereich 0,1 bis 100000 Ohm. Zwecks bequemen Zusammenzählens wird in jeder Zehnerstufe mit der Zehnerpotenz begonnen (0,1 — 1 — 10 ··· Ohm). Also sind nur innerhalb einer Zehnerstufe Zusammenzählelemente zur Summenbildung bis zum 9fachen zu finden, und zwar unter dem Gesichtspunkt geringsten Stoffaufwandes.

Die Reihe 1 2 4 8 mit der Summe 15

weist einen verwertbaren Überschuß $u = 2^4 - 1 - 9 = 6$ auf. Seine völlige Verwertung führt zur sparsamsten Reihe

$$\begin{array}{cccc} & & -1 & -5 \\ 1 & 2 & 3 & 3 \text{ Ohm; } \quad \text{Summe 9 Ohm.} \end{array}$$

Will man bei immer noch großer Sparsamkeit zu den einzelnen Widerständen nicht so viele (bis zu vier) Teilwiderstände benutzen, so verringert man die Zweierpotenzen nur um

1	2	4	8
		—1	—4

und erhält die Reihe

1	2	3	4

Aus ihr entsteht die gruppengeometrische Reihe

$$R_{gg}\ 0{,}1 \quad 0{,}2 \quad 0{,}3 \quad 0{,}4 \text{ Ohm},$$
$$1 \quad \ldots$$

die sich in der Praxis bewährt hat, zumal sie für das Zusammenzählen sehr bequem ist; sie besteht aus lauter Normungszahlen und lautet:

0,1	0,2	0,3	0,4	Ohm
1	2	3	4	,,
10	20	30	40	,,
100	200	300	400	,,
1000	2000	3000	4000	,,
10000	20000	30000	40000	,,

26 Die schaubildliche Darstellung von Normungszahlenreihen.

Stellen wir die Größen einer geometrischen Reihe als Ordinaten zu jeder laufenden Gliednummer dar, so liegen die Endpunkte der Ordinaten gemäß Bild 26/1 auf einer Kurve.

Für zwei benachbarte Ordinaten gilt, da es sich ja um eine geometrische Reihe handelt,

$$\frac{Y_n}{Y_{n-1}} = \varphi$$

oder

$$ln\, Y_n - ln\, Y_{n-1} = ln\, \varphi$$

oder mit $ln\, Y_n = Z_n$

$$Z^n - Z_{n-1} = ln\, \varphi$$

Für die Abszissen dieser benachbarten Ordinaten gilt

$$X^n - X_{n-1} = 1$$

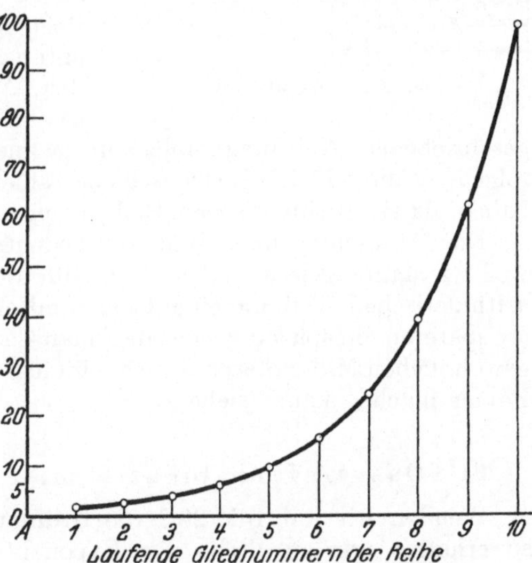

Bild 26/1. Die Normungszahlen als e-Funktion.

Beide Gleichungen durcheinander geteilt

$$\frac{Z_n - Z_{n-1}}{X_n - X_{n-1}} = ln\,\varphi$$

Rücken die benachbarten Größen unendlich nahe zusammen, so wird hieraus

$$\frac{dZ}{dX} = ln\,\varphi;\ \text{somit}\ Z = ln\,\varphi \cdot X + C$$

es ist aber $Z = ln\,Y$; also $ln\,Y = ln\,\varphi \cdot X + C$

somit $Y = C \cdot \varphi^X$ (1)

Oder mit Y = Normungszahl M und C = Normungszahl M_1

$$M_x = M_1 \cdot \varphi^x \tag{2}$$

Die Kurve in Bild 26/1 stellt also eine Exponentialfunktion dar, mit anderen Worten:

Die Größen einer Normungszahlenreihe folgen einer Exponentialfunktion.

Dies weist uns auf die Darstellung im logarithmischen Maßstab hin. Wenn wir gemäß Bild 26/2 auf einer Leiter von Anfangspunkt 1 die q-Logarithmen der Normungszahlen auftragen, statt dieser aber die Normungszahlen selbst anschreiben, so haben wir sie aufs einfachste graphisch dargestellt. Wir haben nichts anderes vor uns als eine Rechenschieberleiter. Von dieser unterscheidet sie sich nur durch den Abstand der Striche; dieser ist hier gleichmäßig, weil die eingeschriebenen Normungszahlen in geometrischer Reihe aufeinander folgen, während die Rechenschieberzahlen ungleichmäßige Abstände haben, da sie arithmetischen Reihen folgen.

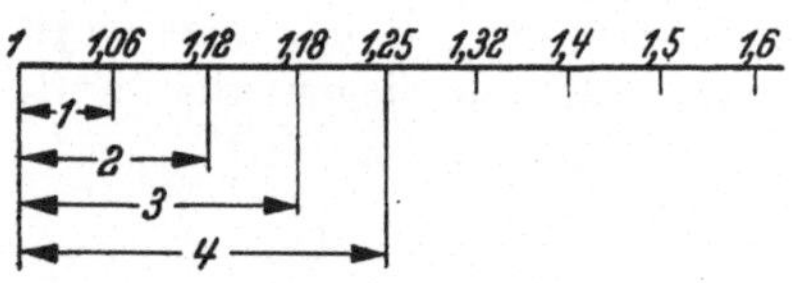

Bild 26/2. q-Logarithmen.

Die Darstellung nach Bild 26/2 bedeutet nun einen großen Vorteil, weil wir damit gelernt haben, mit Hilfe der Normungszahlen aus einer arithmetischen Teilung eine logarithmische zu machen. Wir werden an späteren Beispielen sehen, daß man damit ohne weiteres aus jedem gewöhnlichen Millimeterpapier ein einfach- oder doppelt-logarithmisches Papier machen kann (siehe 262).

261 Das einfach-logarithmische Netz (NZ-Papier)

Wenden wir auf Bild 26/1 die Ordinatenteilung von Bild 26/2 an, so erhalten wir an Stelle der Exponentialkurve eine Gerade (siehe Bild 261/1). Hierin entspricht beispielsweise der Ordinatenunterschied von Größe zu Größe dem Stufensprung 1,6. Diese gezeichnete Gerade stellt also die Reihe R 5 dar. Diese Darstellungsmöglichkeit wird nun allgemein zur Darstellung von Reihen benutzt, sei es, daß man gegebene Reihen mit Normungszahlen vergleicht, sei es, daß man bei der Ausarbeitung einer Norm Normungszahlenreihen anstrebt.

Ein solches Kurvenpapier heißt allgemein einfach-logarithmisches Papier, es wird jedoch wegen seines Zweckes und wegen der Tatsache, daß die Ordinatenteilung den Normungszahlen entspricht, *NZ-Papier* (Bild 261/2) genannt[1].

Auf der Abszisse des Papiers sind in gleichmäßiger Teilung die laufenden Ordnungsnummern der Glieder einer Reihe aufgetragen. Die Ordinatenachse zeigt in logarithmischem Maßstab die geometrisch gestuften Werte für die Größe der einzelnen Glieder; ihre Teilung entspricht $1{,}06 = \sqrt[40]{10}$.

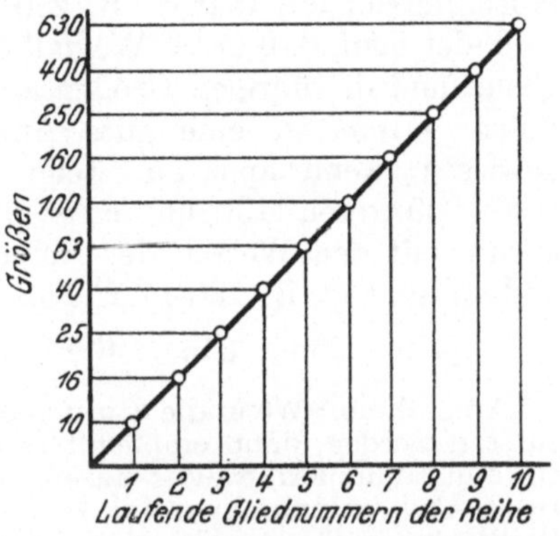

Bild 261/1. Darstellung einer Größenreihe im einfach-logarithmischen Netz.

Die Strahlen stellen aus den Hauptwerten der Normungszahlen gebildete Reihen dar (siehe DIN 323, Blatt 1 und 2). Ihre Werte ergeben sich aus den Schnittpunkten der Abszissen- und Ordinatenteilung. R 5, R 10, R 20 und R 40 sind die Grundreihen der Hauptwerte, R 10/3, R 20/3 und R 40/3 entsprechen abgeleiteten Reihen, die den Wert 1 enthalten. Reihen, die parallel zu den eingezeichneten Strahlen verlaufen, haben gleichen Stufensprung, so z. B. die Reihen

R 20/3 (dargestellt durch den eingedruckten Strahl)
R 40/6 (··· 17 ···)
R 20/3 (··· 18 ···)
R 40/6 (··· 19 ···)
R 20/3 (··· 20 ···)
R 40/6 (··· 21,2 ···)

Die rechts befindliche Teilung der Ordinatenachse gibt die Werte für die Quadrate (N^2) der Normungszahlen (N) an. Benutzungsbeispiele an Hand von Bild 261/2.

1. Es bestehe eine praktisch entstandene Größenreihe, z. B.:

260 330 420 480 620 720 820 1000

[1] Beziehbar in Blöcken von 50 Blatt. Beuth-Vertrieb GmbH., Berlin und Köln.

Durch welche Normungszahlenreihe läßt sich diese Größenreihe am besten ersetzen?

Man trage die gegebenen Größen, bei einer beliebigen Ordnungsnummer auf der Abszisse (z. B. 1) beginnend, entsprechend den logarithmischen Ordinatenwerten auf. Die gestrichelte Verbindungslinie *1* verläuft gekrümmt und mit verschiedener Neigung, ein Beweis für die Unregelmäßigkeit der Stufung.

Man suche nun (mit Dreieck und Lineal), zu welchem der eingedruckten Strahlen die gezeichnete Linie am besten parallel ist. Man findet, daß sie ungefähr einer zu dem Strahl R 10 parallelen Geraden entspricht. Zeichnet man diese ein, und zwar durch einen passenden Normungszahlenpunkt, z. B. 250 oder 400 usw. (ausgezogene Linie *1*), so findet man, daß unter Wegfall der Stufe 720 die bisherige Größe 1000 genau und die übrigen Größen angenähert auf die eingezeichnete Linie fallen. Damit ist eine gute Annäherung an die Reihe R 10 nachgewiesen, wenn man an Stelle der beiden Stufen 720 und 820 die Stufe 800 treten läßt, und es ist ohne weiteres abzulesen, wie die nicht genau mit den Werten der Reihe R 10 übereinstimmenden Werte zu ändern sind (z. B. 260 in 250 usw.). Die Reihe lautet:

250 315 400 500 630 800 1000

Anmerkung: Wenn die Stufung so grob ist, daß die eingetragenen Linien zu steil werden, dann empfiehlt es sich, die in der Abszisse aufgetragenen Ordnungsnummern weiter auseinanderzuziehen, das heißt also, nur jede zweite Ordnungsnummernlinie zu benutzen. Der erste Wert der eingetragenen Reihe kommt dann beispielsweise auf die Ordnungsnummer 2, der zweite auf 4, der dritte auf 6 usw.; natürlich gelten dann die erwähnten Parallitätsbeziehungen nicht mehr. Es müssen dann jedoch auch die Richtstrahlen geändert werden. Das geschieht am einfachsten durch Umbenennung. Der Richtstrahl R 10 heißt dann R 5, R 40/3 heißt R 20/3 usw.

Wie die Linien in Teil 2 von Bild 261/2 zeigen, kann man sehr bequem die Zuordnung mehrerer Normungszahlengrößen am einzelnen Gegenstand betrachten. Auch ihre gegenseitige Abhängigkeit ist leicht abzulesen. Verlaufen zwei Linien für die Größen A und B mit gleichbleibendem Abstand, so sind A und B einander proportional; ihre Verhältniszahl läßt sich durch Abzählen der senkrechten Teilungen leicht bestimmen im Beispiel

$$c = 8 \text{ Teilungen} = q^8 = 1{,}6$$

somit

$$B = 0{,}63\,A$$

Teil 3 zeigt ein Beispiel aus der Normungsarbeit:

Es ist eine Reihe zylindrischer Behälter festzulegen. Von Größe zu Größe soll sich der Inhalt verdoppeln und die Höhe um 12% wachsen. Gegeben sind die Abmessungen der kleinsten Größe $D = 100$ mm und

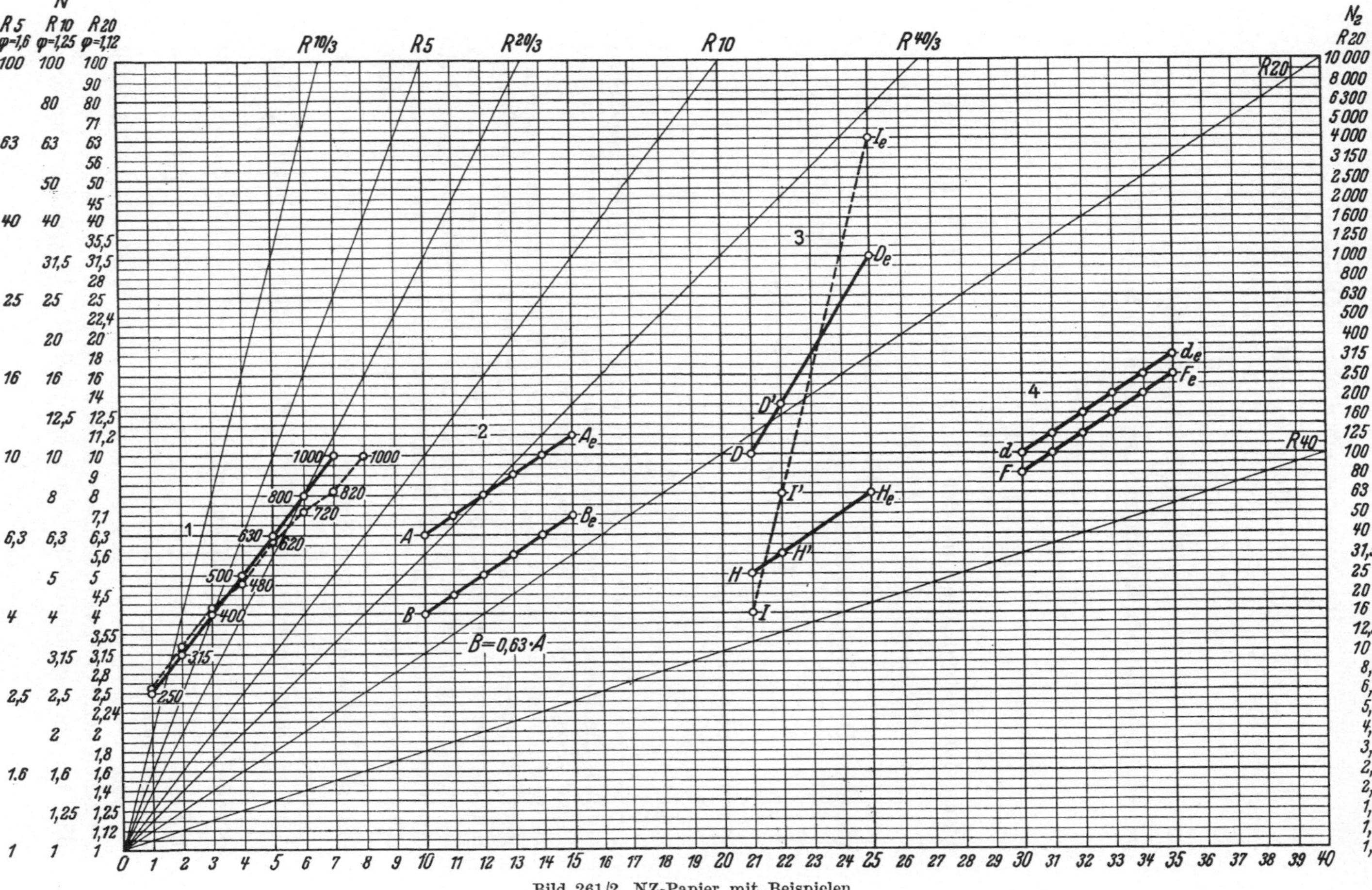

Bild 261/2. NZ-Papier mit Beispielen.

$I = 0{,}4\,\mathrm{l}$. Hierzu wird die Höhe $H_1 = 50\,\mathrm{mm}$ berechnet und eingetragen. Für die nächste Größe ist nun bekannt:

$$I' = 2 \cdot 0{,}4 = 0{,}8\,\mathrm{l}$$

und

$$H' = 1{,}12 \cdot 50 = 56\,\mathrm{mm}$$

D' kann man durch Rechnung bestimmen, nämlich aus

$$I' = \frac{\pi}{4} \cdot D'^2 \cdot H' \tag{1}$$

$$D' = \sqrt{\frac{4}{\pi}} \cdot \sqrt{\frac{I'}{H'}} \tag{2}$$

Oder man bestimmt hieraus den Stufensprung für D, indem man

$$I' = \varphi \cdot I = 2I = q^{12} \cdot I$$

und

$$H' = 1{,}12\,H \qquad = q^2 \cdot H$$

einsetzt. Dann ist nach (2)

$$D' = \sqrt{\frac{4}{\pi}} \cdot \sqrt{\frac{I}{H}} \cdot \sqrt{\frac{q^{12}}{q^2}} = D' \cdot \sqrt{q^{10}}$$

Somit Stufensprung für D

$$\varphi_D = \frac{D'}{D} = \sqrt{q^{10}} = q^5$$

So können wir leicht zu den Geraden $I\,I_e$ und $H\,H_e$ der gegebenen Größen die Reihe der gesuchten Größen $D\,D_e$ finden, indem wir von Punkt D zu D' um 5 Teilungen höher rücken.

Betrachten wir nun den so entstandenen Bildteil 3 in einem anderen Falle als *gegeben*, dann sehen wir sehr anschaulich, wie die drei Größen miteinander wachsen und können bei jeder gewünschten Abänderung sofort die Folgen für die beeinflußten Größen überblicken und graphisch ermitteln. Wollen wir die Wachstumsbeziehungen zwischen D und H erkennen, so vergleichen wir die Stufensprünge q^5 und q^2 und sehen, daß das Verhältnis $\frac{D}{H}$ von Schritt zu Schritt auf das q^3fache wächst. Dies ist ohne weiteres aus dem NZ-Papier abzulesen, denn $\frac{D}{H}$ wird durch den Abstand $D \cdots H$ ausgedrückt. $\frac{D'}{H'}$ muß um 3 Teilungen $= q^3$ höher werden, da von Stufe zu Stufe D um 5 Teilungen, H um 2 Teilungen wächst.

Man beachte wohl, daß es sich hier um *Wachstumsbeziehungen* zwischen veränderlichen Größen handelt und nicht um Funktionslinien, die die oben genannte Berechnungsformel für V darstellen würden.

Da in vielen technischen Rechnungen die Quadrate von Größen vorkommen, so ist dafür an der rechten Seite eine Teilung für Quadrate der Normungszahlen angebracht (wie am Rechenschieber). Der Bildteil 4 zeigt ein Beispiel für ihre Benützung.

Eine Reihe von runden Scheiben habe Durchmesser gemäß R 20 ($10 \cdots 18$) [mm] und ist dargestellt durch die Linie $d\,d_e$.

Die Reihe für die Flächen $F = \frac{\pi d^2}{4}$ wird einfach dadurch gefunden, daß man für eine einzige Größe die Fläche berechnet

$$F_1 = \frac{\pi \cdot 10^2}{4} = 80\ [\text{mm}^2]$$

diese gemäß der *quadratischen* Teilung über dem zu d gehörigen Abszissenwert (30) einträgt und durch den gefundenen Punkt die Parallele zur Linie $d \cdots d_e$ zieht.

Diese Linie $F \cdots F_e$ gibt bei Benutzung der quadratischen Teilung die Reihe der gesuchten Flächen an. Sie lautet:

80 100 125 160 200 250 [mm²]

In Bild 261/3 sind die als Zahlenbeispiele in Abschnitt 223 angeführten zusammengesetzten Reihen dargestellt. Es ist zu empfehlen, beim Zusammensetzen solcher Reihen schaubildlich zu arbeiten und dabei das NZ-Papier zu benutzen. Auch die Eigenart der in Abschnitt 243 behandelten gruppengeometrischen Reihen wird in der schaubildlichen Darstellung augenfällig. Hier fällt der Rhythmus auf, der sich von Gruppe zu Gruppe wiederholt (Bild 261/4).

Nicht immer kann man bei gegebener Bereichszahl B und gegebener Gliedanzahl n gleiche Normungssprünge erzielen: Insbesondere gilt dies bei abhängigen Größen, die nicht die Bedingungen von Abschnitt 235 erfüllen. Man muß dann entweder gleiche Sprünge wählen und auf Normungszahlen verzichten, oder aber, wenn man an diesen aus den bekannten Gründen festhält, verschiedene Normsprünge wählen. Dabei kann auch einmal $\varphi = 1$ auftreten, d. h. zwei Glieder erhalten die gleiche Größe. Aus den gegebenen Größen kann nun leicht ermittelt werden, ob überhaupt gleiche genormte Sprünge möglich sind und wenn ja, ob eine Grundreihe möglich ist.

Es sei
$$B = q^{a\,(n-1)}$$
(n Glieder in einer Grundreihe mit dem Faktor $a = 1$, 2, 4 oder 8).

Wir logarithmieren auf beiden Seiten zur Basis q

$$^{q}\log B = a\,(n-1)$$
$$a\,(n-1) = N_B \qquad (1)$$

Diese Gleichung ist nur sinnvoll für ganze Zahlen, da außer a die Ordnungszahl N_B sowie die Gliedzahl n ganze Zahlen sein müssen. Gegeben sei die Bereichszahl $B = 3{,}15 = q^{20}$. In der Hochzahl $n - 1 = 20$ gehen nur folgende Werte von $n - 1$ auf:

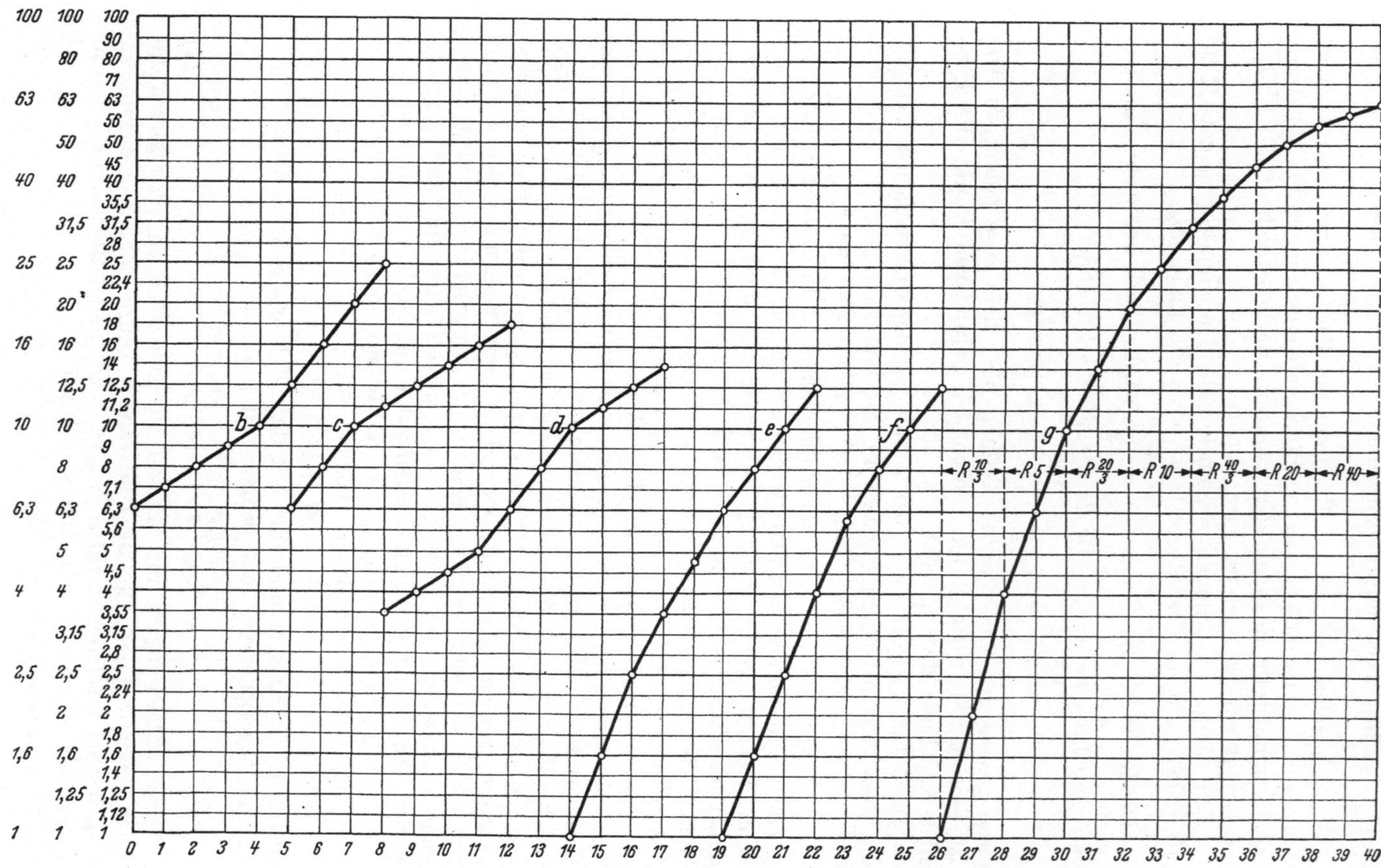

Bild 261/3. Zusammengesetzte Reihen. (Die Buchstaben beziehen sich auf die Beispiele in Abschnitt 223.)

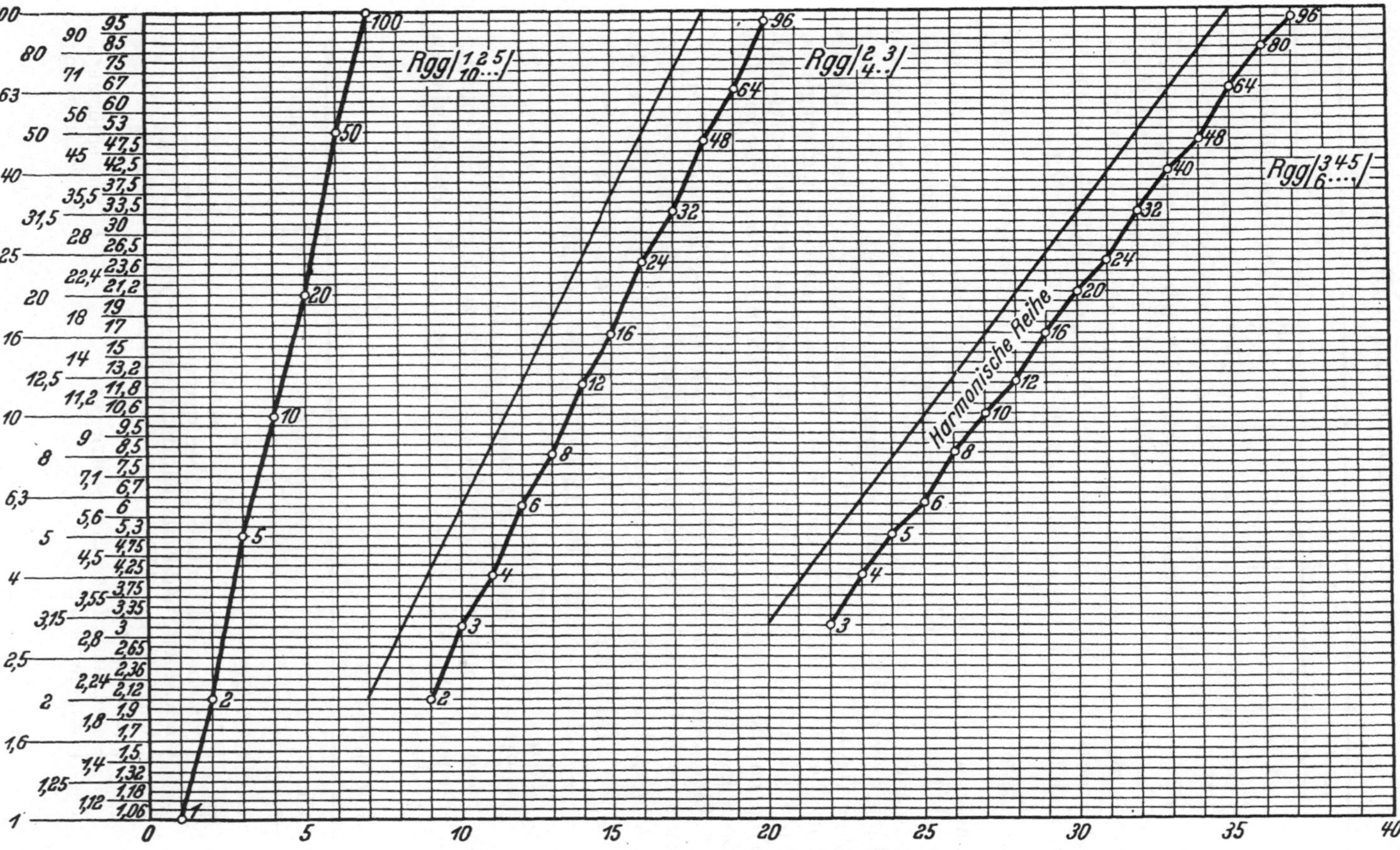

Bild 261/4. Der Verlauf der wichtigsten gruppengeometrischen Reihen.

$n-1$	n	a	Reihe
4	5	5	$R\,\frac{40}{5}$ = abgeleitete Reihe
5	6	4	R 10 = Grundreihe
10	11	2	R 20 = Grundreihe

Für andere Gliedanzahlen n ergeben sich keine genormten Sprünge. Anschaulicher ist der Zusammenhang bei Eintragen in NZ-Papier (Bild 261/5). Dort ist der Bereich nacheinander mit 4—11 Gliedern überdeckt. In Übereinstimmung mit der obigen Tafel erhalten wir bei 6 und 11 Gliedern Grundreihen (R 10 bzw. R 20), bei 5 Gliedern eine abgeleitete Reihe $R\,\frac{40}{5}$, oder wenn man nur Glieder der Reihe R 10 haben will, nach Linie 2′ verschiedene Sprünge. Bei 7 Gliedern erhalten nach Linie 4 zwei Glieder gleiche Werte der Reihe R 20, es sei denn, daß man die ungleichen, aber nicht sehr verschiedenen Sprünge der Linie 4′ vorzieht. Man steht so immer vor der Wahl, ob man Zahlen einer (groben) Grundreihe wählt und sie bei mehreren Gliedern wiederholt (bei 9 Gliedern nach Linie 6 an 3 Stellen) oder ob man ungleiche Sprünge und Werte der Reihe R 40 wählt und dabei die entsprechende Treppenlinie möglichst eng an die Verbindungslinien zwischen dem Anfangs- und Endpunkt der Reihe anschließt.

Eine Stufung ähnlich Linie 6, jedoch mit regelmäßigen Treppen, kann auch daraus entstehen, daß das betreffende Maß zwei- oder dreimal so grob gestuft wird als die Anzahl der Glieder erlauben würde, also

z. B.	Glied Nr.	1	2	3	4	5	6	7	8
	Maß	10	10	12,5	12,5	16	16	20	20

(vgl. Linie 6 in Bild 261/6).

Bild 216/6 zeigt, daß das NZ-Papier uns ein vorzügliches Mittel an die Hand gibt, um gemäß Abschnitt 223 kennzeichnende Stufenfolgen zu erkennen und nach ihrer graphischen Form als Typen zu erfassen und zu benennen.

Wir finden in

Linie	Stufensprünge	Stufenlinie
1	gleiche	gerade
2	abnehmend, immer feiner werdend	konvex
3	zunehmend, immer gröber werdend	konkav
4	am Anfang und Ende fein, dazwischen gröber	s-förmig
5	am Anfang und Ende grob, dazwischen feiner	z-förmig
6	gleich, jedoch kommt jeder Wert in 2 aufeinanderfolgenden Stufen vor	treppenförmig
7	unregelmäßig	zickzackförmig

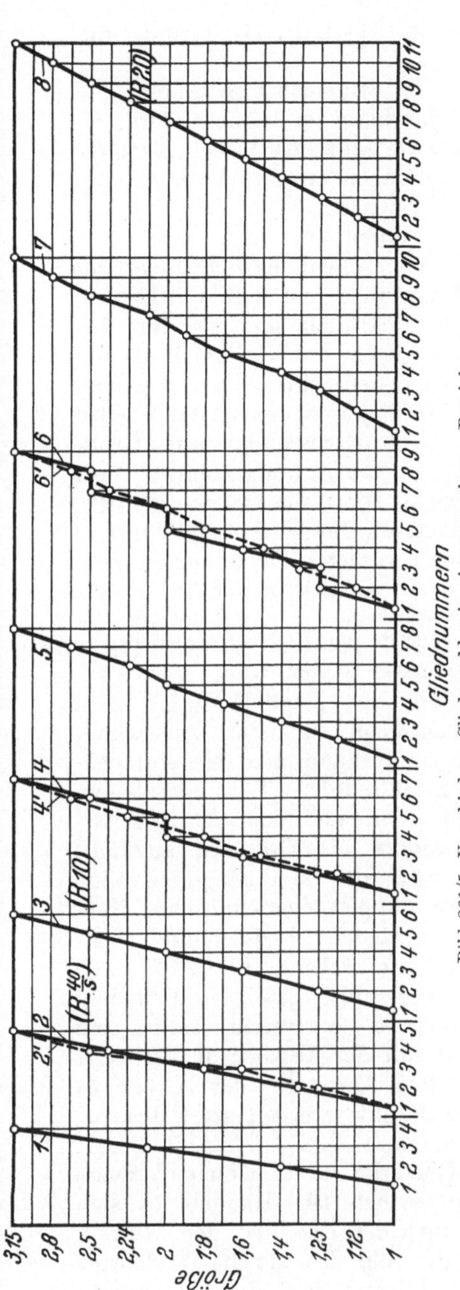

Bild 261/5. Verschiedene Gliedanzahlen in einem gegebenen Bereich.

Bild 261/6. **Kennzeichnende Stufenfolgen (Stufentypen).**

Eine praktische Anwendung siehe in Abschnitt 44, Typnormung von Werkzeugmaschinen.

Bisweilen kommt es darauf an, die Stufensprünge selbst darzustellen, insbesondere wenn sie sich innerhalb der Reihe ändern. Sie sind zwar auf den bisher gezeigten Darstellungen ersichtlich, jedoch für die Vergleichszwecke nicht bequem genug erkennbar. Für ihre Darstellung empfiehlt es sich daher, die Stufensprünge gemäß Bild 261/8 aufzutragen. Hierzu sind zu einer beliebigen Reihe von Größen 1—10 mit verschiedenen Stufensprüngen gemäß Bild 261/7 die Stufensprünge selbst mit den Abszissenpunkten Größe 1—2, 2—3 usw. aufgetragen. Diese Kurve ist somit die Differentialkurve zur ersteren. Sie wird in Abschnitt 44 benutzt werden. Wir wollen sie kurz *Stufensprungkurve* nennen.

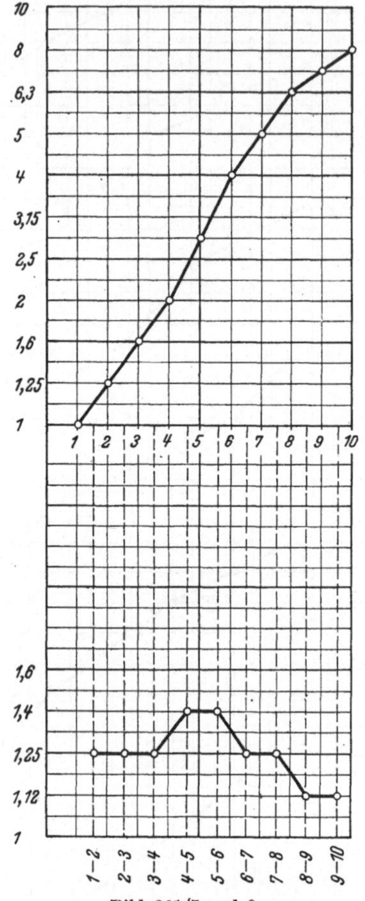

Bild 261/7 und 8.
Stufenfolge mit Stufensprungkurve.

262 Das doppelt-logarithmische Netz.

Wenn bei einer Normung zwei Größenreihen einander zugeordnet sind, dann kann man sie einfacher als in Bild 261/2, Teil 2 darstellen, indem man die eine als Abszisse, die andere als Ordinate aufträgt. Man trägt sie wie abhängige Größen in ein doppelt-logarithmisches Netz ein, die in den Abszissen und Ordinaten entsprechend Bild 26/2 nach Normungszahlen geteilt sind. Jedem Gegenstand entspricht dann ein Punkt mit der Abszisse der Größe A und der Ordinate der Größe B. Diese Punkte werden stark hervorgehoben und durch eine Linie verbunden, z. B. $F—G$ in Bild 262/1. Daraus ist ersichtlich, daß für jedes Glied der für U benutzten Reihe (im Beispiel 16 ··· 63) eine Größe vorgesehen ist. Handelt es sich beispielsweise um Gabelbolzen mit Durchmesser d und der Länge l, dann stellt diese Gerade Bolzen dar, die alle das gleiche Verhältnis $l : d = 3{,}15$ haben. Sind gleichzeitig kürzere und längere Bolzen vorgesehen, so werden diese durch weitere Punkte und Gerade $H-J$, $K-L$ dargestellt.

Hieraus ersieht man, daß die „kurzen" Bolzen mit $\frac{l}{d} = 2{,}5$ nur in vier Größen mit dem gleichen Stufensprung vorgesehen sind, während die „langen" Bolzen mit $\frac{l}{d} = 5$ in drei Größen mit dem doppelten Stufensprung genormt sind.

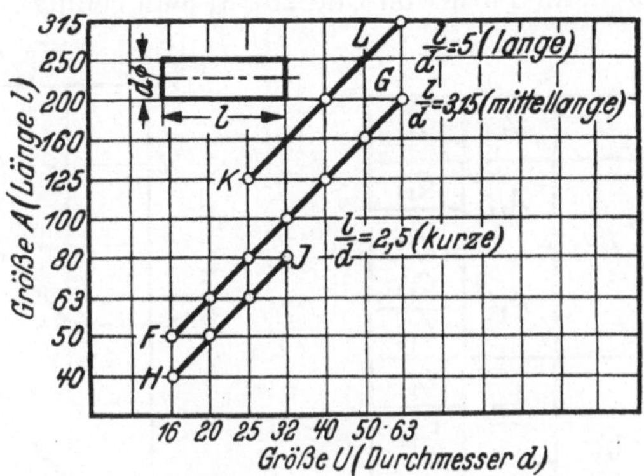

Bild 262/1. Genormte Größen von Gabelbolzen in 3 Reihen (durch o gekennzeichnet). Stufensprung für die Größen A und B jeweils gleich.

Diese Darstellung gibt also eine völlige Übersicht über die genormten Größen und läßt zudem die Stufung und die gegenseitige Lage der drei genormten Reihen erkennen. Diese Darstellung ist für solche Zwecke sehr geeignet und wird daher häufig benutzt. Weitere Beispiele siehe Abschnitt 44.

Folgen die beiden genormten Größen A und B verschiedenen Stufensprüngen, so zeigt sich dies gemäß Bild 262/2 in einer anderen Neigung der Geraden. Man könnte hierbei natürlich verschiedene Maßstäbe für Abszisse und Ordinate benutzen, indem man dort Normungszahlen in gleichen Abständen, aber mit verschiedenem Stufensprung aufträgt. Dann bekommt man stets Linien mit 45 Grad Neigung. Es ist aber ratsam, den logarithmischen Maßstab für Abszisse und Ordinate grundsätzlich gleich zu halten, wie dies in Bild 262/2 geschah, damit man eben durch die Neigung der Geraden sofort die Verschiedenheit der Stufensprünge erkennt. Schreitet man von einem Punkt zum anderen waagerecht um 2 (m) Teilungen, in der senkrechten um 1 (n) Teilung fort, so ist der Stufensprung der Ordinatenreihe $^1/_2 \left(\frac{n}{m}\right)$ des Stufensprunges der Abszissenreihe.

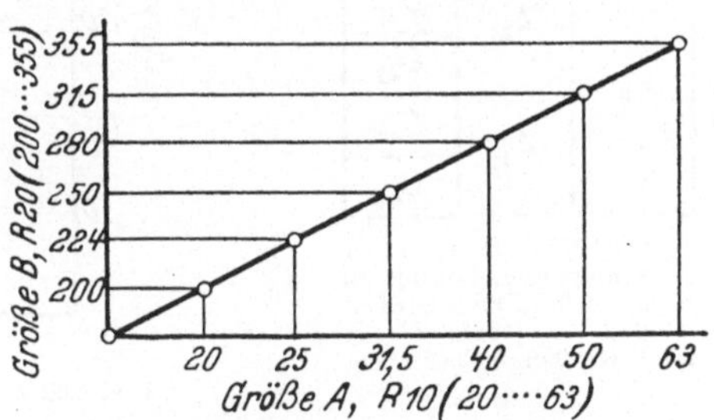

Bild 262/2. Genormte Größen A und B, die nach verschiedenen Stufensprüngen verlaufen.

Wie in Bild 262/1 die Entstehung einer Normungstafel gezeigt wurde, bei der einer Größe U mehrere Größen A zugeordnet sein können, so kann es sein, daß darüber hinaus jedem Paare AU wieder mehrere Größen C zugeordnet sind. Die zugehörige Zahlentafel hat dann die Form von Bild 262/3; man benutzt hierbei, da zu jeder Größe U

U	A	C
U_1	A_{11}	C_{11}
		C_{12}
	A_{12}	C_{11}
		C_{12}
U_2	A_{21}	C_{21}
		C_{22}
	A_{22}	C_{21}
		C_{22}
U_3	A_{31}	C_{31}
		C_{32}
	A_{32}	C_{31}
		C_{32}
U_4	A_{41}	C_{41}
		C_{42}
	A_{42}	C_{41}
		C_{42}

Bild 262/3. Form einer Normungstafel, bei der zu jeder Größe U zwei Größen A und zu jedem U, A zwei Größen C bestehen.

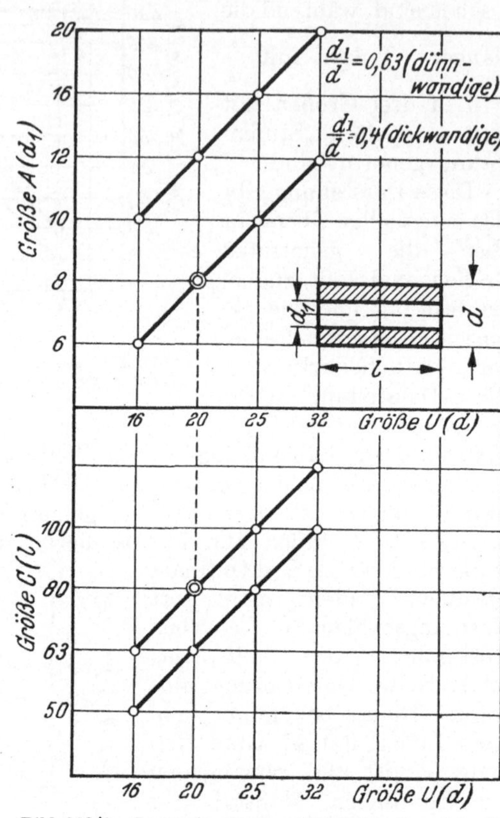

Bild 262/4. Genormte Größen UAC. Als Beispiel gilt $U = d$; $A = d_1$; $C = l$.

nur zweierlei Größen C vorgesehen sind, als entsprechende schaubildliche Darstellung die von Bild 262/4.

Dort sind im oberen Teil wiederum die zwei Reihen der Koppelung AU dargestellt, auf der unteren Seite weitere zwei Reihen der Koppelung UC. Zu jedem Punkt AU finden wir durch senkrechtes Heruntergehen zwei Punkte mit verschiedenen Größen C. Man kann sich darunter beispielsweise die Gabelbolzen des Bildes 262/1 vorstellen, die je nach ihrem Zweck mit einer Bohrung von $0{,}4\,d$ oder $0{,}63\,d$ versehen sind. Ein genormter Gegenstand z. B. mit den Größen U_2, A_{21}, C_{22} (Bild 262/3) wird also durch ein Paar von Punkten des Schaubildes 262/4 dargestellt (durch Doppelring und gestrichelte Verbindungslinie gezeigt).

Man sieht hieraus wiederum sehr übersichtlich, daß es kurze dünnwandige, kurze dickwandige, lange dünnwandige und lange dickwandige Bolzen gibt und erkennt leicht ihre gegenseitigen Größenverhältnisse.

Es sei bemerkt, daß in diesem Abschnitt Größen dargestellt wurden, die einander frei zugeordnet sind, also nicht solche, die durch Rechnung voneinander abhängig sind. Für solche Größen wie etwa Durchmesser und Querschnitt würde sinngemäß dasselbe gelten. Sie in dieser Weise aufzuzeichnen, dient aber nicht der Darstellung einer Normungsreihe, denn dafür genügt es, eine von mehreren durch Rechnung fest verbundenen Größen darzustellen, in unserem Beispiel den Durchmesser oder den Querschnitt. Dagegen kann es sehr nützlich sein, gerade zum Zwecke der Rechnung die gleiche Darstellungsart zu wählen, wie im folgenden Abschnitt gezeigt werden wird.

27 Netztafeln zum Rechnen mit Normungszahlen.

Wenn in Abschnitt 23 gezeigt wurde, wie einfach das Rechnen mit Normungszahlen wird, so kann man erwarten, daß es mit Hilfe von Netztafeln, unter Verwendung der Darstellungsarten von Abschnitt 262, noch weiter erleichtert wird. Die dabei betrachteten Rechenarten seien das Vervielfachen, das Teilen und das Potenzieren. Zunächst seien diese Rechenarten mit Hilfe von doppeltlogarithmischen Netzen gezeigt, der Ausgangspunkt sei die Formel für das Produkt P.

$$P = C \cdot A^f$$
$$\log P = \log C + f \log A$$

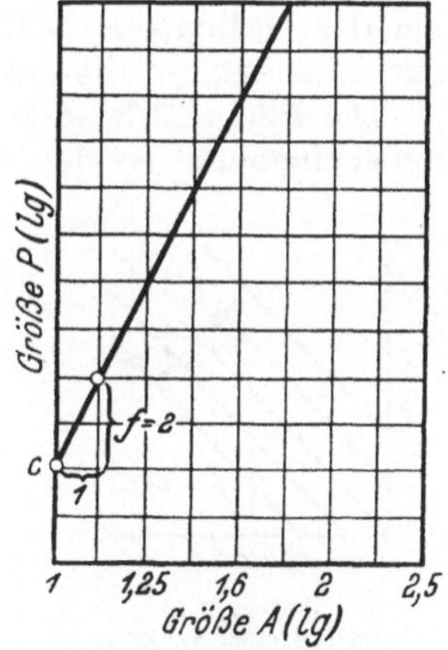

Bild 27/1. Darstellung der Gleichung $P = c \cdot A^f$ im doppeltlogarithmischen Netz.

Im doppelt-logarithmischen Papier wird P also durch eine Gerade dargestellt. Der $\log C$ wird als Ordinate zur Abszisse des $\log A = 0$ ($A = 1$) gefunden. Der Exponent f ist die Steigung der Geraden (Bild 27/1). Wenn die beiden logarithmischen Skalen für A und P nach Normungszahlen geteilt und wenn f eine ganze Zahl oder ein echter Bruch ist, so kann man dessen Wert sehr leicht durch Abzählen der Teilungen, um die man auf der Geraden zum nächsten Netzpunkt fortschreitet, und nachfolgende Teilung finden. (Im Beispiel $f = \frac{2}{1} = 2$)

Steht statt des Festwertes C eine veränderliche Größe B, so werden für die Werte B_1 B_2 B_3 verschiedene schräge Geraden (Parameterlinien) eingezeichnet (Bild 27/2). Den Anfangspunkt des Systems wählt man nach den benötigten Zahlenwerten; so kann der Wert 1 der Abszisse außerhalb des eigentlichen Netzes liegen. Um die Werte C_1 C_2 C_3 ablesen zu können, müßte man das Netz wie in Bild 27/2 gestrichelt bis zur Abszisse $A = 1$ erweitern. Man ersetzt diesen Schritt gewöhnlich dadurch, daß man durch Berechnung *einer* Größe das Produkt P den beiden Faktoren $A\,B$ zuordnet.

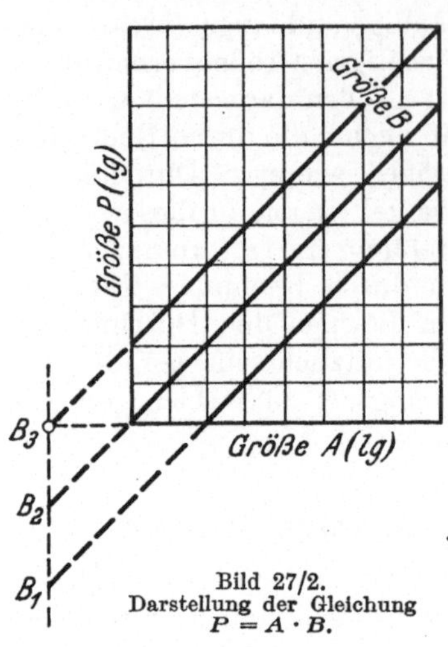

Bild 27/2.
Darstellung der Gleichung
$P = A \cdot B$.

Die Netztafel Bild 27/2 stellt das Produkt $P = A \cdot B$ dar, ist also eine Vervielfachtafel.

Benötigt man stattdessen eine Teilung, so braucht man nichts anderes zu tun, als die Gleichung anders zu lesen, nämlich $A = \frac{P}{B}$. Dementsprechend beginnt man die graphische Rechnung bei der Ordinate P (Zähler) und geht über die Schrägen (Nenner B) zur Abszisse, wo die Größe A als Quotient gefunden wird.

Die Bilder 27/3—5 zeigen im Wesenriß Vervielfachung und Teilung nebeneinander. In der Regel wünscht man nun immer in der Pfeil-

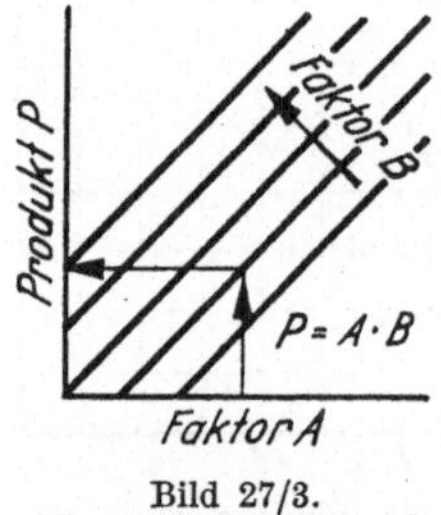

Bild 27/3.
Wesenriß einer Vervielfachungstafel $P = A \cdot B$.

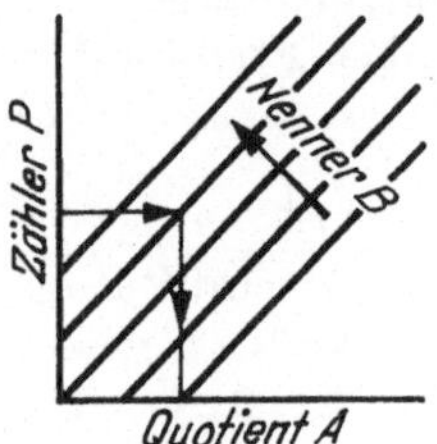

Bild 27/4.
Benutzung einer Vervielfachungstafel
$A = \frac{P}{B}$ zur Teilung.

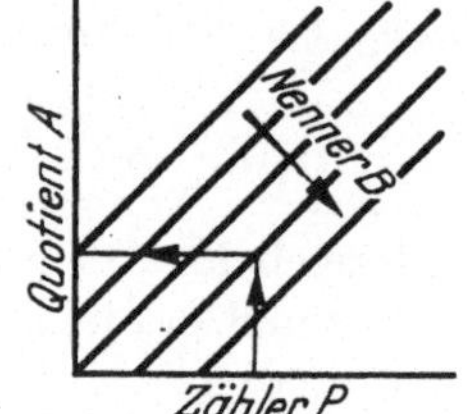

Bild 27/5.
Wesenriß einer Teilungstafel
$A = \frac{P}{B}$.
(Pfeil bedeutet zunehmende Werte in der Geradenschar B.)

richtung des Bildes 27/5 zu arbeiten, d. h. das Ergebnis, hier den Quotienten A, an der Ordinate abzulesen. Zu diesem Zweck klappt man nur Bild 27/4, um die Winkelhalbierende der Achsen. Dadurch werden Quotient A und Zähler P vertauscht. Es ändert sich dabei aber die Richtung, in der die Zahlenwerte in der Geradenschar B zunehmen.

Für die Rechnung mit Normungszahlen werden die Teilungen für Abszisse und Ordinate gemäß Abschnitt 262 wieder gleichmäßig geteilt und die Normungszahlen angeschrieben. Jeder Schnittpunkt muß also für $B = \frac{P}{A}$ auch eine Normungszahl ergeben (siehe Abschnitt 231).

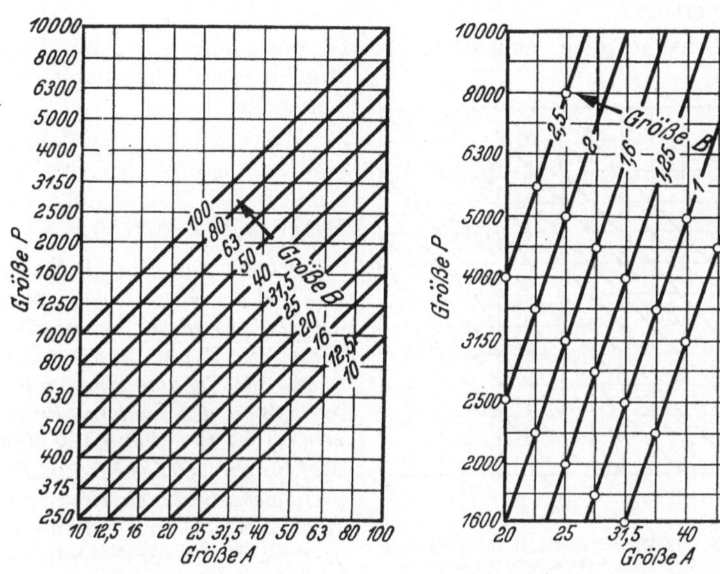

Bild 27/6. NZ-Vervielfach-Tafel.

Bild 27/7. NZ-Vervielfach-Tafel für Gleichung $P = 0{,}08\, A^3 B^2$ bei gleicher Koordinatenteilung.

Daraus ergibt sich, daß die Geradenschar für B nur durch Netzpunkte gehen kann und jede B-Linie einer Normungszahl entspricht. Der Satz, daß bei der Vervielfachung, Teilung von Normungszahlen wiederum Normungszahlen herauskommen, wird damit graphisch bestätigt (Bild 27/6).

Die Vervielfachtafeln mit zwei unabhängigen Größen A und B lassen das Rechnen des Produktes P in folgender allgemeiner Formel zu:

$$P = c \cdot A^m \cdot B^n$$

Das Zusetzen eines Festwertes erfordert lediglich eine Verschiebung einer der beiden Koordinatenteilungen für A oder B. Wenn nun m und n verschieden von 1 sind, dann entsteht wieder wie im Abschnitt 251 die Frage:

Gleiche Koordinatenteilungen und verschiedene Schrägen (Bild 27/7) oder ungleiche Koordinatenteilungen und einheitliche Schrägen von 45 Grad (Bild 27/8).

In der *Darstellung* wurde auf die erste Art Wert gelegt, um durch verschiedene Schrägen die Potenzen *darzustellen.*

Für das *Rechnen* sprechen aber mehrere Punkte dafür, die zweite Art zu wählen:

a) die Rechensicherheit ist am größten bei Geraden, die unter 45 Grad verlaufen;

b) es wird möglich, einheitliche Netze, mit anderen Worten Vordrucke für solches Papier zu verwenden.

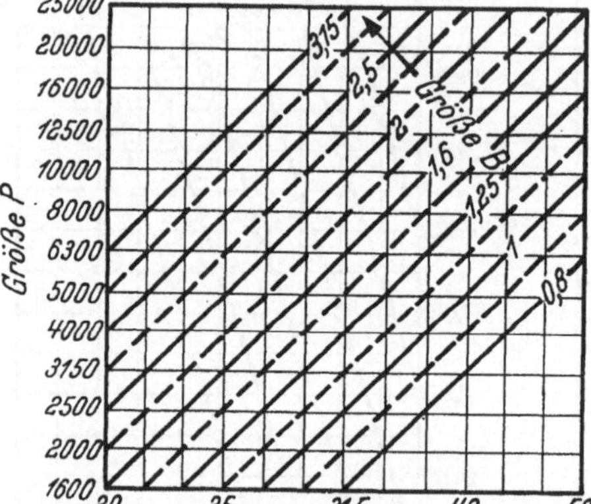

Bild 27/8. NZ-Vervielfach-Tafel für Gleichung $P = 0{,}08\ A^3B^2$ mit Geradenscharen unter 45°.

Wenn m und n ganze Zahlen sind, so ergibt sich für die Anlage des Netzes folgende Regel (vgl. Bild 27/8):

Schreibe an den Anfangspunkt 0 der Abszisse den ersten der in Betracht kommenden Werte für A und an die durch 0 gehende Schräge einen mittleren Wert des Faktors (Parameters) B! Berechne dieses eine Mal für Punkt 0 das Produkt P! (vergleiche die Tafelrechnung in Abschnitt 238) und schreibe es bei 0 an. Wähle für die Ordinate die Normungszahlenreihe, in der die Größe P abgelesen werden soll (im Beispiel Reihe R 10)!

Schreibe für die Abszissenteilung A Zahlen der NZ-Reihe mit dem gleichen Stufensprung wie für P an, jedoch gehe von Zahl zu Zahl mit m Schritten weiter. Für die Teilung der Geradenschar (Parameterschar) für B gehe senkrecht nach oben um je n Schritte und schreibe von dem berechneten Wert der durch 0 gehenden B-Linie ausgehend, wiederum die Normungszahlen mit den gleichen Stufensprüngen wie für P und A an.

Wenn dabei zwischenliegende Netzpunkte der Abszisse oder Geraden der Schar B Normungszahlen entsprechen, können diese angeschrieben werden (im Beispiel des Bildes 27/8 ist dies für A nicht der Fall), d. h. wenn für P bei der benutzten Formel $P = c\,A^3\,B^2$ nur Werte der Reihe R 20 erwartet werden, so können für A keine Werte der Reihe R 40 Verwendung finden. Dies ist wieder eine Bestätigung für das bereits in Abschnitt 23 Gesagte.

Wenn m oder n einen Bruch darstellen, wie es nach Abschnitt 234 möglich ist, dann gehe man wie folgt vor:

Eine Funktion, wie z. B.

$$P = c \cdot \frac{\sqrt{A}}{\sqrt[3]{B^2}} = C \cdot A^{\frac{1}{2}} \cdot B^{-\frac{2}{3}}$$

potenziert man derart, daß die Brüche der Hochzahlen verschwinden.

$$P^6 = C^6 \cdot A^3 \cdot B^{-2}$$

Nun folgt man der gleichen Regel (Bild 27/9):

Lege die Werte für den Anfangspunkt 0 durch Rechnung fest, gehe mit gleichen Stufensprüngen bei A um 3, bei B um 2, bei P um 6 Schritte weiter!

Schreibe an die so gefundenen Punkte die auf die Ausgangszahlen von Punkt 0 folgenden Normungszahlen mit gleichem Stufensprung an!

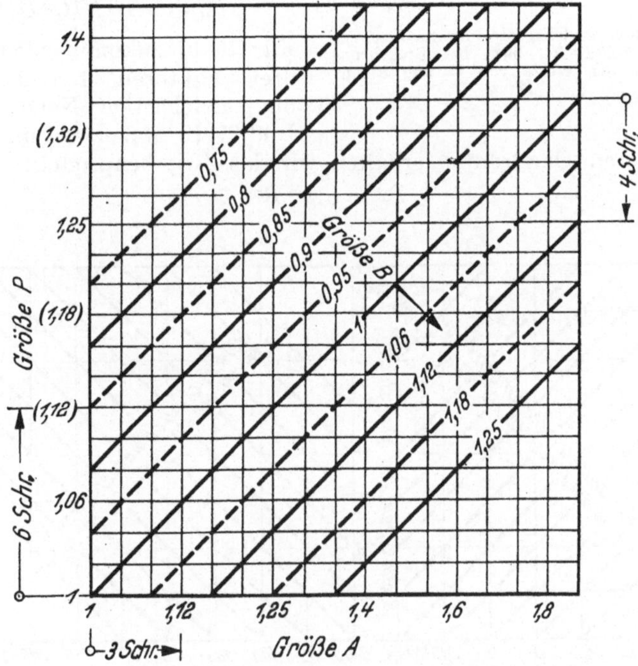

Bild 27/9. NZ-Vervielfach-Tafel für Gleichung $P = \frac{\sqrt{A}}{\sqrt[3]{B^2}} = A^{1/2} \cdot B^{2/3}$ oder $P^6 = A^3 B^{-2}$ (in der NZ-Vervielfachtafel mit Geradenschar B unter 45°, *Schr* = Schritte).

In diesem Beispiel ist B Nenner; daher steigen die Zahlenwerte in der Geradenschar B in der (fallenden) Pfeilrichtung.

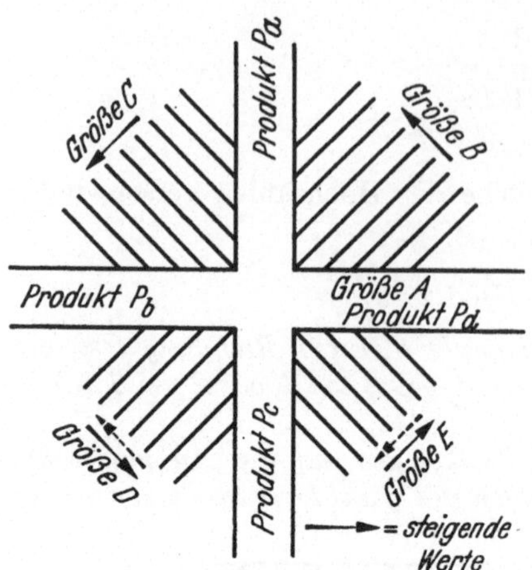

Bild 27/10. NZ-Vervielfachtafel für die Gleichung $P_d = c\,A^m\,B^n\,C^p\,D^r\,E^s$, bzw. bei Umkehrung des Steigens der Werte von D und E (gestrichelte Pfeile) $P_d = c\,\frac{A^m\,B^n\,C^p}{D^r \cdot E^s}$.

Man sieht auch hier wieder — und zwar viel einfacher als in der Betrachtung in Abschnitt 234 —, welche Normungszahlen und Stufensprünge für die verschiedenen Größen überhaupt möglich sind, wenn die Bedingung erfüllt werden soll, daß in der ganzen Rechnung nur Normungszahlen auftreten.

Die in der Technik benutzten Rechnungsformeln enthalten häufig mehr als zwei Faktoren mit verschiedenen Potenzen, sind also von folgender Form:

$$P_d = c\,A^m\,B^n\,C^p\,D^r\,E^s$$

Für die hinzukommenden letzten drei Faktoren brauchen wir nur gleichartige Netze gemäß Bild 27/10 hinzuzufügen.

Im ersten Quadranten erhalten wir das Zwischenprodukt

$$P_a = c\,A^m\,B^n$$

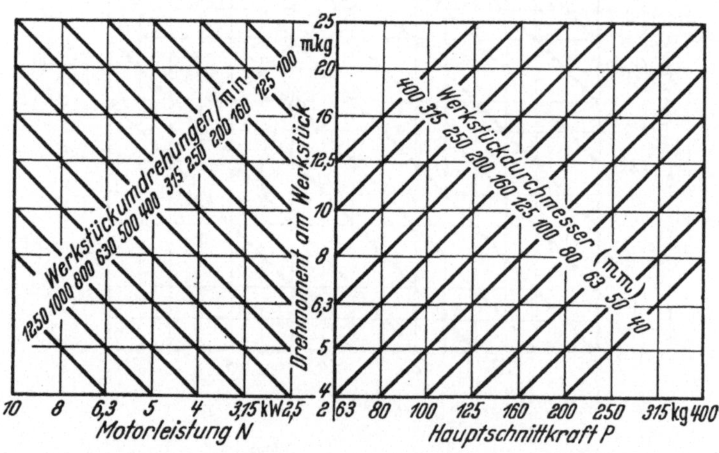

Bild 27/11. NZ-Vervielfachtafel für die Leistung einer Drehbank $N = \frac{1}{973{,}4} \cdot \frac{1}{\eta} \cdot n \cdot M_d$ (kW) mit $\eta \approx 0{,}8 \cdot N = \frac{1}{800} \cdot n \cdot M_d$ (kW), worin $M_d = \frac{1}{2000} \cdot d \cdot P$ (mkg) (d in mm).

im zweiten Quadranten das Zwischenprodukt

$$P_b = c A^m B^n C^p \text{ usf.}$$

bis im vierten Quadranten das Endergebnis abgelesen wird.

Falls einer oder mehrere Faktoren durch einen Quotienten ersetzt werden, mit anderen Worten, falls einer oder mehrere Exponenten negativ werden, ändert sich wieder, wie in Bild 27/4 und 27/5 die Pfeilrichtung, in der die Werte der betreffenden Geradenschar zunehmen. Dies ist gestrichelt im Quadranten 3 und 4 dargestellt:

$$P_d = C \cdot \frac{A^m B^n C^p}{D^r E^s}$$

Bei weniger Veränderlichen läßt man die entsprechenden Quadranten weg, bei mehr muß man in ein zweites Netzsystem gehen. Das Zahlenbeispiel in Bild 27/11 ist die Berechnung von

$$N = \frac{n \cdot Md}{973{,}4 \cdot \eta}$$

vgl. Beispiel in Abschnitt 236).

Anmerkung: Dieses System gestattet noch mannigfache Abwandlungen, wie z. B. die Benutzung der schrägen Geraden für Produkte, dann muß die Ordinate oder die Abszisse in Richtung auf Null fallende Zahlenwerte aufweisen. Der Leser wird diese Formen bald finden.

28 Die zeichnerische Entwicklung von Gegenstandsreihen.

Die Gegenstände einer Reihe sind sich stets bis zu einem gewissen Grade ähnlich; es liegt daher nahe, die geometrischen Gesetze der Stufung und der Ähnlichkeit anzuwenden, um nur einen Gegenstand der Reihe frei zu gestalten und ihre anderen Größen als „Folgegestalten" mechanisch aus der „Ausgangsgestalt" zu entwickeln.

Dabei unterscheiden wir

a) geometrisch ähnliche Gestalten,
b) halbähnliche Gestalten.

281 Geometrisch gestufte, geometrisch ähnliche Gestalten.

Die Gestalten sind einander im strengen geometrischen Sinne ähnlich. Ihre linearen Abmessungen bilden geometrische Reihen. Der lineare Stufensprung ist das Verhältnis entsprechender Strecken zueinander.

Entwicklung: Die Gestaltungsarbeit kann nun sehr erleichtert werden, wenn man aus einer Grundgestalt alle folgenden Gestalten reihenmäßig entwickelt. Hierzu werden in folgenden, in der Schwierigkeit zunehmenden Beispielen die geometrischen Zusammenhänge und das Vorgehen dargelegt.

1. Strecken $a_1\, a_2\, a_3$ (Bild 281/1). Zeichne gemäß Bild 281/1 Strecke $a_1 = AB$ als Lot auf OZ als Gegenseite des Winkels $\alpha = \sphericalangle\, YOZ$; schlage um O einen Kreisbogen mit Halbmesser OB, der OZ in C schneidet, so daß $OC = OB$ wird. Errichte in C das Lot, das OY in D schneidet. Dann ist $CD = a_2$. Verfahre mit weiteren Kreisbögen um O mit Halbmesser OD usf. ebenso und finde $EF = a_3$ usf.

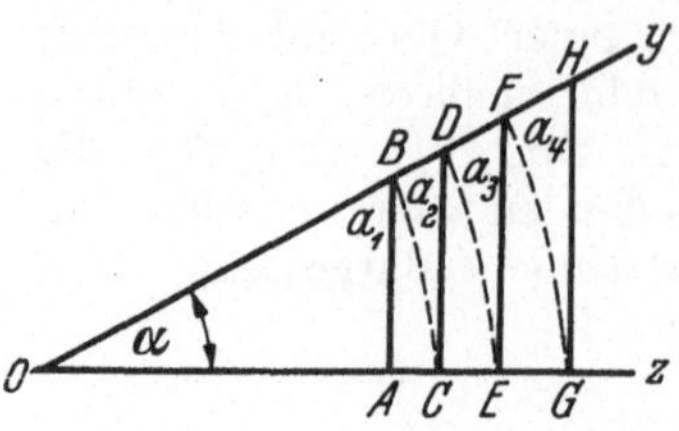

Bild 281/1. Entwicklung geometrisch gestufter Strecken.

Es soll nun sein:

$$\frac{a_2}{a_1} = \frac{a_3}{a_2} = \cdots = \frac{a_n}{a_{n-1}} = \varphi$$

Beweis:

Lies aus den ähnlichen Dreiecken OBA, ODC, OFE ab.

$$\frac{a_2}{a_1} = \frac{CO}{AO} = \frac{BO}{AO} = \frac{1}{\cos\alpha}$$

$$\frac{a_3}{a_2} = \frac{EO}{CO} = \frac{DO}{CO} = \frac{1}{\cos\alpha}$$

$$\frac{a_n}{a_{n-1}} = \frac{1}{\cos\alpha} = \varphi$$

Man bemerke, daß die Abstände der Geraden, nämlich AC—CE—EG auch eine geometrische Reihe bilden. Sie verhalten sich wie $a_1 : a_2 : a_3$, wie aus der Ähnlichkeit der Dreiecke OBC, ODE, OFG hervorgeht, in denen sie die Projektionen der nicht gezeichneten Seiten BC, DE, FG sind.

2. Einfache, durch drei Punkte bestimmte Gestalten (Bild 281/2). Das erste Glied der Reihe der Gestalten sei ABC mit den Seiten $AB = a_1$ und $AC = e_1$. Trage auf der verlängerten Geraden AC die Strecke $CE = e_2 = \varphi e_1$ ab und ziehe durch C und E die Parallelen zu AB und BC, die sich in der Spitze D des neugefundenen Dreiecks CDE schneiden. Nun ziehe die Gerade BD und verlängere sie. Die Parallele zu AB durch E ergibt die Spitze F des dritten Dreiecks, durch die die Parallele zu BC zu ziehen ist, um den Punkt G der dritten Gestalt und damit $EG = e_3$ zu erhalten usf.

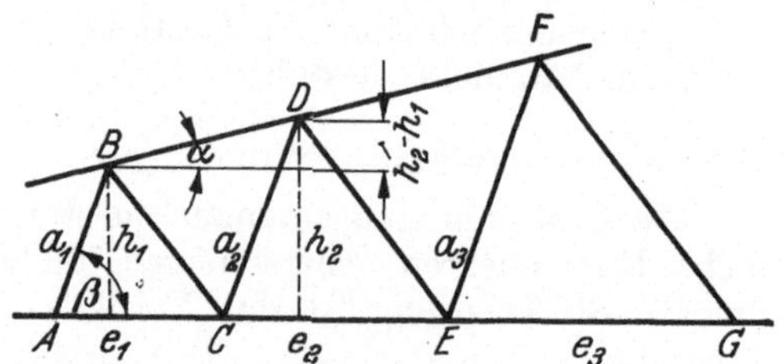

Bild 281/2. Entwicklung geometrisch gestufter Dreiecke.

Daß $\frac{a_2}{a_1} = \frac{a_3}{a_2} = \cdots \frac{a_n}{a_{n-1}} = \varphi$, ist aus der Ähnlichkeit der Trapeze $ABDC$, $CDFE \cdots$ ohne weiteres abzulesen. Diese Zickzackkonstruktion kann auch für die Aufgabe 1 angewendet werden; sie hat den Vorteil, daß man an keinen bestimmten Winkel α gebunden ist.

Für den Winkel α zwischen BD und AC ergibt sich

$$\operatorname{tg} \alpha = \frac{h_2 - h_1}{e_1 - a_1 \cos\beta + a_2 \cos\beta}$$

und da $\frac{h_2}{h_1} = \varphi$ und $\frac{a_2}{a_1} = \varphi$

$$\operatorname{tg} \alpha = \frac{h_1 (\varphi - 1)}{e_1 + a_1 (\varphi - 1) \cos\beta}$$

für $\beta = 90°$ $$\operatorname{tg} \alpha = \frac{h_1}{e_1} (\varphi - 1)$$

3. Aneinandergereihte Kreise (Bild 281/3). Die Kreise berühren die Schenkel des Winkels α. Fällt man von ihren Mittelpunkten auf einen Schenkel die Lote AB, CD, EF, so liest man aus den ähnlichen Trapezen $ABDC$ und $CDFE$ ab:

$$\frac{r_1 + r_2}{r_1} = \frac{r_2 + r_3}{r_2}$$

$$1 + \frac{r_2}{r_1} = 1 + \frac{r_3}{r_2},$$

somit $$\frac{r_2}{r_1} = \frac{r_3}{r_2} = \cdots = \frac{r_n}{r_{n-1}} = \varphi$$

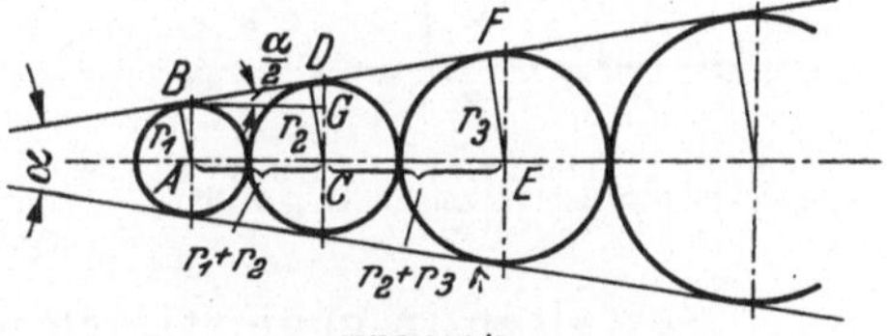

Bild 281/3.
Entwicklung geometrisch gestufter Kreise.

Hier besteht eine von geometrischen Größen unabhängige Beziehung zwischen α und φ. Man liest aus BDG mit $DG = r_2 - r_1$ ab:

$$\sin\frac{\alpha}{2} = \frac{r_2 - r_1}{r_2 + r_1} \text{ oder mit } r_2 = \varphi r_1$$

$$\sin\frac{\alpha}{2} = \frac{\varphi - 1}{\varphi + 1}$$

4. Beliebige aneinandergereihte Gestalten (Bild 281/4). Gegeben sei die stuhlähnliche Gestalt 0—1—2—3—4—5. Eine ihr ähnliche, linear φmal größere sei ihr anzuschließen.

Trage an der rechten Begrenzungslinie (2—3 eine Strecke 1′—0′ = (1—0) · φ auf; dann kann man durch Strahlen durch 0′ parallel zu den Hilfsstrahlen 0—2, 0—3, 0—4, 0—5 alle weiteren Punkte erhalten. Der Strahl parallel 0—2 durch 0′ schneidet die Grundgerade in 2′, hier errichte das Lot, welches dem Strahl parallel 0—3 in 3′

schneidet. Die Parallele durch 3′ zu 3—4 schneidet den Strahl parallel 0—4 durch 0′ in 4′. Punkt 5′ endlich ergibt sich als Schnittpunkt zwischen den Parallelen durch 0′ und 4′ zu 0—5 und 4—5.

Nun verlängere die Linie 0—0′ nach rechts; sie dient als Bestimmungsstrahl für alle weiteren Punkte 0″ 0‴ ···

Von hier findet man die 2., 3. ··· nte Figur in geometrischer Folge anwachsend in gleicher Weise.

Man kann die Punkte 4″, 3″, 4‴, 3‴, ··· auch durch Verlängerung der Geraden 4—4′ und 3—3′ statt durch Strahlen durch 0′ 0‴ ··· finden. Man wähle jene Geraden und Strahlen, die Schnittwinkel möglichst $\geqq$ 30 Grad ergeben.

(In diesem Sinne wären Strahlen parallel 2—4 günstig.)

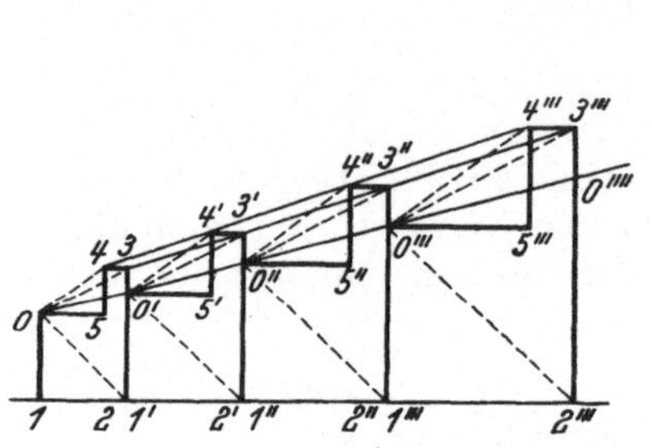

Bild 281/4.
Entwicklung beliebig aneinander gereihter Gestalten.

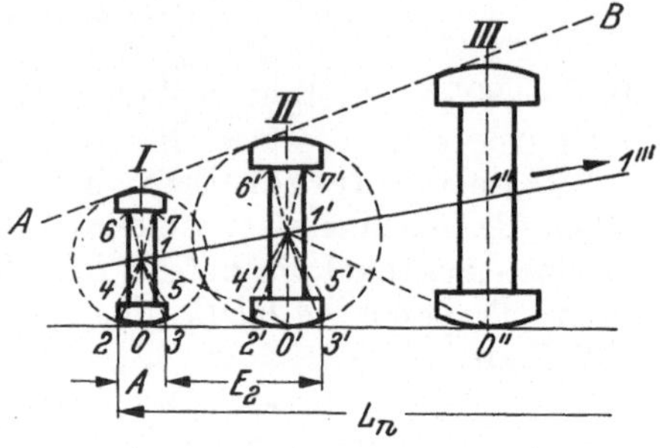

Bild 281/5.
Entwicklung geometrisch gestufter Gestalten in geometrisch wachsenden Abständen voneinander.

5. Gestalten in geometrisch wachsenden Abständen voneinander (Bild 281/5). Gegeben sei Gestalt *I*. Ihr Ausgangspunkt sei 0. Zeichne in beliebiger Entfernung die der Strecke 0—1 entsprechende Strecke 0′—1′ = (0—1) · φ, wonach um 1′ die Kreisbögen für Kopf und Fuß der Gestalt *II* geschlagen werden. Von 1′ ziehe Strahlen parallel 1—2 und 1—3, die den Fußkreis in 2′, 3′ schneiden; durch 2′ 3′ die Parallelen zu 2—4 und 3—5, die mit den Strahlen durch 1′ parallel 1—4 und 1—5, die Punkte 4′ und 5′ ergeben. Die Punkte 6′ und 7′ endlich ergeben sich als Schnittpunkte zwischen den Strahlen durch 1′ parallel 1—6 und 1—7 mit der zu 4′—5′ in bezug auf 1′ symmetrisch liegenden Geraden.

Die Gestalt *III* der Reihe finde durch einen Strahl durch 1′ parallel 1—0′, der auf der Grundgeraden den neuen Ausgangspunkt 0″ ergibt. Die verlängerte Gerade 1—1′ ergibt auf dem Lot in 0″ den Punkt 1″: nun wiederholt sich das Vorgehen wie bei Gestalt *II*.

Die gemeinsame Berührungsgerade *AB* dient der Kontrolle. Man beobachte, daß die Abstände von Gestalt zu Gestalt auch geometrisch wachsen.

6. Ermittlung des Zeichenraumes für n Figuren. Dem Gestalter soll nun noch gezeigt werden, wie er im vorhinein seinen Zeichenbogen einteilen kann, um eine bestimmte Anzahl geometrisch gestufter Größen darauf unterzubringen.

Höhe $$h_n = h \cdot \varphi^{n-1}$$

Bei n aneinandergereihten Gestalten nach 4 ergibt sich die Länge L_n als Summe der waagerechten Längen der einzelnen Gestalten (Summe der Glieder einer geometrischen Reihe)[1]:

$$\begin{aligned} L_n &= l_1 + l_2 \cdots + l_n \\ &= l_1 + l_1\varphi + \cdots l_1 \cdot \varphi^{n-1} \\ L_n &= \frac{\varphi^n - 1}{\varphi - 1} l_1 \end{aligned} \tag{4}$$

Man wähle in Bild 281/2 $l_1 = e_1 = AC$
in Bild 281/3 $l_1 = 2r_1$
in Bild 281/4 $l_1 = (1-2)$

Bei voneinander abstehenden Gestalten (Bild 281/5) ist der Zwischenraum sinngemäß zu berücksichtigen; man wählt beispielsweise die Entfernung E_2 als l_1, muß aber dann die Größe A dem Ganzen zuzählen. Bei n Gestalten hat man somit nur $n-1$ Glieder $E_2\varphi^a$, daher

$$\begin{aligned} L_n &= A + E_2 + E_2\varphi \cdots + E_2 \cdot \varphi^{n-2} \\ &= A + \frac{\varphi^{n-1} - 1}{\varphi - 1} E_2 \end{aligned} \tag{5}$$

oder bei gegebenem L_n (Größe des Zeichenbogens):

$$E_2 = \frac{\varphi - 1}{\varphi^{n-1} - 1}(L_n - A)$$

Wird E_2 danach zu klein, so findet man durch fortgesetzte Verringerung von n, wie viele Gestalten man auf dem gegebenen Raum in einer Reihe unterbringen kann.

282 Geometrisch gestufte, halbähnliche Gestalten.

Im Unterschied zu dem strengen Begriff ähnlich im Sinne von geometrisch ähnlich, wird hier der Begriff „halbähnlich“ eingeführt.

Halbähnlich werden Gestalten genannt, bei denen z. B. waagerechte Strecken in anderem Verhältnis stehen, als einander entsprechende senkrechte Strecken. Dies entspricht der Tatsache, daß in einer Größen-

---

[1] Es ist $S = A_1 + A_1\varphi + A_1\varphi^2 + \cdots A_1\varphi^n$ ($n+1$ Glieder)

$$S = \frac{\varphi^{n+1} - 1}{\varphi - 1} A_1$$

reihe technischer Erzeugnisse Höhenmaße und Breitenmaße (gegebenenfalls auch Tiefenmaße) sehr häufig mit verschiedenen Stufensprüngen wachsen.

Eine zu einer Grundgestalt A halbähnliche und zugleich vergrößerte Gestalt kann durch Vergrößerung und nachfolgende Schrägprojektionen gewonnen werden (Bild 282/1—3).

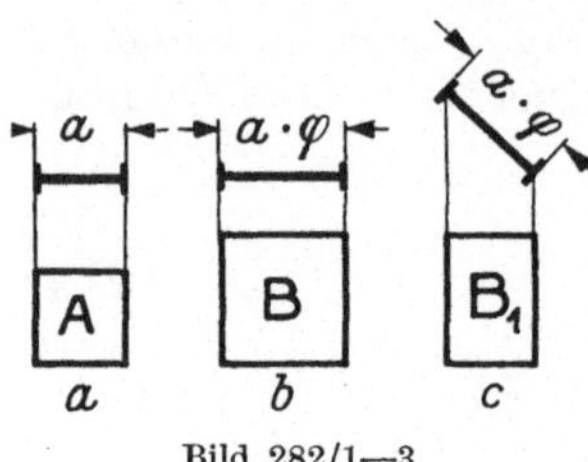

Bild 282/1—3.

A wird zu B geometrisch ähnlich vergrößert; darauf wird B gedreht und projiziert, wodurch die halbähnliche Gestalt B_1 entsteht. Bei der Entwicklung einer Reihe halbähnlicher Gestalten wendet man das unter 281,2 und 5 entwickelte Verfahren getrennt für die waagerechten und senkrechten Strecken an.

Bild 282/4 zeigt das am Beispiel eines Rechtecks, bei dem die senkrechten Strecken stärker anwachsen als die waagerechten. Gegeben ist die Ausgangsgestalt 0246 mit dem „Ausgangspunkt" 0. Man bestimme willkürlich den Punkt 0′ in einem genehmen Abstand von 6.

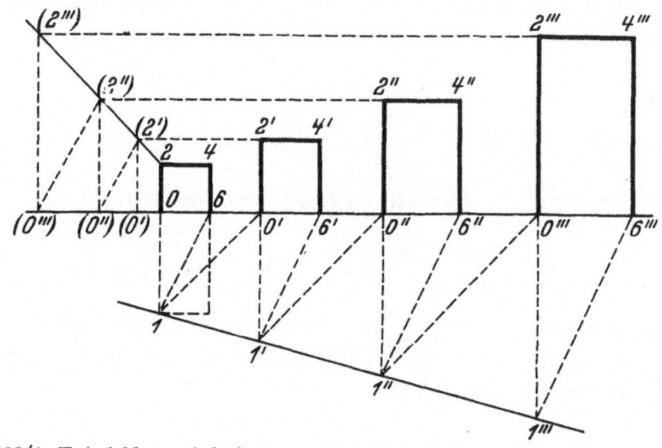

Bild 282/4. Entwicklung einfacher, geometrisch gestufter, halbähnlicher Gestalten.

Ermittlung der senkrechten (y-) Strecken. Hilfsweise wird links die Höhe der ersten Folgegestalt $(0')—(2') = (0—2) \cdot \varphi_y$ gezeichnet und die Gerade 2—(2′) gezogen.

Gemäß Bild 282/4 werden durch (2′), (2″) zu 2 (0′) Parallelen (2′) (0″) usf. gezogen und damit die Strecken (0″)—(2″), (0‴)—(2‴) usf. gefunden.

Ermittlung der waagerechten (x-) Strecken. Hilfsweise wird zur Ausgangsgestalt unterhalb der Grundgeraden eine ihr gleiche oder halbähnliche mit beliebiger Höhe gezeichnet[1], z. B. mit der Höhe 0—1 = 0—0′. In 0′ wird ein Lot von der Länge 0′1′ = (0—1) · φ_x errichtet; von hier arbeitet man nach Bild 281/2 so weiter, als ob geometrisch ähnliche Gestalten mit dem linearen Stufensprung φ_x zu entwickeln wären.

Man zieht folgende Linien: Gerade 1′—1, sodann 1—0′ als Hilfsstrahl (hier bequem unter 45 Grad, da zu diesem Zwecke 0—1 = 0—0′ gemacht wurde), eine Parallele zu ihm durch 1′, die die Grundgerade in 0″ schneidet. Durch weitere Lote und Parallelen findet man 1″—0‴—1‴ usf.

Die Punkte 6′, 6″ usf. findet man durch Parallelen zum Hilfsstrahl 1—6 durch 1′, 1″ usf.

Nunmehr gewinne man die Punkte 2′, 2″ ··· als Schnittpunkte der Waagerechten durch (2′), (2″) ··· und der Senkrechten durch 0′, 0″ ···, die Punkte 4′, 4″ entsprechend.

Bei Körpergestalten verfahre man mit der Projektion (Draufsicht) genau so.

283 Ästhetische Wirkung wohlgestufter Reihen.

Mit der geometrischen Stufung von Gegenständen nach den soeben aufgezeigten Gesetzmäßigkeiten wird eine hervorragende ästhetische Wirkung erzielt. Wird das ästhetische Gefühl schon durch die zahlenmäßigen und geometrischen Zusammenhänge angesprochen, so empfindet man eine große Harmonie in der Gleichmäßigkeit, die eine Reihe geometrisch gestufter Gegenstände dem Auge bietet. Die Klarheit aller Verhältnisse in einer solchen Reihe läßt uns ähnliches empfinden wie die wohlabgewogenen Proportionen einer künstlerischen Darstellung. Gleichgültig, ob es sich um Gebrauchsgegenstände wie Behälter, Leuchtkörper, Werkzeuge oder um Maschinen handelt, man empfindet mit unübertrefflicher Stärke:

Die Gegenstände sind gleichmäßig abgestuft. Kein Gegenstand ist im Verhältnis zu seinem Nachbarn zu groß oder zu klein. Kein Gegenstand weist Mißverhältnisse seiner Teile zueinander auf (wenn nur die Ausgangsgestalt wohlgegliedert ist).

Hier beherrscht der Gestalter den Gegenstand mit sicherer Hand.

[1] Die halbähnliche Gestalt dient nur zum anschaulichen Vergleich mit den vorangegangenen Abbildungen; nötig ist nur der Punkt 1.

Zweiter Teil.

Anwendungen von Normungszahlen.

3. Allgemeine technische Anwendungen, insbesondere in Grundnormen.

In Abschnitt 2 haben wir die Normungszahlen und ihre Handhabung in Rechnung und Schaubild kennengelernt. Wir haben festgestellt, daß mit einem System von nur 40 Zahlen die in der Technik vorherrschenden Vervielfachrechnungen auf einfachste Weise durchgeführt werden können. Ja, für diese Gebiete sind die Normungszahlen nichts weniger als ein neues Einmaleins. Jede freie Größe kann nach einer Normungszahl gewählt werden, denn man bleibt dabei innerhalb einer Treffsicherheit von $\pm 3\%$.

In Auswirkung des Größenfortpflanzungsgesetzes und in Verbindung mit dem technischen Maßsystem bilden daher die Normungszahlen ein *Ordnungsmittel der Technik*, wie es kaum umfassender gedacht werden kann. Wir haben auch gesehen, daß da, wo unabdingbare Gesetze die Normungszahlen nicht anzuwenden gestatten, sinnvolle Abwandlungen möglich sind. Diese sollte der Fachmann ebenso wie die Normungszahlen beherrschen und sie mit feinem Sinn für Ordnung dort anwenden, wo sie am Platze sind. So wird der schöpferische Gestalter in den Normungszahlen selten eine hemmende Bindung, als vielmehr die ersehnte Lösung von einer oft schmerzenden Vielfalt finden.

Es ist daher unsere nächste Aufgabe zu zeigen, in welcher Art die Normungszahlen auf die verschiedenen technischen Größen anzuwenden sind und welche Eigenheiten und Vorteile sich dabei ergeben. Es ist ganz natürlich, daß dabei die Grundnormen im Vordergrund stehen, die ihrerseits wieder auf Teilgebieten Ordnung innerhalb der unendlichen Vielfalt schaffen.

Vorab sollen jedoch einige Regeln gegeben werden, die ebenso allgemein wie die Grundnormen für die greifbaren Anwendungen in den späteren Abschnitten gelten.

Wie sehr die Normungszahlen in jedem Falle ordnend wirken, geht schon daraus hervor, daß jeder Zahl ein Gegenstand entspricht und daß man die wenigst möglichen Werte in einem Bereich durch geometrische Stufung erzielt. Normungszahlen unterstützen also Teilnormung und Typnormung in ihrem Streben nach geringer Sortenzahl. Des weiteren werden wir zeigen können, daß sich aus dem Aufbau der Normungszahlen von selbst neue umfassende Grundnormen und Regeln ergeben, wie etwa für die Vergrößerungs- und Verkleinerungsmaßstäbe (Abschnitt 32) oder für die Bemessung und Stufung von Größenbereichen. Besonders aufschlußreich wird es aber sein, daß in einem Gebiet, auf dem der völlig ungebundene Zahlenwert die Alleinherrschaft zu haben scheint, nämlich im Versuchswesen, mit der Ordnung der Grundwerte nach Normungszahlen noch in weit größerem Maße Vereinfachungen erzielt werden können als auf Tätigkeitsgebieten, auf denen ältere Normen schon eine erste Ordnung erreichen ließen.

Oft wird die Frage gestellt, ob man Normungszahlen auch für einzelne Gegenstände verwenden soll und ob dabei Vorteile entstehen.

Wenn oben gesagt wurde, die Normungszahlen geben dem Ingenieur ein zweites Einmaleins, so kann im Hinblick auf die Anwendung hinzugefügt werden, daß die

Normungszahlen die Vorzugszahlen

beim technischen Schaffen sein sollen.

Das ist unabhängig davon, ob bestimmte unmittelbare Vorteile davon erwartet werden können. Häufig indes treten folgende beiden Vorteile auf:

a) Eine zunächst einzeln entwickelte Größe wird im Lauf der Entwicklung Glied einer Größenreihe, und zwar fortschreitend in der Reihe

Einzelgröße
Größenreihe
Werknorm
DIN-Norm

b) Eine einmal festgelegte Größe wirkt sich nach dem Größenfortpflanzungsgesetz auf Halbzeuge, Werkzeuge, Lehren usw. aus und wird bei diesen Glied einer Reihe.

Soweit Reihen von Gegenständen auftreten, sollen möglichst viele Größen am einzelnen Gegenstand den Normungszahlen entsprechen.

Dies findet jedoch häufig natürliche Grenzen, daher ist eine Rangfolge nötig, in der die Normungszahlen mit fallender Wichtigkeit angewandt werden:

1. Bestimmungsgrößen oder Kenngrößen.

Diese bestimmen die Größe eines Bauteils hinsichtlich seiner Verwendung; es sind gleichzeitig Größen, die in der DIN-Bezeichnung oder in der Handelsbezeichnung vorkommen.

2. Größen, die sich nach dem Größenfortpflanzungsgesetz auf andere Gegenstände übertragen: Fortpflanzgrößen (siehe Abschnitt 31).

3. Sonstige Größen.

Für die Abmessungen wird diese Rangfolge in Abschnitt 31 noch weiter unterteilt.

Die Anwendung der Normungszahlen bedingt nicht, daß eine ganze Reihe mit einem einheitlichen Stufensprung durchgeführt wird. Es gibt eine Reihe von Fällen, in denen es weder notwendig noch wünschenswert ist, im ganzen von einer Norm erfaßten Bereich die gleichen Sprünge zu machen, wo man vielmehr in verschiedenen Teilbereichen ein schnelleres oder langsameres Wachstum braucht, als es eine einheitliche geometrische Reihe ergeben würde.

Dann finden die in Abschnitt 223 beschriebenen zusammengesetzten Reihen Anwendung, sei es, daß man mehrere Grundreihen aneinanderreiht, eine abgeleitete Reihe mit dazwischenliegendem Stufensprung oder einen einzelnen Wert aus einer feingestuften Reihe einfügt. Man wird dabei stets auf einen „guten Übergang“ von einer Grundreihe zur nächsten achten und dabei die schon in Abschnitt 223 erwähnten Rücksprünge zu vermeiden trachten. Darauf kommt es in der Praxis sehr häufig an. Ein gutes Hilfsmittel ist die schaubildliche Darstellung im NZ-Papier (vgl. Bild 261/2). Daneben ist häufig eine Größendarstellung erwünscht, wie Bild 3/1 zum Beispiel *e* der in Abschnitt 223 erwähnten Reihe zeigt; man gewinnt hieraus den Eindruck eines gewissen stetigen Wachstums, das sich jedoch nach obenhin verhältnismäßig verringert.

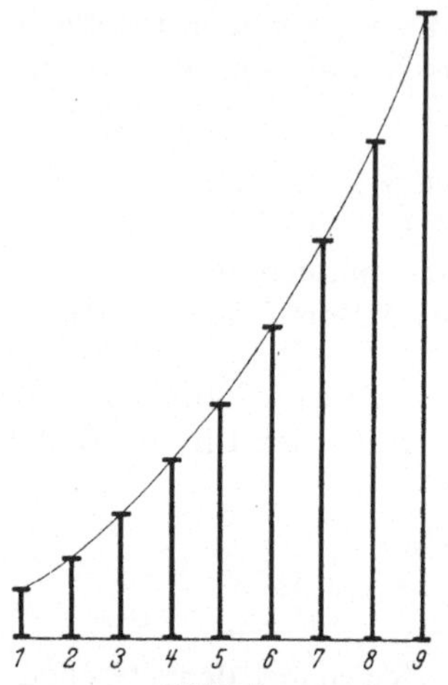

Bild 3/1. Größendarstellung der Reihe in Beispiel *e* (in Abschnitt 223).

Keine sinnvolle Anwendung der Normungszahlen ist es, wenn man in Reihen beliebige Werte der feingestuften Grundreihen mit unregelmäßigem Stufensprung auswählt. Eine Größenreihe, die etwa die Werte 125 — 150 — 170 — 250 — 280 aufwiese, entspräche durchaus nicht dem Sinn der Normungszahlen, denn obwohl jede einzelne Zahl eine Normungszahl ist, fehlt dieser Reihe doch ein sinnvoller Rhythmus.

Die Anwendung der Normungszahlen stößt nicht selten auf Schwierigkeiten, wenn es sich um ihre Anwendung auf *bestehende Normen* handelt. Normen, die auf einer anderen Grundlage als der der Normungszahlen entstanden sind, brauchen im allgemeinen nicht allein deshalb geändert zu werden, um mit den Normungszahlen in Übereinstimmung zu kommen. Es besteht jedoch das Ziel, Normenwerte dann, wenn sie im Zuge der technischen Entwicklung ohnehin geändert werden, den Normungszahlen anzupassen.

Aus diesem Ziel ergeben sich weiter folgende Regeln:

Bei der *Erweiterung* einer früher ohne Rücksicht auf die Normungszahlen genormten Reihe, die unverändert bleiben soll, sind die hinzukommenden Werte den Normungszahlen zu entnehmen, auch wenn dadurch die Stufung an der Übergangsstelle ungleichmäßig wird. Das gleiche gilt bei einer aus anderen Gründen notwendig werdenden Änderung einzelner Größen der bisherigen Reihe.

Wenn man eine bestehende Norm durch *Ausscheiden* unnötiger und überflüssiger Baugrößen vereinfachen will, so sollten möglichst diejenigen beibehalten werden, deren Bestimmungsgrößen sich den Normungszahlen am besten nähern.

Bestehende Normen zeigen häufig eine Stufung, die der Natur der Sache nach etwa einer geometrischen Reihe entspricht, jedoch zu früherer Zeit entstanden ist. Wenn man auch eine solche Norm zunächst aus wirtschaftlichen Gründen belassen will, so hat man doch den Wunsch, die Hersteller und bisweilen die Benutzer auf die spätere Entwicklung zu den Normungszahlen hin aufmerksam zu machen.

Dies geschieht zweckmäßigerweise dadurch, daß man den bestehenden wirklichen Größen sogenannte Nenngrößen nach Normungszahlen zuordnet und erklärt, daß gegenwärtig eine Nenngröße durch die bisherige Größe als ersetzt gelte. In einer Fußnote auf dem Normblatt gibt man dann an:

„Bei späterer Weiterentwicklung sollen die wirklichen Größen den Nenngrößen angepaßt werden.“

Zahlentafel 3/1. Nenngrößen von Rauminhalten (Beispiel).

Inhalt in l Nenngröße	Wirkliche Größe	Durchmesser mm	Höhe mm
100	100	...	...
125	120	...	...
160	150	...	...
200	200	...	...
250	240	...	...

Ein weiteres Beispiel siehe Abschnitt 433.

Eine Normungsaufgabe besteht häufig darin, mehrere bestehende Normen, zum Beispiel verschiedene Werknormen oder nicht abgestimmte Fachnormen zu einer neuen Norm umzuarbeiten. Hier haben die Normungszahlen noch den besonderen Vorzug, neutral zu sein und eine Einigung unter den Beteiligten zu vermitteln.

Wenn in diesem Abschnitt angedeutet ist und in den folgenden Abschnitten im einzelnen aufgezeigt werden wird, in welch umfassender Weise die Normungszahlen schon heute in das technische Schaffen eingedrungen sind und noch weiter eindringen werden, so sei hier noch ein weiteres Allgemeinziel aufgezeigt.

Die Normungszahlen müssen Allgemeingut der Technik und ihrer Menschen werden. Sie müssen wie alle allgemein gültigen Normen aus den Jugendjahren von Drang und Zwang heraus gelangen. Dazu zu helfen, sind nicht zuletzt die Taschenbücher des Ingenieurwesens berufen. Wenn man sich nun immer darüber klar ist, innerhalb welcher Genauigkeiten in der Technik ein Ergebnis errechnet werden kann, und wenn man sich stets bewußt ist, welche Unsicherheiten in Werkstoffgrößen, welche Größenschwankungen in der Annahme von Sicherheitsgraden liegen, dann wird man zugeben, daß man sehr viele Berechnungstafeln außerordentlich vereinfachen kann, wenn man sie auf die Treffsicherheit von $\pm 3\%$ beschränkt. Man kommt dann in die Lage, empfohlene Größen wie Höhen, Wanddicken, Geschwindigkeiten, Belastungsgrenzen u. v. a. m. als Normungszahlen anzugeben. Als Beispiel diene Zahlentafel 33/1 über Schnittgeschwindigkeiten. Wie man daran sieht, haben solche Zahlentafeln den großen Vorzug, mit wenigen Zahlen auszukommen, und zwar Zahlen, die um so mehr gewohnt werden, je mehr sie als Normungszahlen benutzt werden.

31 Abmessungen.

Die Beschreibung von Gegenständen mit Hilfe von Zahl und Maß bedient sich der Abmessungen, nämlich der Längenmaße und der Winkel. Bei den Längenmaßen kommt uns die Zehnerstufung des metrischen Maßsystems zustatten. Für die Angabe eines Maßes mit dem Hauptwert einer Normungszahl ist es daher gleichgültig, welche Maßeinheit man wählt,

$$4 \text{ mm} = 0{,}4 \text{ cm} = 0{,}004 \text{ m}$$

Nicht gleichgültig dagegen ist diese Wahl, wenn man sich der Rundwerte von DIN 323 bedient, da deren Zehnfache zum Teil nicht wieder zugelassene Rundwerte sind. Diese aber gelten für die Anwendung der Normungszahlen auf Abmessungen. So ist beispielsweise der Rundwert zu 3,15 cm = 3 cm, der Rundwert zu 31,5 mm jedoch 32 mm. Der Anwendung der Normungszahlen auf Längenmaße geht daher die *Regel* voraus, daß *als Maßeinheit Millimeter* genommen werden soll.

Solange in Ausnahmefällen noch die Einheit cm benutzt wird, ist also zunächst das Maß nach obigen Regeln als mm-Maß aus der Zahlentafel zu entnehmen und dann durch Versetzung des Kommas in ein cm-Maß zu verwandeln; das gleiche gilt sinngemäß für Meter (m).

Beispiel: 32 mm = 3,2 cm (falsch wäre 3 cm)
315 mm = 31,5 cm (falsch wäre 32 cm) = 0,315 m
(falsch wäre 0,32 m)

Wenn nun der Grundsatz aufgestellt wird, daß beim Gestalten die Normungszahlen Anwendung finden sollen, so soll doch damit keinesfalls einer Ausschließlichkeit das Wort geredet werden. Wie schon oben dargelegt, bestehen dafür natürliche Grenzen, und angesichts dieser eine Rangfolge in den erwähnten drei Gruppen, die nunmehr auf das engere Gebiet der Abmessungen angewandt werden.

1. Bestimmungsmaße oder Kennmaße. Beim einzelnen Bauteil kann eine Größe genügen (z. B. bei Schraubenmuttern); sehr häufig sind zwei Größen nötig (z. B. Durchmesser und Längen bei Schrauben, Nieten, Stiften); drei Bestimmungsgrößen sind nötig, wenn es sich um quaderförmige Teile handelt, wie Schränke. Außerdem kann jeweils eine Bestimmungsgröße mehr erforderlich werden, wenn innerhalb der gleichen Norm zwei Ausführungsarten sich durch eine weitere Größe unterscheiden.

2. Fortpflanzgrößen.

a) Paßmaße, nämlich Paßdurchmesser, Paßflachmaße für Schlitze, Nuten usw., Paßlängen, zwecks Verminderung der Zahl der entsprechenden Werkzeuge wie Senker, Reibahlen, Fräser, der Vorrichtungen wie Spannfutter und Spanndorne, der Lehren wie Lehrdorne, Kugelendmaße, Flachlehren, Rachenlehren.

b) Halbzeugmaße für Halbzeuge mit fertigen Querschnitten, deren Außenmaße nicht mehr bearbeitet werden, wie gezogene und spitzenlos geschliffene Stangen aus Stahl, Messing, Kupfer, Aluminium usw., blankgezogene, nahtlose Rohre, kaltgewalzte Stangen mit quadratischen oder rechteckigen sechseckigen oder anderen Querschnitten, Bleche.

3. Sonstige Abmessungen, z. B. Wandstärken und andere Maße an Gußstücken. In welchen Fällen die Hauptwerte der Normungszahlen an Stelle der Rundwerte bevorzugt werden sollen, siehe später.

Außerhalb der Normungszahlen werden indes eine Reihe von Abmessungen bleiben *müssen*, weil sie nicht frei gewählt werden können (dies würde natürlich auch für jede andere Reihe von Vorzugszahlen zutreffen).

Solche Abmessungen sind:

a) geometrisch oder trigonometrisch abhängige Abmessungen, z. B. Lochentfernungen;

b) physikalisch bedingte Abmessungen, z. B. Durchmesser von Draht mit einem bestimmten elektrischen Widerstand je laufenden Meter;

c) durch Zusammenzählen oder Abziehen gewonnene Abmessungen, z. B. Innendurchmesser eines Rohres, wenn Außendurchmesser und Wandstärke nach genormten Baumaßen gewählt sind; Gesamtlängen eines Stückes, wenn die Teillängen Norm-Baumaße sind; Längen von Gegenstücken, die der Gesamtlänge mehrerer aneinandergefügter Einzelstücke entsprechen müssen u. ä.

Mit der normenmäßigen Festlegung der Baumaße ist also nicht entfernt daran gedacht, sie für *alle* Arten von Abmessungen anzuwenden. Daher ist die dargelegte *Ordnung nach Wichtigkeit* von großer Bedeutung; entscheidend ist die Anwendung für die Gruppen 1 und 2, weil sie unmittelbare Vereinfachungen in Anwendung und Fertigung zur Folge hat. Die Anwendungen für Gruppe 3 bringen aber auch Vorteile, weil sich dann bestimmte Erfahrungen z. B. mit den erwähnten Wanddicken von Gußstücken auf bestimmte Maße bzw. Maßverhältnisse (Wanddicke zu Wandausdehnung) häufen und sich so leichter festhalten lassen.

311 Durchmesser und Längen — DIN 3.

Die geschichtliche Entwicklung der jedem Ingenieur bekannten DIN-Norm 3, ursprünglich „Normaldurchmesser", in der Fassung von 1939 „Normdurchmesser und andere Baumaße" (mm), jetzt „Normmaße", ist im Zusammenhang mit den Normungszahlen bereits in Abschnitt 21 gestreift worden.

Die sachliche Entwicklung dieser Norm liegt in zweierlei, nämlich einmal in der Herausstellung von Vorzugsmaßen und zum anderen in der Ausdehnung auf Längenmaße. Das Fehlen einer Norm für diese hemmte die Normungsarbeit und manche Gestaltungsarbeit seit vielen Jahren. Wer nach einer Anlehnung suchte, konnte sie entweder bei den „*Normaldurchmessern*" in DIN 3 oder bei den „Normungszahlen" in DIN 323 finden. Zwar stimmten viele Werte in beiden Normen überein, doch bedeutete die Abweichung der anderen Werte eine Unsicherheit, die auf die Dauer nicht erträglich war. Außerdem waren in der Tafel der Normaldurchmesser offensichtlich so viele Werte, daß oft die Wahl schwer fiel. Dies rührte u. a. davon her, daß bei ihrer Aufstellung 1917 die in der Praxis üblichen Werte gesammelt und alle einigermaßen häufigen Werte in die Norm aufgenommen wurden. Dabei gingen genau genommen dreierlei „Systeme" durcheinander. Ein System schob die Zehner- und Fünferwerte in den Vordergrund; wir finden es vornehmlich bei den Durchmessern der Wälzlager und bei den Wellen für Wellenleitungen (Transmissionen) verwendet. Ein zweites System wies die geraden Werte auf, die den Vorzug besitzen, daß ihre Hälfte wieder ganze Zahlen sind. Wo also der eine 35 mm bevorzugte, bestand der andere auf 36 mm. Das dritte System lag in einer Art geometrischer Stufen: bis rd. 25 mm war jeder Millimeter vorhanden, bis 50 mm gab es in jedem Bereich von 10 mm 6 Stufen (0, 2, 4, 5, 6, 8), darüber bis 100 mm 4 Stufen (0, 2, 5, 8), darüber 2 Stufen (0, 5) usf.

Wollte man nun aus dieser Sammlung von Maßen Vorzugsmaße herausziehen, so konnte dafür nur eine geometrische Stufung in Frage kommen und wenn diese gewählt wurde, nur eine enge Anlehnung an die Normungszahlen.

Bei diesen war man, wie in Abschnitt 225 dargelegt, den praktischen Bedürfnissen, besonders im Hinblick auf Längenmaße, schon entgegengekommen, indem für einige nicht ganzzahlige Werte ganzzahlige Rundwerte eingeführt wurden. Man hat sich oft den Kopf darüber zerbrochen, ob nicht noch stärkere Rundungen möglich seien, um sich noch mehr den gewohnten Werten von DIN 3 anzupassen. Aber aus der Praxis selbst heraus wurde dies abgelehnt, ja zum Teil wurden an Stelle der Rundwerte die entsprechenden Hauptwerte gefordert, wie weiter unten noch gezeigt werden wird. Wenn man schon die Abweichungen der Rundwerte von den Hauptwerten in Kauf nahm, dann wollte man doch nicht weiter gehen, als daß die Ergebnisse der Vervielfachrechnungen innerhalb der Treffsicherheit des ganzen Systems lagen. Die Entwicklung von DIN 3 ist nach diesen Gedanken, wie in Zahlentafel 311/1 gezeigt, vor sich gegangen. Dort ist links die ursprüngliche Zahlenreihe (aus räumlichen Gründen auf den Bereich von 7 bis 65 mm beschränkt) dargestellt. In der Zahlentafel der vierten Ausgabe sind die in Spalte 1 rechts stehenden Durchmesser nicht mehr enthalten.

Als man mit der Anwendung der Normungszahlen die gute Erfahrung mit der Bevorzugung bestimmter Zahlenwerte innerhalb einer gegebenen Reihe gemacht hatte, entschloß man sich, die Bevorzugung entsprechend den Reihen R_a 5, R_a 10 und R_a 20 auch auf die Normdurchmesser anzuwenden. Man ordnete sie daher in Vorzugsspalten an und überließ einer vierten und fünften Spalte alle die Durchmesser, die nicht in R_a 20 unterzubringen waren; naturgemäß stimmten sie nur zum Teil mit R 40 überein. Diesen Unterschied ließ man weiter bestehen, weil mancher dieser Maße, z. B. 55 mm, 65 mm, vielfach z. B. für Wälzlager eingeführt waren. Indes war auch die Übereinstimmung mit den genannten Reihen noch keine völlige. Wohl waren die gewohnten Normdurchmesser danach geordnet, aber wichtige Normungszahlen der Reihe R 5, R 10 und R 20 fehlten noch in DIN 3. Glücklicherweise waren es deren nur ganz wenige, nämlich 1,1, 1,4, 1,6, 56, 63, 315 und 355. Es war daher kein großer Entschluß, aber doch ein entscheidender Schritt, um die Zweigleisigkeit — hier Normungsdurchmesser, hier Normungszahlen — zu beseitigen, als man diese Maße auch zu Normdurchmessern machte. Wo man nicht an die alten Durchmesser 55/58 mm, 62/65 mm gebunden ist, wird man gern die Gelegenheit benutzen, je zwei dieser Durchmesser durch einen Durchmesser mit Normungszahl zu ersetzen.

Immer noch aber war DIN 3 kein Blatt, das dem Gestalter restlos Auskunft über alle Maße gab, die die Grundlage seines Schaffens bilden; er muß für bestimmte Zwecke auch die Werte der 40er-Reihe kennen, insbesondere dann, wenn er abgeleitete Reihen bildet, in denen solche vorkommen. Die Konstrukteure verlangen mit Recht, daß man ihnen alles in *einer* umfassenden Norm darbiete. Die Lösung ist verhältnismäßig einfach. Man gibt im Sinne der Beschlüsse des Arbeitsaus-

Zahlentafel 311/1. Fortentwicklung von DIN 3, Normaldurchmesser, Ausg. 1923 zu DIN 3, Normdurchmesser und andere Baumaße, Ausg. 1939[4].

Fassung 1923	Fassung 1939				
	Zu bevorzugen			Ergänzungsmaße	
	Reihe R_a 5	Reihe R_a 10	Reihe R_a 20	angenähert an Reihe R 40	Sondermaße[1]
1	2	3	4	5	6
7 (7,5) 8 (8,5) 9 (9,5)		8	7 8 9		
10 (10,5) 11 (11,5) 12 (12,5)	**10**	**10** **12**	10 11 12		
13 (13,5) 14 (14,5) 15			14	13 15	
16 17 18	**16**	**16**	16 18	17	
19 20 21		**20**	20	19 21	
22 23 24			22	24	23
25 26 27 28	**25**	**25**	25 28	26	
30 32 33 34		**32**	32	30 34	
35 36 37[1] 38			36	38	35[2,3]
40 42 44	**40**	**40**	40	42	44
45 46 47[1] 48			45	48	46
50 52 55		**50**	50	52	55[2,3]
58 60			56	60	58
62 65	**63**	**63**	63		62[2] 65[2,3]

[1] Möglichst zu vermeiden.
[2] Für Durchmesser der Wälzlager benutzt.
[3] Für Durchmesser der Wellenenden benutzt.
[4] Im Bereich 7···65 mm.
( ) Für Feinmechanik.

Zahlentafel 311/2. Durchmesser und Längenmaße (mm) nach DIN 3, Entwurf 1944.

Vorzugsmaße			Ergänzungsmaße		
Reihe R_a 5	Reihe R_a 10	Reihe R_a 20	Hauptwerte R 40	I	II
1	2	3	4	5	6
		7	7,1		
			7,5		
	8	**8**	8		
			8,5		
		9	9		
			9,5		
10	**10**	**10**	10	10,5	
			10,6		
		11	11,2		
			11,8	11,5	
	12	**12**	12,5		
			13,2	13	13,5
		14	14		
			15		
16	**16**	**16**	16		
			17		
		18	18		
			19		
	20	**20**	20		
			21,2	21	
		22	22,4		
			23,6	24	
25	**25**	**25**	25		
			26,5	26	
		28	28		
			30		
	32	**32**	31,5		
			33,5	34	
		36	35,5	35	
			37,5	38	*37*
40	**40**	**40**	40		
			42,5	42	
		45	45		
			47,5	48	*47*
	50	**50**	50		52
			53		55
		56	56		58
			60		62
63	**63**	**63**	63		65

Über 50 mm gibt es keine Ergänzungsmaße I.
Die schräg gedruckten Werte sind nur als Durchmesser der Wälzlager und ihrer Gegenstücke aufgenommen.

schusses für Normungszahlen und Baumaße 1944[1] in der neu vorgeschlagenen Form (Zahlentafel 311/2 in Spalte 4) kurzerhand alle Hauptwerte von DIN 323, d. h. die Reihe R 40, sie dienen gleichzeitig

[1] Diese Fassung wurde noch nicht herausgegeben. Eine neue Fassung wird zur Zeit des Druckes dieses Buches beraten; es wird gehofft, daß sie der den Erfahrungen entsprungenen und wohl begründeten Form der Zahlentafel 311/2 möglichst entspricht.

als Ergänzungsmaße für *Längen* und für solche Durchmesser, die aus bestimmten Gründen den Hauptwerten entsprechen sollen (z. B. Federstahldrähte, siehe Abschnitt 413). Für Durchmesser läßt man laut Spalte 5 und 6 ebenfalls Ergänzungsmaße zu, und zwar solche erster und zweiter Ordnung. Die meisten dieser Ergänzungsmaße sind überkommene gewohnte Maße. Die Ergänzungsmaße erster Ordnung liegen zwischen 1 mm und 50 mm und sind auf Millimeter bzw. halbe (Zehntel) gerundet, wo die Hauptwerte auf Zehntel (Hundertel) gehen. Diese Ergänzungsmaße liegen den Hauptwerten R 40 möglichst nahe und werden in der Regel verwendet werden, wenn nicht besondere Gründe, wie etwa die schon erwähnte genaue Stufung, die Hauptwerte von R 40 erfordern. Diese Ergänzungsmaße sind also lediglich gröber gerundet und daher für dauernd vorgesehen.

Anders steht es mit den Ergänzungsmaßen zweiter Ordnung. Diese sind Maße, die entweder nur bisherigen Gewohnheiten entsprechen, aber rein technisch beurteilt gar nicht nötig wären, oder solche, die große Sondergebiete betreffen. So braucht man das Maß 13,5 in der feinmechanischen Optik und zahlreiche Werte für die Wälzlager (durch Schrägschrift gekennzeichnet). Über 500 mm sind außerdem als Ergänzungsmaße zweiter Ordnung noch die Maße der Reihe R 80 vorgesehen. Der Sinn der Hintanstellung der Ergänzungsmaße zweiter Ordnung ist der, daß sie bei neuen Entwicklungen nicht mehr verwendet werden sollen. Maße, die ausgesprochenen Sonderzwecken dienen, wie etwa die Fräserbohrung 27 mm, der Durchmesser 31 mm für Preßlufthämmer sind selbst unter den Ergänzungsmaßen nicht mehr aufgenommen und nur in einer Anmerkung erwähnt.

Besondere Erwähnung sei angesichts der Ausdehnung der Durchmessernorm auf *Längen* dieser letzteren getan. Die Längen von Schrauben, Stiften, Nieten u. dgl. sind im allgemeinen nicht nach Normungszahlen, ja nicht einmal nach einheitlichen Reihen gewählt worden, weil sie scheinbar nicht dem Größenfortpflanzungsgesetz unterliegen. Der Ordnungsgesichtspunkt allein ließ keinen Entschluß zur Einheitlichkeit aufbringen; so herrschte die Neigung zu den Zahlen mit den Endziffern 0, 2, 5, 8 vor. Nun werden aber doch andere Zusammenhänge sichtbar. In jüngerer Zeit weisen Längenlehren, Einstellmaße, einheitliche Anschläge oder Kurvenhöhen an Automaten durchaus auf das Größenfortpflanzungsgesetz hin. Dies gilt auch für Stift*längen,* die Norm*durchmessern* entsprechen; dieser seltene Fall liegt bei Kegelstiften vor, die Stellringe mit Wellen verbinden.

Eine *Norm für Längenmaße* war also *nötig.* Wenngleich die Längenmaße im engeren Sinn sich von den Durchmessern dadurch grundsätzlich unterscheiden, daß sie häufig Summen und Unterschiede bilden, so wurde doch kein entscheidender Gesichtspunkt dafür gefunden, ihnen nicht auch die 40 Normungszahlen zugrunde zu legen und sie etwa nicht mit den Normdurchmessern zu einer Norm zu vereinigen.

Wir lassen nunmehr die Erläuterungen folgen, die 1944 zu DIN 3 entworfen wurden und behandeln danach die Summen- und Unterschiedmaße, die manchmal Zweifel in die Zweckmäßigkeit dieser Längennorm verursacht haben.

Der Kopf von DIN 3 lautet: „*Durchmesser und Längenmaße (mm)*".

Längenmaße sind im Gegensatz zu Flächenmaßen, Raummaßen u. a. diejenigen Maße, die in Längeneinheiten ausgedrückt werden, nämlich: die Maße von Längen im engeren Sinne, Höhen, Tiefen, Breiten, Dicken, Lochentfernungen, Teilungen u. a. (unter den Begriff Längen im weiteren Sinne fallen auch Durchmesser).

Die Zahlentafel gilt für die in mm anzugebenden Maße von Gegenständen aller Art; der Zweck ihrer Anwendung ist, durch Beschränkung auf wenige, aber dafür allgemein und vielfach vorkommende Maße die Erzeugung zu vereinfachen und die Leistung zu steigern.

Die Richtlinien für die Anwendung der Durchmesser und Längenmaße (siehe DIN 3, Blatt 2) muß jeder Gestalter in Verbindung mit DIN 323, Normungszahlen, kennen.

Folgendes sind

Allgemeine Regeln für die Anwendung von Din 3
(Zahlentafel 311/2)
Vorzugsmaße und Ergänzungsmaße nach DIN 3.

Für frei wählbare Durchmesser und Längenmaße sind vor allem die *Vorzugsmaße* der Spalten 1 bis 3 anzuwenden, und zwar die Werte der Reihe R_a 5 vor denen der Reihe R_a 10, diese vor denen der Reihe R_a 20.

Die Entwicklung zielt jedoch dahin, über 50 mm, wo sie durchweg in ganzen Zahlen ausgedrückt sind, überall die Hauptwerte der Normungszahlen zu verwenden, wie sie in Spalte 4 (Reihe R 40) angegeben sind. Praktisch betrifft dies in der Reihe R 40 nur die Benutzung der bisher nicht üblichen Werte 71 (statt 70), 112 (statt 110) und 224 (statt 220) (siehe auch den unten folgenden Absatz „Hauptwerte").

Für feinere Maßabstufungen sind *Ergänzungsmaße* notwendig.

Ergänzungsmaße für *Längen* sind Spalte 4 (Reihe R 40) zu entnehmen, es sei denn, daß wegen der Rundung Maße der Spalte 5 besser geeignet erscheinen (dies kommt nur unter 50 mm in Betracht, da darüber alle Maße ganze Millimeter aufweisen).

Wo auch die Stufung der Reihe R 40 zu grob ist, können die Maße von Spalte 6 bzw. Reihe R 80 (siehe Zahlentafel 221/2) herangezogen werden.

Ergänzungsmaße für *Durchmesser* können mit Rücksicht auf übliche Stangendurchmesser, Werkzeuge und Lehren aus Spalte 5 entnommen werden, notfalls auch aus Spalte 6, die die in DIN 3 bisher aus früheren Gepflogenheiten noch übernommenen Maße sowie die Wälzlagerdurchmesser enthält. Auch hier zielt die Entwicklung dahin, über 50 mm als Zwischenwerte zwischen denen der Spalte 3 vornehmlich die der Spalte 4 (Reihe R 40) zu verwenden.

Anwendung der Hauptwerte. Die Hauptwerte nach DIN 323 (Spalte 4) sind zunächst als Ausgangswerte aufgenommen und zeigen im Vergleich zu den Spalten 1 bis 3, welche Unterschiede zwischen Haupt- und Rundwerten bestehen. Die Entwicklung zielt jedoch, wie erwähnt, dahin, sie über 50 mm immer mehr an Stelle der gerundeten Maße zu verwenden, und zwar besonders in folgenden Fällen:

1. für Bestimmungsmaße oder Kennmaße, wie z. B. Zylinderdurchmesser, Kurbelhübe (nicht Kurbelhalbmesser), Wellenenden, Länge von Tischen, Arbeitsbreiten, Teilungen;

2. für Maße, bei denen es auf eine genauere Stufung als bei den Rundwerten ankommt;

3. für Maße, die Glieder der Reihe R 40 oder einer davon abgeleiteten Reihe sein sollen (zwar möglichst zu vermeiden);

4. für rechnungsmäßige Maße, wie z. B. Teilzylinderdurchmesser von Schnecken (Abschnitt 393), mittlere Durchmesser von Trommelkurven (Abschnitt 424).

Beispiele:

a) Durchmesser von Zylindern und Kolben, weil bei Verwendung von Rundwerten die Stufensprünge der für die Leistung der Maschine maßgebenden Kolbenflächen zu stark schwanken würden.

b) Durchmesser von Federstahldrähten, weil bei Verwendung von gerundeten Hauptwerten die Stufensprünge des für die Federung maßgebenden Trägheitsmomentes zu stark schwanken würden.

c) Breite und Dicke von Rechteckdrähten in der Elektrotechnik, weil bei Verwendung von Rundwerten die Stufensprünge des für die Leitfähigkeit maßgebenden Drahtquerschnitts zu stark schwanken würden.

d) Außendurchmesser von Tiefziehteilen aus Blech, weil hierfür genormte Ziehringe aus der Reihe R 10 vorliegen (vgl. Abschnitt 475).

e) Längenmaße für geometrisch ähnliche Teile, zu denen Werkzeuge oder Lehren durch Verkleinerungen von einer einzigen Urform hergestellt werden.

In solchen Fällen ist selbst die Notwendigkeit von Lehren in Kauf zu nehmen, deren Nennmaße nicht mit denen der Spalten 1 bis 3 und 5 übereinstimmen.

Abhängige Maße. Andere Maße als die in der Zahlentafel sind zulässig, wenn sie in Abhängigkeit von DIN-3-Längenmaßen entstehen, nämlich als

a) Summen- oder Unterschiedsmaße, insbesondere bei Hohlkörpern, das dritte von den drei Maßen: Außenmaß, Wanddicke, Innenmaß, wenn zwei aus DIN 3 entnommen sind;

b) Durchgangsmaße (z. B. Durchgangsbohrungen für Metrische Schrauben), wenn die Maße der Gegenstücke DIN 3 entsprechen;

c) Maße, die sich aus bestimmten geometrischen Formen ergeben;

d) Maße, die in Normen für bestimmte Maße festgelegt sind, z. B. Schlüsselweiten;

ferner Maße in weiteren Sonderfällen, z. B. wenn dadurch einer Raum- oder Werkstoffvergeudung vorgebeugt wird.

Summen- und Unterschiedmaße. Gegen die Normung der Längen nach Normungszahlen wird nicht selten eingewandt, daß man sie nicht für Längenmaße benutzen könne, die sich als Summen oder Unterschiede von anderen ergeben. Dieser Punkt werde daher eingehender betrachtet. Man möchte am liebsten ein Zahlensystem haben, das so beschaffen ist, daß die Summen und Unterschiede beliebiger Zahlen aus dem System wieder Zahlen des gleichen Systems ergeben. Der Abschnitt 25 bestätigt, daß das Normungszahlensystem kein solches System ist, da „im allgemeinen die Summen beliebiger Normungszahlen nicht wieder Normungszahlen sind“. Es ist dort aber ebenso klargestellt, daß kein Zahlensystem außer dem aller natürlicher Zahlen jene Forderung erfüllt; es sei denn, daß man z. B. jede zweite oder jede zweite und dritte Zahl ausschaltet. Es würden dann nur alle geraden oder nur alle Dreierzahlen vorkommen, aber damit wäre der Praxis nicht geholfen, da sie auf die weggebliebenen Zahlen nicht verzichten kann. Auch Zahlen der alten DIN 3 oder auch irgendwelche neu erdachten Reihen, die nicht alle Zahlen enthalten, können daher keine Lösung im obigen Sinne bieten.

Wenn aber kein anderes System gefunden werden kann, das restlos die obige Idealforderung erfüllt, dann besteht auch kein Grund, die Normungszahlen bzw. ihre in DIN 3 angewandten Rundwerte nicht auch grundsätzlich für Längenmaße anzuwenden. Dies ist schon deshalb unumgänglich notwendig, weil viele Bestimmungsgrößen von Gegenstandsreihen selbst Längenmaße sind und weil viele Längenmaße dem Größenfortpflanzungsgesetz unterliegen.

Der Einwand gegen die Normungszahlen beschränkt sich meist bei näherem Zusehen auf einige wenige ungewohnte Zahlen wie 56 und 63 mm, bisweilen auch 125 mm. Gerade dem Wert 63 mm möchte man entweder den fortgesetzt hälftelbaren Wert 64 oder den Rundwert 60 mm vorziehen (wegen 64 siehe Anhang 1). Das Maß 60 mm hat den Vorzug, eine ganze Reihe von Summen aus gleichen Längen bilden zu lassen, nämlich aus

	2	Stücken	je	30 mm
oder	3	„	„	20 mm
„	4	„	„	15 mm
„	5	„	„	12 mm
„	6	„	„	10 mm

Wo es hierauf ankommt, verdient in der Tat das Maß 60 mm, das ja selbst eine Normungszahl, wenn auch aus der Reihe R 40, ist, den Vorzug. Umgekehrt ist der Grundsatz, daß sich wenigstens aus je zwei gleichen Maßen Summen bilden lassen, die dem gewählten Zahlensystem angehören, bei den Normungszahlen zum Teil schärfer durchgeführt als in einem anderen bestehenden System.

Beispiele:		
	7 + 7 = 14	26,5 + 26,5 = 53
	14 + 14 = 28	53 + 53 = 106
	28 + 28 = 56	106 + 106 = 212
	56 + 56 = 112	33,5 + 33,5 = 67
	112 + 112 = 224	42,5 + 42,5 = 85
		47,5 + 47,5 = 95

Vorteile und Nachteile des Normungszahlensystems halten sich also gegenüber anderen Systemen bezüglich der Summen- und Unterschiedmaße die Waage.

Die Frage sei nun an Hand einzelner Beispiele noch näher beleuchtet. Die soeben erwähnte Verdoppelung oder die Hälftung im System wird besonders für die *Mittellage* von Nuten, Bohrungen u. dgl. gefordert. Soll z. B. die Bohrung einer Buchse gemäß Bild 311/1 in der Mitte liegen, so wird man, gleichgültig aus welchem Zahlensystem man das Längenmaß entnommen hat, für das Entfernungsmaß der Bohrungsdurchmesser von einem Ende bisweilen auf halbe Millimeter kommen. Wer die halben Millimeter scheut, wird häufig finden, daß die genaue Mittellage überhaupt nicht erforderlich ist und man denselben Zweck mit einem auf- oder abgerundeten Maß erreicht. Da im Normungszahlensystem alle Hälften nur innerhalb geringer Rundungen vorliegen, so wird man also ebenso leicht auf eine Normungszahl wie auf eine andere Zahl kommen können.

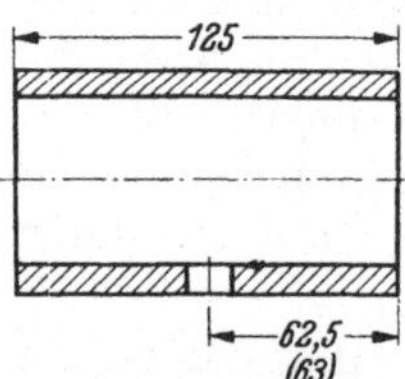

Bild 311/1. Buchse mit Festhaltebohrung in halber Länge.

Bei *Hohlkörpern* wird die Gleichung

$$\text{Außenmaß} = \text{Innenmaß} + 2x \text{ Wanddicke}$$

bei keinem System von Vorzugsmaßen restlos im obigen Sinne befriedigt werden können. Man muß sich also entscheiden, ob im einzelnen Fall das Innenmaß oder das Außenmaß für die Wahl von Normungszahlen an erster Stelle steht. Bei Leitungsrohren ist es zweifellos der Innendurchmesser, bei Rohren, die *nur* für Tragteile erzeugt werden, ist es der Außendurchmesser. Die Wanddicke kann in jedem Fall nach Normungszahlen gewählt werden.

Für das Zusammenzählen von Längenmaßen bilden die *Höhen von Schneidmeißeln* an Drehbänken ein aufschlußreiches Beispiel. Die Schneide soll um ein bestimmtes Maß höher als die Auflagefläche des Meißelhalters stehen. Diese Entfernung wird bald durch einen

Zahlentafel 311/3. Addition geometrisch gestufter Werte.

Beispiel: Schneidmeißel.

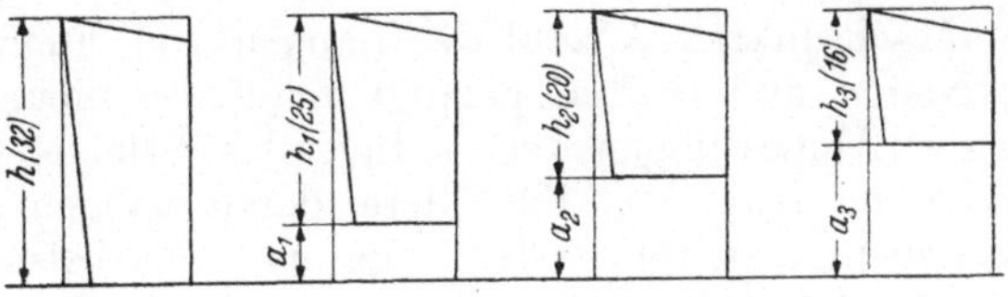

h :	10	12,5	16	20	25	32	40
h_1 :	8	10	12,5	16	20	25	32
a_1 :	2	2,5	3,5	4	5	7	8
h_2 :	6,3	8	10	12,5	16	20	25
a_2 :	3,7	4,5	6	7,5	9	12	15
h_3 :	5	6,3	8	10	12,5	16	20
$a_3\left(=\frac{h}{2}\right)$:	5	6,2	8	10	12,5	16	20

Stufung der Unterlage:

a) Genau 2 2,5 3,5 3,7 4 4,5 5 6 6,2 7 7,5 8 9 10 12 12,5 15 16 20

b) Gerundet auf NZ 2,5 4 5 6 7 8 10 12,5 16 20

(7 = einziger Wert, der gegenüber der h-Reihe neu ist)

Fehler der Gesamthöhe:

$\frac{(4+6{,}3)-10}{10}$ $\frac{(5+8)-12{,}5}{12{,}5}$ $\frac{(8+12{,}5)-20}{20}$ $\frac{(10+16)-25}{25}$ $\frac{(16+25)-40}{40}$

$\frac{0{,}3}{10}=3\%$ $\frac{0{,}5}{12{,}5}=4\%$ $\frac{0{,}5}{20}=2{,}5\%$ $\frac{1}{25}=4\%$ $\frac{1}{40}=2{,}5\%$

Meißel allein, bald durch einen Meißel samt Unterlagstücken überbrückt. Zahlentafel 311/3 zeigt nun für die nach Normungszahlen genormten Meißelhöhen h_1, h_2, h_3 die Unterschiede zum Schneidenabstand h, die die Dicken a_1, a_2, a_3 der Unterlagen ergeben. Für diese ergibt sich, wie nicht anders zu erwarten, eine Anzahl von Werten, die von Normungszahlen abweichen; sie lassen sich aber unschwer auf solche runden, wobei der größte Fehler 1 mm Höhe = 4% ist. Man wird zugeben, daß beim Anschleifen des Meißels die Schneide sich häufig um mehr als diesen Unterschied versetzt, so daß er nicht ins Gewicht fällt.

Die *Gesamtdicke* von mehreren aufeinander gelegten Blechen, Platten, Flanschen oder anderen Körpern entweder gleicher oder verschiedener Dicke wird ebenso im allgemeinen keine Abmessung des Systems sein. Sollen sie durch Schrauben, Stifte oder Niete vereinigt werden, so muß man bei der Bestimmung von deren lagermäßigen Längen der Tatsache Rechnung tragen, daß jedes Summenmaß entstehen kann, z. B.:

$$40 + 25 = 45 + 20 = 50 + 15 = 60 + 5 = 65$$
$$30 + 36 = 50 + 16 = 60 + 6 = 66$$
$$42 + 25 = 52 + 15 = 62 + 5 = 65 + 2 = 67 \text{ usf.}$$

Zu einer beschränkten Anzahl der Längen von Fügebauteilen wie Schrauben, Nieten und Stiften gelangt man also niemals durch Beschränkung der Abmessungen der zu fügenden Stücke, sondern allein durch *Bildung von Bereichen.* Für Niete, deren Längen gleich den erwähnten Dickensummen sein sollen, legt man also beispielsweise fest:

Bereich des Nietes mit 36 mm Länge für alle Dickensummen üb. 32—36 mm
„ „ „ „ 40 mm „ „ „ „ „ 36—40 mm
„ „ „ „ 45 mm „ „ „ „ „ 40—45 mm

Bei Schaftlängen von Kopfschrauben ist in die Dickensumme die Mutterhöhe und der Überstand einzuschließen. Bei solchem Vorgehen liegt es wieder nahe, zur wirtschaftlichen Beherrschung großer Bereiche — allein bei Kegelstiften ist nach Abschnitt 411 die Längenbereichszahl $B = \frac{200}{2} = 100$ — die geometrische Stufung und die Normlängen aus DIN 3 zu wählen.

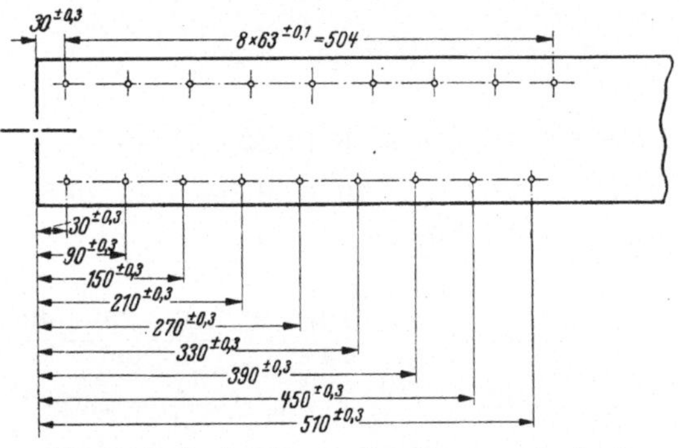

Bild 311/2. Zwei Arten der Bemaßung von Lochreihen.

Bei der Angabe der *Lage von Nietlöchern* werden häufig die Entfernungen nach Bild 311/2, unterer Teil, von einem Rand aus angegeben, damit sich die Toleranzen nicht addieren; so entsteht eine arithmetische Reihe. Wie aus Abschnitt 244 hervorgeht, wird diese nur höchst selten aus lauter Normungszahlen bestehen. Diese Form ist aber nicht die einzige Lösung der Aufgabe. Wenn man solche Nietlochreihen nach Bohrschablonen herstellt, die beliebige Lochanzahlen zu bohren gestatten, dann ist das festzulegende Grundmaß die *Teilung.* Man gibt dann die Maße so an, wie in der oberen Hälfte von Bild 311/2 eingezeichnet. Die Längentoleranzen außer dem Anfangsmaß liegen in der Bohrschablone, in der dafür gesorgt ist, daß sie sich nicht einseitig zusammenzählen. Hier kommen wiederum bei jedem System je nach der Lochzahl „krumme Maße“ heraus. Da aber bei der Nietenberechnung mit der gleichen Treffsicherheit eine für die Bohrschablonen genormte Teilung gewählt werden soll, so ist wiederum der geometrische Aufbau und somit die Wahl von Normungszahlen für die Teilungen günstig.

Die *Gesamtlängen von Rohstücken* bilden häufig die *Summenmaße der daraus abgeschnittenen Stücke*, z. B. die Länge einer Blechtafel die Summe aller daraus geschnittenen Streifenbreiten oder die Länge einer gewalzten Stange die Summe der daraus abgestochenen Stücke.

Mit diesem und dem vorigen Beispiel berühren wir ein Gebiet, das unter die größeren Gesichtspunkte der Punktnetze oder Raster fällt, denen der Abschnitt 312 gewidmet ist. Auch dort wird gezeigt werden, daß für die Längenmaße in Rasterteilungen Normungszahlen oder bestimmte Abwandlungen davon mit Nutzen verwendet werden.

Summenbildung aus Zusammenzählelementen. Für zusammengesetzte Längenmaße können wir häufig aus dem Abschnitt 252 Nutzen ziehen, indem wir nach den dort entwickelten Regeln Zusammenzählelemente entwickeln, aus denen sich jedes ganzzahlige Vielfache der gewählten Einheitslänge bilden läßt. Wenn wir beispielsweise für die soeben behandelten Unterlagstücke für Schneidmeißel Unterschiede $D = 0{,}5$ mm haben wollen und die dickste Unterlage 20 mm $= 40 \cdot D$ sein soll, so ergeben sich daraus die einzelnen Dicken zu

	D	$2D$	$4D$	$8D$	$16D$	$32D$
oder	0,5	1	2	4	8	16 mm

Diese reichen bis $63\,D = 31{,}5$ mm, so daß ein Überschuß von $31{,}5 - 20 = 11{,}5$ mm vorliegt, den wir nach der „*Regel vom verwertbaren Überschuß*" (Abschnitt 252) zur Verringerung der einzelnen Längen auf leichter zusammenzählbare Maße benutzen können. Wir verringern sie um

	—	—	—	-1	-3	$-6 = -10$ mm
und erhalten	0,5	1	2	3	5	10 mm

Wir beherrschen also die oben genannte Aufgabe mit 6 Unterlagstücken, deren jedes ein Vorzugsmaß aus DIN 3 besitzt.

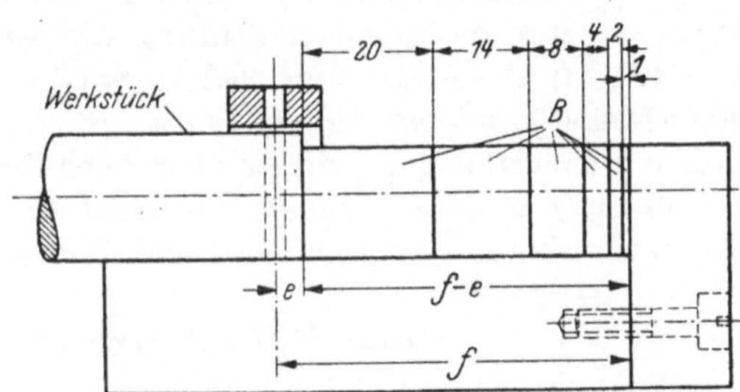

Bild 311/3. Beilegstücke B in Bohrvorrichtung.

Ein weiteres Beispiel sei die Entfernung von Splintlochbohrungen an Wellenenden. Gemäß Bild 311/3 kann man dafür eine Einheitsvorrichtung (hier der Einfachheit halber nur für einen Durchmesser gezeichnet) vorsehen, in der man die verschiedenen Lochabstände e durch Beilegstücke B einzustellen gestattet. Man legt wiederum für e die kleinste und die größte Größe zu 4 und 50 mm fest und den kleinsten Unterschied, den man hierin einstellen will. Ist dieser bis

22 mm = 1 mm, darüber = 2 mm, so ist für die in der Bohrvorrichtung auftretende Entfernung $f - e$ das kleinste Maß 0, das größte 46 mm. Man gibt dann wieder zunächst nach Abschnitt 252 die Verdoppelungsreihe an und benutzt die Regel vom verwertbaren Überschuß.

	1 +	2 +	4 +	8 +	16 + 32	= 63 mm
zieht hiervon ab:					größtes Verstellmaß	= 46 mm
vermindert um			— 2	— 2	— 12 = — 16 < 17 mm	= Überschuß
auf	1	2	4	6	14	20 mm

Mit der Beilage 1 mm können wir natürlich den ganzen Bereich um 1 mm stufen; da aber über 22 — 4 = 18 mm nur noch Beilagen für gerade mm-Werte verlangt werden, so haben wir 16 mm nicht auf 15, sondern auf 14 mm gerundet, um über 18 mm die Beilage 1 mm nicht verwenden zu müssen.

Zusammenfassung zu DIN 3. Die älteste Grundnorm wurde entsprechend den inzwischen gewonnenen Erkenntnissen über die großen Zusammenhänge in der Normung in mehreren Schritten der Entwicklung angepaßt. *Vorzugsmaße* sind nach den Rundwerten der Normungszahlen DIN 323 herausgestellt, ihr Anwendungsgebiet ist von den Durchmessern auf die *Längenmaße* erweitert worden. *Ergänzungsmaße* stehen zur Verfügung, wo Rundungen oder Sonderzwecke sie erforderlich machen.

Summen- und Unterschiedsmaße sind weder aus diesem noch aus irgendeinem anderen Zahlensystem restlos zu entnehmen. Sie sind als abhängige Größen nach ihren eigenen Gesetzen zu bilden. In bestimmten Fällen sind Abwandlungen der Normungszahlen angebracht, wie sie grundsätzlich in Abschnitt 24 behandelt worden sind; sie erlauben einer geometrischen Stufung wenigstens nahezukommen.

DIN 3 in der vorgeschlagenen Form ist ein selbständiges Blatt und die maßgebende Grundnorm für den Ingenieur am Reißbrett. Gerade wegen ihrer großen Bedeutung muß dieser aber über ihre Anwendung nachdenken, so wie auch andere Normen ihn nicht davon freisprechen, sich über ihre technischen Begründungen und Zusammenhänge klar zu werden.

312 Punktnetze (Raster).

In der Technik kommen häufig gleiche Bohrungen längs gerader Linien vor, wie z. B. bei den oben erwähnten Nietteilungen. Für Längsteilungen, die in einer bestimmten Länge aufgehen sollen, haben wir oben ferner als Beispiele die Längenaufteilung von Stangen oder Blechtafeln in gleiche Stücke kennengelernt. Werden Teilungen gleichzeitig in zwei Richtungen auf einer Ebene aufgebracht, so entsteht hieraus ein *Punktnetz* oder ein *Raster*. Ein Punktnetz kann man sich stets aus den Eckpunkten aneinandergelegter „Stammfiguren“ entstanden denken. Wir beschränken uns hier auf Rechtecke, gleichschenklige Dreiecke und gleichseitige Sechsecke als Stammfiguren und erhalten aus deren Eckpunkten die Punktnetze nach Bild 312/1, 2, 3. Die Anwendungen dieser Netze sind sehr zahlreich. Einige davon sind in folgenden Gruppen aufgeführt.

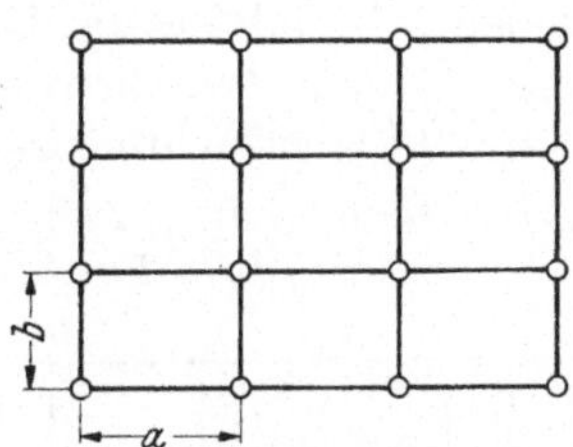

Bild 312/1.
Punktnetz mit Rechteck als Stammfigur — Rechtecknetz (Rechteckraster).

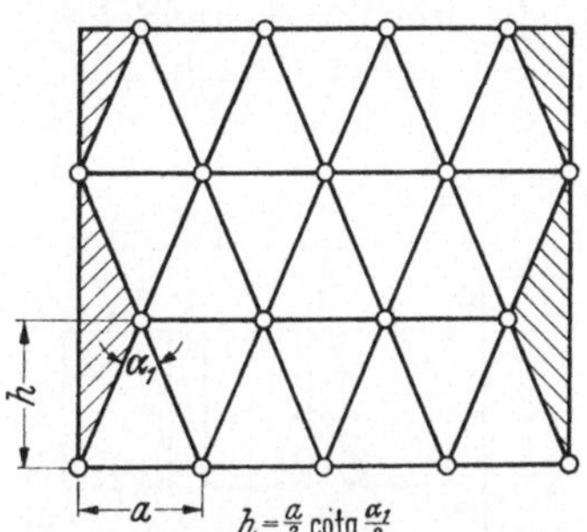

Bild 312/2. Punktnetz mit gleichschenkligem Dreieck als Stammfigur — Dreiecknetz (Dreieckraster).

Punktnetze auf flachen Körpern. Druckraster für Zeichnungen, Bilder (auch Fernsehbilder). Einteilung von Zeichnungsbögen nach DIN-Formaten (Rechteckraster). Koordinatennetze (Millimeterpapier). *Anzeigenseiten* in Zeitungen, Zeitschriften. *Trenn-Netze* für Wert-

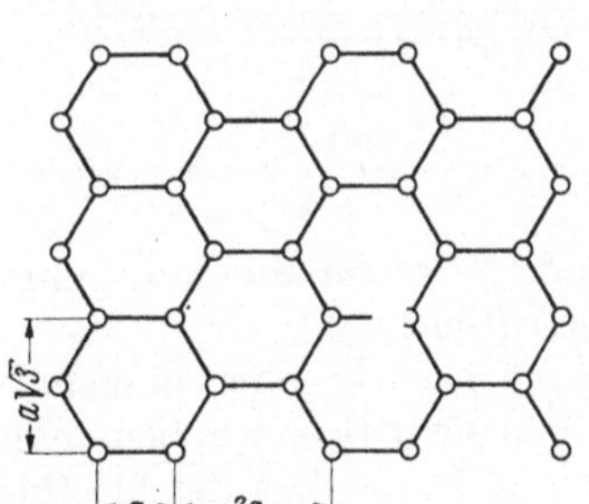

Bild 312/3. Punktnetz mit gleichseitigem Sechseck als Stammfigur = Sechsecknetz (Sechseckraster).

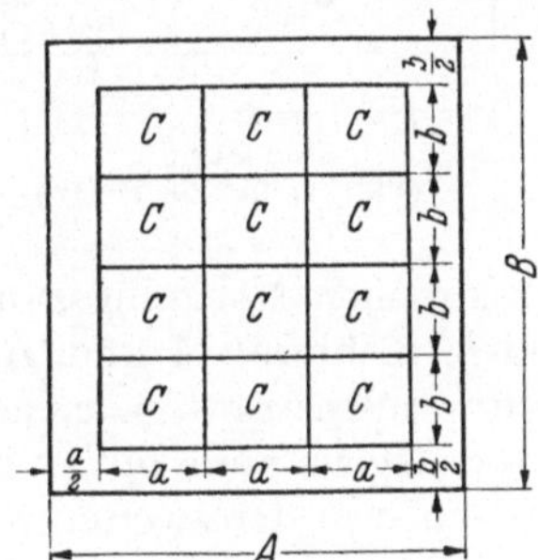

Bild 312/4.
Trenn-Netz mit Rand = ½ Netzweite.

marken aller Art (z. B. Briefmarken, Lebensmittelmarken), ferner für aus *Blech* oder Papier *auszuschneidende Formteile* (auch bei unregelmäßigen Figuren bilden mindestens die Bezugspunkte ein Punktnetz, vgl. Bild 312/9).

Etwa nötige Randbreiten werden gemäß Bild 312/4 zweckmäßigerweise $= \frac{a}{2}$ bzw. $\frac{b}{2}$ gemacht; damit wird $A = (m + 1)\,a$ und $B = (n + 1)\,b$, worin m und n die Anzahlen der Stücke in waagerechter und senkrechter Richtung sind.

Ideelle Punktnetze als Konstruktionsunterlagen. *Grund- und Aufrisse von Gebäuden* (sog. Achsabstände). — Einteilung von Werkstätten, Lagern. — Einteilung von Schalttafeln; sonstige Tafeln mit Anzeigegeräten. — Heizrohrsätze; Röhrenkühler, Wabenkühler. — Tastaturen, z. B. an Schreib- und Rechenmaschinen.

Gefache. Gefache für gleichgroße Gegenstände (Bild 312/5) bilden in der Seitenansicht Punktnetze, wenn man die Schnittpunkte der Diagonalen EF und GH an den zusammenstoßenden Zwischenwänden als Netzpunkte betrachtet; es gilt:

$$A = m\,(a + s) + 2u\,;$$
$$B = n\,(b + t) + 2v$$

Bild 312/5. Punktnetz für ein Gefach.

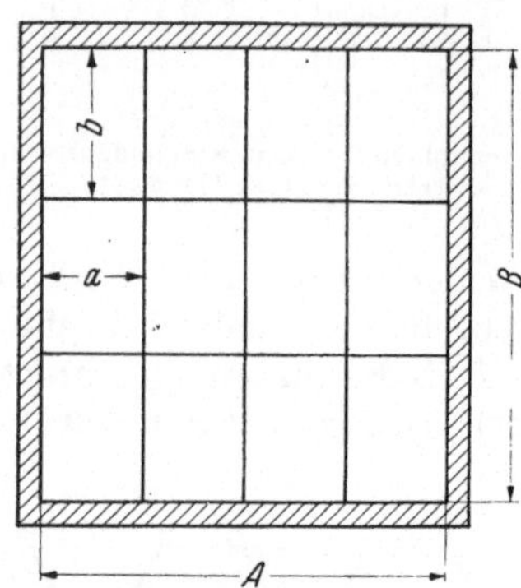

Bild 312/6. Viereckpackungen im äußeren Packgefäß.

(Hier kommen Normungszahlen für s und t oder für die Netzteilungen a und b, nicht für A und B in Betracht.) (Schr. 49.)

Verpackungen. Gleiche Größen unverpackter oder einzeln verpackter Gegenstände bilden in einer Seitenansicht (wenn nebeneinander gelegt, auch in der zweiten Seitenansicht und in der Draufsicht) Punktnetze. Die Innenmaße des äußeren Packgefäßes sind daher

$$A = ma\,; \quad B = nb \qquad \text{(Bild 312/6)}$$

Für runde unverpackte Gegenstände kann auch ein gleichseitiges Dreiecknetz oder ein Sechsecknetz angewandt werden. In letzterem Falle (Bild 312/7) wird gegenüber dem Vierecknetz Raum gespart. Ist a das Grundmaß des Netzes, so ist die Dicke einer Packung $= 1{,}7\,a$ (einschließlich des „Spieles" zwischen je zwei Packungen). Somit wird bei m-Packungen in der einen Richtung und n-Packungen in der anderen Richtung

$$A = 1{,}7 \cdot m \cdot a\,; \quad B = 2a + 1{,}5\,(n - 1)a = 0{,}5a + 1{,}5\,n \cdot a$$

Hier sind für A und B nur bedingt die Normungszahlen möglich. Die Mittelpunkte dieser Packungen, wie auch runder Flaschen, bilden bekanntlich ein gleichseitiges Dreiecknetz mit der Grundstrecke 1,7 a.

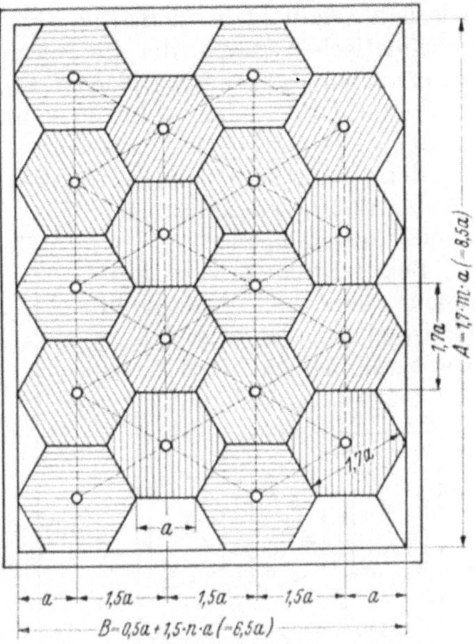

Bild 312/7.
Sechseckpackungen im äußeren Packgefäß.

Bildung von Punktnetzen durch Auflegen gleicher Flächenelemente auf eine ebene Grundplatte. Beispiele sind: Auflegen von Holz- oder Keramikplatten auf Böden und an Wänden; Holzpflaster, Steinpflaster. Aufkleben von Plakaten auf Tafeln (gilt auch für Säulen). Zusammensetzen von Fenstern aus viereckigen Glasscheiben.

Aufsetzen von Körpern auf Platten. In allen Netzpunkten können Bohrungen gedacht werden, die man nach Bedarf ausführt, um darin Körper zu befestigen. Wir unterscheiden dabei:

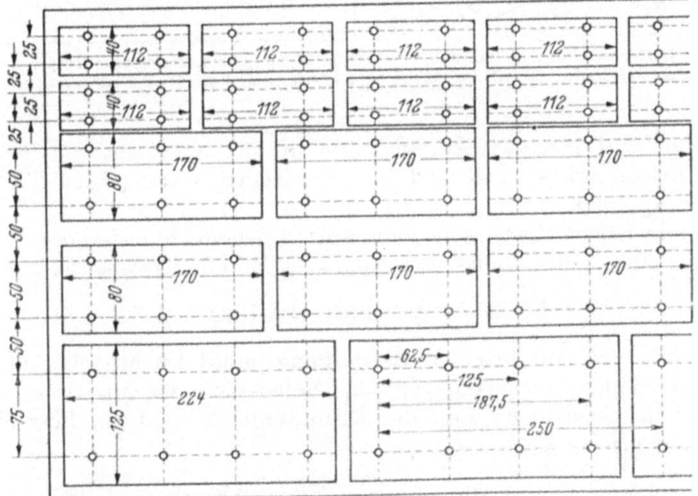

Bild 312/8. Besetzung eines Punktnetzes 62,5 × 25. Maße nach Normungszahlen.

Aufsetzen *viereckiger Körper* auf einzelne Netzpunkte, z. B. Stöpselbretter in der Elektrotechnik, und

Aufsetzen von Apparaten auf mehrere Netzpunkte, z. B. an elektrischen Schalttafeln (siehe Bild 312/8); hier sieht man, wie es trotz der arithmetischen Reihe, die die Netzteilung bildet, möglich ist, die aufzusetzenden Körper nach Normungszahlen zu bemessen.

Unter Umständen wähle man an den Körpern Bezugspunkte, die in die Mittelpunkte des Punktnetzes gesetzt werden (Bild 312/9).

Beim Aufsetzen *runder Körper* auf Netzpunkte eines *Viererecknetzes* (Abb. 312/10) entstehen folgende Beziehungen:

Benutzt man je Einheit je einen einzigen Netzpunkt (Beispiel A bis D), so ist $d_1 \gtreqless a$. Bei zwei benachbarten Netzpunkten wird $a < d_2 \gtreqless 2a$, bei zwei in der Netzdiagonale liegenden Netzpunkten (Beispiel G) und bei vier Netzpunkten (Beispiel H) wird $1{,}4 \cdot a < d_3 \gtreqless 2a$.

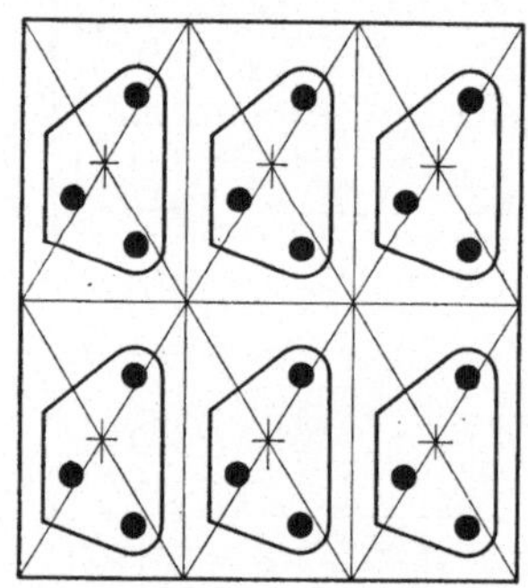

Bild 312/9. Körper beliebiger Form mit Bezugspunkten im Punktnetz.

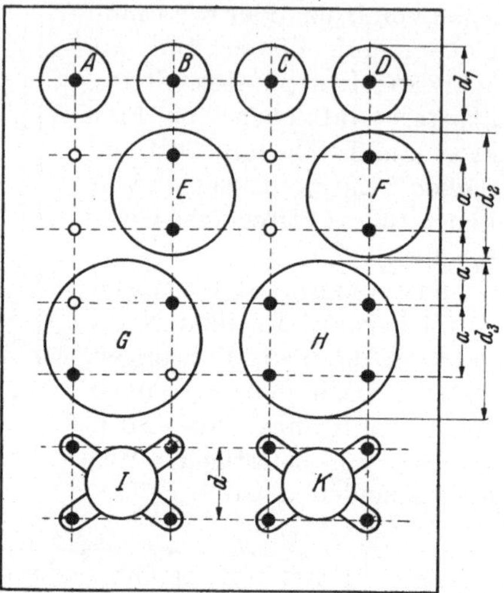

Bild 312/10. Aufsetzen runder Körper auf Rechtecknetz (Befestigungsbohrungen fett gezeichnet).

Runde Körper kann man auch auf Dreiecknetze aufsetzen. Benutzt man je Einheit drei Befestigungspunkte (Bild 312/11), so ist

$$d \gtreqless 2a; \quad e = a\sqrt{3} = 1{,}732a \approx 1{,}7a$$

Würde man nur je einen Befestigungspunkt im Mittelpunkt jedes Körpers wählen, so hätten wir das Dreiecknetz der Mittelpunkte (als Kreuzchen gezeichnet) mit der Grundlinie $b = 2a$ in Betracht zu ziehen, wobei

$$d \gtreqless b; \quad e = \frac{b}{2}\sqrt{3} \sim 0{,}85b$$

Die Rundung auf die Normungszahlen 0,85 bzw. 1,7 ändern den Winkel α nur unmerklich, selbst eine Änderung von e auf $0{,}8b$ oder $1{,}6a$ ist möglich, da auf das Auge die senkrechten Teilungen ohnehin anders wirken als die waagerechten.

Gemäß Bild 312/12 kann das Dreiecknetz auch derart besetzt werden, daß die Körpermittelpunkte ein Rechtecknetz bilden, dessen Stammfigur die Seiten $2a$ und $1{,}7a$ hat. Somit bietet das Dreiecknetz vielerlei Möglichkeiten mit Grundmaßen nach Normungszahlen. Sechsecknetze kommen für diese Zwecke weniger in Betracht.

So entsteht nun die Frage nach der *Bemessung* der Netzteilungen. Wie die Beispiele zeigen, steht bald die *Netzteilung* im Vordergrund und die Außenmaße des Netzes ergeben sich in Abhängigkeit davon,

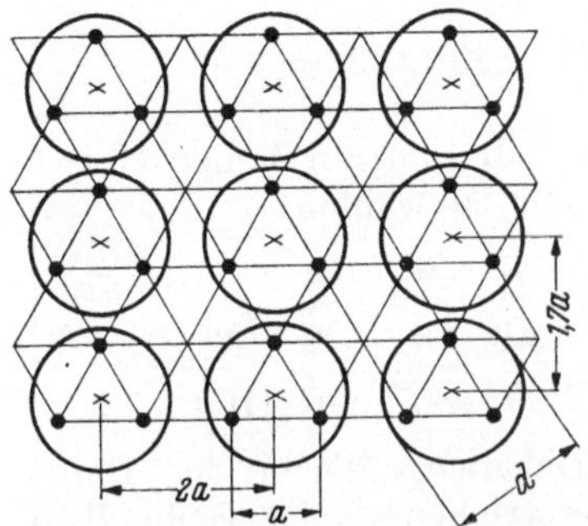

Bild 312/11. Runde Körper auf Dreiecknetz mit Grundlinie a an je 3 Befestigungspunkten; Körpermittelpunkte im Dreiecknetz mit Grundlinie 2a.

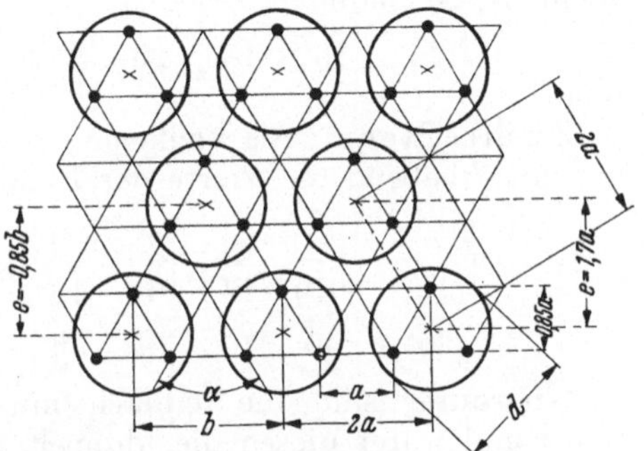

Bild 312/12. Runde Körper auf Dreiecknetz mit Grundlinie a an je 3 Befestigungspunkten; Körpermittelpunkte in Rechtecknetz 2a × 1,7a.

bald stehen die *Außenmaße* als Formate von Tafeln, Platten oder Blättern im Vordergrund und die Netzteilungen ergeben sich. Einfach sind die Maßbeziehungen zwischen Außenmaßen und Netzteilungen bei Rechtecken, während bei Dreiecknetzen Winkelfunktionen (z. B. der Faktor $\sqrt{3}$) in eine der senkrecht zueinander liegenden Netzteilungen eingehen. Die *Normungszahlen* lassen sich nach folgenden Gesichtspunkten auf die Netzteilungen anwenden:

Die Netzteilungen sind im Sinne der Normung so zu bemessen, daß die Hauptmaße der mit den Punktnetzen in Beziehung stehenden Körper soweit als möglich in Normungszahlen nach DIN 323 ausgedrückt werden können.

Wenn man Gegenstände in Punktnetze einordnet, so kann für ihre Längen und Breiten jede beliebige Anzahl von Netzteilungen a[1] als

[1] Hier ist nur von *einer* Netzteilung a die Rede; wenn außerdem eine zu ihr senkrechte Netzteilung b benutzt wird, gilt für b unabhängig von a dasselbe.

Grundmaß in Betracht kommen (vgl. Bild 312/5). Diese Grundmaße bilden daher eine arithmetische Reihe:

$$a \quad 2a \quad 3a \quad 4a \quad 5a \quad 6a \quad (7a) \quad 8a \quad 9a \quad 10a \quad (11a) \quad 12a)^1$$

deren Zahlenfaktoren, wie erwähnt, Normungszahlen sind. Wählt man nun a als Normungszahl, so sind alle Summen von Teilungen a bis $12a$ gleichfalls Normungszahlen innerhalb der bekannten Abweichungen. Daraus ergibt sich die

Erste Regel: Die Netzteilung a muß eine Normungszahl sein.

Von den größeren ganzzahligen Vielfachen von a sind nicht alle Normungszahlen, sondern in geschlossener Reihe nur diejenigen der Reihe R_a 20, nämlich:

14 16 18 20 (22) 25 28 (32) ···

somit

Zweite Regel: Als Vielfache von a sind die ganzen Zahlen 1 bis 6 und anschließend die Werte der Reihe R_a 20 zu wählen:

$\underline{1}$	$\underline{2}$	$\underline{(3)}$	$\underline{\underline{4}}$	$\underline{5}$	$\underline{\underline{(6)}}$	(7)	$\underline{8}$	9	$\underline{\underline{10}}$
(11)	$\underline{(12)}$	14	$\underline{\underline{16}}$	18	$\underline{20}$	(22)	$\underline{\underline{25}}$	28	$\underline{(32)}$
(36)	$\underline{\underline{40}}$	45	$\underline{50}$	56	$\underline{\underline{63}}$	71	$\underline{80}$	90	$\underline{\underline{100}}$

(Hierunter sind die [einfach unterstrichenen] Werte der Reihe R_a 10 und unter diesen die [doppelt unterstrichenen] der Reihe R_a 5 zu bevorzugen.)

Wenn sich somit die Werte der Reihe R_a 20 von einer bestimmten Größe ab als Vielfache der Netzteilung a zeigen, so geht daraus hervor, daß alle aus der Reihe R_a 20 bildbaren Reihen geeignet sind, um Gegenstände zu bemessen, die auf Rechteck-Punktnetzen aufgesetzt werden. Es ist jedoch notwendig, die Abweichungen zu beachten, die zwischen den genauen ganzzahligen Vielfachen der für a gewählten Normungszahlen und den entsprechenden Normungszahlen selbst bestehen. Diese sind aus Zahlentafel 244/1 bekannt. Wir können nun folgendes feststellen:

Für die Außenmaße von Gegenständen, die nicht dicht aneinanderliegen (Bild 312/8 und 312/9) sind diese Abweichungen ohne Belang; sie können streng nach den Normungszahlen gewählt werden.

Für dicht aneinanderliegende Gegenstände und für Lochteilungen sind dagegen an Stelle der entsprechenden Normungszahlen die ihnen nächstliegenden genauen ganzzahligen Vielfachen der Netzteilung a zu wählen:

---

[1] Rundwerte der Normungszahlen sind durch Einklammerung kenntlich gemacht.

Beispiel: $a = 25$ mm

	25	50	$\underline{75}$[1]	$\underline{100}$	$\underline{125}$	$\underline{150}$[1]	175	$\underline{200}$
statt			80			160	180	
	225	$\underline{250}$	275	$\underline{300}$	350	$\underline{400}$	450	$\underline{500}$
statt	224		280	315	355			

Hieraus lassen sich meist zwanglos die unterstrichenen Größen als Abwandlungen einer Normungszahlenreihe bevorzugen, so hier in Gestalt einer gruppengeometrischen Reihe. Wenn man eine bessere Anpassung an Normungszahlen durch eine geringfügige Änderung von a erzielen kann, so ist dieser Weg zu wählen.

Beispiel: $a = 62{,}5$ statt 63 mm

	62,5	125	250	375[1]	500	625	750[1]	875	1000
statt	63			400		630	800	900	

Aufteilung von Platten und Stangen. Bei der *Aufteilung gegebener Körper* ist es ganz natürlich, daß aus einer gegebenen Länge verlustlos nur bestimmte Streifenbreiten und aus den Streifen wiederum nur ganz bestimmte Längenabschnitte geschnitten werden können. Hier herrscht ein eigenes Gesetz vor, das durch Teilung der Gesamtlänge mit ganzen Zahlen zu bestimmten Größen führt, die sich in kein umfassendes Zahlensystem, also auch nicht in das der Normungszahlen einfügen. Wohl aber weist das Normungszahlensystem auch hierbei Vorteile auf, da, wie oben gezeigt, als ganzzahlige Teiler alle Zahlen von 1 bis 12 und danach, immer noch fein gestuft, die Zahlen der Reihe R_a 20 zur Verfügung stehen. Eine Normungszahl durch eine dieser Zahlen geteilt, ergibt wiederum eine Normungszahl für die Länge des einzelnen Stückes — immer innerhalb der bekannten Abweichungen. Es ist dann zu entscheiden, ob man beim Beispiel der Streifenbreiten die genauen Normungszahlen wählt und einen kleinen Abfall läßt oder ob man für solche Fälle die Normungszahlen *abwandelt.*

Als Außenmaße von Platten und Längen von Stangen sind dann jene Zahlen zu bevorzugen, die möglichst viele Teiler enthalten. Eine solche Zahl wäre z. B. 2520 mm nahe 2500 mm, denn sie ist

$$2520 = 5 \cdot 7 \cdot 8 \cdot 9 = 40 \cdot 63 \text{ mm}$$

und enthält folgende 46 Faktoren:

2	3	4	5	6	7	8	9	10	12	14	15
18	20	21	24	28	30	35	36	40	42	45	56
60	63	70	72	84	90	105	120	126	140	168	180
210	252	280	315	360	420	504	630	840	1260		

[1] Die Werte 75 und 150 mm sind, obwohl sie Normungszahlen der Reihe R 40 darstellen, wie Abweichungen behandelt, weil diese Reihe möglichst wenig angewandt werden sollte, desgleichen die Werte 375 und 750.

Umgekehrt ergibt sich eine bestimmte Längenreihe der Abschnitte z. B. für Stangen von $L = 6$ m $= 6000$ mm Länge. Wir teilen zuerst durch die ganzen Zahlen und erhalten

Bruchteile	$\frac{L}{2}$	$\frac{L}{3}$	$\frac{L}{4}$	$\frac{L}{5}$	$\frac{L}{6}$	$\frac{L}{7}$	$\frac{L}{8}$	$\frac{L}{9}$	$\frac{L}{10}$
rechnerische Teillängen	3000	2000	1500	1200	1000	875	750	665	600

Nach den Rechenwerten sind die Fertigmaße nach Abzug eines Abstechverlustes zu berechnen. Hierfür ist man natürlich vom Durchmesser abhängig; somit kann man hieraus nur eine einheitliche Längenreihe erhalten, wenn man die Abstechzugabe reichlich bemißt, so daß sie z. B. mit mindestens 6 mm für Stangen von 100 mm Ø genügt.

Danach wurde Zahlentafel 312/1 für $L = 6000, 4000, 3000$ mm entwickelt. In Spalte 3 sind die Fertiglängen angegeben, wie sie sich nach Abzug der Abstiche von 6 mm ergeben, in Spalte 4 die nächstliegenden Normlängen aus Reihe R 40 (Spalte 4 von DIN 3) und in Spalte 5 und 6 die in den Stangen verbleibenden Reste in mm und %.

Bei dieser Teilung gibt es für die Teiler (Anzahl Abschnitte) selbstverständlich keine Vorzugszahlen, da jede Stückzahl vorkommt und die Stückzahlen meist doch eine Vielzahl von Stangen erfordern.

Nur wenige Einzellängen gehen ohne Rest auf, bei anderen gehen die Reste bis zu etwa 6%. In einigen Fällen, auf die durch die Anmerkung 1 zur Zahlentafel hingewiesen ist, z. B. bei $\frac{L}{20}$, ist der errechnete Rest gleich oder größer als die abgeschnittene Normlänge, d. h. es fällt ein Stück mehr an, und die betreffende Stückzahl scheidet praktisch aus. Der durchschnittliche Rest beträgt

bei Stangenlänge	$L = 6000$ mm	2,9%
,, ,,	$L = 4000$ mm	2,5%
,, ,,	$L = 3000$ mm	2,6%

Das sind Restanteile, die keinesfalls größer sind, als sie bei sonst üblichen Abschnittlängen werden. Bei reiner Massenfertigung wird man aber trachten, die Reste völlig zu vermeiden, sei es, daß man sich entsprechend dem hier vorliegenden eigenen Stufungsgesetz nach der Spalte 3 richtet, sei es, daß man umgekehrt die Stangen in sog. fixen Längen bestellt, d. h. als ganze Vielfache der Normlängen zuzüglich der Abstechzuschläge.

Für Blechtafeln ist die Aufteilung in rechteckige Stücke ohne Stege in Zahlentafel 312/2 in gleicher Weise ausgerechnet. In Längsrichtung der 2 m langen Tafel entsteht ein durchschnittlicher Rest von 1,9%, in der Querrichtung von 1 m Länge von 2,3%. Das ergibt einen Gesamtrest von etwa 4,4%, wenn man die Normlängen aus der Reihe

Zahlentafel 312/1.

Abstichlängen (aus Stangen von 6,4 und 3 m Länge. Abstichverlust je Stück zu 6 mm angenommen.)

L/	L = 6000 mm					L = 4000 mm					L = 3000 mm					L/
	theor. Teillänge mm	fertige Teillänge mm	nächste Normlänge mm	Rest mm	Rest %	theor. Teillänge mm	fertige Teillänge mm	nächste Normlänge mm	Rest mm	Rest %	theor. Teillänge mm	fertige Teillänge mm	nächste Normlänge mm	Rest mm	Rest %	
1	2	3	4	5	6	2	3	4	5	6	2	3	4	5	6	1
/ 2	3000	2994	2800	388	6,5	2000	1994	1900	188	4,7	1500	1494	1400	188	6,3	/ 2
/ 3	2000	1994	1900	282	4,7	1333	1327	1320	21	0,5	1000	994	950	132	4,4	/ 3
/ 4	1500	1494	1400	376	6,3	1000	994	950	176	4,4	750	744	710	136	4,5	/ 4
/ 5	1200	1194	1180	70	1,2	800	794	750	220	5,5	600	594	560	170	5,7	/ 5
/ 6	1000	994	950	264	4,4	666	660	630	180	4,5	500	494	475	114	3,8	/ 6
/ 7	857	851	850	7	0	571	565	560	35	0,9	428	422	400	154	5,1	/ 7
/ 8	750	744	710	272	4,5	500	494	475	152	3,8	375	369	355	112	3,7	/ 8
/ 9	666	660	630	270	4,5	414	438	425	117	2,9	333	327	315	108	3,6	/ 9
/ 10	600	594	560	340	5,7	400	394	375	190	4,8	300	294	280	140	4,7	/ 10
/ 11	545	539	530	99	1,6	363	357	355	22	0,5	272	266	265	11	0,4	/ 11
/ 12	500	494	475	228	3,8	333	327	315	144	3,6	250	244	236	96	3,2	/ 12
/ 13	461	455	450	65	1,1	307	301	300	13	0,3	230	224	224	0	0	/ 13
/ 14	428	422	400	308	5,1	285	279	265	196	4,9	214	208	200	112	3,7	/ 14
/ 15	400	394	375	285	4,8	266	260	250	150	3,8	200	194	190	60	2,0	/ 15
/ 16	375	369	355	224	3,7	250	244	236	128	3,2	187	181	180	16	0,5	/ 16
/ 17	352	346	335	187	3,1	235	229	224	85	2,1	176	170	170	0	0	/ 17
/ 18	333	327	315	216	3,6	222	216	212	72	1,8	166	160	160	0	0	/ 18
/ 19	315	309	300	161	2,7	210	204	200	76	1,9	157	151	150	19	0,6	/ 19
/ 20	300	294	280	280	—[1]	200	194	190	80	2,0	150	144	140	80	2,6	/ 20
/ 21	286	280	280	0	0	190	184	180	84	2,1	142	136	132	84	2,8	/ 21
/ 22	272	266	265	22	0,4	181	175	170	110	2,7	136	130	125	110	3,7	/ 22
/ 23	260	254	250	102	1,7	173	167	160	161	—[1]	130	124	118	138	—[1]	/ 23
/ 24	250	244	236	192	3,2	166	160	160	0	0	125	119	118	24	0,8	/ 24
/ 25	240	234	224	250	—[1]	160	154	150	100	2,5	120	114	112	50	1,7	/ 25
/ 26	230	224	224	0	0	153	147	140	182	—[1]	115	109	106	78	2,6	/ 26
/ 27	222	216	212	108	1,8	148	142	140	54	1,3	111	105	100	135	—[1]	/ 27
/ 28	214	208	200	224	—[1]	142	136	132	112	2,8	107	101	100	28	0,9	/ 28
/ 29	206	200	200	0	0	137	131	125	174	—[1]	103	97	95	58	1,9	/ 29
/ 30	200	194	190	120	2,0	133	127	125	60	1,5	100	94	90	120	—[1]	/ 30
				$\Delta_0/^0 = 2,9$					$\Delta_0/^0 = 2,5$					$\Delta_0/^0 = 2,6$		

[1] Die Restlänge genügt für ein weiteres Stück; daher kommt diese Stückzahl praktisch nicht vor.

Zahlentafel 312/2. Abschnitte aus Blechtafel 2000 × 1000 mm (gerechnet ohne Stege zwischen den geschnittenen Stücken).

L/	L = 2000 mm				L = 1000 mm			
	theor. Teillänge mm	nächste Normlänge mm	Rest mm	Rest %	theor. Teillänge mm	nächste Normlänge mm	Rest mm	Rest %
1	2	3	4	5	2	3	4	5
/2	1000	1000	0	0	500	500	0	0
/3	666	630	108	5,4	333	315	54	5,4
/4	500	500	0	0	250	250	0	0
/5	400	400	0	0	200	200	0	0
/6	333	315	108	5,4	166	160	36	3,6
/7	285	280	35	1,8	142	140	14	1,4
/8	250	250	0	0	125	125	0	0
/9	222	212	90	4,5	111	106	45	4,5
/10	200	200	0	0	100	100	0	0
/11	181	180	11	0,6	90,9	90	9,9	1,0
/12	166	160	72	3,6	83,3	80	39,6	4,0
/13	153	150	39	2,0	76,9	75	24,7	2,5
/14	142	140	28	1,4	71,4	71	5,6	0,6
/15	133	132	15	0,8	66,6	63	54	5,4
/16	125	125	0	0	62,5	60	40	4,0
/17	117	112	85	4,3	58,8	56	47,6	4,8
/18	111	106	90	4,5	55,5	53	45,0	4,5
/19	105	100	95	4,8	52,6	50	49,4	4,9
/20	100	100	0	0	50	50	0	0
/21	95,2	95	4,2	0,2	47,6	45	54,5	—[1]
/22	90,9	90	20	1,0	45,4	45	8,8	0,9
/23	86,9	85	43,7	2,2	43,4	42,5	20,7	2,1
/24	83,3	80	79,2	4,0	41,6	40	38,4	3,8
/25	80	80	0	0	40	40	0	0
/26	76,9	75	49,4	2,5	38,3	37,5	20,8	2,1
/27	74,0	71	81	—[1]	37,0	35,5	40,5	—[1]
/28	71,4	71	11,2	0,6	35,7	33,5	61,6	—[1]
/29	68,9	67	55,1	2,8	34,4	33,5	26,1	2,6
/30	66,6	63	108	—[1]	33,3	31,5	54	—[1]
				$\Delta\% = 1,9$				$\Delta\% = 2,3$

[1] Die Restlänge genügt für ein weiteres Stück; daher kommt diese Stückzahl praktisch nicht vor.

R 40 wählt. Beim Stanzen mit Stegen sind den Maßen der einzelnen Teile die Stegbreiten zuzuzählen.

Ist die Stammfigur des Aufteilungsnetzes kein Rechteck, sondern eine andere Figur, wie etwa bei A oder B in Bild 312/13 gezeichnet, so sind von den Längenmaßen der Blechtafel bei A die Strecke $h \cdot \operatorname{cotg} \alpha$, bei B die Strecke e abzusetzen, um die ein Teil in das andere hineinragt. Auch dann wird das durchschnittliche Ergebnis etwa mit dem der Tafel 312/2 übereinstimmen. Man wird dann in jedem Fall abzuwägen haben, ob die Gestaltung eines Gerätes mehr die Einhaltung der Normlänge oder die Kosten mehr die völlige Ausnutzung des Bleches nahelegen.

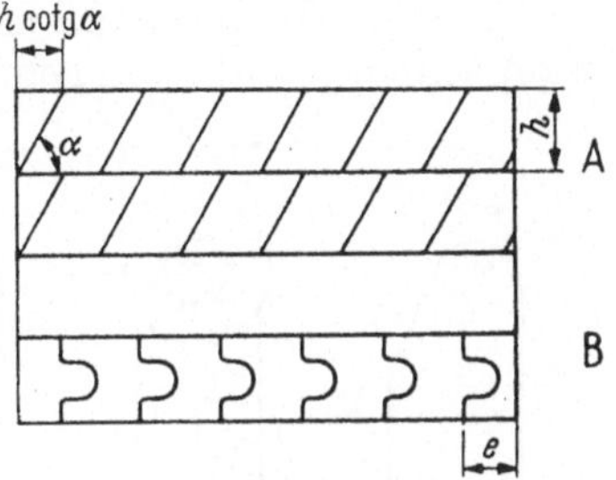

Bild 312/13. Anwendungsbeispiel für Raster.

313 Rundungen (DIN 250).

Rundungshalbmesser sind eine besondere Art von Längenmaßen, bei denen es möglich war, aus der allgemeinen Norm DIN 3 eine engere Auswahl zu treffen. Dafür wurden nur die Rundungsreihen von DIN 3 in Betracht gezogen, so daß hierbei eine völlige Übereinstimmung mit DIN 323 besteht. Die Norm ist in Zahlentafel 313/1 mit allen Zahlen wiedergegeben.

Zahlentafel 313/1.
Rundungshalbmesser nach DIN 250.

R (mm) Vorzugsreihe	Zwischengrößen	R (mm) Vorzugsreihe	Zwischengrößen
0,2			18
	0,3	20	
0,4			22
	0,5	25	
0,6			28
	0,8	32	
1			36
	1,2	40	
1,6			45
	2	50	
2,5			56
	3	63	
4			70
	5	80	
6			90
	8	100	
10			110
	12	125	
16			140
		160	
			180
		200	
$0{,}2 + R_a\,5$ (0,4 ··· 16)		$R_a\,10$ (20 ··· 200)	
$0{,}2 + R_a\,10$ (0,3 ··· 16)		$R_a\,20$ (18 ··· 200)	

Die vornehmlich zu verwendenden Rundungshalbmesser sind in einer Vorzugsreihe vorangestellt. Diese lautet in der Abkürzung nach Abschnitt 224:

$$0{,}2 + R_a\,5\ (0{,}4 \cdots 16) + R_a\,10\ (16 \cdots 200)$$

(der Wert 0,2 mm ist den Reihen vorangestellt).

Soweit man diese Größen nicht benutzen kann, stehen in einer Nebenreihe Zwischengrößen zur Verfügung. Die volle Reihe lautet:

$$0{,}2 + R_a\,10\ (0{,}3 \cdots 16) + R_a\,20\ (16 \cdots 200)$$

Diese Norm beschränkt sich naturgemäß auf die Fälle, in denen es sich um das Abrunden oder Ausrunden von Flächenübergängen handelt. Wo Rundungen genau festgelegte Aufgaben haben, wird es häufig nicht möglich sein, sich an diese Zahlen zu binden. Immerhin sollte man aber versuchen, Zahlen aus DIN 3 zu nehmen, und zwar in der Reihenfolge R_a 20 - Ergänzungsmaße.

Wie andere Maßgrundnormen, so steht auch diese in unmittelbarem Zusammenhang mit formgebundenen Werkzeugen und Lehren. Als

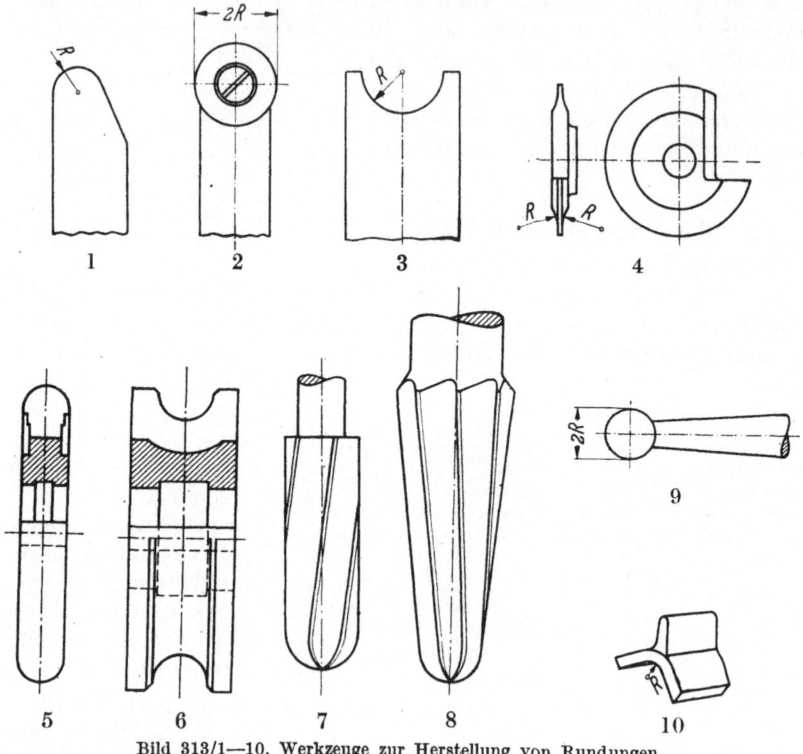

Bild 313/1—10. Werkzeuge zur Herstellung von Rundungen. Dabei Bild 313/5—8 Fräser für Rundungen nach DIN 250.

Werkzeuge kommen hier hauptsächlich Schneidmeißel (zum Drehen oder Hobeln) nach Bild 313/1 ··· 4 und Fräser nach Bild 313/5 ··· 8 in Betracht. Außerdem sind diese Normhalbmesser für Gußstücke anzuwenden, um so mehr, als sich hieraus die Rundungen an den entsprechenden Formerwerkzeugen ergeben (Bild 313/9 u. 10). Soweit sich hierbei Halbmesser nicht nur auf Kreisbögen, sondern auf Vollkreise (z. B. Bild 313/2 u. 9) beziehen, ist zu beachten, daß dabei die Durchmesser, die stets 2 *R* betragen müssen, insoweit von den Normungszahlen abweichen, als die Doppelwerte der Rundungshalbmesser nicht ohne weiteres der Durchmessernorm DIN 3 entsprechen.

Eine solche Reihe ist für $R \geqq 3$ mm zugleich ein Beispiel geradzahliger Reihen, die in Abschnitt 242 beschrieben wurden.

Es handelt sich bei den Doppelwerten der Halbmesser um die in Zahlentafel 313/2 wiedergegebenen Abweichungen von den nach DIN 3, Reihe R_a 20 zu bevorzugenden Durchmessern. Nur wenige Doppel von Halbmessern kommen nicht in DIN 3 vor.

Zahlentafel 313/2. Abweichungen zwischen doppelten Rundungshalbmessern (an vollrunden Fertigungsmitteln) und Normdurchmessern nach Reihe R_a 20 in DIN 3.

Halbmesser R nach DIN 250 mm	Durchmesser 2 R mm	Durchmesser nach DIN 3 Reihe R_a 20 mm
1	2	3
1,2	2,4	2,5
1,6	3,2	3
12	24	25
22	44	45
32	64	63
36	72	70
63	126	125
160	320	315
180	360	355

Die in Spalte 2 unterstrichenen Durchmesser sind in DIN 3 als Ergänzungsmaße ohnehin zugelassen.

314 Querschnitte, Rauminhalte, Momente.

Die Eigenschaft der Normungszahlen, daß ihre ganzzahligen Potenzen wieder Normungszahlen sind, hat für die Technik die überaus nützliche Folge, daß Querschnitte, Rauminhalte und Momente Normungszahlenreihen bilden, sofern die ihnen zugrunde liegenden Längenmaße solche bilden. Diese weisen entsprechend gröbere Sprünge auf, wie die nachfolgende Aufstellung zeigt:

Zahlentafel 314/1.
Stufensprünge bei Querschnitten, Rauminhalten, Momenten.

Größe	Potenz der Längen	Stufensprünge bei linearem Stufensprung 1,12	1,25	1,4
Querschnitte . . . . Gewichte je lfd. Meter . . .	2 2	1,25	1,6	2
Rauminhalt . . . . Masse	3 3	1,4	2	2,8
Widerstandsmoment	3	1,4	2	2,8
Trägheitsmoment	4	1,6	2,5	4
Schwungmoment	5	1,8	3,15	5,6

Wir sind allzusehr gewöhnt, nur die Längenmaße zu betrachten und vergessen darüber häufig die Stufung der in obiger Aufstellung erwähnten Größen. Tatsächlich kommt es aber bei den meisten technischen Gegenständen im Hinblick auf die Aufgaben, denen sie dienen, auf diese Größen an. Besonders ist auf die Gruppe der Größen hinzuweisen, die mit der 3. Potenz der Längenmaße wachsen. Es sind dies einmal jene Größen, die mit dem Rauminhalt zusammenhängen, nämlich Maße und Gewicht, zum andern hinsichtlich der Biege- und Verdrehbeanspruchung das Widerstandsmoment. Dazu tritt in vielen Fällen die Leistung (siehe auch Abschnitt 33).

Bei der Betrachtung bestehender oder bei der Planung neuer Größenreihen ist also sehr wohl darauf zu achten, ob man nach Längenmaßen, Querschnitten oder Rauminhalten stuft; es mag z. B. vorkommen, daß man eine Art von Gefäßen (z. B. Kochtöpfe) nach Durchmessern, eine andere Art (z. B. Milchkannen) nach Rauminhalt stuft. Trifft man bei den einen einen Stufensprung von 1,25 und bei den anderen einen solchen von 2 an, so bedeutet dies genau die gleiche Stufung.

Im Hinblick auf den Fertigungsaufwand spielen vor allem das Stoffgewicht und die zu bearbeitenden Oberflächen eine Rolle. Die Kosten werden daher ein Wachstum von Größe zu Größe aufweisen, das zwischen der 2. und 3. Potenz des Stufensprunges der Längenmaße liegt.

Die Berechnung der Querschnitte und Rauminhalte ist gemäß Abschnitt 23 überaus bequem, wenn die Längenmaße Normungszahlen entsprechen. Insbesondere lassen sich die Querschnitte runder Stangen und Durchflußquerschnitte von Rohren schon nach kurzer Gewöhnung im Kopf berechnen; da die Zahl $\pi/4$ der Reihe R 10 angehört, so tauchen bei Durchmessern der Reihe R 20, wohl der häufigsten Stufung, für die Querschnitte niemals andere Zahlen als die zehn Zahlen der Reihe R 10 auf.

Man sollte daher in Normblättern und anderen Zahlentafeln die *Querschnitte in Normungszahlen angeben*, sofern die zugrunde liegenden Durchmesser oder Seitenmaße Normungszahlen entsprechen. Es hat keinen Sinn, diese Querschnitte nach den Nennmaßen auf fünf Stellen genau zu berechnen, denn dies geht einmal über die übliche technische Rechengenauigkeit hinaus, zum anderen bewirken bereits die Maßtoleranzen im Querschnitt Schwankungen der Querschnitte, die nicht selten größer sind als die Unterschiede zwischen Normungszahl und genau errechneter Zahl. Schließlich aber muß man sich vergegenwärtigen, daß Querschnittberechnungen nicht Selbstzweck sind, sondern anderen Zwecken, wie etwa der Berechnung von Gewichten, Beanspruchungen usw. dienen. Hierbei gehen aber Stoffbeiwerte ein, die niemals so genau bekannt sind wie eine Normungszahl einem theoretischen Querschnittwert entspricht. Man kann also ohne Bedenken mit Normungszahlen an dieser Stelle die technische Arbeit vereinfachen.

Bei den Widerstandsmomenten und Trägheitsmomenten, in deren Formeln die Zahlen 6 und 12 vorkommen, kommt man auf Zahlen, die nur der Reihe R 40 angehören und damit auf abgeleitete Reihen, z. B. für den rechteckigen Querschnitt: $W = \frac{bh^2}{6}$ mit b und h nach Reihe R 20 wird die Reihe für W: $\mathrm{R}\,\frac{40}{6}$

315 Winkel. Kegel (DIN 254).

Winkel sind weit weniger als Längenmaße Gegenstand einer Größenstufung; auch gehen sie in Vervielfachrechnungen selten ein. Die geometrische Stufung findet daher kaum Anwendung auf sie. Beispiele sind die Zentriwinkel von Zahnteilungen, die Fortschaltwinkel von stufenlosen Sperrgetrieben (siehe Abschnitt 424), die Zentriwinkel von Spiralkurven (vgl. Abschnitt 424, Bild 424/4 und 5) oder Schraubflächen, die in Getrieben bestimmte Hübe herbeiführen. Häufiger wird die Tangensfunktion geometrisch gestuft; so bei Steigungen von Keilen, Kegeln und Schraubflächen; auch eine geometrische Stufung der Sinusfunktion kommt bisweilen vor.

Vorab seien jedoch die *Vorzugswerte von Winkeln* behandelt, die sich aus ihrer geometrischen Konstruktion ergeben. Die beiden Grundwinkel oder Urgrößen, die sich auf dem Papier oder aus festen Körpern am zuverlässigsten herstellen lassen, sind die Winkel

180° und 60°.

Weitere Vorzugswerte werden durch Hälftung hergestellt, dazu 120° als Verdoppelung von 60° und weitere Winkel durch Zusammenzählen oder Abziehen. So entsteht eine Vorzugsreihe nach Zahlentafel 315/1. Sie ist gemäß folgender Darstellung eine gruppengeometrische Reihe mit dem Gruppensprung 2 und den abwechselnden Sprüngen 1,5 und 1,33. Die Zahlen sind Normungszahlen ob in üblichem Grad oder in Neugrad ausgedrückt —, jedoch zum

Zahlentafel 315/1. Vorzugswerte für Winkel, Reihe $\mathrm{R}_{gg}\left|\begin{matrix}7\frac{1}{2} & 11\frac{1}{4}\\ 15\ldots & \end{matrix}\right|^{\circ}$

Winkel in üblichem Grad	Entstanden als	Winkel[1] in Neugrad
180°	Urgröße	200
120°	2 · 60°	$133\frac{1}{3}$
90°	$\frac{1}{2}$ · 180°	100
60°	Urgröße	$66\frac{2}{3}$
45°	$\frac{1}{2}$ · 90°	50
30°	$\frac{1}{2}$ · 60° = 90° — 60°	$33\frac{1}{3}$
$22\frac{1}{2}$°	$\frac{1}{2}$ · 45°	25
15°	$\frac{1}{2}$ · 30°	$16\frac{2}{3}$
$11\frac{1}{4}$°	$\frac{1}{2}$ · $22\frac{1}{2}$°	12,5
$7\frac{1}{2}$°	$\frac{1}{2}$ · 15°	$8\frac{1}{3}$

[1] Vollwinkel = 400 Neugrad.

Teil anders gerundet, da die beiden Urgrößen Normungszahlen und die anderen mit ihnen nur durch die Normungszahl 2 als Faktor verbunden sind.

$7^1/_2°$	$11^1/_4°$
15°	$22^1/_2°$
30°	45°
60°	90°
120°	180°

Nun seien einige *Beispiele für gestufte Winkelgrößen* genannt:

Bei Kreisteilungen z. B. von gezahnten Bauteilen (Zahnräder, Sperrräder, Fräser) besteht die Beziehung zwischen Teilung t, Durchmesser d, Zähnezahl z und Zentriwinkel ζ

$$\zeta = 360 \frac{t}{\pi d} = \frac{360}{z} \tag{1}$$

Hierin ist es wünschenswert, alle Größen nach Normungszahlen zu stufen (vgl. Abschnitt 424, Bild 424/3, Sperradgetriebe, und 473, Sägeblätter). Praktisch tritt jedoch hierbei die Zähnezahl mehr als der Zentriwinkel ins Bewußtsein des Ingenieurs.

Tangens- und Sinusfunktion. Bei beiden Getriebearten spielt außerdem die *Tangensfunktion* eine Rolle. Zwischen tg α gemäß Bild 424/4, dem Durchmesser D der Kurventrommel, ihrer Steigung h sowie ihrer Umfangsgeschwindigkeit v_T und der Schlittengeschwindigkeit v_S besteht die bekannte Beziehung:

$$\operatorname{tg} \alpha = \frac{h}{\pi \cdot D} \tag{2}$$

$$\operatorname{tg} \alpha = \frac{v_S}{v_T} \tag{3}$$

Wählt man die Werte für tg α aus der Reihe R 40, so ergibt sich dafür eine bestimmte Reihe von Steigungs-

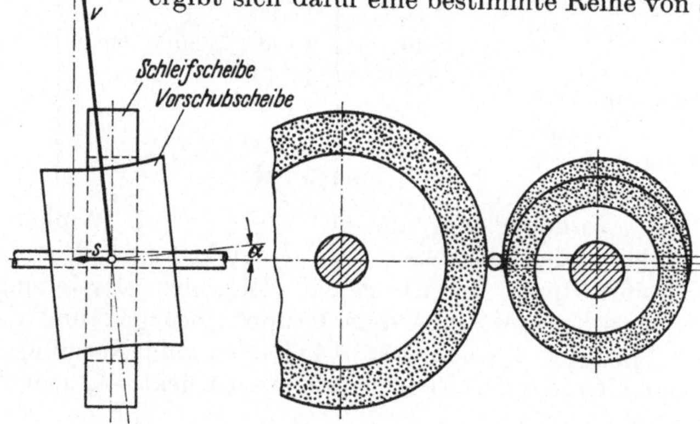

Bild 315/1. Sinusfunktion an einer spitzenlosen Schleifmaschine.

winkeln, die in Zahlentafel 315/2 für den Bereich 19...45° zusammengestellt sind. Hierbei geht man von den Genauwerten der Normungszahlen aus und rundet dann die Steigungswinkel so, daß in den Winkelunterschieden keine Rücksprünge auftreten.

Zahlentafel 315/2.
Winkel für geometrisch gestufte Tangensfunktion.

tg α Genauwerte R 40	Steigungs-winkel α genau	Steigungs-winkel α gerundet
0,35481	19° 32′ 7″	19° 30′
0,37584	20° 35′ 58″	20° 30′
0,39811	21° 42′ 28″	21° 40′
0,42170	22° 51′ 53″	22° 50′
0,44668	24° 4′ 10″	24°
0,47315	25° 19′ 18″	25° 20′
0,50119	26° 37′ 9″	26° 40′
0,53088	27° 57′ 48″	28°
0,56234	29° 21′ 4″	29° 20′
0,59566	30° 46′ 50″	30° 50′
0,63096	32° 15′ 0″	32° 20′
0,66834	33° 45′ 24″	33° 50′
0,70795	35° 17′ 47″	35° 20′
0,74989	36° 51′ 58″	36° 50′
0,79433	38° 27′ 40″	38° 30′
0,84140	40° 8′ 31″	40°
0,89125	41° 42′ 32″	41° 40′
0,94406	43° 21′ 7″	43° 20′
1,00000	45°	45°

Ein Beispiel für die Notwendigkeit, die *Sinusfunktion* geometrisch zu stufen, liefert die spitzenlose Schleifmaschine. Dort bestimmt nach Bild 315/1 der Neigungswinkel α der Vorschubscheibe die Vorschubgeschwindigkeit s [mm/sec] des Werkstücks

$$s = v \cdot \sin \alpha \qquad (4)$$

v und s sollen nach den Regeln der Fertigungstechnik nach Normungszahlen gestuft sein, also auch $\sin \alpha$.

In die *Berechnung* der Verschiebe- und Halte*kräfte* an Keil und Kegel gehen die Reibungskräfte und mit ihnen die Reibungswinkel ein, und zwar mit verschiedenem Vorzeichen, je nachdem ob es sich um das Hineinschieben oder das Herausziehen handelt.

Nach Bild 315/2, linke Hälfte, gilt am Kegel mit Kegelwinkel α an der Fugenfläche von der Größe F [mm²] und der Pressung p [kg/mm²] für die Normalkraft N

$$N = p \cdot F \qquad (5)$$

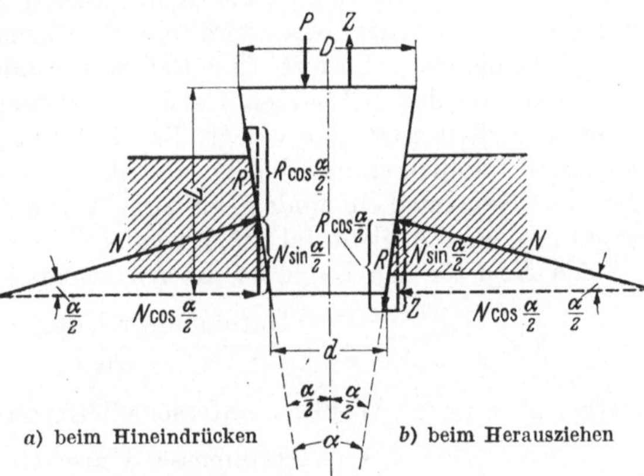

Bild 315/2. Kräfte am festsitzenden Kegel.

für die Reibungskraft

$$R = N \cdot \operatorname{tg} \varrho \quad (\varrho = \text{Reibungswinkel}) \tag{6}$$

Die Längskräfte sind

für Hineindrücken
$$P = N \sin \frac{\alpha}{2} - R \cos \frac{\alpha}{2}$$

$$= N \left(\sin \frac{\alpha}{2} - \operatorname{tg} \varrho \cos \frac{\alpha}{2} \right)$$

$$P = pF \cos \frac{\alpha}{2} \left(\operatorname{tg} \frac{\alpha}{2} + \operatorname{tg} \varrho\right) \tag{7}$$

für Herausziehen ergibt sich entsprechend der rechten Hälfte von Bild 315/2

$$Z = pF \cos \frac{\alpha}{2} \left(\operatorname{tg} \varrho - \operatorname{tg} \frac{\alpha}{2} \right) \tag{8}$$

Hier finden wir also aus den Berechnungsanforderungen keinen Anlaß für geometrische Stufung der Kegelsteigungen. Wenn aber schon für verschiedene Zwecke der Technik Kegel zwischen 1:50 und 1:1 gebraucht werden, ja, wenn sich dieser Bereich in der Fertigung (Aufnahmedorne) bis auf 1:1000 erweitert, so liegt es nahe, ihn in geometrischen Stufen zu überbrücken. Wie verhält sich hierzu DIN 254, Kegel ? Hier handelt es sich genau genommen um keine echte „Norm“, denn es wurde niemals nach irgendeinem einheitlichen Gesichtspunkt eine Kegelreihe aufgestellt, die der Technik als Richtlinie, als Norm dienen sollte. Dieses Normblatt ist vielmehr eine Übersicht über Kegelsteigungen, die in der Praxis entstanden sind. Soweit sie bekannt oder gar bei Normteilen verwandt wurden, wurden sie in das Normblatt aufgenommen zu dem Zwecke, nunmehr für weitere Bedürfnisse insofern als Norm zu dienen, als damit weitere Kegel vermieden werden können, deren jeder besondere Kegelwerkzeuge (Reibahlen, Senker) und Kegellehren erfordert. Die Reihe ist daher recht bunt. Ihr sind, wie man an der in Zahlentafel 315/3 wiedergegebenen Norm sieht, zwei Einheiten zugrunde gelegt, für die man jeweils runde Werte bevorzugte, nämlich einmal der Kegelwinkel und einmal die Kegelsteigung. Bei den Kegelwinkeln finden wir zum Teil die oben entwickelten Vorzugswerte von Zahlentafel 315/1 wieder.

Als *Maß* für den Kegel ist die *Kegelsteigung* $= 1 : k$

$$\frac{1}{k} = \frac{\text{Durchmesser-Unterschied}}{\text{Länge}}$$

festgelegt worden. Wohl zu unterscheiden von ihr ist die *Kegelneigung*

$$\frac{1}{2k} = \frac{\text{Halbmesser-Unterschied}}{\text{Länge}}$$

Als Kegelwinkel α wird der Winkel zwischen zwei in einer Achsebene liegenden Mantellinien bezeichnet. Ein Kegel wird mit seiner Steigung $1:k$ bezeichnet. Es gilt die Beziehung

$$\frac{1}{k} = 2 \operatorname{tg} \frac{\alpha}{2} \tag{9}$$

Die hauptsächlichsten *Kegelsteigungen* sind

1:1, 1:2, 1:3, 1:5, 1:10, 1:20, 1:50.

Zweifellos werden, rein technisch gesehen, nicht alle Kegelsteigungen von DIN 254 gebraucht. Wenn oft um die Beibehaltung einer anderen naheliegenden Steigung gerungen wurde, so wurde sie gewöhnlich damit

Zahlentafel 315/3. Kegel nach DIN 254, 2. Ausg. 1939.

Kegel $1:k$	Kegelwinkel α	Kegel $1:k$	Kegelwinkel α
1 : 0,289	120°	1 : 4,072	14°
1 : 0,350	110°	**1 : 5**	11°25′16″
1 : 0,500	90°	1 : 6	9°31′38″
1 : 0,652	75°	**1 : 10**	5°43′30″
1 : 0,866	60°	**1 : 12**	4°46′20″
1 : 1,207	45°	1 : 15	3°49′ 6″
1 : 1,5	36°52′12″	1 : 16	3°34′48″
1 : 1,866	30°	**1 : 20**[1]	2°51′52″
1 : 3	18°55′30″	**1 : 30**	1°54′34″
1 : 3,429 (3,5 : 12)	16°35′40″	**1 : 50**	1° 8′46″

verteidigt, daß sie bereits eingeführt sei. Dies bedeutete die Verankerung großer Werte in Werkzeugen und die Forderung, auf Jahre hinaus Ersatzteile für den bisherigen Kegel zu liefern.

Gleichwohl sollte der Versuch gemacht werden, zunächst eine theoretische Ordnung aufzustellen, um wenigstens im Zuge der Entwicklung bei neuen Bauteilen eine Norm befolgen zu können (Schr. 40).

Von den Winkelfunktionen herrscht hinsichtlich der Benutzung keine allein vor. Jedoch verdient hinsichtlich der Gestaltung eine den Vorzug, nämlich die *Tangensfunktion*, wie sie im Begriffe der Kegel-

[1] Daneben die Morsekegel mit geringen Abweichungen von 1 : 20.
Die durch Fettdruck hervorgehobenen Kegel bilden eine Reihe ähnlich R 5 (vergleiche Bild 315/3) und sind zu bevorzugen.

steigung oder ihrer Hälfte, der Kegelneigung, verankert ist. Mit dem Tangenswert läßt sich

in der Gestaltung

der Kegel am bequemsten zeichnen;

das Verhältnis von Durchmesseränderung zu Längenveränderung bzw. von Durchmessertoleranz zu Längentoleranz am bequemsten berechnen $\left(= \frac{1}{k}\right)$

in der Fertigung

mit einem Tangenslineal die Kegelneigung bequem einstellen.

Betrachten wir nun die Reihe der aus der Erfahrung entstandenen Kegelsteigungen und lassen dabei solche aus, die aus Sondergebieten entstammen und anderen nahe liegen (wie z. B. der Hahn-Kegel 1:6), mit anderen Worten: betrachten wir die im Maschinenbau üblichen Kegel als Reihe, so finden wir bei einer Auftragung auf NZ-Papier gemäß Bild 315/3 eine überraschend gute Annäherung an eine Reihe mit einheitlichem geometrischen Stufensprung (1,6). Wir leiten somit aus der Praxis die *Regel* ab, daß *Kegel nach der Tangensfunktion des halben Kegelwinkels geometrisch zu stufen seien.*

Daraus ergibt sich, daß der Ordnungsmaßstab nicht den Winkelgrößen, sondern den Tangensgrößen entnommen werden sollte. Wenn es also möglich wäre, Normungszahlen zu wählen, dann wären diese für den Kegel $1:k$ zu wählen, womit sich für die Neigung $= \operatorname{tg} \frac{\alpha}{2}$ ebenfalls Normungszahlen ergeben würden. Dies bleibt jedoch bis auf weiteres Theorie. Indes wurde ein erster praktischer Schritt getan. Aus der Gesamtreihe von DIN 254 wurde eine Vorzugsreihe ausgewählt, ohne daß die alten Werte geändert wurden. Diese Vorzugsreihe lautet:

1 : 0,289	1 : 5
1 : 0,500	1 : 10
1 : 0,866	1 : 12
1 : 1,207	1 : 20
1 : 1,866	1 : 30
1 : 3,429	1 : 50

Sie ist bei der Neuausgabe von DIN 254, zweite Ausgabe, Dezember 1939, durch Fettdruck hervorgehoben worden.

Da eine Reihe schlankerer Kegel als 1:50 gebraucht wird, so ist zu überlegen, welche Reihe man dafür vorsieht. Daß man Normungszahlen dafür anwendet, ist nun selbstverständlich. Es muß aber entschieden werden, welchen Stufensprung man wählt. In Bild 315/3 sind zwei Möglichkeiten dargestellt, entweder fährt man mit dem Stufensprung 1,6 fort oder wählt die Reihe R_a 3. Den technischen Bedürfnissen dürfte die erstere Reihe besser gerecht werden, weil sie gleichmäßiger und feiner gestuft ist.

Solche Kegel werden für Längspreßpassungen benötigt, bei denen der Einpreßweg kurz sein soll, die ganz kleinen Kegel außerdem für Aufnahmedorne durchbohrter Werkstücke. Wo eine Aufgabe mit einem bestimmten Kegel nicht mehr befriedigend gelöst werden kann, wird man das Bedürfnis haben, nach einem bestimmten nicht allzugroßen Sprung einen weiteren Kegel zur Verfügung zu haben.

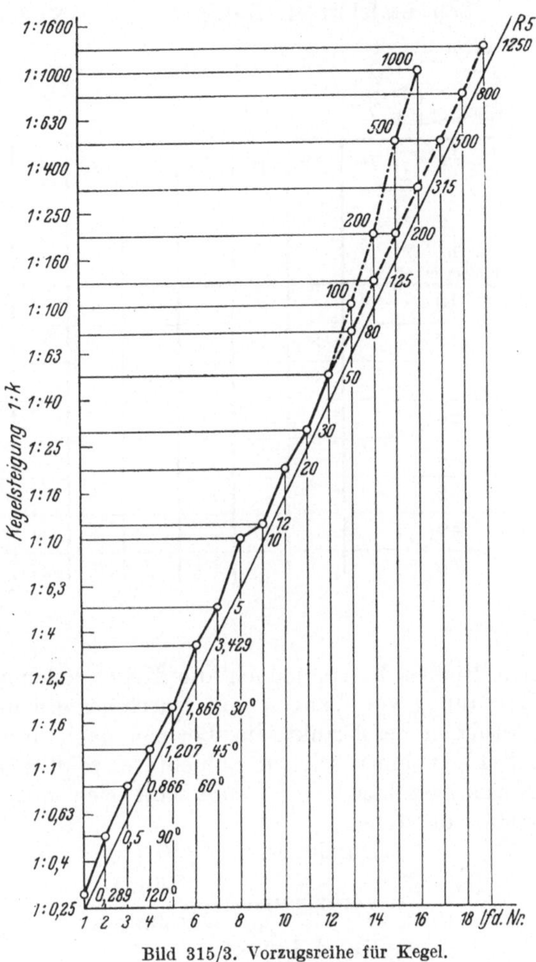

Bild 315/3. Vorzugsreihe für Kegel.

Kegelkörper. Kegelkörper werden durch drei Größen bestimmt: Steigung, Länge und einen Durchmesser. Für Länge und Durchmesser wählt man selbstverständlich Vorzugsgrößen nach DIN 3. Bei den Durchmessern, die mit der Länge nach der Gleichung

$$(D - d) \cdot k = L \quad (11)$$

zusammenhängen, muß jedoch entschieden werden, ob der Durchmesser am dicken Ende D oder der Durchmesser am dünnen Ende d als Ausgangsgröße von Normreihen gewählt wird, die sich sowohl nach der Länge als auch nach Durchmessern abstufen. Da Kegel sehr häufig an Zylinder mit Normdurchmessern anschließen, fällt die Entscheidung zugunsten des größten Kegeldurchmessers[1]. Hiernach läßt sich leicht für jede Kegelsteigung eine Normtafel aufstellen. Es hätte jedoch wenig Zweck, in einer allgemeinen DIN-Norm mehr als diese Richtlinie an-

[1] Eine begründete Ausnahme machen die Kegelstifte. Siehe Abschnitt 411.

zugeben. Dagegen lassen sich für begrenzte Gebiete in Fachnormen oder in Werknormen solche Tafeln aufstellen. Ein Beispiel dafür wird in Zahlentafel 315/4 gegeben. Durchmesser und Längen entsprechen

Zahlentafel 315/4. Beispiel einer Norm für Kegelkörper.

Kegel 1:5

Durchmesser D \ Längen L	10	12	16	20	25	32	40	50	63	80	100	125
10	×		×		×							
12		×		×		×						
16			×		×		×					
20				×		×		×				
25					×		×		×			
32						×		×		×		
40							×		×		×	
50								×		×		×

1:1 1,6:1 2,5:1

den Reihen R_a 10, jedoch die Kegelgrößen werden durch bestimmte Zuordnung von Längen und Durchmessern nach einigen wenigen Verhältnissen beschränkt, im Beispiel nach drei Werten 1:1, 1,6:1 und 2,5:1. An einer solchen Zahlentafel zeigt sich wieder der Vorteil der Normungszahlen. Ihr Inhalt läßt sich mit folgenden drei Angaben restlos darstellen:

Durchmesser R_a 10 (10 ··· 50)

Verhältnisse $\frac{\text{Länge}}{\text{Durchmesser}}$ R 5 (1 ··· 2,5)

Kegel 1:5

Werkzeugkegel-Durchmesser siehe Abschnitt 471.

32 Vergrößerungs- und Verkleinerungsmaßstäbe.

In der Technik bestehen viele Beziehungen zwischen verschiedenen Gegenständen darin, daß die einen (B) Vergrößerungen oder Verkleinerungen der anderen (A) sind; letztere wollen wir Urgrößen nennen. Wenn die Hauptabmessungen der Urgrößen in Normungszahlen ausgedrückt sind und die Vergrößerungen oder Verkleinerungen, d. h. die vergrößerten oder verkleinerten Gegenstände ebenfalls Abmessungen in Normungszahlen haben sollen, so ergibt sich aus der Gleichung

$$B = V \cdot A$$

daß der Vergrößerungsmaßstab bzw. Verkleinerungsmaßstab, allgemein das Veränderungsverhältnis V, ebenfalls eine Normungszahl sein muß. Unter den Maßstäben V verstehen wir die Verhältnisse der linearen Größen zueinander. Daß bei allen geometrisch ähnlichen Figuren alle Stücke den gleichen Veränderungsmaßstab aufweisen, sei der Vollständigkeit halber nochmals erwähnt. Die Normungszahlenbeziehung gilt daher auch für die Oberflächen, Rauminhalte, Maße, Gewichte, Widerstandsmomente u. dgl. m. Sie ist so für die Modelltheorie, d. h. für das Verhältnis zwischen Modell und Hauptausführung von Bedeutung. Die Verhältnisse zwischen Urmaßen einerseits und ihren Vergrößerungen oder Verkleinerungen andererseits spielen in weit voneinander liegenden Gebieten eine Rolle. Wenn es uns gelingt, an Hand der Normungszahlen dafür eine allgemein gültige Zahlenreihe aufzustellen, so gewinnen wir damit wieder eine Grundnorm von weitgreifender Bedeutung. Im folgenden werden eine Anzahl von Gebieten genannt, in denen Veränderungsmaßstäbe gebraucht werden.

321 Veränderungsmaßstäbe zwischen Gegenständen.

Modelle: als Vorführmodelle oder Versuchsmodelle (zum Teil unter Anwendung der Modelltheorie).

Urformstücke: (Schablonen) in Werkzeugmaschinen (z. B. solchen mit Storchschnabelübertragung).

322 Veränderungsmaßstäbe zwischen Gegenständen und Bilddarstellungen.

Zeichnungen von Bauteilen, Möbeln, Gebäuden, Anlagen. Photographische Aufnahmen, insbesondere solche von Zeichnungen, Mikrobilder usw.

Druckstöcke im Verhältnis zu Zeichnungen oder Lichtbildern, Landkarten, Stadtpläne, Fabrikpläne, Markscheidekarten.

323 Veränderungsmaßstäbe zwischen der Länge oder Fläche einer Bilddarstellung und der Menge der dargestellten Größe,

so bei graphischen Darstellungen aller Art, z. B. 1 mm ≙ 10 μ; sinngemäß auch 1 mm ≙ 500 t

324 Veränderungsmaßstäbe zwischen einer Längenänderung und einer Längenanzeige bei Meßgeräten.

z. B. bei Fühlhebeln, Schraublehren u. dgl. (hauptsächlich üblich 10:1, 100:1, 1000:1, wozu jedoch noch Zwischengrößen erwünscht sind).

325 Veränderungsmaßstab zwischen einem Gegenstand und seinem optischen Bild.

Bei optischen Geräten ist die Vergrößerung das Verhältnis der scheinbaren Größen des Bildes bei Benutzung und ohne Benutzung des Instruments, z. B. beim Mikroskop, wenn l die deutliche Sehweite $= 250$ mm ist:

$$V = \frac{l \cdot t}{f_1 \cdot f_2} = \frac{250 \cdot t}{f_1 \cdot f_2}$$

(t = Optische Tubuslänge; f_1, f_2 = Brennweiten)

326 Vorzugswerte.

Wie man auch immer zwischen Urgrößen und Vergrößerungen oder umgekehrt zu rechnen hat, stets ist die einfachste Rechnung die mit der Zahl 2 (Hälftung und Verdoppelung) oder mit der Zahl 10. Diese Überlegung führt auf die für solche Zwecke entwickelte Reihe $R_a 3$, die in Zahlentafel 326/1 für diesen Zweck besonders zusammengestellt ist.

Die Durchführung dieser Norm, die sich zwangsläufig aus unserer Betrachtung der Normungszahlenreihe ergibt, vermag auf allen den genannten Gebieten zu sehr willkommenen Vereinfachungen zu führen, wie z. B. Landkarten auf die wahren Größen umzurechnen, wird einfacher und vermeidet viele Fehler. Wenn neue mechanische oder optische Meßgeräte mit anderen Vergrößerungen entwickelt werden sollen, so bieten sich zwischen den üblichen Hauptgrößen 10:1 und 1000:1 ohne weiteres die Zwischengrößen 20:1, 50:1, 200:1,

Zahlentafel 326/1. Vorzugswerte für Vergrößerungs- und Verkleinerungsmaßstäbe.

Vergrößerungsmaßstäbe	Verkleinerungsmaßstäbe
	1 : 100000
	1 : 50000
	1 : 20000
10000 : 1	1 : 10000
5000 : 1	1 : 5000
2000 : 1	1 : 2000
1000 : 1	1 : 1000
500 : 1	1 : 500
200 : 1	1 : 200
100 : 1	1 : 100
50 : 1	1 : 50
20 : 1	1 : 20
10 : 1	1 : 10
5 : 1	1 : 5
2 : 1	1 : 2

500:1. Diese Regel ist wichtig, weil man sonst auch auf Zwischengrößen wie 25:1 oder 40:1 verfallen könnte, was aber bereits wieder eine Verwilderung bedeuten würde.

Im Druckereiwesen gilt das für die Karten Gesagte für alle mikrophotographischen Aufnahmen, denn es bedeutet für den Leser eine große Erleichterung, wenn er nicht fast bei jedem Bild mit einer anderen Zahl auf die wirkliche Größe umrechnen muß. Dagegen gibt es bei Drucksachen auch andere Veränderungsmaßstäbe. Wenn man z. B. von einem Bild verschieden große Druckstöcke für Zeitschriftenanzeigen anzufertigen wünscht, so geht man vornehmlich auf Halb-, Viertelgrößen usw., da die Anzeigenseiten durch fortgesetzte Hälftung geteilt werden. Selbstverständlich sollen die Veränderungsmaßstäbe der Zahlentafel 326/1 nicht etwa für die Veränderung von Größenreihen von Gegenständen benutzt werden, wie sie in Abschnitt 281 grundsätzlich gezeigt werden. Für die Zeichnungen stimmen die Veränderungsmaßstäbe der Zahlentafel 326/1 mit DIN 863 bis auf die Verkleinerung 1:2,5 überein. Dieses Verhältnis muß als Ausnahme beibehalten werden, nicht nur, weil es sich um eine alte weitverbreitete Norm handelt, sondern auch, weil es psychologisch begründet ist. Es zeigt sich nämlich, daß man bei der Verkleinerung 1:2 beim Konstruieren kein gutes Schätzungsvermögen für die zu verwendende Größe besitzt. Dies dürfte davon herrühren, daß man bei Betrachtung einer Zeichnung 1:2 nicht unbedingt den Eindruck einer Verkleinerung hat, da die Gegenstände wohl auch in den gezeichneten Größen vorkommen könnten.

33 Leistungsgrößen.

Leistungen sind häufig Bestimmungsgrößen von Maschinen, besonders von Kraftmaschinen. Sie werden bei der Typnormung meist geometrisch gestuft; daher kommen auch für sie die Normungszahlen in Betracht. Vor ihrer Anwendung ist eine Entscheidung über die Maßeinheit zu treffen: Pferdekraft oder Kilowatt, PS oder kW. Das Kilowatt geht unmittelbar aus dem metrischen Maßsystem hervor, während die Pferdekraft nach der Formel

$$1 \text{ PS} = 75 \text{ mkg/s}$$

die ungewöhnliche Umrechnungszahl 75 erfordert.

In der Elektrotechnik, die heute den größten Teil der Antriebemaschinen bestreitet, herrscht die Maßeinheit kW vor, daher wird vorgeschlagen, sie allgemein als einzige Norm für die Maßeinheit zu benutzen. Für den Zusammenhang zwischen der Leistung und den einzelnen Größen an den Maschinen gelten folgende bekannte Beziehungen:

a) Aus Kraft und Geschwindigkeit

$$N = \frac{P \cdot v}{102} \approx 0{,}01\ P \cdot v \ [\text{kW}] \tag{1}$$

worin P die Kraft [kg] und v die Geschwindigkeit in Kraftrichtung [m/s];

b) aus Drehmoment und Winkelgeschwindigkeit

$$N = \frac{\omega M_d}{102} = \frac{2\pi n \cdot M_d}{102} \approx 0{,}063\, n \cdot M_d \,[\mathrm{kW}] \qquad (2)$$

worin n die Drehzahl [s^{-1}], M_d Drehmoment [mkg];

c) bei hydraulischen Kolbengetrieben aus Druck und verdrängtem Rauminhalt je Sekunde

$$N = \frac{p \frac{\pi}{4} d^2 \cdot v}{102} 10^{-3} = \frac{p \cdot V_s}{102} 10^{-3} \,[\mathrm{kW}] \qquad (3)$$

worin p Druck [kg/mm^2], d sein Zylinderdurchmesser [mm], v Kolbengeschwindigkeit [m/s]; V_s verdrängter Rauminhalt je Sek. [mm^3/s];

d) in der Elektrotechnik aus Spannung U [V] und Strom J [A] bei Gleichstrom

$$N = U \cdot J \cdot 10^{-3} \,[\mathrm{kW}] \qquad (4)$$

bei Drehstrom

$$N = \cos\varphi \sqrt{3} \cdot U \cdot J \cdot 10^{-3} \,[\mathrm{kW}] \qquad (5)$$

In allen Gleichungen, ausgenommen die letzte, ergeben sich für N Normungszahlen, wenn die einzelnen Größen Normungszahlen sind. Die Gleichungen stellen Nettoleistungen dar; für die zum Antrieb nötigen Bruttoleistungen kommt jeweils der Faktor $\frac{1}{\eta}$ (η = Wirkungsgrad) hinzu. Natürlich ist η an sich keine Normungszahl. Für die üblichen Berechnungen genügt aber auch hierzu die bekannte Treffsicherheit $\pm 3\%$ der Reihe R 40, so daß für die Leistungsberechnung die Wirkungsgrade in Normungszahlen dieser Reihe eingesetzt werden können.

331 Kräfte, Drehmomente, Drücke.

Unter dem Gesichtspunkt der planmäßigen Stufung in Reihen kommen Kräfte für die verschiedensten Zwecke in Betracht:

Tragkräfte von Kranen und ihrem Traggeschirr, Elektrokarren, Lastkähnen, Flugzeugen.

Ziehkräfte von Schleppfahrzeugen, Spillen, Stangenziehmaschinen, Zugseilen, Ziehketten, Zughaken.

Für diese bilden die Kräfte die Bestimmungsgrößen und sollten daher wiederum nach Normungszahlen gestuft werden. Nicht selten begegnen wir den Kräften auch in gesetzlichen oder *polizeilichen Bestimmungen* (wie den Gewichten in Tarifbestimmungen, siehe Abschnitt 35 über Gegenstandsgewichte).

Gesetzliche Bestimmungen für irgendwelche Grenzwerte, unterhalb oder oberhalb welcher bestimmte Bedingungen einzuhalten oder Verbote zu beachten sind, sollten daher auch Normungszahlen sein, und zwar solche einer möglichst groben Grundreihe (R 5, R 10) oder auch der abgeleiteten Reihe $R_a \frac{10}{3}$ *(··· 10 ···), damit jede technische Reihe die betreffende Grenzgröße von vornherein enthält oder sich ihr ohne Störung ihres übrigen Aufbaus anpassen kann.*

Typnormen für Prüfgeräte für Zug- oder Druckkräfte werden ebenso nach den Kräften in Normungszahlen abgestuft.

Auch kommen für bestimmte Werkzeugmaschinen Kräfte als Bestimmungsgrößen in Betracht:

Druckkräfte für Pressen, Ziehkräfte für die schon erwähnten Stangenziehmaschinen. Zerspankräfte bilden für die Berechnungen der Werkzeugmaschinen eine wesentliche Grundlage; bei Tischhobelmaschinen sollten die Hauptschnittkräfte auch als eine der Bestimmungsgrößen dienen, wie bei den Pressen.

Aber auch die Kräfte, die nicht als Bestimmungsgrößen dienen, werden zweckmäßigerweise nach Normungszahlen abgestuft, hängen sie doch aufs engste mit den Abmessungen zusammen.

Die Gleichung

$$P = q \cdot \sigma_z \tag{1}$$

zeigt uns den Zusammenhang zwischen Zugkraft, Querschnitt und Zugbeanspruchung,

die Gleichung

$$P = \frac{M_d}{r} \tag{2}$$

den Zusammenhang zwischen Drehmoment und Hebelarm, und die Gleichung

$$P = p \cdot q \tag{3}$$

den Zusammenhang zwischen Druckkraft, Druck und Leitungsquerschnitt.

Der Zusammenhang mit den Festigkeiten gemäß Gleichung (1) wird in Abschnitt 34 behandelt. Einsatz und Anwendung der Gleichung (2) werden wir in Abschnitt 415 über Bediengriffe kennenlernen. Für Gleichung (3) folgt in Abschnitt 43 über Hydraulik ein praktisches Beispiel.

332 Geschwindigkeiten und Drehzahlen.

Mit diesen Größen wird der Zeitbegriff eingeführt. Die Zeiteinheiten sind bekanntlich ein Stiefkind der Normung, insofern als sich ihre Maßeinheiten der Zehnerstufung nicht fügen. Bei allen bisher betrachteten Größen stießen wir immer auf die gleichen Zahlen, gleichgültig, ob sie in Millimeter oder Meter, in Kilogramm oder Tonnen, in

Liter oder Kubikmeter angegeben werden. Nicht so ist es bei den Zeiteinheiten. Größen, die auf die Minute bezogen sind, sind 60mal größer als die auf die Sekunde bezogenen. Dasselbe gilt für das Verhältnis von Stunde und Minute. Glücklicherweise ist die Umrechnungszahl 60 eine Normungszahl, leider aber eine solche der Reihe R 40. Wenn also Geschwindigkeiten und Drehzahlen, auf die Minute bezogen, nach einer gröberen Grundreihe gestuft sind, dann finden wir unter Bezugnahme auf die Sekunde eine aus R 40 abgeleitete Reihe und umgekehrt.

Hier muß daher versucht werden, zu einer Entscheidung zu kommen. Dazu können wir drei Quellen heranziehen. Die erste möge uns das natürliche Empfinden oder die möglichst anschauliche Vorstellung bieten. Einen langsamen Vorgang, wie etwa das Pflügen, betrachtet man in einer Zeit, in der eine Minute als Einheit recht geeignet ist. Man sieht mit dem Auge, daß das Pferd in der Minute z. B. knapp 50 m zurücklegt. Dafür wäre also eine Geschwindigkeitsangabe mit der Einheit Meter je Minute, also 50 m/min sehr brauchbar. Ähnlich war in der alten Zeit eine Beobachtung in der Werkstatt möglich; wo etwa eine Hobelmaschine ein Werkstück von 2 m Länge in einer halben Minute unter dem Hobelmeißel durchschob, war die Schnittgeschwindigkeit von 4 m/min also unmittelbar vorstellbar. In der Technik haben wir es heute jedoch im allgemeinen mit wesentlich anderen Verhältnissen zu tun. Eine Schnittgeschwindigkeit von 300 m/min ist in dieser Größeneinheit nicht vorstellbar, denn wir können mit dem Auge gar nicht sehen, wie rasch sich dabei Werkstücke und Werkzeug gegeneinander bewegen; auch sagt es uns nichts, daß das Werkstück etwa $^1/_3$ km/min unter dem Schneidmeißel zurücklegte, würde man es eine Minute lang geradeaus leiten. Dagegen können wir uns sehr gut vorstellen, was 5 m in einer Sekunde sind, denn 5 m liegen innerhalb unseres Blickvermögens in einem geschlossenen Raum. Ähnlich verhält es sich bei einem Kraftwagen. 90 km/Std. sagen uns genau genommen gar nichts, da niemand in der Lage ist, 90 km auf einen Blick zu übersehen. $1^1/_2$ km/min liegen uns anschaulich viel näher. Der einfachste Laie kennt aus seiner Umgebung Punkte, die eine solche Entfernung von ihm haben und kann sich daher lebhaft vorstellen, was es bedeutet, wenn man einen solchen Punkt in einer Minute erreichen kann. Dem Techniker liegt es noch näher, von 25 m/s zu sprechen und sich diese Strecke während des Sekundenzählens vorzustellen. Die gleiche Geschwindigkeit innerhalb eines geschlossenen Raumes, etwa die Umfangsgeschwindigkeit einer Schleifscheibe, wird schon häufig auf die Sekunde bezogen: 25 m/s, während man bei den sonstigen Zerspangeschwindigkeiten noch an der Minute „klebt“.

Als zweite Quelle dient uns die sehr umfassende Norm, die bestimmt, daß alle technischen Größen auf Kilogramm, Meter, Sekunden bezogen werden. Dies gibt der Sekunde ein bedeutendes Übergewicht über die Minute. Dies erfahren wir praktisch unter anderem in der in viele Rechnungen eingehenden Erdbeschleunigung $g \approx 10\,\text{m/s}^2$, ebenso in obigen Leistungsgleichungen (1) bis (3).

Als dritte Quelle können wir zahlreiche Gewohnheiten der Technik anführen. Auf die Sekunde bezogen werden Riemengeschwindigkeiten, Lagergeschwindigkeiten, Umfangsgeschwindigkeiten von Zahnrädern, Durchflußgeschwindigkeiten, Geschoßgeschwindigkeiten. Auch die Werkstatt geht bei hohen Geschwindigkeiten, nämlich den Schleifgeschwindigkeiten, auf die Sekunde. Auch außerhalb der Technik werden Geschwindigkeiten häufig auf die Sekunde bezogen, z. B. Windgeschwindigkeiten, Schallgeschwindigkeiten u. a.

Geschwindigkeiten kommen bekanntlich in vielen technischen Berechnungen vor; vgl. Leistungsgleichung (1), Ausflußgeschwindigkeiten

$$v = \sqrt{2gh} = 4{,}5 \cdot \sqrt{h}\ (h \text{ in m}) \left[\frac{\text{m}}{\text{s}}\right]$$

kinetische Energie = Wucht $A = \frac{mv^2}{2}$, woraus mit $m = \frac{G}{g}$

$$A = 0{,}05 \cdot G \cdot v^2\,[\text{mkg}]\ (v \text{ in m/s})$$

Man soll also eine Zeiteinheit für Geschwindigkeiten anwenden, um den Ingenieur endlich von den Umrechnungen und Fehlrechnungen zu befreien, die ihn so lange belasten, als die Geschwindigkeiten bald auf die Minute, bald auf die Sekunde bezogen werden.

Wir treten daher dafür ein, als Zeiteinheit für technische Berechnungen die Sekunde zu wählen.

Bei den Drehzahlen erreichen wir damit noch einen Vorteil, nämlich daß sie in der gleichen Maßeinheit angegeben werden, wie Schwingungszahlen, die ihnen häufig gleich sind.

Für Geschwindigkeiten in m/s und Drehzahlen s^{-1} sollten daher die Grundreihen der Normungszahlen zugrunde gelegt werden, soweit nicht andere zwingende Einflüsse vorliegen.

Auch sind Geschwindigkeiten nicht selten Bestimmungsgrößen und bilden daher einen selbständigen Gegenstand für die Anwendung von Normungszahlen:

Fahrgeschwindigkeiten von Fahrzeugen aller Art;

Hubgeschwindigkeiten bei Kranen, Aufzügen, Werkzeugmaschinen;

Schnittgeschwindigkeiten bei Werkzeugmaschinen (= Hubgeschwindigkeit bei der Hobelmaschine);

Vorschubgeschwindigkeiten bei Werkzeugmaschinen (= Hubgeschwindigkeit bei der Bohrmaschine);

Umfangsgeschwindigkeit von Lagern, Zahnrädern, Riemenscheiben; *Durchflußgeschwindigkeiten* von Flüssigkeiten, Dämpfen und Gasen.

Drehzahlen. Innerhalb technischer Berechnungen hängen sie mit Geschwindigkeiten und Durchmessern bekanntlich über die Gleichung

$$n = \frac{v}{\pi \cdot d} = 0{,}315 \frac{v}{d} \; [\mathrm{s}^{-1}]$$

zusammen.

Weiter geht n über die Leistungsgleichung (2) in technische Berechnungen ein. Daraus ergibt sich zweierlei, nämlich

1. Drehzahlen sind in der Regel auf die Sekunde zu beziehen;
2. Drehzahlen sind nach Normungszahlen zu stufen (Schr. 56, 34).

Dabei ist aber noch eine Entscheidung zu treffen. Drehzahlen sind gewöhnlich im Leerlauf und unter Last verschieden. Dazu tritt in der Elektrotechnik bei Wechsel- und Drehstrommaschinen noch die sog. Synchrondrehzahl. Sie ist

$$n_s = \frac{f}{p} \; (\mathrm{s}^{-1})$$

worin f = Frequenz des Wechsel- oder Drehstroms, p = Polpaarzahl. f ist $= 50\,\mathrm{s}^{-1}$ und spielt im rein elektrischen Betrieb als Frequenz der meisten europäischen Drehstromnetze eine hervorragende Rolle. Als Drehzahl gilt sie nur für Synchronmaschinen, für Asynchronmaschinen ist sie als diejenige Drehzahl, mit der die Maschine ohne Schlupf laufen würde, nicht mehr als eine Nenndrehzahl.

Bei der Drehzahlübertragung vom Elektromotor auf die Arbeitsmaschine dagegen kommt es der Praxis allein auf die durchschnittliche Lastdrehzahl an. Man hat sich geeinigt, diese zu 5—6% unter der Synchrondrehzahl anzusetzen; liegt sie wie gewöhnlich um eine Kleinigkeit höher, so kommt der Arbeiter bei der Leistungsberechnung etwas besser weg. Es gehören daher zu den

Synchrondrehzahlen	750	1000	1500	3000	[min⁻¹]
die Lastdrehzahlen	710	950	1400	2800	[min⁻¹]
oder	12,5	17	25	50	[s⁻¹]
,,	11,8	16	23,5	47,5	[s⁻¹]

Man bewegt sich dabei völlig im Rahmen der Normungszahlen.

Auch für Wellenleitungen sind die Lastdrehzahlen als Normungszahlen festgelegt (DIN 115), allerdings der Werkstattgewohnheit entsprechend in min^{-1}, obwohl die Riemengeschwindigkeiten, die sich aus den gleichfalls nach Normungszahlen bemessenen Riemenscheibendurchmessern (DIN 114) auch als Normungszahlen ergeben, in alle Riemenberechnungen in m/s eingehen.

Bestimmungsgrößen sind die Drehzahlen bei folgenden Arbeitsmaschinen:

unmittelbar als kleinste und größte Hubzahlen von Kurbelpressen, als Stichzahlen von Nähmaschinen usw., wo sich bei jeder Berechnung der Mengenleistungen im einen Falle unmittelbar die Anzahl gestanzter Stücke, im anderen Falle aus Stichzahl und Stichlänge die Meterleistung je Sekunde ergeben,

mittelbar als Hubzahlen oder Spindeldrehzahlen bei spanabhebenden Werkzeugmaschinen. Näheres hierüber siehe Abschnitt 463.

Bei Berechnung der Bearbeitungszeiten möchte man freilich lieber die Mengenleistung auf die Minute oder auf die Stunde beziehen. Im ersteren Fall muß man u. U. Werte, die nur der Reihe R 40 angehören, in Kauf nehmen; im letzteren Fall kann man Normungszahlen nur erwarten, wenn der Verlustzeitfaktor eine Normungszahl ist.

Empfohlene Schnittgeschwindigkeiten beim Drehen verschiedener Metalle mit bestimmten Werkzeugstoffen sind in jüngster Zeit vom AWF (Ausschuß für wirtschaftliche Fertigung) als Normungszahlen dargestellt worden. Man beachte, daß für die Ausgangsgrößen (hier die Vorschübe je Umdrehung) ebenfalls Normungszahlen, und zwar in grober Stufung benutzt werden. (Ein kleiner Auszug ist in Zahlentafel 332/1 dargestellt.)

Zahlentafel 332/1.

Schnittgeschwindigkeiten für Reinaluminium.

(Auszug aus AWF-Blatt 158 vom September 1944, umgerechnet von m/min in m/s.)

Schnittgeschwindigkeiten [m/s]						
bei Werkzeugstoff	bei Standzeit min	bei Vorschub/Umdr. [mm]				
		0,1	0,2	0,4	0,8	1,6
Schnellstahl	60	—	6,7	5,0	3,35	2,0
	240	—	3,75	2,8	1,9	1,12
	480	—	2,8	2,12	1,4	0,85
Hartmetall *G* 1	60	40	33,5	28	25	21,2
	240	22,4	19	16	14	12
	480	17	14	12	10,6	9

Dies ist ein Beispiel für die in Abschnitt 238 gegebene Empfehlung, sich bei der Aufstellung derartiger Richtwerttafeln auf die 40 Normungszahlen zu beschränken. Dazu kommt in diesem Falle der besondere Vorteil, daß solche Schnittgeschwindigkeiten bei genormten Durchmessern zu den Drehzahlen passen, die bei Werkzeugmaschinen bekanntlich in Normungszahlen genormt sind (vgl. Abschnitt 461).

34 Festigkeiten. Sicherheiten.

Es mag überraschen, daß auch versucht wird, Festigkeiten nach Normungszahlen zu stufen, handelt es sich hier doch um Werte von Natureigenschaften. Selbstverständlich beschränken wir uns auf solche Festigkeiten, die durch die Verarbeitung beeinflußt werden können. Wir schlagen auch nicht vor, Festigkeitswerte für Stoffe, die nur in einer Festigkeitsstufe vorkommen, unbedingt nach Normungszahlen zu wählen, denn in einem solchen Falle muß man stets das technisch Mögliche aus dem Stoff herausholen und sich nicht durch eine Normungszahl begrenzen lassen. So wünschenswert für die Berechnung natürlich auch hier Normungszahlen wären, so finden wir uns in den genannten Fällen wie bei der Wichte mit „wilden“ Zahlen ab. Wo hingegen eine Stoffart nach einer *Reihe* von Festigkeitswerten unterteilt wird, wie z. B. bei Stahl, steht man vor der Aufgabe, im Bereich der Festigkeiten, der im allgemeinen technisch *stetig* überdeckbar ist, eine beschränkte Sortenzahl auszuwählen, m. a. W. es gilt aus den unendlich vielen möglichen Größen dieser stetigen Reihe (vgl. hierzu Abschnitt 37) sinnvoll praktische Stufen festzulegen. Da nun einerseits für die Berechnung, andererseits für das gute Merken die Normungszahlen Vorzüge besitzen, so sind sie auch hierfür anwendbar. Es darf angenommen werden, daß mit dieser Zielsetzung eine gute und brauchbare Ordnung in die Vielheit der Werkstoffe gebracht werden kann; dies ist auch für die Entwicklung wichtig, denn aus *einem* Stoff einer neuen Art wird erfahrungsgemäß im Laufe von Jahren eine Reihe.

Außerdem ergeben sich für die *Zuordnung von Abmessung und Werkstoff* neue und einfache Beziehungen. Besteht z. B. die technische Aufgabe, eine bestimmte Zugkraft durch einen Körper mit rundem Querschnitt zu übertragen, so kann dies mit Stoffen verschiedener Zugfestigkeit geschehen. Man hat also die Wahl, die Faktoren Querschnitt und Zugfestigkeit nach den Besonderheiten der Gestaltungsaufgabe zu wählen, ohne daß ein Widerspruch zwischen den zur Verfügung stehenden und Normungszahlen entsprechenden Größen entsteht.

Dies wird aus Zahlentafel 34/1 klar. Dort sind unter Verwendung von Stoffen mit Zugfestigkeiten nach Reihe R 10 die Zugkräfte für Drahtdurchmesser nach Reihe R 10 bei einer Unsicherheit $S = 2{,}5$ berechnet. Diese steigen also mit den Querschnitten nach dem Stufensprung 1,6. Jede Zugkraft kann durch verschiedene Zuordnungen von Durchmesser und Festigkeit auf mehrere verschiedene Arten erreicht werden, z. B. 3,15 t aus

Stange	10	mm	Ø	100 kg/mm²	Festigkeit
,,	12,5	,,	Ø	63 ,,	,,
,,	16	,,	Ø	40 ,,	,,

Zahlentafel 34/1.
Drahtquerschnitte bei verschiedenen Werkstoffen.
Unsicherheit S = 2,5.

P	q und d bei $\sigma_z \left[\frac{kg}{mm^2}\right]$									
	40		50		63		80		100	
	q	d	q	d	q	d	q	d	q	d
kg	mm^2	mm	mm^2	mm	mm^2	mm	mm^2	mm	mm^2	mm
1000			50	8			31,5	6,3		
1250	80	10			50	8			31,5	6,3
1600			80	10			50	8		
2000	125	12,5			80	10			50	8
2500			125	12,5			80	10		
3150	200	16			125	12,5			80	10
4000			200	16			125	12,5		
5000	315	20			200	16			125	12,5

Außerdem beobachtet man, daß die Reihe der Zugkräfte unter Zuhilfenahme zweier aufeinanderfolgender Werkstoffe feiner gestuft werden kann als die Querschnitte, wie folgende Reihe zeigt; es wechseln abwechselnd Durchmesser und Festigkeit ihre Größen:

$$\begin{array}{llllll} P = & 1 & 1{,}25 & 1{,}6 & 3{,}15 & [\mathrm{t}] \\ d = & 8 & 8 & 10 & 10 & [\mathrm{mm}] \\ \sigma_z = & 50 & 63 & 50 & 63 & [\mathrm{kg/mm^2}] \end{array}$$

Und das alles innerhalb der bekannten zehn Zahlen der Reihe R_a 10!

Festigkeitswerte pflegen innerhalb von Grenzwerten, z. B. 40 bis 45 kg/mm^2 angegeben zu werden; man muß sich daher entscheiden, ob man für solche Zahlentafeln einen Grenzwert oder einen Mittelwert ansetzt.

Dabei ist auch der Unsicherheitsfaktor zu bedenken; da er frei geschätzt wird, so ist es klar, daß man ihn als Normungszahl wählt. Ja, man wird durch Normungszahlen eher dazu geführt, hier etwas feiner zu stufen als sonst. Schätzt man z. B. die Unsicherheit $S = 2$ als etwas knapp, so wird man nicht gleich auf $S = 3$ gehen, sondern nach der Normungszahlenreihe zuerst auf $S = 2{,}5$. Es ist nicht ausgeschlossen, daß solche Überlegungen zu praktischen Ersparnissen führen können. Umgekehrt wird man im Zug der Entwicklung bisher übliche Unsicherheitsfaktoren stufenweise herabsetzen. Ein Unsicherheitsfaktor ist ja nichts anderes als der Ausdruck des technischen

Unvermögens, einen Belastungsfall zuverlässig anzugeben. Je mehr Einflüsse man mit dem Fortschreiten der Technik zahlenmäßig zu erfassen vermag, desto geringer bleibt der Rest der unbekannten Einflüsse, desto kleiner daher der Unsicherheitsfaktor. Man wird daher gut daran tun, die Unsicherheitsfaktoren der einzelnen Fälle allmählich nach der Treppe der Normungszahlen herabzusetzen.

35 Gewichte.

Die Gewichte hängen mit den Normungszahlen in zweierlei Hinsicht zusammen. Einmal liegt häufig die Aufgabe vor, die Gewichte technischer Gegenstände zu berechnen und zu stufen, zum anderen zweckmäßige Reihen von Gewichtsstücken für Gewichtssätze zu bilden.

351 Gegenstandsgewichte.

Gegenstandsgewichte spielen einmal für die Berechnung des Stoffaufwandes, sodann für die Zuordnung zu Fördermitteln und für die Einordnung in Beförderungstarife, verhältnismäßig selten für die Aufgabenerfüllung eines Gegenstandes eine Rolle. Da die Wichten im allgemeinen naturgebunden und daher nicht beeinflußbar sind, so kann man sie nicht den Normungszahlen anpassen. Gegenstandsgewichte als Produkte von Rauminhalten und Wichten pflegen daher im allgemeinen keine Normungszahlen zu sein. Soweit es indes der Zweck der Berechnungsgenauigkeit erlaubt, kann man sie auf Normungszahlen runden. Überschlägige Berechnungen in Stahl wird man mit der Wichte 8 kg/dm^3 berechnen, zumal die Maßtoleranzen hierbei nicht angesetzt zu werden pflegen (Schr. 63). Nur bei genauerer Berechnung ist der gemachte Fehler von $+2{,}5\%$ zu berücksichtigen.

Bisweilen können Einheitsgewichte dem Zweck angepaßt werden, z. B. die Gewichte je qm von Papier. Da jede genormte Papierfläche einer Normungszahl entspricht (siehe Abschnitt 51), so erhalten wir für geschnittene Formate die Gewichte in Normungszahlen, wenn die Einheitsgewichte je m^2 Normungszahlen sind. Hier liegt also ein echtes Bedürfnis vor, Einheitsgewichte nach Normungszahlen zu stufen. Dies spielt z. B. für die Einhaltung der im Posttarif vorgesehenen Gewichtsgrenzen eine Rolle (siehe auch Abschnitt 51).

Zwischen diesen Gewichtsgrenzen und den Gegenstandsgewichten liegt als Zwischenglied das Hüllengewicht. Wenn das Verhältnis $\frac{\text{Hüllengewicht}}{\text{Bruttogewicht}}$ eine Normungszahl der Reihe R 20 ist, z. B. 0,2, so ist — mit gröberen Abweichungen (vgl. Abschnitt 251) — auch das Nettogewicht eine Normungszahl. Wenn also die Gewichte der in eine Hülle zu verpackenden Gegenstände Normungszahlen sind, dann ist es sinnvoll, auch die Gewichte an den Tarifgrenzen nach Normungszahlen zu stufen. Bei den letzteren ist diese Voraussetzung im allgemeinen gegeben, da sie sich nach der in Abschnitt 225 bereits hervorgehobenen Reihe R_a 3 mit den Grundwerten 1 — 2 — 5 — 10 richten.

Wenn mehrere gleiche Gegenstände zu verpacken sind, so kann es nützlich sein, daß einzelne Gewichte und Gesamtnettogewicht Normungszahlen sein können. Auch diese Voraussetzung ist im allgemeinen gegeben, da die Anzahlen sehr häufig Normungszahlen sind; die geringen Anzahlen bis einschließlich 12 sind es ohnehin. Für größere Mengen werden die Normungszahlen 20 25 50 100 aus zwei Gründen bevorzugt: einmal sind sie bequem für Gewicht- und Preisberechnung, zum anderen lassen einige von ihnen die Anordnung der Gegenstände (Büchsen oder Flaschen) in die annähernd oder völlig quadratische Form (4 · 5, 5 · 5, 10 · 10) zu, die bekanntlich den geringsten Aufwand an Hüllfläche und damit an Hüllengewicht erfordert. Unter diesem Gesichtspunkt können auch andere Quadratzahlen wie 9, 16 und 36 (3 Dtzd.) Bedeutung gewinnen. Wo es um 8 · 8 = 64 oder um 12 · 12 = 144 (1 Gros) geht, müssen die Normungszahlen selbstverständlich abgewandelt werden (vgl. Abschnitt 24).

352 Gewichtsätze.

Die Stücke eines Gewichtsatzes sind so abzustufen, daß durch Zusammenlegen von Gewichten (addieren) jedes ganze Vielfache des kleinsten Gewichtes gebildet werden kann. Hier findet der Abschnitt 25 über die zweckmäßige Stufung additiver Größen eine wichtige Anwendung. Ein größerer Bereich wird bekanntlich in die Zehnerstufen 10, 100, 1000 usw. unterteilt, d. h. in Gewichtsätzen tauchen zunächst die Größen 1 g, 10 g, 100 g, 1 kg ··· auf. Eine zweite Forderung an einen Gewichtsatz ist die, daß jede Größe durch möglichst wenige Gewichtstücke gebildet werden kann. Dazu benötigt man in jeder Zehnerstufe noch zwei Größen. Diese sind gemäß der Deutschen Eichordnung (§ 74) der Zahlenreihe R_a 3 entnommen. Hierin sind alle Zweier-Einheiten je zweimal vorhanden, so daß wir die Reihen:

1 2 2 5 10 20 20 50 100 200 200 500 mg
1 2 2 5 10 20 20 50 100 200 200 500 g
1 2 2 5 10 20 20 50 kg

erhalten.

Günstiger ist die Reihe:

1 2 4 7 10 20 40 70 100 200 400 700 g

da man hierbei innerhalb einer Zehnerstufe stets mit zwei Gewichtstücken auskommt, statt daß man wie oben bis zu dreien braucht. Auch diese Reihe enthält nur Normungszahlen, ohne jedoch einen einheitlichen Stufensprung aufzuweisen. Im Unterschied zu Abschnitt 252 wiederholen sich die Elemente in jeder Zehnerstufe in gleicher Weise. Sie bilden also insgesamt eine gruppengeometrische Reihe:

$$R_{gg} \left| \begin{matrix} 1 & 2 & 4 & 7 \\ 10 \cdots & & & \end{matrix} \right|$$

Von dieser Reihe macht man z. B. Gebrauch, wo die Gewichte mittels eines Hebels selbsttätig aufgelegt werden, so daß der Nachteil des etwas weniger bequemen Zusammenzählens gegenüber den oben genannten Reihen wegfällt.

Nebenbei sei bemerkt, daß in der Eichordnung die durch fortgesetzte Hälftung von 1000 g entsprechenden Gewichtsstücke von 500, 250 und 125 g ebenfalls zugelassen sind; neben den 100-g- und 200-g-Stücken bedeuten sie eine unnötige Doppelbestückung. Hier gilt es also, normentechnisch zu entscheiden. Die Entscheidung kann nur zugunsten der 100-g- und 200-g-Stücke fallen, weil diese der vielfach angewandten Reihe R_a 3 entsprechen. Der Verkehr wird unnötig belastet, solange man an der Doppelnorm festhält, hier halbes Pfund und Viertelpfund, dort Gramm und Zehnerstufe.

36 Versuchswesen.

Im Versuchswesen herrscht wohl die freieste Verfügung über die anzuwendenden physikalischen und technischen Größen. Es mag manche Leser daher überraschen, daß auch hier ein Anwendungsgebiet für Normungszahlen sein soll. Gerade das scheinbare Fehlen jeder Bindung verleitet leicht dazu, jeden Versuch mit beliebigen Größen anzusetzen und dazu entsprechende Hilfseinrichtungen zu schaffen. Wenn es sich nicht gerade um eine einzelne Versuchsarbeit handelt, vielmehr in Versuchsfeldern dauernd Untersuchungen zu machen sind, dann erfordert ein planmäßiges Arbeiten eine Ordnung, die das Arbeiten außerordentlich erleichtert und verkürzt. Sie bezieht sich einerseits auf die Versuchseinrichtungen, andererseits auf die Versuchswerte (Schr. 6).

361 Versuchseinrichtungen.

Im allgemeinen müssen die Versuchseinrichtungen gewisse Bereiche überdecken, innerhalb deren bald diese, bald jene Größe gebraucht wird. Wie in Abschnitt 237 ausgeführt, werden die Bereiche am sparsamsten durch geometrische Stufung überdeckt. Diese Regel kann also ohne weiteres für fast alle Versuchselemente benutzt werden, wie z. B. Schrauben, Platten, Leitungsdrähte, Schraubenfedern (siehe auch Abschnitt 413), Glasgefäße, Rohre samt Armaturen u. a. m. Die Schrauben sucht man sich aus den genormten, z. B. nach der Reihe R 5 für die Tragkraft bzw. die Querschnitte heraus; man wählt also eine Durchmesserreihe möglichst ähnlich zu R 10 und findet dafür die Reihe *M* 8, *M* 10, *M* 12, *M* 16, *M* 20 (vgl. Abschnitt 391). In gleicher

Weise stuft man die Längen der Schrauben und erhält so mit einem verhältnismäßig sehr kleinen Vorrat eine große Beweglichkeit im Versuchsaufbau. Für Versuche an Werkzeugmaschinen wird man die Werkzeuge (Drehmeißel, Bohrer u. a.) und die Werkstücke (Durchmesser, Festigkeiten) nach Normungszahlen stufen, zumal manche dieser Größen, wie z. B. die Querschnitte von Drehmeißeln, ohnehin schon nach Normungszahlen genormt sind.

Ebenso wichtig ist die geometrische Stufung der großen Einrichtungen, bei denen man wegen der hohen Anschaffungskosten erst recht danach trachten muß, mit wenigen Größen große Bereiche zu überdecken. Wenn man Pressen schon ohnehin nach Normungszahlen stuft, so wird man hydraulische Versuchspressen und -einrichtungen erst recht danach auswählen und selbstverständlich die genormten Drücke (siehe Abschnitt 331) zugrunde legen. Für die Zerreißmaschinen, die im allgemeinen zwei Meßbereiche im Verhältnis 10:1 haben, hat SCHWERDTFEGER (Schr. 62) folgende Größen vorgeschlagen:

Hauptbereich 63 t, Nebenbereich 6,3 t (für Normalstäbe aller Werkstoffe mit Festigkeit bis zu rd. 200 kg/mm^2).

Hauptbereich 25 t, Nebenbereich 2,5 t (für Normalstäbe von Werkstoffen mit Festigkeit bis zu rd. 80 kg/mm^2, d. h. meist üblicher Baustahl, Leichtmetall).

Hauptbereich 10 t, Nebenbereich 1 t (für Normalstäbe von Werkstoffen mit Festigkeit bis zu rd. 31,5 kg/mm^2, d. h. Kupfer, Messing usw.).

In diesem Zusammenhange empfiehlt er auch, die Durchmesser der Zerreißstäbe nach Normungszahlen, Reihe R 10, festzulegen. Hiermit kann man sich fast allen Erfordernissen anpassen, so daß Sonderanfertigungen nur noch selten notwendig sind. Dadurch läßt sich die Anfertigung der Zerreißstäbe verbilligen, weil sie nunmehr nach Grenzlehren hergestellt werden können.

Die größte Sparsamkeit in der Versuchsausstattung erreicht man durch Kombinationen verschiedener Elemente. Wie wir die additiven Kombinationen geometrisch gestufter Elemente kennengelernt haben, so können auch Kombinationen derart angewandt werden, daß die Elementegrößen miteinander vervielfacht oder geteilt werden. Hierfür hat BERG ein treffendes Beispiel für die Getriebe für Schwinger zu Gestaltfestigkeitsversuchen gegeben (Schr. 5 u. 6). Die Schwinger selbst hat er in vier Größen derart gestuft, daß die Fliehkräfte einen Stufensprung $\varphi_s = 5$ aufwiesen. Damit ihre verschiedenen Drehzahlen mit möglichst wenig Getrieben erzeugt werden können, schlug er gemäß Bild 36/1 zweiachsige Getriebe vor, die hintereinander geschaltet werden können. Beide Wellen sind nach beiden Seiten durchgeführt, so daß die Leistung in beliebiger Richtung durchgeleitet werden kann. Soll der Stufensprung der Drehzahlreihe $= \varphi$ sein, so können alle weiteren

Drehzahlverhältnisse φ^2 φ^3 φ^4 φ^5 gemäß Abschnitt 252 rechnerisch durch Zusammenzählen der Hochzahlen 1 2 4 ··· gebildet werden, d. h. durch

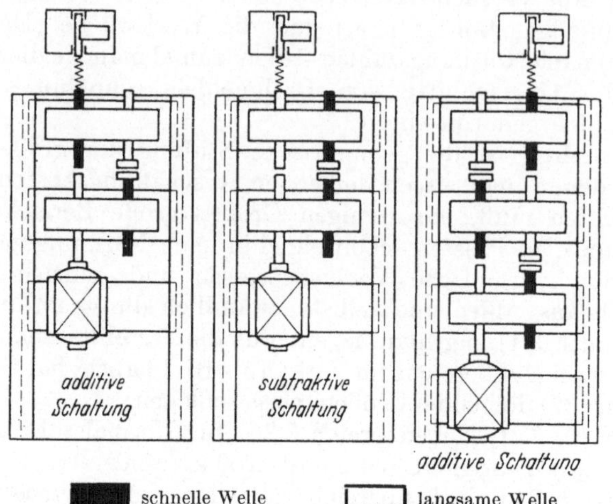

Bild 36/1. Zweiachsige Getriebe in additiver und subtraktiver Kombination.

Hintereinanderschalten von Getrieben mit den Übersetzungsverhältnissen φ, φ^2, φ^4, ··· Damit erhält man folgende Kombinationen:

Getriebe	mit	φ	$= \varphi$
,,	,,	φ^2	$= \varphi^2$
,,	,,	φ^{1+2}	$= \varphi^3$
,,	,,	φ^4	$= \varphi^4$
,,	,,	φ^{1+4}	$= \varphi^5$
,,	,,	φ^{2+4}	$= \varphi^6$
,,	,,	φ^{1+2+4}	$= \varphi^7$

Bild 36/2 zeigt diese Kombination schaubildlich.

Eine noch größere Sparsamkeit ergibt sich, wenn man nicht nur ins Schnelle treibt, sondern auch erlaubt, ins langsam treibende Getriebe dazwischenzuschalten, also mathematisch gesprochen, die Hochzahlen nicht nur durch Zusammenzählen, sondern auch durch Abziehen gewinnt. Hierfür benutzen wir das bekannte Gesetz, das aus einer Reihe von Elementen, die mit dem Stufensprung 3 geometrisch gestuft sind, durch Zusammenzählen und Abziehen eine arithmetische Reihe gebildet werden kann. Die Reihe der Elemente lautet 1 3 9 27 ···, und die Kombinationen werden wie folgt gebildet:

$1 = 1$ $\qquad$ $5 = 9 - 3 - 1$

$2 = 3 - 1$ $\qquad$ $6 = 9 - 3$

$3 = 3$ $\qquad$ $7 = 9 - 3 + 1$

$4 = 3 + 1$ $\qquad$ $8 = 9 - 1$ $\qquad$ usf.

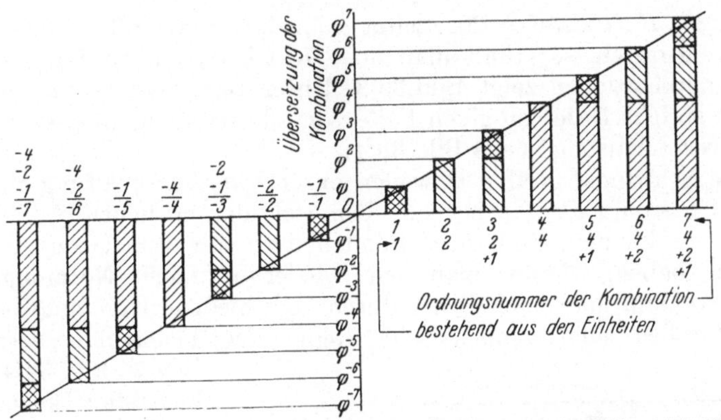

Bild 36/2. Übersetzungsreihe $G\varphi$ ($\varphi^{-7} \ldots \varphi^{7}$) oder $R \cdot 10$ ($^1/_5 \ldots 5$) bei additiver Schaltung von Getrieben mit Übersetzungen $\varphi = 1{,}25$; $\varphi^2 = 1{,}6$; $\varphi^4 = 2{,}5$; $\varphi^8 = 6{,}3$.

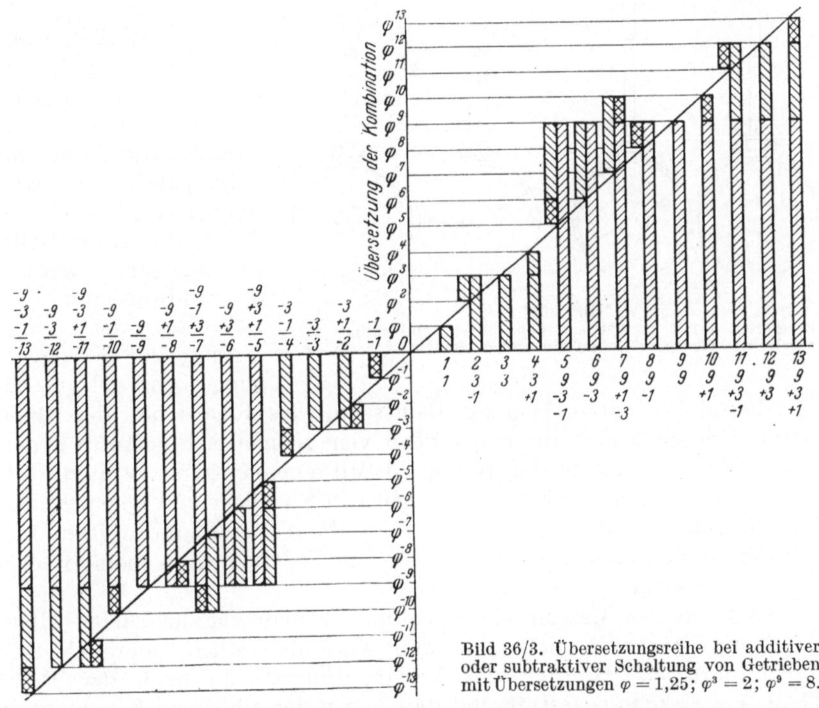

Bild 36/3. Übersetzungsreihe bei additiver oder subtraktiver Schaltung von Getrieben mit Übersetzungen $\varphi = 1{,}25$; $\varphi^3 = 2$; $\varphi^9 = 8$.

Wir brauchen also demnach nur Getriebe mit Übersetzungsverhältnissen φ, φ^3, φ^9 und können damit alle Übersetzungen bis zu $\varphi_g = \varphi^{9+3+1} = \varphi^{13}$ bilden. Da stets auch ein unmittelbarer Antrieb möglich ist, so ist der begrenzte Bereich B ebenfalls $= \varphi^{13}$, z. B. mit

$\varphi = 1{,}25$, $B = 1{,}25^{13} = 20$. Leitet man den Kraftfluß in umgekehrter Richtung durch, so erhält man noch 13 Übersetzungen ins Langsame. Die Kombinationen zeigt Bild 36/3. Unter Bezugnahme auf die Hochzahlen spricht BERG im einen Falle von additiver, im anderen von subtraktiver Schaltung (siehe Bild 36/1).

Die Schwinger greifen bisweilen unter Zwischenschaltung einer sog. Pendelfeder am Prüfkörper an. Um sich der einzelnen Aufgabe anpassen zu können, muß man Pendelfedern mit verschiedenen Federzahlen haben. Wenn man sie wiederum nach Normungszahlen stuft, so kann man nach BERG durch verschiedene Kombinationen der Grundgrößen eine geometrische Reihe der Federzahlen erreichen. Gemäß Bild 36/4 ist der Federstab kegelig mit seitlichen ebenen Anfräsungen ausgebildet. Der Stab hat zwei gleiche Enden, so daß er wahlweise mit dem dünnen oder dem dicken Ende am Pendelkörper angreifen kann. Weiterhin kann jede dieser Lagen mit verschiedenen Lagen des Stabquerschnitts kombiniert werden, der wahlweise mit seiner x-Achse oder seiner y-Achse in die Schwingungsebene gelegt werden kann. Bei entsprechender Bemessung des Kegels und des Querschnitts ergeben sich für einen Stab vier geometrisch gestufte Federkonstanten mit dem Stufensprung 1,6. Mit einem einzigen zweiten Stab, bei dem wiederum vier Kombinationen von Kegellage und Querschnittslage benutzt werden, verlängert man diese Reihe um weitere vier Glieder, so daß man mit zwei Stäben acht Federzahlen in geometrischer Stufung erreicht.

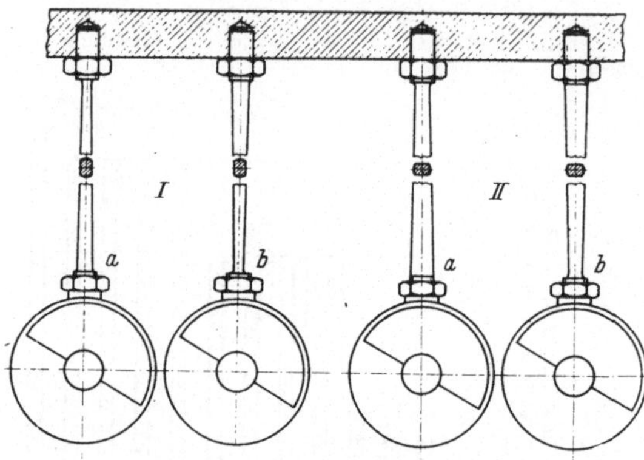

Bild 36/4.
Pendelfedern mit geometrisch abgestufter Schwingungszahl durch verschiedenen Einbau ein und desselben Federstabes.

Auch für die Meßeinrichtungen macht man zur sparsamen Überbrückung großer Bereiche von den Normungszahlen Gebrauch. Für Innenmikrometer werden die Verlängerungsstücke nach der Reihe (1 2 4 ···) · 25 mm gestuft und damit von der additiven Kombination gemäß Abschnitt 252 Gebrauch gemacht (Näheres siehe Abschnitt 252). Das gleiche Gesetz kann man bei elektrischen Stöpselwiderständen anwenden, indem man nach Abschnitt 252 die Reihe 1, 2, 4, 7 in mehreren Zehnerstufen vorsieht und den Widerstand nach Bild 36/5 zusammenstellt. Hierbei kommt man in jeder Zehnerstufe mit vier an Stelle von zehn verschiedenen Widerständen aus und zieht dafür in jeder Zehnerstufe statt eines Stöpsels bald einen, bald zwei, jedoch nie mehr als zwei.

Damit möge die Reihe der Beispiele beendet sein. Sie dürften genügend Anregungen geben; außerdem ergeben sich aus den späteren Abschnitten noch weitere Anregungen für das Versuchswesen, wie auch umgekehrt die hier aufgezeigten Kombinationsmöglichkeiten anderweitig angewendet werden können.

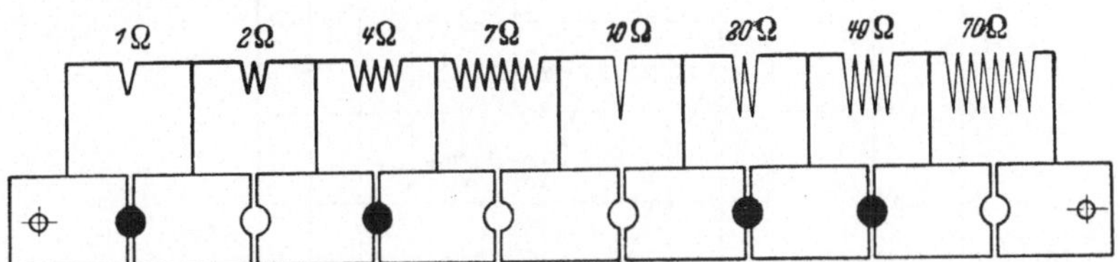

Bild 36/5.
Stöpselwiderstand mit sparsamen Widerstandsstufen, eingeschaltet sind: 2 + 7 + 10 + 70 = 89.

362 Versuchsgrößen.

Bei Versuchen handelt es sich im allgemeinen darum, zu bestimmten gegebenen Größen (Argumenten) die abhängigen Größen zu ermitteln. Dabei handelt es sich um zwei Aufgaben, einmal die Grenzen des Versuchsbereichs zu bestimmen und zum anderen den Versuchsbereich gleichmäßig zu überdecken. Da sehr viele Gesetze der Technik nach einer Potenzfunktion verlaufen, so werden die abhängigen (gesuchten) Größen stets eine geometrische Reihe bilden, wenn die Argumente nach einer solchen gestuft sind. Es ist also ratsam, diese nach Normungszahlen zu wählen, und zwar nach einer möglichst grob gestuften Reihe. Ein Beispiel dafür sei die Bestimmung der Standzeit eines Drehmeißels bei einem bestimmten Werkstoff. Gemäß Bild 36/6 sind die Versuchs-Schnittgeschwindigkeiten nach Normungszahlen gestuft. Daraus ergibt sich für die Standzeiten auch eine gleichmäßig gestufte Reihe und wie man sieht, eine sehr gleichmäßige Verteilung der Versuchspunkte im doppeltlogarithmischen Koordinatennetz. Die stets wiederholte Wahl gleicher Argumente erleichtert den Versuchspersonen auch den Vergleich zwischen verschiedenen Versuchen außerordentlich.

Für die Bestimmung der Zähigkeit von Flüssigkeiten schlägt SCHWERDTFEGER (Schr. 62) vor, die Versuchstemperatur nach Normungszahlen zu stufen.

„Nach UBBELOHDE ergibt die Zähflüssigkeitskurve im doppeltlogarithmischen Netz ebenfalls annähernd eine Gerade, wenn die Zähflüssigkeit in Zentipoisen in Abhängigkeit von der Temperatur aufgetragen wird. Es liegt daher nahe, die Versuchstemperaturen nach Normungszahlen zu stufen, etwa in den Temperaturstufen 8 — 12,5 — $\underline{20}$ — 31,5 — $\underline{50}$ — 80 — 125° C usw. Hiervon ist der Bereich 20 ··· 125° C für die praktische Verwendung der Öle besonders wichtig; es ist ferner üblich, die Zähflüssigkeiten für 20° C oder für 50° C anzugeben, Temperaturen, die in der vorgeschlagenen Reihe enthalten und durch Unterstreichen hervorgehoben sind. Für die meisten Untersuchungen wird die Prüfung des Öles bei 20, 50 und 125° zu seiner Kennzeichnung völlig ausreichen. Es ist zu erwarten, daß dann die Zähflüssigkeiten selbst ebenfalls nach einer geometrischen Zahlenreihe verlaufen werden, wenn der Stufensprung auch abhängig von dem Zähigkeits-

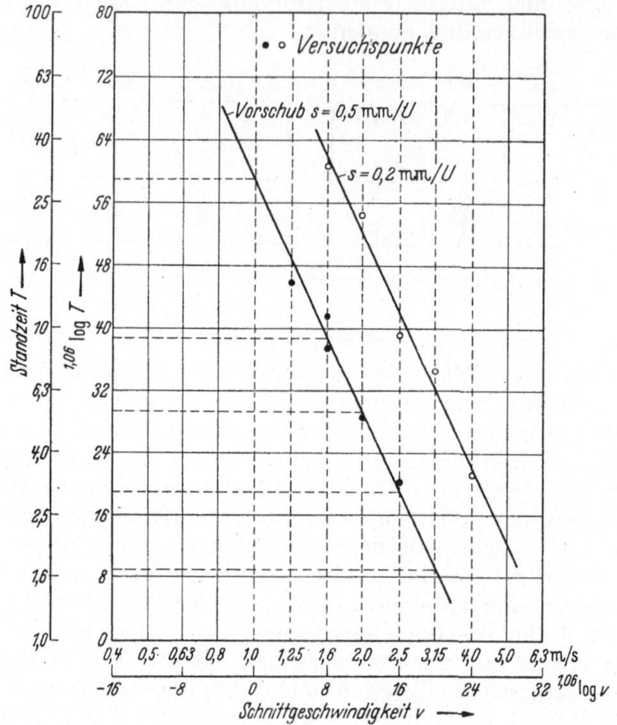

Bild 36/6. T-v-Schaubild mit Versuchsstufung nach Normungszahlen. Werkstückstoff: = VCMo 240. Werkzeugstoff: Schnellstahl.

abfall des Öles sein wird. Es müßte einer besonderen Untersuchung vorbehalten werden, inwieweit dieser Zähigkeitsabfall verschiedener Öle sich wiederum in Reihen unterbringen ließe, eine Aufgabe, die für ihre Normung von Bedeutung wäre und die die bisherige Normung vermutlich ergänzen könnte.“

Zu der Temperaturreihe sei noch folgendes bemerkt: Da in der logarithmischen Skala der Wert Null nicht vorkommt, so könnte man annehmen, daß hierfür die Normungszahlen nicht brauchbar seien, denn auf jede andere Ausgangsgröße bezogen, würden die gleichen Temperaturen keine geometrische Reihe mehr ergeben. Wir erinnern uns nun des in Abschnitt 231 nachgewiesenen Gesetzes, wonach die Differenzen der Glieder einer geometrischen Reihe selbst wieder eine geometrische Reihe mit dem gleichen Stufensprung bilden. Das aber ist das Wesentliche bei der Temperaturreihe, daß die Temperaturunterschiede geometrisch gestuft sind. Es bedeutet also nicht mehr als eine zahlenmäßige Bequemlichkeit, bei Temperaturen, die über 0° C liegen, für die Temperaturgrade selbst die Normungszahlen zu benutzen.

Für das rasche Auffinden einer Versuchsgrenze schlägt SCHWERDTFEGER folgendes vor:

„Es soll zum Beispiel bei der Bearbeitung eines bestimmten Werkstoffes, dessen Bearbeitungseigenschaften unbekannt sind, eine geeigneter Fräsvorschub ermittelt werden, um für die Reihenfertigung günstige Unterlagen zu erhalten. Bei gegebener Schnittiefe und bestimmter Schnittgeschwindigkeit wird man die Vorschubgeschwindigkeit etwa in folgender Weise stufen: 10 — 16 — 25 — 40 — 63 — 100 mm/min usw. Die untere Grenze wird man zwar allgemein annähernd aus der Erfahrung kennen, jedoch soll man lieber etwas zu niedrig als zu hoch beginnen, um sicher über die zweckmäßigste Grenze hinauszugehen. Versagt nun bei einer Vorschubgeschwindigkeit das Werkzeug oder die Maschine, mit andern Worten ist offensichtlich die obere Grenze überschritten, so wird die Vorschubgeschwindigkeit nun wieder erniedrigt, und zwar unter Verwendung von Normungszahlen. So habe sich zum Beispiel die Vorschubgeschwindigkeit 100 mm/min als zu groß, $s = 63$ mm/min jedoch noch als zulässig erwiesen. Als nächste Stufe verwendet man 80 mm/min, was sich wiederum als zu groß erweise. Daraufhin gehe man auf 71 mm/min: sollte sich dieser Vorschub als unnötig niedrig ergeben, wird schließlich der Wert 75 mm/min als gerade gut ermittelt. Somit kann durch wenige Versuche, in diesem Falle nur 9 Einzelversuche von kurzer Dauer ein zuverlässiges, enges, mit 3 % Treffsicherheit[1] eingegrenztes Ergebnis gefunden werden, das zudem noch den Vorteil besitzt, daß es ein sehr großes Gebiet überstreicht und damit dem Versuchsingenieur auch gleichzeitig Beobachtungswerte bei niedrigen Vorschubgeschwindigkeiten übermittelt."

Hieraus ergibt sich die Regel:

Zum Auffinden einer Versuchsgrenze gehe man mit großen Sprüngen vorwärts, gehe bei Überschreitung um den halben Sprung zurück, dann mit einem abermals gehälfteten Sprung vor oder zurück usw.

37 Die Unterteilung stetiger Größenbereiche.

Das rechnerische Vorgehen bei der Unterteilung von Größenbereichen ist in Abschnitt 237 behandelt worden. Hier handelt es sich darum, wie man bei der Unterteilung stetiger Größenbereiche praktisch vorgeht, und zwar einmal, wenn die entstehenden Teilbereiche aneinander anschließen, zum anderen, wenn sie sich gegenseitig überlappen.

[1] Im vorgesehenen Fall würde man sich mit $\pm$ 6 % begnügen und den Wert 71 mm/min wählen.

Für die Überdeckung von Bereichen durch bestimmte Größen war es klar, daß die größte Größe A_g und die kleinste Größe A_k sowie die Bereichszahl $B = \frac{A_g}{A_k}$ Normungszahlen sein sollen. Nicht selten werden Größenbereiche bald durch geometrisch gestufte Zwischengrößen, bald stufenlos überdeckt, z. B. bei Drehzahl-Übersetzungsgetrieben (vgl. Abschnitt 423). Dies ist Anlaß genug, auch für die stufenlosen Bereiche folgende Regel festzusetzen:

Die Grenzgrößen und die Bereichszahl eines stufenlosen Bereiches sollen Normungszahlen sein.

Der allgemeine Zweck, zu dem man einen stetigen Bereich unterteilt, ist der, daß man eine Reihe bestimmter Aussagen über alle denkbaren Größen der einzelnen Teilbereiche machen will.

Beispiele: Preise für Größe *A—F*, *G—K*, *L—P* usw.

Drehzahlen für bestimmte Durchmesserbereiche bestimmter Werkstückarten.

Vorgabezeiten, zum Beispiel für das Einspannen von Wellen verschiedener Gewichtsbereiche in Schleifmaschinen.

Maßtoleranzen für bestimmte Nennmaßbereiche.

In allen diesen Fällen könnten die abhängigen Größen theoretisch auch stetig gestuft werden; man könnte jede abhängige Größe aus Kurven entnehmen. Für den weniger Geübten, insbesondere im allgemeinen Verkehr (man denke z. B. an die Preise von Eiern in verschiedenen Gewichtsbereichen) werden aber *Zahlentafeln* wegen ihrer bequemeren und zuverlässigeren Handhabung bevorzugt. Diese Zahlentafeln ihrerseits sollen gerade zur bequemen Handhabung einen möglichst *geringen Umfang* haben. Dies bewirkt eine möglichst grobe Stufung der Teilbereiche. Es ist oft erstaunlich, wie grob hierbei gestuft wird, oft nicht zum Nutzen der Sache; als Beispiel für eine schon in den zwanziger Jahren angewandte geometrische Stufung seien die früher üblichen Gewichtsklassen für die einheitlichen Preise von Gußeisenstücken aus der allerdings überholten Hamburger Druckschrift genannt.

Klasse:	1	2	3	4	5	6	7	8	9	10	11	12
Bereiche bis	0,1	0,2	0,5[1]	1	2	5	10	25[2]	50	100	250[2]	500	1000	2000	5000

Eine besondere Art von Teilbereichen entsteht, wenn die Aussage sich auf die Anwendung bestimmter Gegenstände auf verschiedene Teilbereiche beziehen soll. Dabei kann es sich um Gegenstände mit festen Größen oder verstellbare Gegenstände handeln.

---

[1] Bis hierher in Werknormen verwandt.

[2] Dafür in manchen Werknormen 20 und 200, was die Reihe R_a 3, Abschnitt 225, bestätigt.

Beispiele:

für Gegenstände mit festen Größen

Drehmeißel mit bestimmtem Querschnitt für Gußeisen-Spanquerschnitte 4×1 bis $8 \times 2\ \text{mm}^2$

Rachenlehrenrohling x für Ø 50—56 mm

„ y „ Ø 56—63 „

für Gegenstände mit verstellbaren Größen

Verstellbare Reibahlen, Größe x für 18 ⋯ 23,6 mm Ø

„ „ „ y „ 21,2 ⋯ 28 „ Ø

Hierbei wird die Gestaltung ein gewichtiges Wort mitzureden haben.

Genau genommen hängt die Größe der Teilbereiche stets von der „*Schwelle*“ der abhängigen Größe ab. Unter Schwelle verstehen wir denjenigen Unterschied zweier aufeinanderfolgender Größen, der für den betreffenden technischen Zweck merklich oder wesentlich ist. Dies gilt für den Preis ebenso wie für den Rohling; im einen Falle überlegt man, ob ein Mehr von x Pfennigen keinen zu großen Sprung bedeutet, im anderen, ob die Herausarbeitung der kleinsten Größe aus dem für die größte Größe auch noch passenden Rohling wirtschaftlich ist.

Folgen Größen der Schwellen im physiologischen Sinn (siehe Abschnitt 13) in geometrischer Folge aufeinander, so gilt dies auch für die meisten Schwellen im technischen Sinn. Dies gibt Anlaß zu der allgemeinen Regel:

Bei der Zuordnung von Teilbereichen stetiger Größen zueinander stufe man im allgemeinen die Teilbereiche der abhängigen nach Normungszahlen. Die Größe der Teilbereiche richtet sich nach der dem jeweiligen Zweck entsprechenden Schwelle.

371 Anschließende Teilbereiche.

Wir betrachten nun die Ermittlung anschließender Teilbereiche. Nach der soeben entwickelten Regel ergeben sich rückwärts die Teilbereiche der unabhängigen Veränderlichen. Diese sind also, wie Bild 371/1 zeigt, gänzlich vom Verlauf der Funktion abhängig. Wenn die Abhängige im kartesischen Koordinatensystem durch eine Gerade 1 dar-

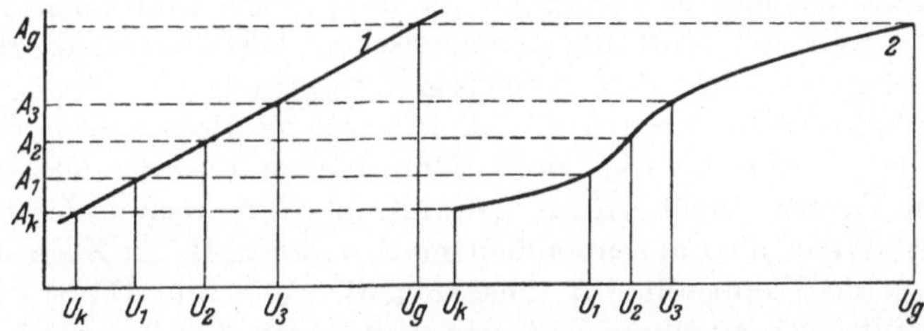

Bild 371/1. Ermittlung von Teilbereichen einer unabhängigen Größe (U) zu geometrischen Stufen einer abhängigen (A).

gestellt wird, dann sind die Teilbereiche zwischen der Unabhängigen U_k und U_g proportional denen der Abhängigen A_k bis A_g. Es können also beide unter den Bedingungen von Abschnitt 237 nach Normungszahlen gestuft werden. Nimmt aber die Funktion einen Verlauf nach einer Kurve wie 2, so werden die Bereiche der Unabhängigen in ihrem flachen Verlauf groß, in ihrem steilen Verlauf klein. Hier können also nicht gleichzeitig die Bereichsgrenzen der Unabhängigen U und der Abhängigen A Normungszahlen sein. Bei einer Potenzfunktion $A = C \cdot U^n$ ersetzen wir den in Bild 371/2a dargestellten Kurvenverlauf im kartesischen Koordinatensystem durch einen geradlinigen Verlauf im doppeltlogarithmischen Netz.

Zweck der Teilbereiche ist nun, einem Teilbereich, z. B. U_1 U_2, *eine* Größe A_{12} zuzuordnen. Dies ist zweckmäßigerweise diejenige Größe,

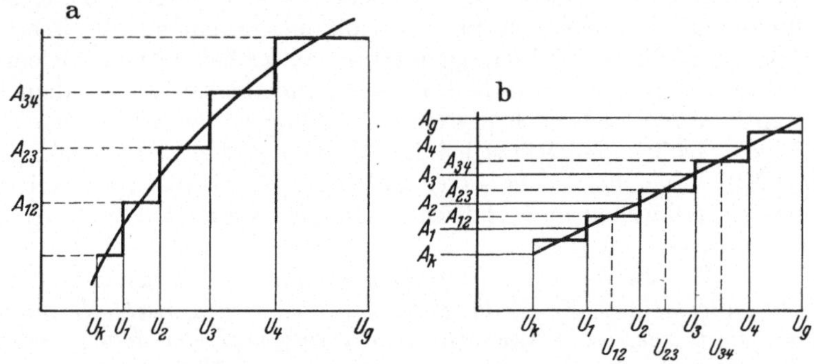

Bild. 371/2 Stufung abhängiger Größen A zu Teilbereichen einer unabhängigen a) im kartesischen Koordinatensystem; b) im doppeltlogarithmischen Koordinatensystem.

die sich für den geometrischen Mittelwert $U_{12} = \sqrt{U_1 \cdot U_2}$ ergibt. Wie A_{12} für den Bereich U_1 bis U_2 gilt, so A_{23} für den Bereich U_2 bis U_3 usf. entsprechend der in Bild 371/2b und darnach auch in Bild 371/2a eingezeichneten Treppe. Häufig werden solche A-Werte nach Gefühl aus einer Kurve wie in Bild 371/2a ermittelt; richtiger und bequemer ist es, sie aus der gestreckten Linie im doppellogarithmischen Netz zu ermitteln, weil sich dort die geometrischen Mittelwerte als Hälftung der Strecken zwischen den Bereichsgrenzen ergeben.

Man halte stets daran fest, daß jede solche *Treppenlinie praktisch der Kurve gleichwertig* sein muß. Man hat ja die Bereiche der abhängigen Größen nicht größer gewählt, als ihre technische Schwelle gestattet. Wenn also aus irgendeinem Grunde, z. B. im Zuge der Entwicklung, die Treppenlinie B (ausgezogen) (siehe Bild 371/3) durch die gleichgestufte Treppenlinie C (gestrichelt) oder durch eine feiner gestufte Treppenlinie D (gepunktet) ersetzt wird, so müssen auch diese

Treppenlinien unter sich als gleichwertig angesehen werden. Man darf in einem solchen Fall nicht entgegenhalten, daß etwa bei F eine abhängige Größe, z. B. eine Toleranz, verkleinert worden sei und daher zu einer Verteuerung führe, denn genau genommen müßte ja die Kurve K selbst die wirtschaftliche Größe (im Beispiel eine Toleranz) darstellen; im übrigen wird die Verringerung bei F durch eine Vergrößerung bei G ausgeglichen.

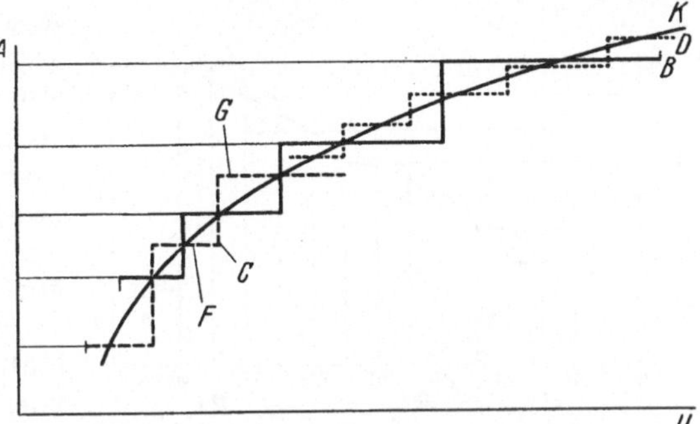

Bild 371/3. Gleichwertigkeit zwischen Kurve und den Treppenlinien B, C und D.

Dient diese schaubildliche Darstellung der Normung als Hilfsmittel, so ist ihr Ziel doch, wie eben erwähnt, eine Zahlentafel, in der den Bereichen der unabhängigen Größen die Aussagen oder abhängigen Größen zugeordnet sind, wie die folgende Aufstellung in einem Beispiel zeigt:

1	Unabhängige Größe	Teilbereiche	0,4 ··· 0,8	>0,8 ··· 1,6	>1,6 ··· 3
2		Mittelwerte	0,56	1,12	2,24
3	Abhängige Größe oder Aussage, zum Beispiel Toleranz gezogener Drähte		16 μ	20 μ	25 μ

Besteht eine Formel zwischen abhängiger und unabhängiger Größe von der Form $A = C \cdot U^n$, so werden für letztere die in Zeile 2 angegebenen geometrischen Mittelwerte eingesetzt.

Was nun den so entstehenden Zahlenstoff anbelangt, so wird der normentechnische Wunsch nach Normungszahlen gemäß obiger Regel in erster Linie für die abhängigen Größen erfüllt; für diese werden natürlich Werte einer möglichst grob gestuften Grundreihe gewählt. Die Werte der Zeile 1, die Bereichsgrenzen der unabhängigen Größen, werden dann entweder überhaupt keine Normungszahlen oder, wenn das zugrunde liegende Potenzgesetz die in Abschnitt 235 dargestellten Bedingungen erfüllt, Normungszahlen einer beliebigen Grundreihe; sie fallen häufig in die Reihe R 40, sei es, daß dazu der Exponent n, sei es, daß der Festwert C den Anlaß gibt.

Die Stufung der unabhängigen Größen spielt auch dann die zweite Rolle, wenn man im Zuge der Entwicklung die Anzahl der Teilbereiche verdoppelt oder hälftet. Dann werden im ersteren Falle zwischen die bisherigen abhängigen Größen neue eingeschoben. Die neu entstehende Treppe muß nun wie die bisherige mit ihren Mittelwerten die Funktionskurve schneiden. Es bleiben also von den waagerechten Treppenteilen bzw. den Bereichen der unabhängigen Größe die Mittelstücke erhalten, und es entstehen neue Bereichsgrenzwerte als geometrische Mittel zwischen den bisherigen Grenzwerten und den bisherigen Mittelwerten.

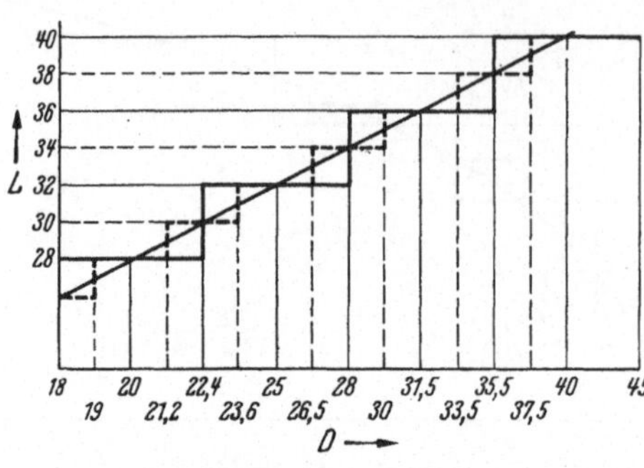

Bild 371/4. Treppenlinie.

Bild 371/4 möge dieses erläutern. Stellen wir uns etwa vor, die Abhängige stelle die Schnittlänge von verstellbaren Reibahlen dar, die entsprechend der Treppenlinie zu den auf der Abszissenachse eingetragenen Durchmesserbereichen D gehören. Dabei möge je eine Reibahlenschaftgröße einen Bereich überdecken. Wenn es nun zweckmäßiger erscheint, die Bereiche der Reibahlenschäfte zu hälften, so bleiben bei solchem Vorgehen die bisherigen Schäfte für die Mittelteile der alten Bereiche bestehen, und nur die Zwischengrößen sind neu auszubilden. Diese Erhaltung der Hälfte kann recht erhebliche Ersparnisse bringen.

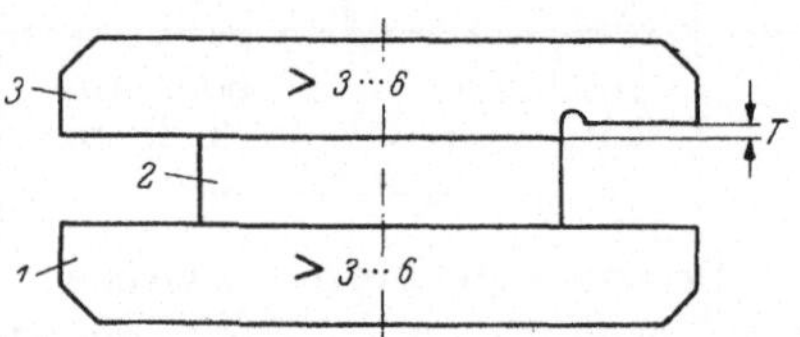

Bild 371/5. Grenzrachenlehre aus Meßbacken, die für einen Durchmesserbereich gelten.

Es gibt aber auch Fälle, in denen es mehr darauf ankommt, die unabhängigen Größen nach Normungszahlen, vornehmlich nach solchen aus grobgestuften Grundreihen, zu stufen. Dies ist dann der Fall, wenn *Gegenstände die Grenzwerte als Bestimmungsgröße* besitzen. Gilt z. B. die Toleranzstufe für geschliffene Bolzen für Teilbereich „über 3 bis 6 mm“ Durchmesser, so kann man dafür gemäß Bild 371/5 Backen 1, 3 zu Grenzrachenlehren vorsehen, deren einer eben geschliffen ist und deren anderer die Toleranzstufe T aufweist. Diese Backengrößen sind daher durch die Bereichsgrenzen „Größe 3 ··· 6“ gekennzeichnet. Welches der unendlich vielen dazwischenliegenden Maße die Gutseite bilden soll, hängt nur von dem Mittelstück *2* ab, mit dem sie zusammengebaut werden. Ein anderes Beispiel bieten Siebe; ihre Bestimmungsgröße bildet den Grenzwert zwischen den Teilbereichen der durchgesiebten Korngrößen. Z. B. wird der Teilbereich zwischen den Korngrößen 25 μ und 40 μ durch zwei Siebe mit den Maschenwerten 25 μ und 40 μ ausgesiebt.

372 Überlappende Teilbereiche.

Die Größenbereiche von Geräten (Arbeitsgeräten, Werkzeugmaschinen, Werkzeugen, Meßzeugen) läßt man häufig sich überlappen. Die entstehenden Überlappungsbereiche wird man gemäß Bild 372/1 geometrisch stufen. Sind die Teilbereichszahlen $B = \varphi^n$ und ist die Überlappungsbereichszahl $B_u = \varphi^u$, so ergibt sich die untere Grenze des zweiten Bereiches zu $C \cdot \varphi^{n-u}$, seine obere zu $C \cdot \varphi^{2n-u}$ und somit die untere Grenze des dritten Teilbereiches zu $C \cdot \varphi^{2(n-u)}$ usw. Wir lesen daraus ab:

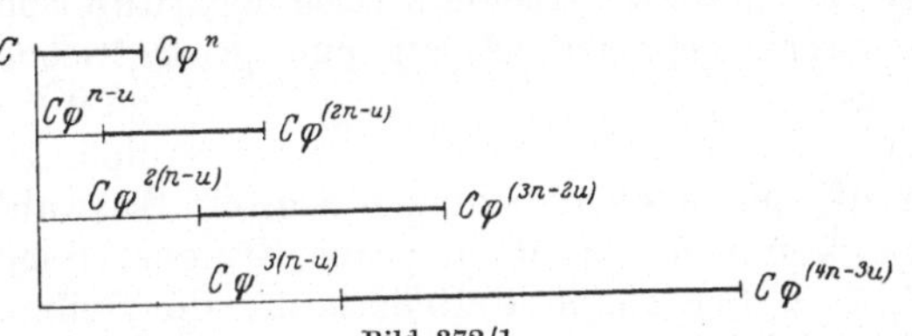

Bild 372/1.
Die Grenzwerte sich gleichmäßig überlappender Bereiche.

Sowohl die unteren als auch die oberen Bereichsgrenzen bilden Normungszahlenreihen mit dem Stufensprung, der gleich dem Quotienten aus Teilbereich und Überlappungsbereich ist:

$$\varphi^{n-u} = \frac{\varphi^n}{\varphi^u}$$

Ein Sonderfall liegt vor, wenn $u = 0{,}5\,n$, d. h. wenn die Überlappung gleich dem halben Bereich ist. Dann ist, wie aus Bild 372/2 hervorgeht, der obere Grenzwert eines Bereiches gleich dem unteren des übernächsten. Es kann also jede beliebige Größe x durch zwei Bereiche dargestellt werden. Dies kann für verstellbare Geräte sehr nützlich sein. Man kann sich beispielsweise unter den Größen von Bild 372/2 Drehzahlen von stufenlosen Getrieben (vgl. Abschn. 423) vorstellen. Besitzt eine Werkstätte beispielsweise vier Maschinen mit diesen Drehzahlenbereichen, so besteht für jede benötigte Drehzahl die Wahl zwischen zwei Maschinen.

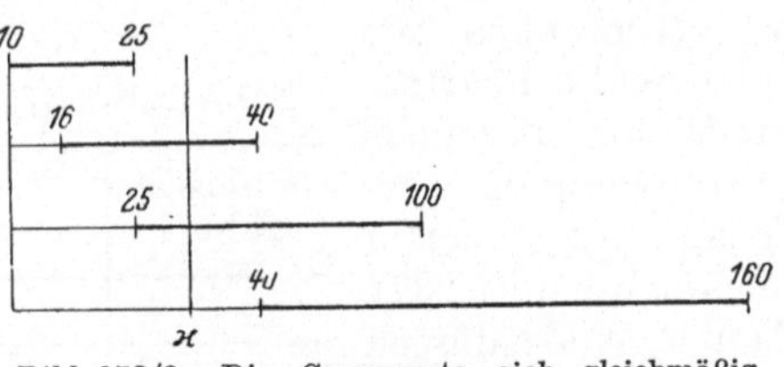

Bild 372/2. Die Grenzwerte sich gleichmäßig überlappender Bereiche.

Für den Hersteller verstellbarer Geräte ergibt sich folgender verkaufstechnischer Vorteil aus einer gleichmäßigen Überlappung: Es kann nämlich jeder beliebig liegende bestellte Bereich aus dem Vorrat gestufter Größen ohne weiteres geliefert werden, wenn er nicht größer als der Überlappungsbereich ist. Je größer man einen Teilbereich an einem Gerät im Verhältnis zu den *benötigten* Teilbereichen wirtschaftlich herstellen kann, mit desto weniger Bereichen überdeckt man alle Teilbereiche im Gesamtbereich.

373 Normungszahlen in der Statistik.

In der Statistik liegt häufig die Aufgabe vor, Bereiche stetiger Größen in Teilbereiche zu unterteilen, um jedem die entsprechende statistische Zahl zuzuordnen. Handelt es sich dabei um Häufigkeitsverteilungen, so gilt als Regel, daß die Klassenbreiten logarithmisch gleich seien, d. h. daß die Grenzwerte der Klassen eine geometrische Reihe bilden. Hierfür liegt es nahe, die Stufensprünge der Normungszahlen und für die Grenzwerte Normungszahlen selbst zu wählen. In Zahlentafel 222/2 ist dafür die schon oben behandelte große Auswahl gegeben. Für diesen Zweck kommen vor allem grobe Stufensprünge wie 1,6 in der Reihe R 5, 2 in der Reihe R 10/3, ferner die Reihen R_a 3 und R_a 2 (siehe Zahlentafel 225/2) und schließlich die Reihe R 1 (1—10—100 ···) in Betracht. Außerdem erweisen sich gruppengeometrische Reihen (Abschnitt 243) als brauchbar. Gegebenenfalls kann man hieraus auch zusammengesetzte Reihen (Abschnitt 223) bilden. Einige Beispiele mögen die Nützlichkeit dieses Vorgehens zeigen:

1. Statistik der Einwohner eines Landes verteilt auf verschiedene große Orte; die Ortsgrößen werden geometrisch gestuft.

2. Produktionsstatistik elektrischer Kondensatoren von 10 Pikofarad bis 100 Mikrofarad oder 10^{-11} bis 10^{-4} Farad gestuft nach bis 10^{-10} $> 10^{-10} \cdots 10^{-8}$ $> 10^{-8} \cdots 10^{-6}$ Farad usw.

Bedient man sich bei der Statistik der *Lochkarten*, so wird man danach streben, die Zahl der Bereiche auf zehn oder etwas weniger zu beschränken, um mit einer Lochkartenstelle auszukommen (Ermittlung des Stufensprungs hierfür siehe Abschnitt 237). Man verschlüsselt dann die Bereichszahlen in Lochkartennummern. Als Beispiel diene eine Statistik über die Seitenzahl von Büchern (Zahlentafel 373/1). Jedem Bereich ist eine Schlüsselzahl A gemäß Spalte 1 zugeordnet; die Bereiche seien nach Spalte 2 gestuft.

Zahlentafel 373/1. Seitenzahlen von Büchern.

Schlüsselzahl *A*	Wirkliche Seitenzahl	Mittelwerte	Schlüsselzahl *B*
1	2	3	4
0	$>$ 16 ... 32	22	2
1	$>$ 32 ··· 64	45	4
2	$>$ 64 ··· 128	90	8
3	$>$ 128 ··· 256	180	16
4	$>$ 256 ··· 400	315	28
5	$>$ 400 ··· 640	500	45
6	$>$ 640 ··· 1024	800	71
7	$>$ 1024 ··· 1600	1250	112

Die Normungszahlen sind hierfür so *abgewandelt*, daß sie ganze Vielfache von 16 bilden, da Bücher meistens ganze Anzahlen Bogen von je 16 Seiten umfassen.

Besteht aber die statistische Aufgabe nicht nur darin, die Größe an sich zu erfassen, sondern sie in der Tabelliermaschine zusammenzuzählen, dann locht man den geometrischen Mittelwert des betreffenden Bereichs (Spalte 3), der wiederum eine Normungszahl ist. Um hierbei an Lochstellen zu sparen, führt man die Zahlen durch Teilung mit dem größten gemeinschaftlichen Teiler (im Beispiel Normungszahl 11,2) auf möglichst kleine Zahlen zurück, die bei diesem Verfahren wieder Normungszahlen werden (Schlüsselzahl B in Spalte 4) und vervielfacht hernach die Summe wieder mit 11,2.

Beispiel 2: Technische Bücher sollen nach Auflagehöhe erfaßt werden. Hierfür wählen wir einen verhältnismäßig feinen Stufensprung, nämlich 1,4, und kommen damit auf die Reihe R 20/3 (500 ···)

500 710 1000 1400 2000 2800 4000.

Da hierbei die Zahlen 710, 1400, 2800 statistisch unbequem sind, ersetzen wir sie durch 750 1500 3000 ··· und wandeln damit die Reihe zur gruppengeometrischen Reihe Rgg $\left|\begin{matrix}2 & 3\\ 4 & \ldots\end{matrix}\right| \times 250$ ab. Wir teilen diese wirklichen Zahlen durch 250 und lochen die Zahlen der Reihe Rgg $\left|\begin{matrix}2 & 3\\ 4 & \ldots\end{matrix}\right|$. Mit zwei Lochkartenstellen wird also ein Bereich von $250 \cdot 2 = 500$ bis $250 \cdot 96 = 24000$ beherrscht.

In dieser Reihe sind die Bereichsgrenzen durchschnittlich um $\sqrt{1,4} = 1,18$ mal größer als der geometrische Mittelwert jenes Bereiches. Statistische Summen sind aus den gekürzten Zahlen daher durch Vervielfachen mit 250 und Teilen durch 1,18 oder allein durch Lochen der Mittelwerte zu erhalten.

38 Stufung von Toleranzgütegraden.

Bei diesem Abschnitt handelt es sich nicht um die Abweichungen bestimmter Größen von den Normungszahlen; dies ist in Abschnitt 236 behandelt. Es soll vielmehr die Anwendung der Normungszahlen auf das Toleranzwesen gezeigt werden.

Es gibt kaum ein Erzeugnis, das nicht in verschiedener Güte gebraucht wird. Daraus ergibt sich, daß man aus wirtschaftlichen Gründen der Fertigung verschieden große Toleranzen zugesteht. Dieser Grundsatz hat seine weitgehende Anwendung bei der Schaffung der ISA-Toleranzen gefunden. Nimmt man die Toleranzreihe IT 6[1], die das 10fache der Toleranzeinheit i ist,

$$i = 0,45 \cdot \sqrt[3]{D} + D/1000 \quad (D \text{ in mm, } i \text{ in } \mu)$$

als Grundreihe an, so folgen die weiteren sog. ISA-Qualitäten mit dem Stufensprung 1,6, also mit Faktoren der Reihe R 5.

---

[1] DIN-Norm 7150, dort auch Begründung für die andere Stufung der feineren Qualitäten.

Toleranzeinheiten	IT 6	IT 7	IT 8	IT 9	IT 10	IT 11 ···
R 5 (10 ··· 2500)	10 i	16 i	25 i	40 i	64 i[1]	100 i

Daraus ergibt sich unmittelbar der bekannte Vorteil, daß sich die Zahlen nach jeweils fünf Qualitäten als 10fache Werte wiederholen. Die Qualität IT 11 weist also dieselben Toleranzzahlen auf wie IT 6, nur mit einer angehängten Null. Ebenso sind die Toleranzen der Qualitäten IT 12, IT 13 ··· die 10fachen von IT 7, IT 8 ··· Dies zeitigte 1944 folgenden großen Vorteil: Als man noch gröbere Toleranzqualitäten als IT 16 brauchte, konnte man die Toleranzen für die Qualitäten 17 und 18 ohne weiteres hinschreiben, weil sie die 10fachen der Qualitäten 12 und 13 sein müssen, ohne daß es hierzu neuer Beratungen bedurft hätte.

Für dieses ganze System gilt also: Das Verhältnis der Toleranzen einer Qualität zu denen der vorhergehenden bleibt gleich und ist 1,6. Dieser einfache Grundsatz macht es der Praxis leicht, Herstellungsverfahren und Bearbeitungszeiten den verschiedenen Qualitäten zuzuordnen.

Eine zweite Anwendung auf dem Toleranzgebiet haben die Normungszahlen bei der Stufung der Nennmaßbereiche erfahren; dabei lagen die Erkenntnisse des Abschnitts 37 noch nicht vor. Man legte das Hauptaugenmerk auf die Stufung der Nennmaßbereiche und nicht auf die Toleranzen. Leider war man noch bei der Schaffung des ISA-Systems an alte Stufungen gebunden, und es war nur möglich, über 250 mm im Sinne von Abschnitt 237 die Durchmesser als Unabhängige nach der Normungszahlenreihe R 10 (250 ···) zu stufen. Daraus ergaben sich sofort wieder praktische Vorteile: über 500 mm, wo bisher in keinem Lande Normen bestehen, war ohne weiteres die Fortsetzung dieser Reihe für die Nennmaßstufung gegeben. Als es sich bei Abmaßen der Preßpassungen und der weiten Spielpassungen, die sich mit wachsendem Nennmaß sehr stark ändern, darum handelte, die Abmaßstufen der theoretischen Kurve möglichst nahe anzupassen, schritt man zu einer Unterteilung der bisherigen Nennmaßstufung und konnte so noch wesentlich mehr Durchmesserbereiche an Normungszahlen anpassen, indem man die Reihe R 20 benutzte:

grobe (alte) Stufung:	120			180			250		315
feine ,, :	120	140	160	180	200	224	250	280	315

Eine dritte Anwendung ergab sich bei der Stufung der Übermaße der Preßpassung. Dabei ging man von den Kleinstübermaßen U_k der Wellen aus, die mit H 7-Bohrungen gepaart sind. Während man bei den dünnsten Wellen (leichtesten Preßpassungen) sich an andere Gegeben-

[1] Aus der Zeit vor der internationalen Einigung über die Normungszahlen.

heiten des Systems anzupassen hatte, ergab sich für die Preßpassungswellen von s ab aus der Formel $U_k = \beta \cdot D$ (D = Paßdurchmesser in Millimeter) für das bezogene Übermaß β die Reihe R 10 10^{-3}.

Oben war angedeutet, daß man gemäß Abschnitt 37 die Toleranzwerte selbst noch besser den Normungszahlen hätte anpassen können, wenn man nicht zu stark an die bisherigen Systeme gebunden gewesen wäre. Lediglich im Bereich 120—180 mm sind die Toleranzen Normungszahlen, und zwar in

Qualität	IT 6	IT 7	IT 8 ···
Toleranz R 5 (25 ···)	25	40	63 ···

In Abschnitt 226 wurde gezeigt, wie dies als Gedächtnisstütze benutzt werden kann.

Eine völlige Anpassung, d. h. eine gleichzeitige Stufung der Toleranzen und der Durchmesserbereiche nach Normungszahlen, ist nicht möglich, weil ihr Zusammenhang die in Abschnitt 237 dargelegte Bedingung $A = C \cdot B^x$ nicht erfüllt.

Eine viel weitergehende Anwendung der Normungszahlen hat BERNDT dem ISA-Komitee 2, *Gewindetoleranzen*, in einem Entwurf vorgeschlagen, der, gleichgültig, ob er eingeführt werden wird oder nicht, zeigt, daß es möglich ist, das ganze früher so sehr verwickelt erschienene System von Toleranzzahlen für Flankendurchmesser ungeheuer zu vereinfachen, indem man als Toleranzzahlen nur Normungszahlen nimmt. Die Zahlentafel 38/1 zeigt, daß dieses ganze System mit 20 Zahlen (10fache nicht gezählt) beherrscht werden kann. Die

Zahlentafel 38/1.

Flankendurchmessertoleranzen für sämtliche Gewinde[1].

Mittl. Ø	Metr. Gew.[1]	Toleranzen in μ (1 μ = 0,001 mm) Reihen								
		4	5	6	7	8	9	10	11	12
1,25	0,8 bis 1,7	22	28	36	45	56	71	90	112	140
3,15	2 „ 5,5	32	40	50	63	80	100	125	160	200
8	6 „ 11	45	56	71	90	112	140	180	224	280
20	> 11 „ 33	63	80	100	125	160	200	250	315	400
50	> 33 „ 80	90	112	140	180	224	280	355	450	560
125	> 80 „ 150	125	160	200	250	315	400	500	630	800

[1] Die Zuordnung zu den anderen Gewinden (Whitworth-, Whitworth-Rohr-, Trapez-, Rund- und Sägengewinde) sind der Kürze halber nicht angegeben.

Reihen (Toleranzqualitäten) sind jeweils nach $R_a\frac{20}{2}$ (22 ···) bzw. R_a 10, also halb so grob gestuft wie die ISA-Toleranzen für Rundpassungen. Von ihnen entspricht jedoch z. B. bei 0,8 · *d* Einschraublänge (Einschraublängenbereich über 0,5 · *d* bis 1,25 · *d*) die Reihe 6 etwa dem bisherigen Gütegrad fein, die Reihe 8 mittel und die Reihe 10 grob. In bezug auf die bisherigen Gütegrade beträgt der Sprung also $1{,}25^2 = 1{,}6$ und ist damit, unabhängig festgestellt, genau so groß wie bei den ISA-Toleranzen. Für andere Einschraublängenbereiche, z. B. über 0,2 · *d* bis 0,5 · *d*, gelten die Reihen 5, 7, 9 für fein, mittel, grob, also auch hier wieder der Sprung 1,6, nur mit dem Unterschied, daß die Zahlenwerte 1,25mal kleiner sind. Entsprechendes gilt für größere Einschraublängen, bei denen dann die höheren Reihen zur Anwendung gelangen.

Die Stufung der Toleranzen nach den Durchmessern folgt den Reihen R 20/3 mit dem Stufensprung 1,4. Die der Berechnung zugrunde gelegten mittleren Durchmesser der Bereiche in Spalte 2 folgen der Reihe $R\frac{10}{4}$ (1,25 ··· 125). Dadurch wird es überhaupt erst möglich, die Toleranzgrößen dem Gedächtnis der Werkstattleute nahezubringen.

Die *Verzahntoleranzen* (Schr. 35) passen sich ebenfalls in ihren Werten und ihren Bereichen den Normungszahlen an.

Eine weitere bedeutsame Anwendung haben die Normungszahlen auf dem Nachbargebiet der Maßtoleranzen, nämlich den Zahlenwerten für die *Oberflächenrauhigkeit*, gefunden. Dort galt es, wieder einen riesigen Bereich zu überbrücken, der durch die gesamte mechanische Technik geht. Von der feinst polierten optischen Fläche bis zur rauh gehobelten Riesenplatte im Großmaschinenbau gehen die Rauhtiefen von 0,1 bis 4000 μ, Bereichszahl $B = 40000$. Wir finden in dem Vorschlag zu DIN 7183 Bl. 2 folgende Festlegung:

Rauhtiefen R_a 5 (0,6 ··· 4000)

(die kleineren Werte sind mangels genügender Kenntnisse noch nicht in die Reihe aufgenommen).

Die durch die Rauhtiefenwerte festgelegten Teilbereiche haben noch eine besondere Eigenart: sie schließen sich nämlich gegenseitig nicht aus. Im allgemeinen wird eine Rauhtiefe nur als obere Grenze angegeben, so daß jeder Bereich zulässiger Rauhtiefen von Null an geht. Die Fälle, in denen die Rauhtiefe nach unten begrenzt sein muß, m. a. W. wo eine Mindestrauhigkeit vorgeschrieben wird, sind zur Zeit noch selten. Auf alle Fälle ist man dabei aber in der Wahl der unteren Grenze völlig frei, sofern man dafür nur einen der genormten Werte benutzt. Es sind also z. B. gleichzeitig folgende Bereiche möglich:

0 ··· 25 4 ··· 10 10 ··· 40 10 ··· 25

Es möge nicht unerwähnt bleiben, daß hierbei die Normungszahlen sich als methodisches Hilfsmittel erwiesen haben, das viel rascher zum Erfolg führte als frühere Methoden. Vor einigen Jahrzehnten wäre man vermutlich so vorgegangen, daß man zahllose Messungen an ausgeführten Flächen gemacht und versucht hätte, Bereiche etwa für fein geschlichtete, geschlichtete, geschruppte Flächen und diese wieder unterteilt nach Flächengröße und Verfahren (Hobeln, Drehen, Fräsen, Schleifen) festzulegen. So aber war auf Grund aller Ergebnisse über die geometrische Stufung technischer Größen klar, daß man einen so großen Bereich nur in geometrischen Stufen überdecken könne und daß man selbstverständlich als Grundnorm die Normungszahlen heranzuziehen habe. So war es möglich, zu einer Zeit, in der die technische Oberflächenkunde von G. SCHMALTZ (Schr. 61) gerade der technischen Welt bewußt gemacht worden war, wo also noch äußerst wenige praktische Erfahrungen vorlagen, sofort ordnend einzugreifen und sozusagen ein Gefach zu bilden, in dem jede denkbare Rauhigkeit ihren bestimmten Platz finden würde. So konnte die Norm die Entwicklung in der Rauhigkeitsordnung frühzeitig begleiten. Es war aber noch ein großer Gewinn entstanden. Indem man sich mit dem geometrischen Zahlenskelett von technischen Grenzen frei machte, löste man sich von dem augenblicklichen technischen Stand etwa des Feindrehens oder des Schleifens. Die Ordnung gilt für alle Zukunft, und es kann jedes neue Verfahren, das bestimmte Oberflächenrauhigkeiten zu erzielen gestattet, eingeordnet werden. Gebiete, die einandern fern lagen, verständigen sich mittels der neu gewonnenen Zahl, so etwa die Mechanik hinsichtlich der Reibungswerte für feste Körper sowie für die Wandreibungen von Flüssigkeiten und Gase, die Passungsmechanik, die Optik in bezug auf Durchlässigkeit und Reflexion, die Wärmelehre hinsichtlich des Wärmeüberganges u. dgl. m.

39 Beziehungen zu älteren Maßgrundnormen.

Schon in Abschnitt 3 ist darauf hingewiesen worden, daß ältere Normen im allgemeinen nicht allein zu dem Zweck zu ändern seien, um sie den Normungszahlen anzupassen. Damit entsteht die Frage, ob überhaupt Beziehungen zwischen Normungszahlen und solchen älteren Normen bestehen. Vor allem handelt es sich dabei um so wichtige Grundnormen wie die metrischen Gewinde, die Vierkante und die Sechskante, die beide zum Teil als Schlüsselweiten gelten, sowie die Teilungen von Zahnrädern. Diese Frage prüfen wir unter dreierlei Gesichtspunkten:

a) Ist eine geometrische Stufung und sind damit Normungszahlen grundsätzlich für die betreffende Reihe geeignet?

b) Finden wir in der betreffenden Reihe bereits Normungszahlen vor?

c) Lassen sich unter den vorhandenen Werten Vorzugswerte finden, die *etwa* genormte Stufensprünge ergeben?

Die erste Frage ist für alle obenerwähnten Maßreihen zu bejahen, denn sie alle müssen einen ziemlich großen Bereich bedecken, was, wie wiederholt erwähnt, am besten durch geometrische Stufung erfolgt. Außerdem sind alles Baumaße, die, strenggenommen, unter den Abschnitt 311 fallen. Besonders spricht für die Normungszahlen der Zusammenhang mit Durchmessern. Ja, wir werden ernste Störungen in unseren Baumaßen gerade darin finden, daß diese Grundnormen sich der Durchmessernorm nicht anpassen. Wenn nämlich einer gewissen Anzahl von Durchmessern, die ihrerseits geometrisch nach Normungszahlen gestuft sind, Gewinde oder Vierkante oder Sechskante zuzuordnen sind, dann liegt es auf der Hand, daß dafür ebenso viele Größen vorzusehen sind, wie Durchmesser vorhanden sind. Wenn nun aber zwischen dem größten und kleinsten Sechskant, das den betreffenden Durchmessern richtig zugeordnet ist, weniger Zwischengrößen bestehen als Durchmesser, so muß an einer oder mehreren Stellen zwei nebeneinanderliegenden Durchmessern dasselbe Sechskant zugeordnet werden. Man wird also befürchten müssen, daß es für einen Durchmesser etwas zu groß und für den nächsten etwas zu klein ist; jedenfalls tritt eine Störung der Reihe ein. Bei den Zahnrädern werden wir finden, daß die Umstellung auf NZ außerordentliche Vorteile bringen würde.

391 Metrische Gewinde.

Wir beschränken uns auf die Metrischen Gewinde, da nur sie in technisch vernünftigen Beziehungen zu metrischen Durchmessern stehen.

Grobgewinde. *Zu Frage b:* In DIN 13 und 14 finden wir eine Reihe von Durchmessern, die Normungszahlen (Rundwerte) sind, nämlich die einzelnen Durchmesser 22 36 45 60 mm.

Daneben entsprechen ganze Reihenteile den Normungszahlen wie die Durchmesser 1 1,2 1,4 und vor allem der Hauptbereich

3 4 5 6 7 8 9 10 11 12 14 16 18 20 22
← R_a 10 → ← R_a 20 →

Schon die Praxis hat die meisten Zwischenwerte von R_a 20 vom Gebrauch ausgeschlossen, so daß wir in völliger Anlehnung an DIN 3 die Reihe R_a 10 (3 ⋯ 20) als *Gewindevorzugsreihe* vorfinden, die hier wegen ihrer Wichtigkeit nochmals wiederholt sei:

M 3, M 4, M 5, M 6, M 8, M 10, M 12, M 16, M 20

Zu Frage c tragen wir sämtliche Werte in NZ-Papier ein (Bild 391/1). Hieraus suchen wir uns aus den bekanntlich vorzugsweise zu verwendenden Grundreihen die Normungszahlen heraus, die den bestehen-

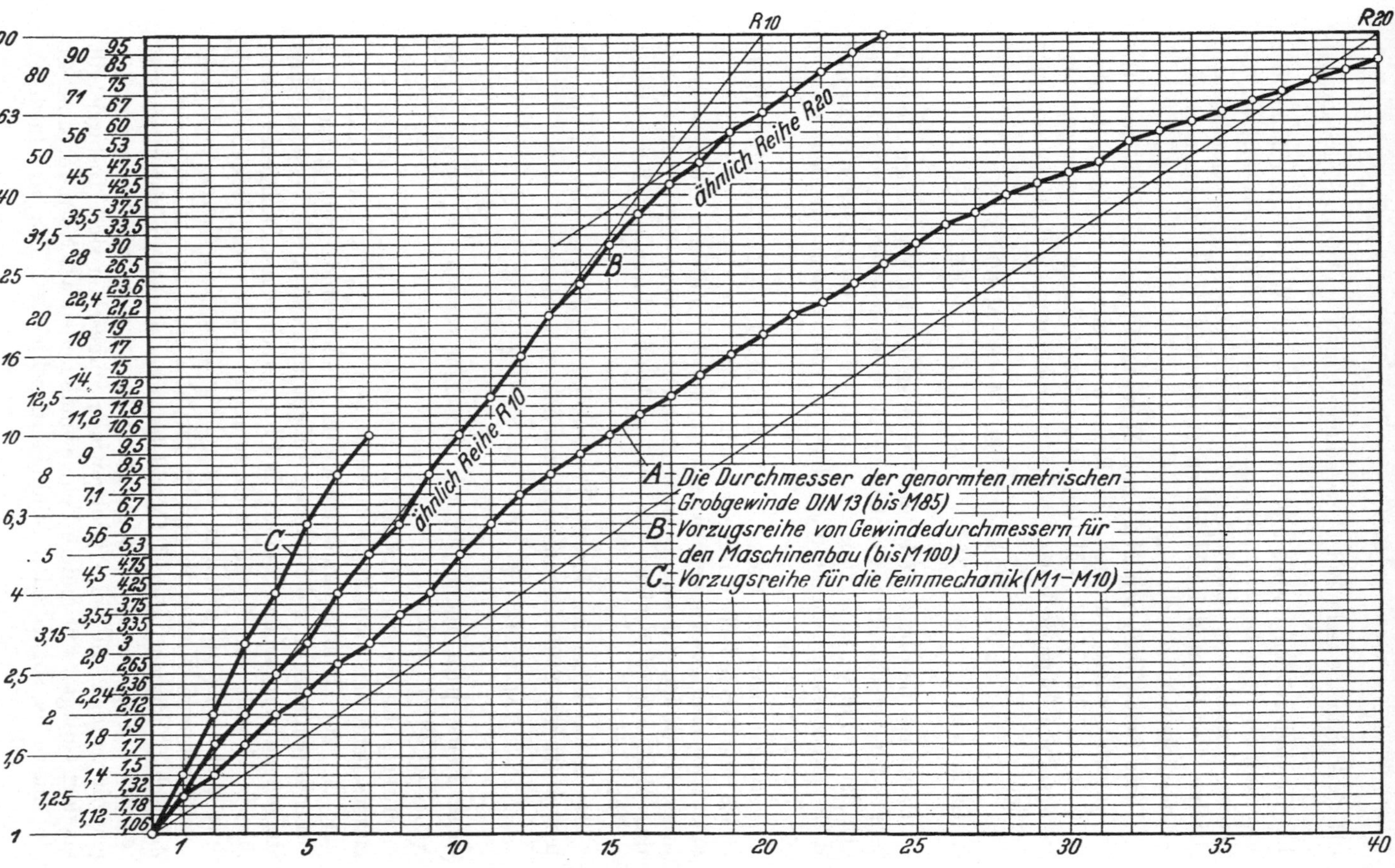

Bild 391/1. Durchmesserstufung des metrischen Gewindes.

den Gewindegrößen jeweils am nächsten liegen. Wir erfüllen damit den oben aufgestellten Leitsatz, daß einer gegebenen Durchmesserreihe eine gleiche Anzahl von Gewinden zugeordnet wird, die insgesamt den gleichen Bereich und im einzelnen einigermaßen den gleichen Stufensprung haben.

Diese Reihe kann mit M 24 und M 30, an Stelle der NZ 25 und 31,5 verlängert werden; nun geht die Reihe B in eine solche über, die etwa R 20 entspricht (M 56 ··· M 100). Dazwischen liegen Übergangsgrößen. Daraus kann folgende Vorzugsreihe in Anlehnung an R_a 10 entnommen werden:

	M 24	M 30	M 39	M 48	M 60	M 80
an Stelle von	25	31,5	40	50	63	80

Daher ist die obere Reihe als Vorzugsreihe der Metrischen Gewinde bereits für verschiedene Zwecke angenommen worden. Schwer fällt es sich der Reihe R_a 20 anzupassen, da beispielsweise zwischen M 30 und M 39 und zwischen M 39 und M 48 je zwei Gewindegrößen, also je drei Schritte liegen.

Versucht man die Reihe M 30 M 33 M 39 M 42 M 48 M 52 M 60, so ist man technisch durchaus nicht befriedigt. Hier wird es Fälle geben, wo man gezwungen ist, sich umgekehrt mit den Durchmessern dieser Gewindenorm anzupassen. Praktisch kommt das Grobgewinde über M 20 immer weniger vor, weil es häufig durch das Feingewinde ersetzt wird.

Im unteren Bereich für die Feinmechanik läßt sich eine Reihe mit dem mittleren Stufensprung 1,4 ziemlich gut bilden:

M 1 M 1,4 M 2 M 3 M 4 M 6 M 8

(diese Reihe paßt recht gut zur Durchmesserreihe R_a 20/3 (1 ··· 8) (vgl. Bild 391/1 Linie *C*).

Metrische Feingewinde. *Zu Frage b:* In den DIN-Normen sind entsprechend den vielfältigen Bedürfnissen der Praxis vom Maschinenbau bis zur feinmechanischen Optik Feingewinde mit zahlreichen Außendurchmessern und für jeden Außendurchmesser mit verschiedenen Steigungen vorgesehen. Hieraus sind für verschiedene Fachgebiete Auszüge in Gestalt von Fachnormen gemacht worden, die jedoch damals einer rechtzeitig aufgestellten Auswahlrichtlinie entbehrten und nicht übereinstimmen. Vorherrschend ist darunter eine Auswahlreihe aus den Metrischen Feingewinden, DIN 243 (entsprechend dem bisherigen sog. Feingewinde 3), bei der die gleichen Durchmesser als Vorzugsgrößen gewählt wurden, die beim Grobgewinde vorgesehen sind. Insoweit gilt das dort Gesagte. Für andere Feingewinde finden wir Normdurchmesser oder bisweilen sogar jeden Millimeterdurchmesser. Die verschiedenen

Reihen weisen also recht verschiedene Größen auf, von denen ein großer Teil gleichzeitig Normungszahlen entspricht. Diese Gewinde gehören zum verhältnismäßig kleinen Teil Normteilen an und finden sich viel mehr an Sonderbauteilen. Hier stehen daher der Einführung einer einheitlichen Auswahl bei weitem nicht die Schwierigkeiten entgegen, die sich etwa bei einer Änderung der Grobgewindedurchmesser ergeben würden.

Zu Frage c ist hinsichtlich der Wahl von Vorzugswerten zu prüfen, ob der Zusammenhang zwischen Feingewinden und Grobgewinden oder zwischen Feingewinden und Normdurchmessern zwingender ist. Daß ein Gestalter einen Gewindedurchmesser festlegt und sich erst nach Fertigstellen einer Zeichnung überlegt, ob er diese Gewinde als Grob- oder als Feingewinde ausführen soll, dürfte kaum vorkommen. Dies muß zusammen mit dem Durchmesser überlegt werden. Dagegen kann es vorkommen, daß man in bestehende Maschinen oder Anlagen eingebaute Grobgewindeschrauben durch Feingewindeschrauben, z. B. in Rohrleitungen, ersetzt. Dann kann es u. U. zu Schwierigkeiten führen, wenn man M 28 × 1,5 statt M 27 oder M 25 × 1,5 statt M 24 einbauen will. In umgekehrten Fällen, wie M 32 × 1,5 statt M 33, entstehen jedoch keine Schwierigkeiten.

Auf der anderen Seite ist der *Zusammenhang zwischen Feingewinden und Normdurchmessern unlösbar*. Feingewinde befinden sich sehr häufig neben einem anschließenden glatten Zylinder (Bild 391/2a und b). Es wäre mehr als unwirtschaftlich, einem vom Normdurchmesser abweichenden Gewindedurchmesser zuliebe Welle oder Rohr vorher auf einen anderen Durchmesser abzudrehen, zumal man gerade beim Rohr dadurch erheblich an Festigkeit verlieren würde. In Fällen wie Bild c befindet sich das Feingewinde zwischen zwei Durchmessern d_1 und d_3; dabei kommt es häufig darauf an, deren Unterschied so klein als irgendmöglich zu halten. Dies ist wiederum nur möglich, wenn der Gewindedurchmesser d gleich dem nächst größeren Durchmesser d_3 ist.

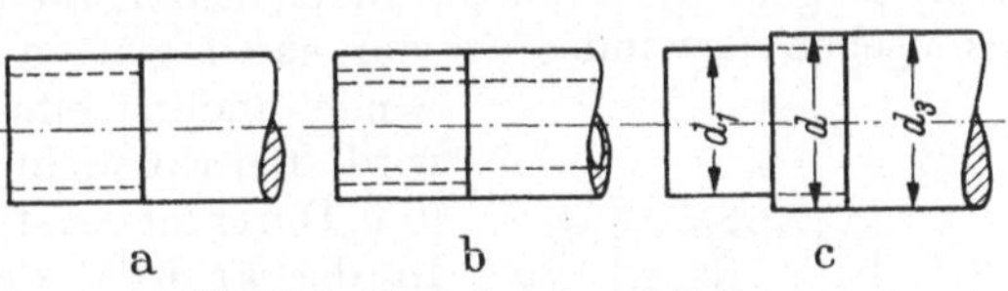

Bild 391/2. Gewinde neben Zylindern.

Normentechnisch ergibt sich hieraus der eindeutige Vorschlag, *die Außendurchmesser der Metrischen Feingewinde nach den Vorzugsreihen von DIN 3* zu stufen. Sofern für bestimmte Zwecke andere Feingewindedurchmesser gebraucht werden, können sie ebenso wie in DIN 3 als Ergänzungsmaße in die Norm aufgenommen werden. Einen Ausschnitt aus einer solchen Norm zwischen 10 und 32 mm zeigt folgende Aufstellung. Auf eine Spalte $R_a\,5$ ist verzichtet, weil eine solche Reihe für Feingewinde zweifellos zu grob wäre (s. Zahlentafel 391/1, S. 196).

Zahlentafel 391/1.
Metrische Feingewinde. Maße in mm.

R_a 10	R_a 20	Ergänzungsmaße	Zugehörige Steigungen[1]		
			1	1,5	2
10	10		×		
	11		×		
12	12	13		×	
	14			×	
16	16	15 17 19		×	
	18			×	
20	20	21		×	
	22			×	
25	25	23 24 26		×	
	28	27 30			×
32	32	33 34 35			×

392 Vierkante, Sechskante, Achtkante.

Vierkante als Querschnitte rechteckiger Körper richten sich ohne weiteres nach DIN 3; ein Beispiel bietet DIN 770, Querschnitte für Schneidmeißel.

Hier sollen Vier-, Sechs- und Achtkante betrachtet werden, die sich an Schrauben oder Spindeln befinden und der Übertragung eines Drehmomentes von einem Bedienteil auf diese dienen. Es handelt sich also um ihre Zuordnung zu Durchmessern. Als Durchmesser kann jeder beliebige einer stetigen Reihe in Betracht kommen, so bei manchen Werkzeugen, wie z. B. Gewindebohrern, für alle möglichen in- und ausländischen Gewinde, wo auf einen glatten Schaft einerseits das Gewinde, andererseits das Vierkant eingearbeitet wird. Bei Spindeln dagegen haben wir es nur mit Durchmesserstufen nach DIN 3 zu tun. In der Frühzeit der Normung ließ man sich durch diese zwei Tatbestände dazu verleiten, verschiedene Reihen aufzustellen. Für die erstere wurde gemäß Bild 392/1 folgende Bedingung gestellt:

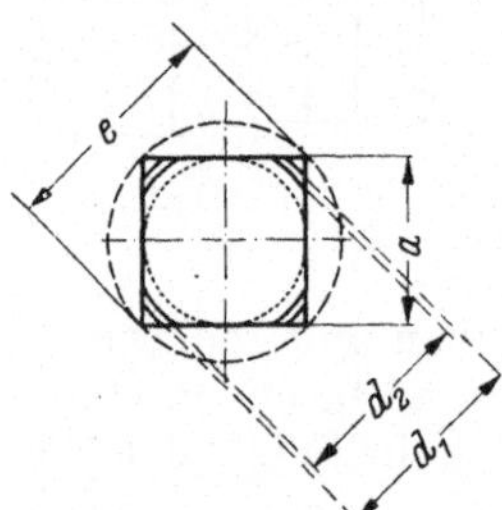

Bild 392/1. Größter und kleinster Schaftdurchmesser beim Werkzeugvierkant.

Ein Vierkant von der Seitenlänge a soll an einem runden Schaft vom Durchmesser d_1 keine zu scharfen Ecken und an einem Schaft vom kleineren Durchmesser d_2 keine zu stark verkürzten Vierkantflächen erzeugen. Daraus ergaben sich bestimmte Verhältnisse $\frac{d_1}{e}$ (e = Eckenmaß über die scharf gedachten Ecken) und $\frac{d_2}{d_1}$. Da die Anpassung an eine stetige Durchmesserreihe gefordert ist, so muß das dem nächst kleineren Vierkant entsprechende $d'_1 = d_2$ sein. Diese Vierkante bilden daher eine streng geometrische Reihe. In DIN 10

[1] Die Angaben hierfür sind nur Beispiele und bedeuten keinen Vorschlag.

sind die Verhältnisse $\frac{d_1}{e} = 0{,}943$, $\frac{d_2}{d_1} = 0{,}875 \cdots 0{,}92$ gewählt worden. Wären damals die Normungszahlen schon bekannt gewesen, so wäre es ein Kleines gewesen, sich diesen mit den Werten

$$\frac{d_1}{e} = 0{,}95 \text{ und } \frac{d_2}{d_1} = 0{,}9$$

anzuschließen (s. Zahlentafel 392/1). Damit würden dann in der Reihe zwischen dem Vierkant 2,5 und 100 statt 34 Größen sogar einige weniger, nämlich 32 gebraucht. Die Übereinstimmung mit DIN 3 hätte sich damit von selbst ergeben. Wir verzeichnen dieses Beispiel als einen neuen mathematischen Zusammenhang zwischen der geometrischen Reihe und einer technischen Aufgabe.

Zahlentafel 392/1.
Vierkante nach Normungszahlen. Zuordnung für glatte Schäfte von Werkzeugen und Spindeln nach Bild 392/3a.

Vierkant-schlüssel-weite K	Vierkant-eckenmaß (scharf) e	glatte, zugehörige Schäfte von d_2	bis d_1
10	14	11,8	13,2
11,2	16	13,2	15
12,5	18	15	17
14	20	17	19
16	22,4	19	21,2
18	25	21,2	23,5
20	28	23,5	26,5

Die *Vierkante für Spindeln* und ihre Gegenstücke, Handräder und Kurbeln, dagegen hat man in DIN 79 in Übereinstimmung mit den Schlüsselweiten festgelegt. Der einzige Grund dafür war der, daß man in Notfällen ein solches Vierkant mit einem Schlüssel zu betätigen wünsche, wenn das zugehörige Handrad oder die Kurbel fehle. Der findige Werkstattmann weiß sich natürlich auch dann mit einem Schlüssel zu helfen, wenn seine Maulweite um 1 oder 2 mm größer ist als das Vierkant. Hier ist also aus einer veralteten Einstellung heraus ein normentechnischer Zusammenhang gebildet worden, der in Wirklichkeit nicht besteht. Dagegen bringt diese Zweigleisigkeit einen sehr großen wirtschaftlichen Nachteil. Innenvierkante werden nämlich zweckmäßigerweise mit Räumnadeln hergestellt. Diese teueren Werkzeuge können nur dann einer Reihenfertigung und damit einer Verbilligung zugeführt werden, wenn sie in möglichst wenigen Größen verlangt werden. Dem würde aber dienen, wenn man für Windeisen zu Werkzeugen und für Kurbeln zu Spindeln die *gleichen* Vierkante zuordnen würde. Die weiteren Vierkantfragen werden daher weiter unten unter den Sechskanten behandelt.

Die Achtkante als zwei gegeneinander verdrehte Vierkante erhalten infolge diesen Zusammenhanges von selbst die gleichen Weiten wie die Vierkante.

Zu Frage b: Die Sechskante als Schlüsselweiten nach DIN 475 mußten in der Frühzeit der Normung gleichzeitig den Schrauben mit Whitworth-Gewinde und denen mit Metrischem Gewinde gerecht werden. Außerdem wollte man sich an bestimmte im Ausland übliche Größen anschließen. Man muß es daher dieser Norm verzeihen, daß sie nicht nur nicht den Normungszahlen entspricht, sondern auch recht eigentümliche Unterschiede von Glied zu Glied aufweist, wie dies beispielsweise aus folgendem Ausschnitt zu ersehen ist:

$$D = \begin{array}{ccccccccccccccccccc} \underline{12} & & \underline{14} & & 17 & & 19 & & \underline{22} & & 24 & & 27 & & 30 & & \underline{32} & & \underline{36} \\ & 2 & & 3 & & 2 & & 3 & & 2 & & 3 & & 3 & & 2 & & 4 & \end{array}$$

Wir finden somit nur „zufällig“ Normungszahlen darunter; in dem genannten Ausschnitt sind die Zahlen aus R 20 durch Unterstreichen hervorgehoben.

Zu Frage c: Eine Zuordnung zu Durchmessern, die nach Normungszahlen gestuft sind, ergibt sich auf dem gleichen Weg, wie oben bei den Gewinden gezeigt. Man kommt so wiederum zu einer Auswahl von Vorzugsweiten. Die Auswahl fällt bis 17 mm sehr leicht, um so mehr, als dort bis auf diese Zahl selbst jeder Rundwert der Reihe R 20 und damit auch aus der Reihe R 10 vorhanden ist. An Stelle der darauffolgenden Normungszahlen 20 und 25 wählt man zweckmäßigerweise die nächst kleineren Schlüsselweiten 19 und 24 mm und nimmt damit den kleinen Unterschied zwischen 17 und 19 mm und hernach den großen Unterschied zwischen 24 und 32 mm in Kauf. Die Vorzugsreihe lautet dann wie folgt; zum Vergleich sind die entsprechenden Werte von DIN 3 daruntergesetzt:

4	5	6	8	10	12	17	19	24	32	41	50	60	
4	5	6	8	10	12	16	20	25	32	40	50	63	(R_a 10)

In Bild 392/2 sind auf NZ-Papier die Schlüsselweiten nach DIN 475, die zugleich nach DIN 79 auch für die Vierkante zu Spindeln gelten, aufgetragen. Durch Vergleich mit der zu R 20 gezogenen Parallelen 2 sieht man, daß beim Aufbau dieser Reihe im Grunde genommen durchaus das geometrische Gesetz obgewaltet hat. Wir sehen von 3,5 bis 60 etwa die Reihe R 20, darnach etwa die Reihe R 40 und am Schluß des Linienzuges 1′ an der Vergleichslinie 4 die Reihe R 80.

Dies deutet darauf hin, daß man bei den großen Abmessungen durch eine feine Stufung an Werkstoffen sparen will.

Die obengenannten Vorzugsgrößen sind im Linienzug 1 durch Doppelkreise hervorgehoben und als Linienzug 5 nochmals gesondert

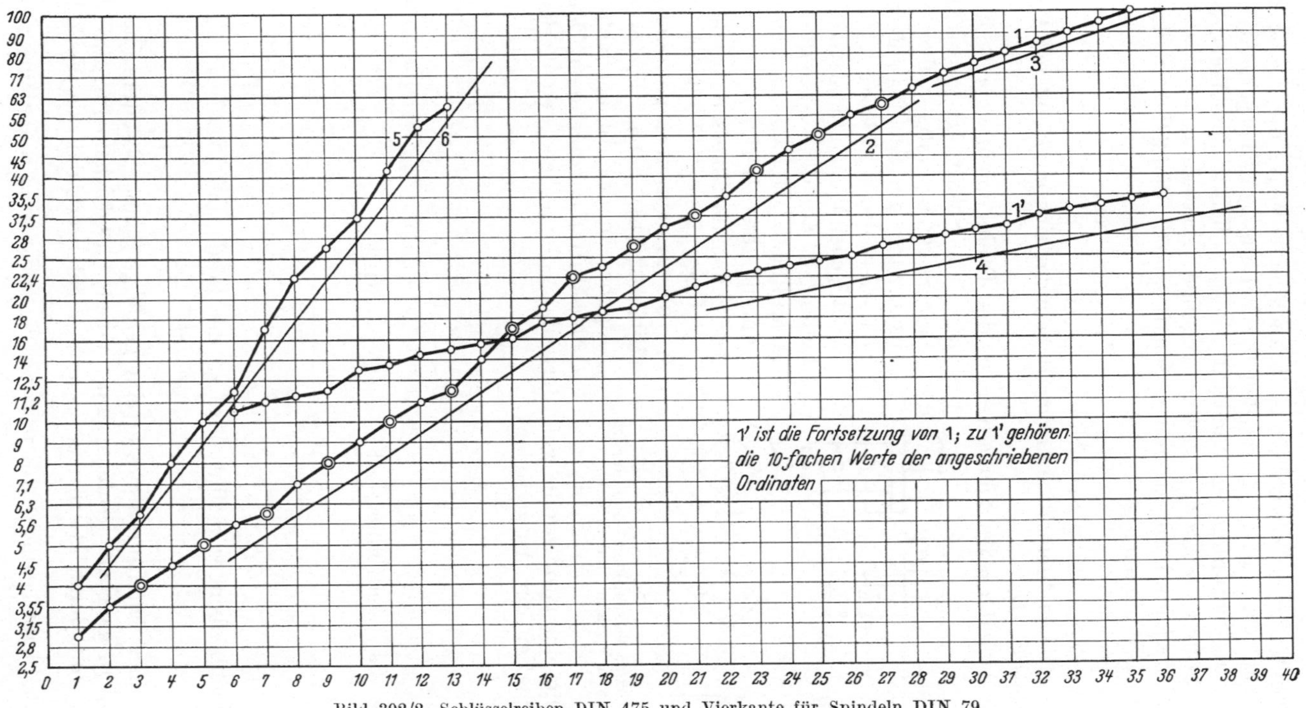

Bild 392/2. Schlüsselreihen DIN 475 und Vierkante für Spindeln DIN 79.

dargestellt, der in einigermaßen brauchbarer Weise der Reihe R_a 10 entspricht, wie aus der Parallelen 6 zur Linie R 10 hervorgeht.

Für die Zuordnung der Vielkante — so wollen wir die Vier-, Sechs- und Achtkante nennen — gelten folgende Überlegungen:

Ein Vielkant kann zu einem Schaft gemäß Bild 392/3 in dreierlei Beziehungen stehen:

a) angearbeitet: Eckenmaß e = Durchmesser

b) Vielkantseite $\geqq$ Schaftdurchmesser

c) zwischen Vielkant und Schaft befindet sich ein Bund mit Durchmesser D.

Die Aufgabe jedes Vielkantes ist, das Drehmoment vom Bedienteil auf den Schaft zu übertragen. Dies geschieht unter voller Stoffausnutzung am Schaft, sofern die Schlüsselweite $s \geqq d$ ist.

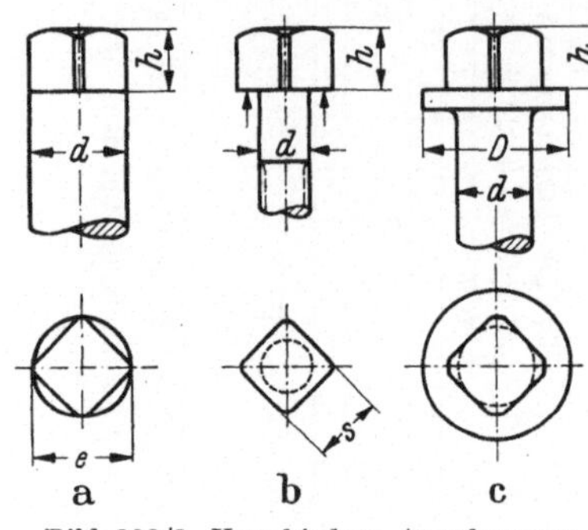

Bild 392/3. Verschiedene Anordnungen von Vierkant und Schaft.

Zwischen Vielkant und Bedienteil kommt es auf die Kantenpressung je Millimeter Höhe h (kg/mm) an, während das Drehmoment durch den Schaftdurchmesser gegeben ist.

„Überragende" Vielkante, wie wir sie an Schrauben gewohnt sind (Bild 392/3b), haben die weitere Aufgabe, an der Auflagefläche die Längskraft P aufzunehmen. Danach wird für eine Größenreihe gefordert, daß entsprechend den Werkstoffeigenschaften der Auflagedruck

$$p = \frac{P}{s^2 - \frac{\pi}{4} d^2}$$

ist. Da die Schaftlängskraft $P \sim d^2$, so wird

$$p \sim \frac{d^2}{s^2 - \frac{\pi}{4} d_2}$$

Ein gleichbleibendes p führt also zu der Forderung:

$$s \sim d$$

Die zu einer Schaftdurchmesserreihe gehörige Schlüsselweitenreihe muß daher den gleichen Stufensprung haben, desgleichen für die Ausführung mit Bund. Hierbei ist zwar nur gefordert, daß das Verhältnis $\frac{D}{d}$ gleich bleibt, jedoch wird man zu der gleichen d-Reihe eine gleiche oder höchstens um einen Grad verschobene s-Reihe für das betreffende Vielkant zuordnen wie im Falle b).

Nachdem auf diese Weise die Beziehung für s festgelegt ist, gilt die nächste Überlegung der *Vielkanthöhe* h. Nehmen wir an, sie sei für irgendeine Größe erprobt und ergebe eine zulässige Kantenpressung k, so fordern wir für eine kleinere Größe die gleiche Kantenpressung bei einem Drehmoment, das entsprechend dem Schaftdurchmesser gesunken ist. Nach THEOPHANOPOULOS (Schr. 68) ist bei Schrauben $M_d \sim d^2$. Mit der Kraft P_1 auf die Kante wird die Kantenpressung als Kraft je Millimeter Kantenlänge bei zwei beanspruchten Kanten

$$k = \frac{P_1}{h}, \text{ worin } P_1 \doteq \frac{M_d}{2 \cdot e/2} = \frac{M_d}{e}$$

$$\text{und } e = \text{Eckenmaß} \sim d$$

Somit

$$k = \frac{M_d}{d \cdot h}$$

und nach Einsetzung der Verhältnisbeziehungen

$$k \sim \frac{d^2}{d \cdot h} \sim \frac{d}{h}$$

somit auch

$$h \sim d$$

Die Köpfe gemäß Bild 392/3 sind somit bei Schrauben für alle Größen geometrisch ähnlich.

In ähnlicher Weise geht man bei den Vielkanten für andere Zwecke vor.

Für die Beziehung der Vielkanthöhen zu den Normungszahlen ist wiederum die Tatsache maßgebend, daß es sich auch hier um eine Vervielfachrechnung handelt. Vor unserem Auge entrollt sich wieder ein ganzes „System“:

Gewinde — Schaftdurchmesser — Stoff — Beanspruchung — Zugkraft — Auflagedruck — Verhältnis Schaftdurchmesser zu Vielkant — Schlüsselweite — Vielkanthöhe — Schlüsselhöhe.

Gleichzeitig ist ein erster Einblick in die Ähnlichkeitsverhältnisse innerhalb einer Größenreihe getan.

393 Teilungen für Zahnräder, Schneckenräder und Schnecken.

Der Bereich für Zahnteilungen[1] geht vom kleinsten Wert der Uhrentechnik mit ≈ 0,3 mm (m = 0,1 mm) bis zu Werten von 160 mm (m = 50 mm) im Großmaschinenbau; die Bereichszahl $B = 500$ legt also auch hier wieder eine geometrische Stufung nahe. Hier bestehen

[1] Vergleiche Teilungen für Werkzeuge, Abschnitt 473.

aber noch besondere Gründe, die Frage a) der Einleitung dieses Abschnittes (39) zu bejahen.

Wenn wir die Gepflogenheiten der Zoll-Länder England und Vereinigte Staaten von Nordamerika einbeziehen, so haben wir vier Systeme der Maßbestimmung von Zahnrädern einschließlich der Schneckenräder: (t = Teilung, z = Zähnezahl, d = Teilkreisdurchmesser)

Zahlentafel 393/1. Maßbestimmung von Zahnrädern.

System	Maßbestimmend ist	Teilung t		Teilkreisdurchmesser	
		mm	Zoll	mm	Zoll
1	Modul m [mm]	$\pi \cdot m$	$\frac{1}{25{,}4} \cdot \pi \cdot m$	$\boldsymbol{z \cdot m}$	$\frac{1}{25{,}4} \cdot z \cdot m$
2	Teilung t [mm]	$\boldsymbol{t}$	$\frac{1}{25{,}4} \cdot t$	$\frac{1}{\pi} \cdot z \cdot t$	$\frac{1}{\pi \cdot 25{,}4} \cdot z \cdot t$
3	Diametral Pitch p [Zoll]	$25{,}4 \cdot \pi \cdot p$	$\pi \cdot p$	$25{,}4 \cdot z \cdot p$	$\boldsymbol{z \cdot p}$
4	Circular Pitch t_p [Zoll]	$25{,}4 \cdot t_p$	$\boldsymbol{t_p}$	$\frac{25{,}4}{\pi} \cdot z \cdot t_p$	$\frac{1}{\pi} \cdot z \cdot t_p$

Davon ist das System 2 praktisch kaum im Gebrauch.

Die fett gedruckten Größen zeigen, welche Größen ohne den Festwert π entstehen; sie sind es, für die man in jedem System „runde Werte" wählt. Nur um der verschiedenen Wahl dieser runden Werte willen klaffen die je zwei Systeme eines Maßsystems auseinander. Wenn es nun ein Zahlensystem gäbe, das sowohl den Festwert π als auch den Umrechnungsfaktor 25,4 und gleiche Zahlen für Durchmesser und Teilungen enthält, so würden mit seiner Anwendung alle vier Systeme zusammenfallen. Diese Bedingungen erfüllen nun mit hoher Annäherung die Normungszahlen (siehe Abschnitt 233). Wenn man in den metrischen und in den zölligen Ländern für die Teilungen Normungszahlen wählt, so kommt man einem Einheitssystem sehr nahe. Ein Beispiel zeige dies; es sei die Zähnezahl $z = 50$, die Teilung ≈ 16 mm und der Teilkreisdurchmesser ≈ 250 mm. Hierfür gibt die folgende Zusammenstellung (Seite 203 oben) links die Werte in Normungszahlen, rechts in genauen Werten:

In Normungszahlen ausgedrückt erhalten wir in allen vier Systemen *dieselben Werte*, die *für die Getriebeberechnung* maßgebend sind. Bei der genauen Bemaßung treten selbstverständlich Unterschiede auf, die beachtet werden müssen. Immerhin sind die Systeme 2 bis 4 einander so nahe, daß dieselben Werkzeuge gebraucht werden können.

Da, wie wir sehen werden, Ansätze dafür vorliegen, in metrischen Ländern zu den Normungszahlen überzugehen und damit eine Umstellung in der Norm für Teilungen vorzunehmen, so muß nur noch

Zahlentafel 393/2.
Maßbestimmnug von Zahnrädern in Normungszahlen.

System	In Normungszahlen				In genauen Werten			
	Teilung t		Teilkreis ⌀ d_0		Teilung t		Teilkreis ⌀ d_0	
	mm	Zoll	mm	Zoll	mm	Zoll	mm	Zoll
1	2	3	4	5	6	7	8	9
1	$5\pi = 16$	$\frac{5\pi}{25} = 0,63$	$5 \cdot 50 = 250$	$\frac{5 \cdot 50}{25} = 10$	15,708	0,615	250	9,84
2	16	$\frac{16}{25} = 0,63$	$\frac{16}{\pi} \cdot 50 = 250$	$\frac{16 \cdot 50}{\pi \cdot 25} = 10$	16	0,630	254,8	10,03
3	$0,2 \cdot \pi \cdot 25 = 16$	$0,2 \cdot \pi = 0,63$	$0,2 \cdot 50 \cdot 25 = 250$	$0,2 \cdot 50 = 10$	15,959	0,628	254	10
4	$0,63 \cdot 25 = 16$	0,63	$\frac{0,63}{\pi} \cdot 50 \cdot 25 = 250$	$\frac{0,63}{\pi} \cdot 50 = 10$	16,002	0,630	254,65	10,03

zwischen System 1 und 2 entschieden werden. Für System 2 sprechen vier Gesichtspunkte.

1. Es ist wichtiger, daß die Teilung eine Gedächtnishauptzahl (Normungszahl) sei, als daß der Teilkreisdurchmesser eine bequeme Zahl werde. Er wird nämlich als Vielfaches „krummer Zähnezahlen" doch auch eine krumme Zahl; außerdem geben die halben Zähnezahlsummen × Modul = Achsentfernung ohnehin fast niemals runde Werte.

2. Die Teilung ist ein wirkliches und wichtiges Maß am Zahnrad, während der Modul nur eine Rechengröße ist.

Daher steht beim Gestalten die Teilung vorstellungsmäßig im Vordergrund, während man beim Modul immer erst umrechnen muß, um zur Vorstellung der Zahngröße zu kommen und sie mit unserer Erfahrung zu verbinden. Wir werden uns leider kaum bewußt, wieviel Energie durch diese Umrechnung und durch Mißschätzungen verloren geht.

3. System 2 ist mit jedem der beiden zölligen Systeme 3 und 4 insofern austauschbar, als die gleichen Verzahnwerkzeuge angewandt werden können.

4. Als Schneckensteigungen führen die Teilungen = Normungszahlen zur Übereinstimmung mit vielen Gewindesteigungen und damit zur Vereinfachung der Vorschubräderkästen an Drehbänken und Gewindefräsmaschinen.

Die Ansätze, die in dieser Richtung in Deutschland gemacht wurden, sind folgende:

Für die Feinmechanik ist die Reihe R 20 (0,1 ··· 1) für die Module vorgeschlagen worden.

Für Schnecken und Schneckenräder wurde von BAUERSFELD und SCHULZE-ALLEN ein Normungsvorschlag ausgearbeitet, der für die Module der Achsteilungen Normungszahlen, und zwar ebenfalls die Hauptwerte der Reihe R 20 vorsieht. Außerdem wurden für die neu in die Technik eingeführte

$$\text{Kennzahl} = \frac{\text{Teilzylinderdurchmesser der Schnecke}}{\text{Modul}}$$

Normungszahlen aus der Reihe R_a 20, nämlich 6, 8, 10, 14, 20 vorgesehen. Auch hier wäre es im Sinne der Gestaltvorstellung $\left(\frac{\text{Durchmesser}}{\text{Teilung}} = \frac{\text{Halbmesser}}{\text{Zahndicke}}\right)$ nur vorteilhaft, sie auf die Teilung zu beziehen. Wie darnach eine Norm für die Verzahnung von Schnecken und Schneckenrädern aussehen könnte, zeigt Zahlentafel 393/3. Sie kann gleichzeitig für Zahnräder gelten und einer späteren Umarbeitung von DIN 780 (Zahnräder, Modulreihe) dienen.

Daran lassen sich wiederum eine Reihe normungstechnischer Gesichtspunkte aufweisen:

Die Teilungen in Normungszahlen sollten die Hauptwerte sein und sollen auch für Zahnräder gelten; sie werden nach dem Vorbild von DIN 323 und DIN 3 in eine Vorzugsspalte (R 10) und eine Nebenspalte (R 20) gegliedert. Selbst die feine Stufung nach R 20 verringert von Modul 2 bis 20 mit 20 Stufen die Größenanzahl von DIN 780 um 5 = 20%. Die Module sollten für eine längere Übergangszeit für die daran Gewöhnten angegeben sein. In der Umstellungszeit muß eine Richtlinie dafür gegeben sein, welche bisher üblichen in DIN 780, Zahnräder, Modulreihe, vorgesehenen Module (und damit Werkzeuge) vorzugsweise zu benutzen seien; wie man sieht, finden wir im Sinne der Frage b (Abschnitt 39) bereits eine Reihe von Normungszahlen darunter; die Frage c ist daher durch die Spalte 5 bejaht.

Legen wir nun die Kennzahlen $k = \frac{d_0}{t}$ in Spalte 6 nach Reihe R 10 fest, so finden wir für die Teilzylinderdurchmesser in der Vorzugsspalte 7 nur Werte der Reihe R 10 und nur für die möglichst zu vermeidenden Teilungen der Reihe R 20 in Spalte 8 Durchmesser der Reihe R 20. Wir haben damit wieder eine Durchmessernorm gefunden, die völlig mit der neuen DIN 3 übereinstimmt (Hauptwerte wegen des gesamten Aufbaus!) und insgesamt eine Norm, deren Hauptwerte mit nur 10 Zahlen jedem Gestalter von Stund an im Gedächtnis bleiben.

Schließlich sei auf die durch Kreuzchen gekennzeichnete Übereinstimmung von 11 (aus 18) Achsteilungen mit üblichen Gewinde-

Zahlentafel 393/3.
Normungszahlen für die Verzahnung von Zahnrädern, Schneckenrädern und Schnecken.

Teilung t mm		Modul m mm		Vorzuziehende alte Werte für m mm	für Schnecken: Kennzahlen $k = \frac{d_0}{t}$	für Schnecken: Teilzylinderdurchmesser $d_0 = k \cdot t$ mm	
R 10	R 20	R 10	R 20		R 10	R 10	R 20
0,63		0,2		0,2		4	
0,8 ×		0,25		0,25		5	
1 ×		0,315		0,3	2	6,3	7,1
1,25 ×		0,4		0,4		8	9
1,6		0,5		0,5	2,5	10	11,2
2 ×		0,63		0,6		12,5	14
2,5 ×		0,8		0,8	3,15	16	18
3,15		1		1		20	
	3,55		1,12	(1,1)	4		22,4
4 ×		1,25		1,25		25	
	4,5		1,4				28
5 ×		1,6		1,5	5	31,5	
	5,6		1,8	(1,75)			35,5
6,3		2		2		40	
	7,1		2,24	(2,25)	6,3		45
8 ×		2,5		2,5		50	
	9		2,8	(2,75)			56
10 ×		3,15		3		63	
	11,2		3,55	(3,5)			71
12,5		4		4		80	
	14		4,5	(4,5)			90
16 ×		5		5		100	
	18		5,6	(5,5)			112
20 ×		6,3		6		125	
	22,4		7,1	(7)			140
25		8		8		160	
	28		9	(9)			180
31,5		10		10		200	

steigungen hingewiesen, eine für die Werkstatt überaus wichtige Vereinfachung. Wie viele Wechselräder können in Zukunft wegfallen, wenn der Faktor π aus der Steigungsberechnung herausfällt; deshalb ist Punkt 4 für die Entscheidung zur „Teilung“ statt des „Moduls“ als primärer Normgröße so wichtig.

Wir fassen zusammen:

Die günstige Bemessungsgröße für Verzahnungen ist die Teilung, gestuft nach Normungszahlen.

Eine solche Norm vermag die bisherigen verschiedenen Bemessungssysteme in metrischen und zölligen Ländern zu vereinheitlichen.

4. Anwendung im Maschinenbau.

Der Maschinenbau bietet für die Normungszahlen wohl das größte Anwendungsgebiet, verwendet er doch so gut wie alle in Abschnitt 3 behandelten Größen. Dazu kommt, daß die meisten technischen Größen im Maschinenbau durch Vervielfachung einer Reihe von Faktoren berechnet werden können; hierfür eignen sich aber die Normungszahlen gemäß Abschnitt 23 besonders gut. Weiterhin weist der Maschinenbau in seinen meisten Gebieten innerhalb der einzelnen Maschinenarten Reihen verschiedener Größen auf. Diese sollen aus wirtschaftlichen Gründen, wie auch wegen des guten Aussehens einer Größenreihe im allgemeinen geometrisch gestuft werden. Wo der Mensch sich unmittelbar an einer Maschine betätigt, sind Kräfte und Wege in Anlehnung an das FECHNERsche Gesetz (Abschnitt 13) geometrisch zu stufen. Dazu kommt bei der Aufstellung fertiger Gegenstände das ebenfalls physiologisch, zum Teil auch psychologisch begründete Bedürfnis, das Auge durch eine wohlgestufte Größenreihe zu befriedigen. Daher überrascht es nicht, daß der Maschinenbau auf dem Gebiete der Normungszahlen zum Schrittmacher für viele andere Gebiete, wie Apparatebau, Fahrzeugbau usw., geworden ist.

In den folgenden Abschnitten soll der Leser die Anwendung der Normungszahlen, beginnend bei einzelnen Bauteilen, über Baugruppen zu ganzen Maschinen kennenlernen. Die Beispiele sollen die Gedanken für die einzelnen Gesichtspunkte aufschließen und somit auf beliebige Anwendungen vorbereiten.

41 Bauteile zu Maschinen.

Je allgemeiner die Aufgabe ist, die ein Maschinenbauteil zu erfüllen vermag, desto zahlreicher sind seine Anwendungsgebiete und desto größer ist daher sein Größenbereich. Jede Bereichszahl muß nach Abschnitt 37 eine Normungszahl sein, da sonst nicht gleichzeitig die kleinste und die größte Größe einer Normungszahl entsprechen könnte. Diese Bereichszahlen (Verhältnis der größten zur kleinsten Größe einer Gegenstandsart) sind zum Teil sehr groß, bei Schrauben z. B. reichen sie von der Feinmechanik bis zum Großmaschinenbau, M 1 bis M 80. Das bedeutet eine Durchmesserbereichszahl = 80, eine Bereichszahl der Querschnitte und Tragkräfte = 6300 und eine Bereichszahl der Gewichte in einer Größenordnung von 1000000. Um mit solchen Bereichen in wirtschaftlicher Weise fertig zu werden, braucht man die geometrische Stufung. Dies ist der entscheidende Grund für die Anwendung der Normungszahlen.

Maschinenbauteile werden in Zeichnungen dargestellt, daher werden wir uns vornehmlich ihrer Längenmaße (lineare Größen) bewußt. Diese werden hauptsächlich nach den Grundreihen R 20 und R 10 mit den Stufensprüngen 1,12 und 1,25 gestuft. Für die Aufgabenerfüllung der Bauteile kommt es aber vielmehr auf die Größen an, die für die mechanische Beanspruchung maßgebend sind. Deren Reihen richten sich, je nachdem es auf die Querschnittsfläche, das Widerstandsmoment oder das Trägheitsmoment ankommt, nach der zweiten, dritten oder vierten Potenz der Längenmaße. Für diese finden wir daher entsprechend gröber gestufte Reihen, wie aus der Aufstellung in Abschnitt 314 hervorgeht. Besonders wird nochmals auf die Gewichtsreihen von Gegenständen hingewiesen, die bei Stufung von Querschnitts- und Längenmaßen nach R 20 und R 10 die Stufensprünge 1,4 und 2 ergeben. Die Verdoppelung der Gewichte von einer Größe zur anderen beim linearen Stufensprung 1,25 weist darauf hin, daß eine gröbere lineare Stufung für Maschinenbauteile selten sein dürfte und daß andererseits eine feinere Stufung bei allen den Bauteilen zu erwarten ist, die in großen Mengen hergestellt werden. Wenn nämlich die Menge jeder fein gestuften Größe so weit steigt, daß das gegenwärtig rationellste Fertigungsverfahren

Zahlentafel 41/1. Beispiele aus dem Maschinenbau.

Linearer Stufensprung 1,12			Linearer Stufensprung 1,25		
Bauteil	Gestuftes Maß	Gewicht-stufen-sprung[1]	Bauteil	Gestuftes Maß	Gewicht-stufen-sprung[1]
Schmier-ringe	Innen-durchmesser	1,28	Schrauben-mutter DIN 934	Gewinde-durchmesser	2,19
Gußeiserne Flansche	Außen-durchmesser	1,28	Ballengriffe DIN 39	Griff-durchmesser	1,8
Dohmen-Leblanc-Kupplung	Wellen-durchmesser	1,4			

[1] Durchschnittlich nach tatsächlichen Gewichten.

(z. B. Drehen auf selbsttätigen Drehbänken, Stanzen, Fließpressen, Spritzgießen) angewendet werden kann, dann bedeutet eine grobe Stufung wegen des Zwanges, die jeweils nächst größere Größe zu verwenden, nur noch Verschwendung von Stoff. Für Massengegenstände wird also die lineare Stufung nach Reihe R 20 mit dem Stufensprung 1,12 sehr häufig anzutreffen sein.

Die folgenden Ausführungen sollen nicht als eine Kritik an der mit viel Mühe durchgeführten Normungsarbeit aufgefaßt werden. In vielen Fällen war bei der Schaffung jener Normen das Wesen der Normungszahlen noch nicht genügend bekannt oder es standen ihnen die Gewöhnung oder das Vorhandensein von Halbzeugen oder Fertigungsmitteln entgegen.

Daher sollen damit auch keine Vorschläge zu Änderungen der Normen allein wegen mangelnder Anwendung der Normungszahlen gegeben werden, vielmehr soll, wie in Abschnitt 1 schon erwähnt, die Grundlage dafür geboten werden, daß, wenn eine Norm aus einem Fortschrittsgrunde überarbeitet wird, dann auch die Normungszahlen gebührend angewendet werden.

411 Kegelstifte.

So einfach der Kegelstift ist, so bietet er doch eine Reihe von lehrhaften Ansätzen für eine zweckmäßige Anwendung der Normungszahlen. Auszugehen ist, wie bei jedem Bauteil, von seiner Aufgabe; sie besteht darin, bei leichter Lösbarkeit Schubkräfte zwischen gefügten Werkstücken aufzunehmen, und zwar

a)	zwischen zwei Platten:	Fugenzahl	$= 1$
b)	„ mehreren Platten:	„	> 1
c)	„ Nabe und Welle:	„	$= 2$

Der Zweck c erfordert verhältnismäßig längere Stifte als die Zwecke a und b. Die Schubkräfte sind im allgemeinen nur innerhalb weiter Grenzen bekannt.

Die *Durchmesser* umfassen für Feinmechanik und Maschinenbau einen ziemlich großen Bereich, nämlich von 1 bis 50 mm; der Durchmesser*bereich* ist also die erste in dieser Aufgabe auftretende Normungszahl

$$B = 50$$

Jeder größere Stift soll offenbar eine Schubkraft aufnehmen können, die um einen nennenswerten Hundertsatz größer ist als die des vorhergehenden; häufig wird der nötige Scherquerschnitt nicht berechnet, sondern nur beim Zeichnen nach dem Augenmaß geschätzt. Somit ist für die Durchmesser eine *geometrische Reihe* am Platz. Es ist aufschlußreich, daß für diesen Zweck in der ersten deutschen Norm, DIN 1, schon im Jahre 1918 vor Schaffung der Normungszahlen vom Obmann, Professor TOUSSAINT, fast genau die nachmalige Reihe R_a 10 vorgeschlagen wurde, so daß diese Durchmesserreihe eines der geschichtlichen Vorbilder für die Normungszahlen bildet.

Von den verschiedenen Durchmessern — kleinster, größter, mittlerer — wurde der kleinste als Bestimmungsgröße gewählt, weil sich nach ihm die zugehörigen Kegelreibahlen (DIN 9) unabhängig von den verschiedenen Stiftlängen ordnen lassen.

Der Scherberechnung legen wir ihn gedanklich ebenfalls zugrunde, weil weder im voraus die Stelle des Scherquerschnitts für die einzelne Stiftgröße, noch die Beanspruchung genau bekannt zu sein pflegt. Wachsen die Durchmesser nach der Reihe R 10, so wachsen die Querschnitte nach der Reihe R 5, also je um rd. 60%. Die Stufung ist also grob genug.

Steigung. Nach Abschnitt 315 soll der Kegel einer Normungszahl entsprechen; diese Forderung wird mit 1:50 erfüllt.

Kuppenhalbmesser. Die Stiftenden sollen einander ähnlich sein; daher soll der Kuppenhalbmesser stets im gleichen Verhältnis zum Kuppendurchmesser stehen. Das *Verhältnis* ist wieder eine Normungszahl, da die Halbmesser gemäß Abschnitt 313 auch Normungszahlen sind. Am dünnen Ende wurde gewählt $\frac{r}{d} = 1$. Am dicken Ende mit Durchmesser $D = d + \frac{l}{50}$ kommen wegen der vielen Längen viele feingestufte Durchmesser vor, die als sekundäre Größen nicht den Normungszahlen entsprechen können. Eine Anpassung der Halbmesser an sie könnte zwar unter Beachtung von DIN 250 (Zahlentafel 313/1) erfolgen, z. B. wird für $d = 5$ und $l = 40$, $D = 5{,}8$; man könnte also dafür $r = 6$ wählen. Man verfährt aber einfacher und ordnet dem dicken Ende den gleichen Halbmesser zu wie dem dünnen. Der entscheidende Gesichtspunkt kommt von der *Werkzeugseite* her: Man kann damit nämlich Abstechmeißel verwenden, die auf beiden Seiten gleiche Rundungen haben und braucht keine anderen für diese Fertigung, die rechts und links verschiedene Halbmesser haben müßten, je nachdem welche Länge sie abstechen.

Längen. Zunächst ist zu entscheiden, ob die Gesamtlänge des Stückes, also die Kegellänge zuzüglich der beiden Kuppenhöhen, oder die Kegellänge Bestimmungsgröße sein soll. Wir entscheiden uns für die Kegellänge, weil sie für den Zweck und damit für die Gestaltung maßgebend ist. Der Konstrukteur kann bei Kenntnis der Tatsache, daß die hauptsächliche Längenreihe R_a 10 ist (s. später) ohne Nachschlagen den jeweils benötigten Kegelstift bezeichnen.

Gemäß Abschnitt 311 kommen die Normlängen aus einer der Vorzugsreihen von DIN 3 in Betracht. Welche Reihe soll nun gewählt werden?

Als Reihe aller Längen kommt R_a 20 mit 12% Zunahme in Betracht; man muß sich aber fragen, ob für alle Durchmesser alle Längen gebraucht werden. Eine strenge Abhängigkeit besteht nur von den Stellringen, bei denen jedem ein Stiftdurchmesser zugeordnet ist; diese Längen sind in Zahlentafel 411/1 durch Kreise gekennzeichnet.

Bei den Längen bis 12 mm ist in DIN 1 jede zweite Größe der Reihe R_a 20 ausgelassen, da die Unterschiede nicht mehr als 2 mm betragen und bei den zugeordneten Durchmessern bis 5 mm der Stoffmehraufwand (z. B. 10 statt vielleicht nur nötiger 9 mm) gegenüber den Vorteilen der Verringerung der Sortenzahlen, z. B. Vereinfachung bei Lagerung und Versand, nicht ins Gewicht fällt.

Weiter überlegen wir, ob bei Platten der Kegelstift auf beiden Seiten bis ans Ende gehen muß. Das ist durchaus nicht der Fall. Die Schubkraft S ist hinsichtlich der Scherbeanspruchung des Stifts

$$S = \frac{\pi}{4} d^2 \cdot k_s \tag{1}$$

hinsichtlich des Lochleibungsdrucks in jeder Bohrung der einzelnen Platte

$$S = d \cdot l/2 \cdot p \tag{2}$$

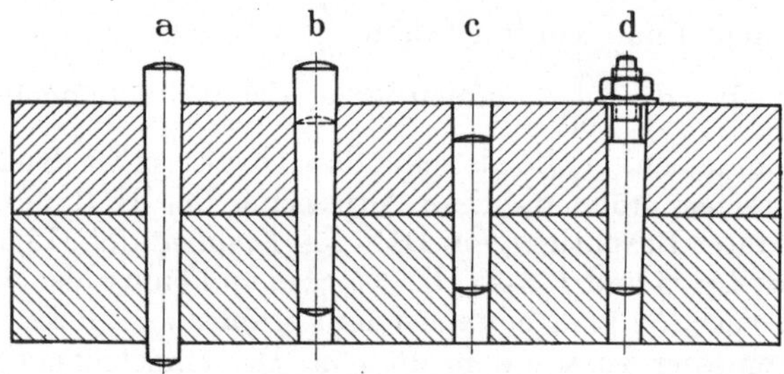

Bild 411/1. Kegelstifte.

(siehe Bild 411/1). Setzen wir nun $\frac{k_s}{p} = a$ (a = Normungszahl), so wird

$$\frac{\pi}{4} d^2 k_s = d \cdot \frac{l}{2} \frac{k_s}{a} \qquad l = \frac{\pi a}{2} d = 1{,}6 a \cdot d \tag{3}$$

Setzen wir beispielsweise $a = 2{,}5$ so wird

$$l = 4d$$

Eine Bestätigung dieser Überlegung ersehen wir aus DIN 258, Kegelstifte mit Gewindezapfen (siehe Bild 411/1d). Dort ist jedem Durchmesser nur *eine* Kegellänge zugeordnet, während die verschiedenen Plattenstärken durch verschiedene Längen des Gewindezapfens berücksichtigt werden. Das Verhältnis Kegellänge zu Durchmesser ist bei 5 mm Ø = 5 und fällt bis 50 mm Ø auf 3. Es besteht jedoch kein

Zahlentafel 411/1.

Normentwurf für Kegelstifte streng nach Normungszahlen.

Längen l \ Durchmesser d am dünnen Ende $r = d$		Ra 10							
		3	4	5	6	8	10	12 $\ominus$	16
R_a 10 (··· 25)	12	×							
	16	×	×						
	20	×	×	×					
	25 $\ominus$	×	×	×	×				
R_a 20 (25 ··· 220)	28	○				×			
	32	×	○	×	×	×	×		
	36		○	*G*			×	×	
	40		×	○ *G*	×	×	×	×	×
	45			○ *G*	*G*			×	×
	50			× *G*	○ *G*	×	×	×	×
	56 $\ominus$				○ *G*	*G*			×
	63 $\ominus$				× *G*	○ *G*	× *G*	×	×
	70					○ *G*	*G*		
	80					○ *G*	○ *G*	×	×
	90						○ *G*	*G*	
	100						○ *G*	× *G*	× *G*
	110						○	*G*	*G*
	125 $\ominus$							○ *G*	× *G*
	140							○ *G*	*G*
	160 $\ominus$							○	× *G*
	180								○
	200								○
	220								○
Sortenanzahl		6	6	6	6	7	9	10	12

Treppe 1 = Trennlinie zwischen feiner und grober Längenstufung. Treppe 2 = untere Längenbegrenzung laut Abschnitt 411. Treppe 3 = untere Längenbegrenzung in DIN 1. *G* bedeutet Gesamtlängen von Kegelstiften mit Gewindezapfen nach DIN 258. $\ominus$ Abweichungen gegenüber DIN 1.

Grund, dieses Verhältnis verschieden zu machen, da dafür nicht der Durchmesser, sondern allein die beteiligten Werkstoffe maßgebend sind.

Wir können also das oben bestimmte Verhältnis der Norm zugrunde legen. Dient somit beim gewöhnlichen Kegelstift das obere Ende nur dazu, das Loch bis oben auszufüllen und den freien Schlag mit dem Hammer zu ermöglichen, so dürfte dafür eine gröbere Längenstufung nach Reihe R_a 10 genügen, um so mehr, als nun unten Raum frei bleibt, in dem durch stärkeres Aufreiben der Stift tiefer gesenkt werden kann. Wir trennen also die Längen jeweils bei derjenigen Zahl der Grundreihe R_a 10 ab, die gleich $4d$ ist oder als erste den Wert $4d$ überschreitet, und erhalten demnach die in Zahlentafel 411/1 stark eingezeichnete regelmäßig verlaufende Treppenlinie 1. Unterhalb dieser werden nur Längen der Reihe R_a 10 gebraucht, soweit sie nicht für die Stellringe erforderlich sind; oberhalb dagegen wird die Reihe R_a 20 angewandt, mit der man sich in feinerer Stufung den dünneren Platten anpaßt. Dadurch fallen die früheren Längen 18 und 22 mm weg, so daß die grobe Längenstufung nach Reihe R_a 10 nunmehr bis 25 statt bisher bis 12 mm geht. Es scheint daher auch kein Grund zu bestehen, Kegelstifte länger als für die Stellringe vorzusehen, wie dies in DIN 1 (gemäß gestrichelter Treppenlinie in Zahlentafel 411/1) geschehen ist. Damit entstanden so schlanke Stifte, daß sie die Kräfte zwischen entsprechend starken Platten — sei es auch nur infolge ihrer Masse beim Zusammenbau oder bei der Beförderung — nicht genügend aufnehmen können. Man wird lediglich der guten Ordnung halber jede Länge bis zu einem Wert der Reihe R_a 10 führen. Daraus ergibt sich die untere Treppe 2 in Zahlentafel 411/1. Sie ist bei den stärkeren Stiften stärker abgestuft, was Gußstücken mit verhältnismäßig hohen Augen zugute kommt.

Die so bedeckte Zahlentafel weist unregelmäßige freie Räume auf, was dem Normenmann ungewöhnlich erscheinen mag. Es ist aber mit Absicht gezeigt worden, daß trotz der äußeren Einheitlichkeit des Bauteils im Grunde genommen drei Längengruppen bestehen, nämlich

Längen, die zur Aufnahme der Schubkräfte nötig sind (fein gestuft),
„ die lediglich der Ausfüllung stärkerer Platten dienen (grob gestuft),
„ für Stellringe (nach Stellringdurchmessern fein gestuft).

Ergebnis: 1. In dem betrachteten Bereich von 3—16 mm Φ werden statt der 129 Sorten von DIN 1 nur noch 62 Sorten gebraucht. Diese Ersparnis der Hälfte kann mindestens als eine Richtlinie für die Beschränkung in Fachnormen und Werknormen dienen.

2. Die ganze Norm wird äußerst leicht merkbar:

Kleiner Durchmesser d nach R_a 10; $r = d$

Längen (unter Vernachlässigung der weniger wichtigen Zwischenlängen) nach R_a 10.

Bei üblichen Verhältnissen von Länge zu Durchmesser kann man also jederzeit ohne Einblick ins Normblatt Größen wie

$$3 \times 20 \qquad 6 \times 63 \qquad 16 \times 80$$

hinschreiben und zeichnen.

DIN 258, Kegelstifte mit Gewindezapfen bestätigt die Wahl der unteren Treppenlinie. In Zahlentafel 411/1 sind die Gesamtlängen dieser Stifte mit G gekennzeichnet. Umgekehrt kann aus unserer Betrachtung gefolgert werden, daß diese Gesamtlängen sämtlich nach der gröberen Reihe R_a 10 gestuft werden könnten; mindestens wären diese als Vorzugsgrößen in DIN 258 zu kennzeichnen. Dadurch ergibt sich wiederum die Ersparnis etwa der Hälfte der Sorten.

412 Bediengriffe.

Unter Bediengriffen verstehen wir Handgriffe, mit denen man ein Gerät bedient. Die Hand überträgt Kraft auf den Bediengriff, um ihn und die mit ihm verbundenen Teile zu bewegen. Wir verbinden hier also die physiologische Betätigung eines Körpergliedes mit einem technischen Gerät. Für die Normung gilt die erste Frage wieder den Bereichen. Der Kraftbereich B ist auf Grund der physiologischen Voraussetzungen sehr groß. Er setzt sich aus zwei Bereichen zusammen, nämlich einmal dem Gliedbereich B_1 und dem Kraftbereich B_2 innerhalb des Gliedes.

Die kleinste Kraft kann durch die (vorderen) Fingerendglieder allein aufgebracht werden, wachsende Kräfte erfordern den Gebrauch des Grundgliedes, der Hand, des Unterarmes und schließlich des Oberarmes und der Schulter. Der Gliedbereich erstreckt sich also von den Fingerendgliedern bis zur Schulter und kann für technische Zwecke mit 0,5 ··· 50 kg, somit $B_1 = 100$ angesetzt werden.

Für den Bereich B_1 ist die Feststellung aufschlußreich, daß die Gliedlängen:

	Finger-endglied		Endglied + Mittelglied		Finger		Hand		Unterarm		Arm
sich etwa verhalten wie:	1	:	2	:	4	:	8	:	16	:	32

Hier hat uns die Natur ein prächtiges Vorbild einer geometrischen Reihe gegeben. Auch von den entsprechenden Muskelkräften darf demzufolge angenommen werden, daß sie nach einer geometrischen Reihe wachsen; Beobachtungen hierüber wären von seiten der Physiologie noch erwünscht.

Innerhalb des einzelnen Gliedes besteht wiederum ein ziemlich weiter Bereich zwischen der größten aufzubringenden Kraft und der kleinsten, für die das Glied noch empfindsam genug ist. Diesen Bereich wollen wir mangels genauer Unterlagen mit

$$B_2 = 50$$

ansetzen. Für seine Unterteilung B_2 gilt das FECHNERsche Gesetz. Ein feinerer Stufensprung als 1,12 kommt dafür praktisch nicht in Betracht. Der Gesamtbereich der Kräfte dürfte somit in der Größenordnung (1)

$$B_k = B_1 \times B_2 = 5000$$

liegen.

Für die Ordnung der Bediengriffe sind nun die beteiligten Gliedmaßen der Arme maßgebend. Wir betrachten zunächst die Bediengriffe, die eine *Drehung auf eine Achse* übertragen:

1. Betätigung mit zwei Fingern: kleinere Drehknöpfe und Knebel. Beim Drehknopf können die Finger um beliebige kleine Teile des Umfanges nachgreifen, die Finger allein werden bewegt, so daß eine hohe Empfindlichkeit bis herunter zu kleinsten Drehmomenten besteht.

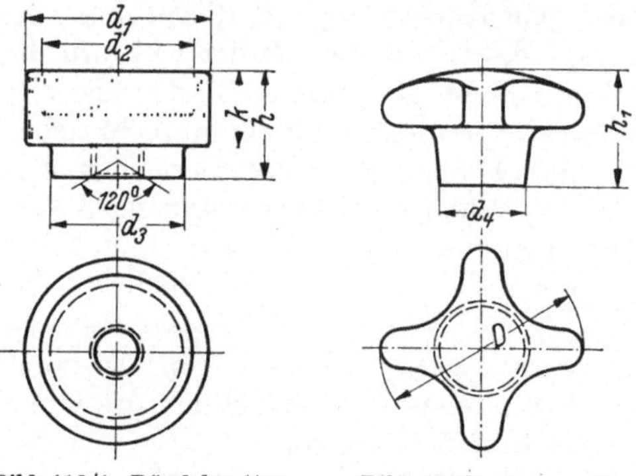

Bild 412/1. Rändelmutter. Bild 412/2. Kreuzgriff.

Anderseits kann ein Drehknopf mit Daumen und Zeigefinger fest umfaßt und zur Drehung die Muskelpartie des Unterarmes mit herangezogen werden.

Dazu zählen: Drehknöpfe, Rändelschrauben (DIN 6302), Rändelmuttern (DIN 6303) sowie Kreuzgriffe (DIN 6335). (Bild 412/1 und 2.)

Bei den Knebeln, zu denen Knebelschrauben (DIN 6304 und DIN 6306) und Knebelmuttern (DIN 6305 und 6307) für Vorrichtungen sowie Flügelmuttern gehören, kann man dagegen nur noch mit einer Drehung von je 180° nachgreifen; dazu sind die Unterarmmuskeln zwar nicht wegen der nötigen Kraft, jedoch wegen der Bewegung heranzuziehen, daher ist keine Empfindlichkeit bis zu so kleinen Drehmomenten wie bei Drehknöpfen gegeben.

Der Drehmomentbereich B_D setzt sich zusammen aus dem Bereich B_H der Hebelarme und dem Kraftbereich B_k der Griffe:

$$B_D = B_H \times B_k$$

Als Hebelarm gilt der Durchmesser, da die gleiche Kraft auf beiden Seiten angesetzt wird. Er liegt physiologisch etwa im Bereich von

5 mm bis 36 mm bei Rändelschrauben, die gerade noch von Zeigefinger und Daumen völlig umfaßt werden, im Bereich von 10 mm bis 63 mm für die mit zwei Fingern zu betätigenden Flügelschrauben und Knebel.

2. Betätigung mit Kraftansatz des Unterarms: größere Knebel und Drehknöpfe. Diese Knebel (Bild 412/3) werden wie ein Bohrgriff mit der ganzen Hand umfaßt, wobei der Schaft zwischen Zeigefinger und Mittelfinger oder diesem und Ringfinger herausragt; auf die größeren Drehknöpfe mit tiefen Einbuchtungen für die Finger (runde Griffe oder Kreuzgriffe, Bild 412/4 und 2) wird die Handfläche aufgelegt; dann werden sie auf der einen Seite mit dem Daumen und auf der anderen mit dem Zeigefinger oder mehreren Fingern umfaßt.

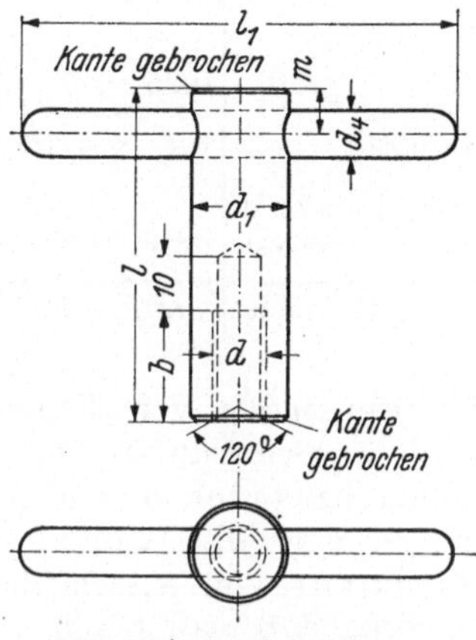

Bild 412/3. Knebelmutter.

Naturgemäß überlappen sich die beiden Gruppen, so wie in diese Gruppen noch die kleinste Größe der unter 3. erwähnten Handräder (80 mm Ø) einbezogen werden kann.

3. Betätigung unter Zuhilfenahme des Oberarmes: Handkurbeln und Handräder. Die obere Bereichsgrenze liegt bei Handkurbeln bei einem Hebelarm von 400 mm. Diese zu betätigen, erfordert bereits das Mitgehen des Oberkörpers. Bei zwei armigen Kurbeln, die man mit beiden Armen betätigt, liegt die obere Grenze bei einem Hebelarm (hier gleich Durchmesser) von 500 mm, mit Rücksicht auf den Durchgang vor dem Körper. Anderseits können die Handkurbeln in die Gruppe 1 hereinragen, da sie z. B. bei feinmechanischen Geräten mit zwei Fingern bedient werden können. Der kleinste Halbmesser sei dabei 32 mm. Folgende Übersicht legt uns die Größe der Normungsaufgabe dar: die Drehmomente umfassen auf Grund der geschätzten Kräfte vom zarten Drehknöpfchen der Feinmechanik bis zur Kurbel an einer Winde einen Bereich von rund 400000. Natürlich müssen auch die kleinsten Bediengriffe eine gewisse Größtkraft übertragen, die zehnmal größer als die kleinste ausgegebene Kraft sein möge; damit ergibt sich für die Gestaltung der Drehgriffe ein Drehmomentbereich von rund 40000.

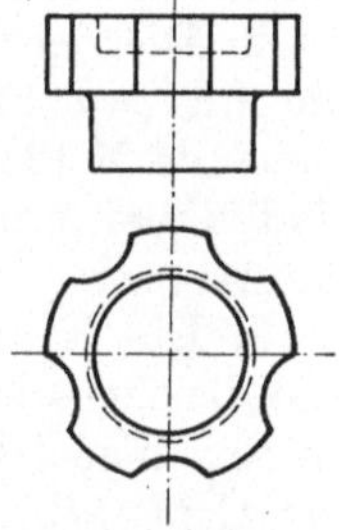

Bild 412/4. Drehknopf mit Einbuchtungen.

Wir wollen uns hier nicht weiter mit der Form befassen, die für die spezifischen Drücke zwischen Hand- und Bediengriff und damit für

Bediengriffe	Bereiche von Kraft kg von bis		B_k	Hebelarm mm von bis		B_H	Drehmoment mmkg von bis		B_D
Drehknopf klein	0,01	··· 0,2	20	5	··· 32	16	0,05—6,3		125
„ groß	0,2	··· 4	20	32	··· 80		6,3—315		50
Knebel klein	0,05	··· 1	20	12,5	··· 63	8	0,63—63		100
„ groß	0,25	··· 5	20	63	··· 100		16—500		32
Handrad	0,1	··· 216	315	40	··· 400	10	4 ··· 12500		3150
Kurbel leicht u. schwer	0,01	··· 50	5000	32	··· 400	12,5	0,32—2000		63000
Gesamtbereich	0,01	··· 50	5000	5	··· 400	80	0,05 ··· 20000		400000

das Empfinden von Ermüdung oder Schmerzgefühl maßgebend ist, sondern uns nur auf Normungsgesichtspunkte hinsichtlich der Normungszahlen beschränken. Daher sehen wir auch davon ab, hier Betrachtungen über die Wahl des Stoffes anzustellen, auf die ebenfalls die Handkräfte von entscheidendem Einfluß sind; es sei nur am Rande bemerkt, daß man häufig zu leichteren Bauarten kommen kann, wenn man nur gemäß obigem die Handkräfte ansetzt.

Das Ergebnis unserer bisherigen Überlegung ist folgendes:

1. Der Bereich des Drehmoments ist groß, 40000. Bei gleicher Beanspruchung der übertragenden Wellen ergibt sich ein Verhältnis der Wellendurchmesser $= \sqrt[3]{400000} \approx 75$ (von 0,8 ··· 60 mm Ø).

2. Die Bereiche der *Hebelarme* liegen klar, z. B. für Flügelschrauben, die mit zwei Fingern zu bedienen sind, bis $e = 63$ mm. Dies entspricht Gewinde M 12; größere Flügelschrauben und Muttern (DIN 315 u. 316) sind daher unnötig und durch Schrauben mit anderen Bediengriffen zu ersetzen.

3. Die Kräfte stufen sich nach der Größe der *Angriffsfläche* ab. Am deutlichsten ist dies bei den Kugelknöpfen für Hebelenden (DIN 319) zu erkennen [Reihe R_a 10 (6 ··· 50, Bereich = 8)]. Eine andere Stufung der Griffstärke ergibt sich bei den Handrädern. Der stärkste ohne Ermüdung zu ergreifende Kranz ist 36 mm, der schwächste 15 mm stark. Die dazwischen liegenden 20 Stufen führen zu einem Stufensprung 1,06. Die Hand empfindet einen so feinen Sprung natürlich nicht, und er könnte ohne weiteres = 1,12 sein, wenn man nur den *Zweck* ins Auge faßt und dies irgendeinen Vorteil hätte. Dies ist aber nicht der Fall, vielmehr führen fein gestufte Zwischengrößen zu einer Gewichtsersparnis, z. B. bei 500 mm Durchmesser durch Einschieben der Kranzstärke 34 mm zwischen 32 und 36 mm, gegenüber der gröberen Stufe

36 mm zu einer Gewichtsersparnis von 1,2 kg und einer Ersparnis der Drehbreite von 3 mm.

4. Die meisten Bediengriffe entsprechen nicht *einheitlichen* Gebrauchsgruppen, die Handräder z. B. zerfallen in die Bediengruppen:

mit einer Hand am Kranz zu fassen,
mit zwei Händen am Kranz zu fassen.

Trotzdem können die Hebelarme stetig gestuft sein, z. B. bei den Handrädern und Drehgriffen, weil die Bedienungsarten (mit Fingern, mit einer Hand und zwei Händen) sich überlappen.

Anders ist die Stetigkeit der Reihe bei den Knebeln zu beurteilen. Im unteren Bereich, insbesondere in der Feinmechanik, erhält man eine untere Reihe für die Zweifingerbedienung. Für die Bedienung mit der ganzen Hand gilt eine obere Reihe, die sich aber nicht an die untere anzuschließen braucht. Wir erkennen hier wieder wie bei den Kegelstiften einen Gesichtspunkt, der zu einer Lücke in der Gesamtreihe führt.

Handkurbel und Handrad. Für diese beiden Arten von „Drehgriffen" stellen wir nun die Drehmomente auf und vergleichen ihre Reihen mit der der Widerstandsmomente der betätigten Wellen oder Vierkante. In Zahlentafel 412/1 sind in Spalte 2 die Hebelarme der Handkurbeln nach DIN 469 angegeben, die im Unterschied zu schweren Windenkurbeln als „leicht" anzusprechen sind. Zu unserer normentechnischen Betrachtung sind Bereich, Stufensprung und Reihenbezeichnung hinzugefügt. Für die Kräfte sind in Spalte 3 Größen angenommen, die die üblichen der betreffenden Kurbel betriebsmäßig zuzumutenden Größtkräfte darstellen. Es ergibt sich hieraus zwanglos derselbe Bereich und Stufensprung 1,25; das Drehmoment M_d — und das ist im Grunde genommen die entscheidende Größe dieser Norm — steigt demnach mit dem Stufensprung 1,6. Die Widerstandsmomente selbst brauchen wir nicht zu errechnen, es genügt die Kenntnis ihrer Verhältnisse, die gleich dem Verhältnis der dritten Potenzen der Quadratseiten der Vierkante sind. Der Bereich 63 zeigt sich hier als wesentlich kleiner als der Drehmomentbereich 160; das bedeutet, daß die kleineren Vierkante wesentlich weniger beansprucht sind. In diese eine höhere Sicherheit zu legen, ist auch berechtigt, denn bei den kleineren Handrädern sind Überlastungen durch die Hand eher möglich; es brauchte nur die Handkraft 1,25 auf rund 3 kg zu steigen, dann wäre auch hierbei das Drehmoment 1/63 des größten.

Die gleichen Angaben für die Handräder DIN 950 finden wir in Spalte 6—9; dort deckt sich der Bereich der Drehmomente (315) nahezu mit dem der Widerstandsmomente (250). Es fällt auf, daß der Stufensprung der Kraft hierbei nur 1,18 statt bei der Handkurbel 1,25 ist. Dies rührt davon her, daß die Durchmesserstufung uns in dem physiologisch gegebenen Kraftbereich 20 Stufen aufzwingt. Wir

Zahlentafel 412/1.

Die Größenstufung bei Handkurbeln (DIN 469) und Handrädern (DIN 950).

Größenarten	Handkurbel				Handrad			
	Hebelarm R mm	Kraft kg	Drehmoment mm kg	$a^3 \sim$ Widerstandsmoment mm³	Durchmesser D mm	Kraft kg	Drehmoment mm kg	$a^3 \sim$ Widerstandsmoment mm³
1	2	3	4	5	6	7	8	9
Größenstufen	32	1,25	40	500	80	1 × 1	40	1000
	40	1,6	63	.	100	.	.	.
	63[1]	2	125	.	.	.	.	.
	.	.	.	.	.	.	.	.
	.	.	.	.	225	.	.	.
	.	.	.	.	250	.	.	.
	.	.	.	.	.	.	.	.
	250[1]	10	2500	.	.	.	.	.
	315[1]	12,5	4000	.	710[1]	.	.	.
	400	16	6300	31500	800	2 × 16	12500	250000
Bereiche	12,5	12,5	160	63	10	32	315	250
Stufensprung	1,25	1,25	1,6	$1{,}32 < \varphi < 1{,}4$	1,12	1,18	1,32	$1{,}25 < \varphi < 1{,}32$
Reihe	R_a 10	R 10	R 5		R_a 20	$R\frac{40}{3}$	$R\frac{40}{5}$	

[1] Abweichend von DIN-Norm.

können also von dieser Seite folgern, daß die Durchmesser gröber gestuft werden können. Wenn man sich nicht entschließen will, die Reihe R 40/3 mit dem Stufensprung 1,18 zu wählen, so sollte man wenigstens, um 7 von 21 Größen zu sparen, die Größen der Reihe R_a 10 als Vorzugsgrößen hervorheben und in bestimmten Anwendungsgebieten ausschließlich benutzen.

Ergänzend sei bemerkt, daß das Bedürfnis nach Handrädern damit in einer Hinsicht noch nicht gestillt ist. Es gibt nämlich Handräder für kleine Drehmomente, die aus baulichen Gründen groß sein müssen, weil die natürliche Lage der Hand und die Drehachse weiter auseinander sind, als dem Halbmesser dieser Norm entspricht. Für diese Zwecke wäre eine kurze Reihe leichter Handräder, etwa R_a 10 (400 ··· 800) nützlich.

Ergebnis: Die Zweckmäßigkeit der Normungszahlen für Handräder und Handkurbeln ist erwiesen. Mit Hilfe von Kraftbereichen sind Drehmomentbereiche zu ermitteln.

Kugelgriffe, Ballengriffe, Kegelgriffe (Zahlentafel 412/2). Diese drei Griffarten sind einheitlich genormt, obwohl sie verschieden benutzt werden. Der Kugelgriff (Zahlentafel 412/2) wird innerhalb eines kleinen Winkelbereiches verdreht (quer zu seiner Achse gezogen oder gedrückt); der Ballengriff und Kegelgriff werden dagegen quer zu ihrer Achse „verschoben".

Die für die Kräfte maßgebenden Griffdurchmesser D entsprechen der Reihe R_a 10 (10 ··· 40). Das Verhältnis der Grifflänge zum Durchmesser ist beim Kugelgriff durchweg 6,3, beim Ballengriff und Kegelgriff 3,15. In jeder Reihe sind also die Griffe geometrisch ähnlich. Dies ist u. a. von Bedeutung im Hinblick auf das Herstellen der Urformstücke (Kopierlineale) an Drehbänken, die auf Storchschnabelmaschinen nach einer einzigen Urform hergestellt werden können, ebenso ergibt sich für die Kegelgriffe damit eine einheitliche Kegelsteigung.

Die Ähnlichkeit bei den Ballen- und Kegelgriffen ist sogar auf den Befestigungszapfen ausgedehnt. Dessen Durchmesser wächst also ebenfalls mit dem Stufensprung 1,25, sein Widerstandsmoment mit dem Stufensprung $1{,}25^3 = 2$. Der Bereich der Kräfte dürfte sich bei Ballengriffen und Kegelgriffen auf 1—16 kg erstrecken. Hieraus ergibt sich auch eine grobe Stufung der Kräfte zu 1,6 und der Drehmomente zu $1{,}6 \cdot 1{,}25 = 2$. Wir sehen hier also eine völlige Übereinstimmung zwischen Drehmomentbereich und Widerstandsmomentbereich. Angesichts dieses wohlüberlegten Aufbaues nach Normungszahlen überrascht es nicht, daß auch sekundäre Maße, wie Bunddurchmesser und Einschnürungsdurchmesser, nach den gleichen Normungszahlen aufgebaut sind. Aus der völligen geometrischen Ähnlichkeit ergibt sich, daß auch die Gesamtlängen nach dem gleichen Stufensprung wachsen. Als Summen von Grifflängen und Zapfenlängen ergeben sich zwar

Zahlentafel 412/2.

Die Größenstufung bei Kugelgriffen DIN 99 und Ballengriffen DIN 39.

	Griffdurchmesser D	Kugelgriff DIN 99				Ballengriff DIN 39					Kraft	Drehmoment
		Greifhebelarm $e = 0{,}8\,l$	$\frac{e}{D}$	Grifflänge l	$\frac{l}{D}$	$d^3 \sim$ Widerstandsmoment	Greifhebelarm e	$\frac{e}{D}$	Grifflänge	$\frac{l}{D}$		
	mm	mm		mm		mm³	mm		mm		kg	mm kg
	10	50		63		1000	20		32		1	20
	12,5	63		80		2000	25		40		1,6	40
	16	80		100		4000	32		50		2,5	80
	20	100	5	125	6,3	8000	40	2	63	3,15	4	160
	25	125		160		16000	50		80		6,3	315
	32	160		200		31500	63		100		10	630
	(36)						70		112			
	40					63000	80		125		16	1250
Bereich	4	3,15	1	3,15	1	63	4	1	4	1	16	63
Stufensprung	1,25	1,25	1	1,25	1	2	1,25	1	1,25	1	1,6	2
Reihe	R_a 10	R_a 10		R_a 10			R_a 10		R_a 10		R 5	$R_a \frac{10}{3}$

nicht immer genaue Normungszahlen, jedoch stimmen sie meistens mit solchen überein.

In die oberste Stufe ist eine Zwischengröße eingeschoben. Hier befindet man sich in dem äußersten Bereich, in dem die Hand ermüdungsfrei greifen kann. Man will ihr offenbar den günstigeren Durchmesser 36 mm geben, wenn der Durchmesser 40 mm nicht unbedingt nötig ist.

Ebenso sind die Normen für Keulengriffe (DIN 830) und für Stangengriffe (DIN 832) sauber nach Normungszahlen aufgebaut. In dieser Gruppe von Normen wären lediglich einige kleine Maßänderungen nötig, um sie völlig den Normungszahlen anzupassen. Eine solche Einheitlichkeit innerhalb einer ganzen Gruppe ermöglicht nun, das gesamte Normungsergebnis überaus einfach darzustellen und für den Mann am Reißbrett auf einem einzigen Normblatt zusammenzufassen, so wie dies in Zahlentafel 412/2 beispielsweise angedeutet ist. Ein solch einheitlicher Aufbau wird auch umgekehrt den Normer dazu zwingen, die Einheitlichkeit an Hand der Normungszahlen *streng* durchzuführen und in diesem Beispiel auch auf drehbare Griffe zu erweitern; es bleibt sogar noch genug Platz, um die dann völlig einheitlichen Ballenformen unten auf dem Blatt einheitlich für feste und drehbare Ballengriffe und für Keulengriffe anzugeben. Es kann kein Zweifel darüber bestehen, daß eine solche einheitliche und klar zusammengefaßte Übersicht nicht nur die Arbeit erleichtert, sondern auch ungemein überzeugend und erzieherisch wirkt.

Als *Ergebnis* der Betrachtung dieser mustergültig nach Normungszahlen aufgebauten alten DIN-Norm buchen wir:

1. Die Stufung ist zweckmäßig.
2. Die gegenseitigen Verhältnisse der verschiedenen Abmessungen innerhalb der einzelnen Größen sind einheitlich.
3. Die Normen sind ungemein leicht erfaßbar, z. B.

DIN 99, Kugelgriffe:	Griffdurchmesser	D_1 R_a 10 (10 ⋯ 40)
	Grifflänge	$L_1 = 6{,}3\, D_1$
	Kugeldurchmesser	$D_3 = 1{,}6\, D_1$

4. Die Normen sind gruppenweise zusammenfaßbar.

413 Schraubenfedern.

Die Schraubenfeder ist ein Bauteil, das stets auf zulässige Belastung und auf den Federweg zu berechnen ist. Bei der hauptsächlichsten Form der zylindrischen Schraubenfeder mit rundem Querschnitt lauten die in Betracht kommenden Formeln (Schr. 13) wie folgt:

$$\text{Größte zulässige Federkraft } P = \frac{1}{k_1} \frac{\pi}{16} \frac{d^3}{r} \tau_{zul} \qquad [\text{kg}] \qquad (1)$$

$$\text{Federbeiwert } c = \frac{1}{k_4}\,\frac{d^4}{64\,i r^3} G \qquad \left[\frac{\text{kg}}{\text{mm}}\right] \tag{2}$$

$$\text{Federweg } f = \frac{k_2}{k_1}\,\frac{4\pi i r^2}{d}\,\frac{\tau_{zul}}{G} \qquad [\text{mm}] \tag{3}$$

Für die Festwerte setzen wir in bekannter Weise Normungszahlen; k_1 und k_2 können in erster Annäherung $= 1$ gesetzt werden, wenn das Verhältnis $\frac{d}{2r} = \frac{\text{Drahtdurchmesser}}{\text{mittlerer Wickeldurchmesser}}$ klein ist. Für größere Werte von $\frac{d}{2r}$ bestimmt man:

$$k_1 = 1 + 1{,}25\,\frac{d}{2r} + 0{,}875\left(\frac{d}{2r}\right)^2$$

gruppenweise als Normungszahlen der Reihe R 40, da die Stoffgrößen auch nicht genauer bekannt sind. Dafür ergeben sich an Hand von Bild 413/1 folgende Werte:

für $\frac{d}{2r}$	k_1	$\frac{k_2}{k_1}$ [1]
$= 0{,}0315 \cdots 0{,}042$	$= 1{,}06$	$= 0{,}95$
$> 0{,}042 \cdots 0{,}062$	$= 1{,}12$	$= 0{,}9$
$> 0{,}062 \cdots 0{,}09$	$= 1{,}18$	$= 0{,}85$
$> 0{,}09 \cdots 0{,}13$	$= 1{,}25$	$= 0{,}8$
$> 0{,}13 \cdots 0{,}19$	$= 1{,}32$	$= 0{,}75$
$> 0{,}19 \cdots 0{,}28$	$= 1{,}40$	$= 0{,}71$
$> 0{,}28 \cdots 0{,}40$	$= 1{,}50$	$= 0{,}67$

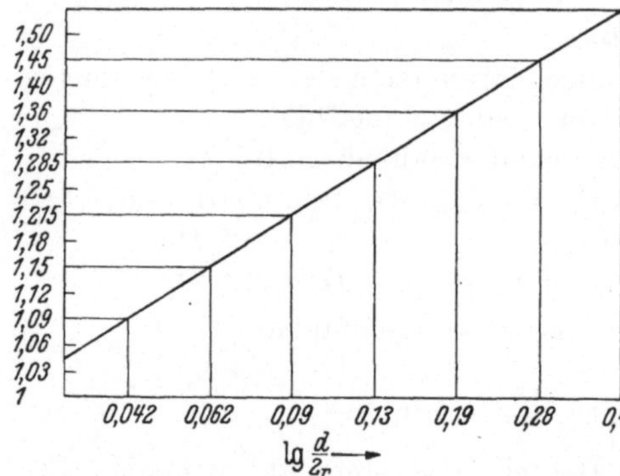

Bild 413/1. Gruppenweise Zuordnung von Werten $\frac{d}{2r}$ zu Normungszahlen für k_1 und $\frac{k_2}{k_1}$ (zur Berechnung von Schraubenfedern).

Die dem Stoff eigenen Werte, der Gleitmodul G und die zulässige Schubbeanspruchung τ_{zul} sind natürlich nicht ohne weiteres Normungszahlen. Es sind aber auch keine Werte, die dem Gestalter einigermaßen genau gegeben werden können. So wird der Gleitmodul von verschiedenen erfahrenen Berechnungsstellen zwischen 7500 und 8800 kg/mm² angegeben. Wir setzen daher als Mittelwert 8000 kg/mm² ein.

[1] Die Werte von k_2 weichen in diesem Bereich um weniger als $-2{,}5\,\%$ von 1 ab.

Die zulässigen Schubbeanspruchungen dürften im gleichen Maße schwanken wie die Zugfestigkeiten, die in DIN 2076 *Federstahldraht rund* angegeben sind. Deren Größtwerte und Kleinstwerte stehen dort ungefähr im Verhältnis 1,12:1. Sie ändern sich naturgemäß mit der Verfestigung, d. h. sie wachsen mit kleiner werdendem Drahtdurchmesser; so gelten z. B. für den Durchmesser 0,1 mm Qualität II Zugfestigkeiten von $275 \cdots 315\,\text{kg/mm}^2$, für den Durchmesser 1 mm $250 \cdots 280\,\text{kg/mm}^2$. Demnach wird man gut daran tun, dem Gestalter eindeutige Berechnungswerte zu geben, damit nicht jeder einzelne sich von neuem überlegen muß, welche Werte innerhalb dieser Toleranzen er seinen Berechnungen zugrunde lege. Da auch hierbei wieder Sicherheitszuschläge für P zu machen sind, so wird es ohne weiteres möglich sein, für die der Berechnung zugrunde zu legenden Werte τ_{zul} Normungszahlen festzulegen (nicht für die Abnahmevorschrift der Federdrähte, da hierfür die Stoffwerte nach den physikalischen Bedingungen des Stahls abzustufen sind!).

Wir finden in KLINGELNBERG, Technisches Hilfsbuch (Schr. 45) für τ_{zul} die Werte $40\,\text{kg/mm}^2$ bis $20\,\text{kg/mm}^2$ bei sehr häufigem Belastungswechsel.

Man wird also Erfahrungsstufen mit 20—25—31,5—40 kg/mm² oder noch Zwischenstufen nach Normungszahlen ansetzen.

Mit einem Wert $\tau_{zul} = 31{,}5\,\text{kg/mm}^2$ nehmen die obigen Formeln folgende Form an:

$$P = 0{,}2\, k_1 \frac{d^3}{r} \tau_{zul} = 6{,}3\, k_1 \frac{d^3}{r} \quad \text{kg} \tag{1a}$$

$$c = \frac{0{,}016}{k_2} \frac{d^4}{i\,r} G = \frac{125}{k_2} \frac{d^4}{i\,r^3} \,\text{kg/mm} \tag{2a}$$

$$f = 12{,}5 \frac{k_2}{k_1} \frac{i\,r^2}{d} \frac{\tau_{zul}}{G} = 0{,}05 \frac{k_2}{k_1} \frac{i\,r^2}{d} \tag{3a}$$

Somit gewinnen wir für die Federn mit d und $2r$ als Normungszahlen eine überaus bequeme Berechnungsmöglichkeit. Aus diesem Grund wie auch wegen des großen Bereichs für die Drahtdurchmesser und die Wickeldurchmesser empfiehlt es sich, für sie die Normungszahlen einzusetzen. Die Formeln 2 und 3 legen es überdies nahe, auch die Windungszahl i als Normungszahl zu wählen. Dies bringt den weiteren Vorteil mit sich, daß die Federlänge L im ungespannten Zustand

$$L = i \cdot h \quad [\text{mm}]$$

wiederum eine Normungszahl wird, wenn die Steigung h eine ist. Dies aber ist wiederum beim Wickeln auf Drehbänken sehr willkommen, weil dort (vgl. Abschnitt 461) die Vorschubstufung den Normungszahlen angepaßt wird.

Werden schließlich gemäß Bild 413/2 die Verhältnisse

$$\left.\begin{array}{l} \dfrac{P_v}{P_{zul}} = \dfrac{\text{Vorspannkraft}}{\text{zulässige Höchstkraft}} \\ \dfrac{P_v}{P_g} = \dfrac{\text{Vorspannkraft}}{\text{größte benötigte Kraft}} \end{array}\right\} = \text{Normungszahlen}$$

gewählt, so sind auch die zugehörigen Längen L_v im vorgespannten Zustand und L_k als kleinste Länge Normungszahlen. Damit ist wieder eine weitere Gruppe von *Baumaßen* in dieses System eingegliedert.

Für die Norm der Federstahldrähte (DIN 2076) hat sich aus diesen Überlegungen heraus ergeben, daß man die Durchmesser weitgehend den Hauptwerten der Normungszahlen angepaßt hat. Die Meinungen gingen nur darüber auseinander, ob man dafür die Rundwerte oder die Hauptwerte wählt. Gegen die Hauptwerte könnte nur sprechen, daß man in einigen Fällen drei statt zwei Zahlenwerte schreiben muß, z. B. 0,112 statt 0,11, 0,425 statt 0,43. Allzu häufig ist man geneigt, hier das Gefühl bzw. die Gewohnheit sprechen zu lassen. Der Ingenieur sollte jedoch sachlich entscheiden. Wir stellen fest, daß dreistellige Zahlenwerte, z. B. 1,15 oder 4,25, nicht ungewohnt und auch für die Norm vorgesehen sind. Man scheut sich aber vor 0,425, weil hier die dritte Stelle anscheinend auf Tausendstel Millimeter hinweise. Dies trifft jedoch im Grunde genommen gar nicht zu, da es sich nicht um Tausendstel, sondern um halbe Hundertstel handelt. Sieht man sich aber in derselben Norm eine zugehörige Toleranz an, so findet man dort einen Wert wie z. B. $\pm 0{,}015$ mm. Es wird also für die Grenzwerte des gleichen Durchmessers doch die dritte Stelle hinter dem Komma in Anspruch genommen und das halbe Hundertstel benutzt, das man für das Nennmaß abzulehnen geneigt ist. Ziehen wir überdies die amerikanische Drahtlehre zu Rate, so finden wir dort sogar vierstellige Zahlenwerte. Muß es demgegenüber nicht als ein glücklicher Umstand gewertet werden, daß die Normungszahlen grundsätzlich nicht mehr als drei Ziffernwerte aufweisen?

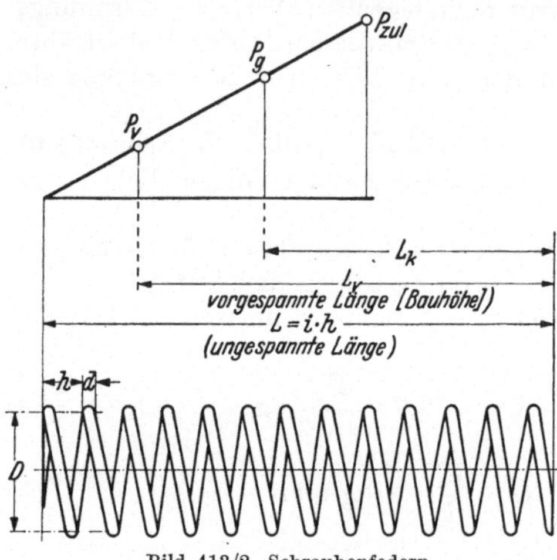

Bild 413/2. Schraubenfedern.

Aber noch ein sachlicher Grund spricht dafür, die *Hauptwerte* und nicht die Rundungswerte zu wählen. Er geht aus den obigen Formeln 1 und 2 hervor, wo die Drahtdurchmesser in die dritte bzw. vierte Potenz eingehen. Eine zusätzliche Rundung macht sich also im Rechenergebnis sehr viel stärker bemerkbar. Wenn es schon manchem Leser mindestens neuartig erscheinen mag, daß wir oben die k_1- und $\frac{k_1}{k_2}$-Werte auf Werte der 40er Reihe runden, so wollen wir nicht noch mit zu großen Rundungen im Drahtdurchmesser Fehler machen, die u. U. größer sind als jene Rundungen.

42 Getriebe.

Bei Riemengetrieben und Zahnradgetrieben wird der Gebrauch von Normungszahlen durch folgende bekannte Beziehungen nahegelegt:

$$i = \frac{n_1}{n_2} = \frac{d_2}{d_1} = \frac{z_2}{z_1}$$

mit Worten:

$$\text{Übersetzungsverhältnis} = \frac{\text{Drehzahl treibender Welle}}{\text{Drehzahl getriebener Welle}} = \frac{\text{Durchmesser getriebenes Rad}}{\text{Durchmesser treibendes Rad}} = \frac{\text{Zähnezahl getriebenes Rad}}{\text{Zähnezahl treibendes Rad}}$$

Es ist daher nicht verwunderlich, daß wir hier einige der ältesten Anwendungen der Normungszahlen und reichhaltiges Schrifttum finden. Aus den „Allgemeinen Anwendungen“ (Abschnitt 3) werden hier die Abschnitte 311 Normdurchmesser, 332 Drehzahlen und 393 Teilungen für Zahnräder benutzt. Dort ist bereits dargelegt, daß, wenn wir von Getriebedrehzahlen sprechen, stets die Lastdrehzahlen gemeint sind. Für die Getriebedrehzahlen gelten insbesondere die Werttoleranzen (Abschnitt 236, Zahlentafel 236/1), die sowohl Schwankungen des Drehzahlabfalls unter Last als auch rechnungsmäßige Abweichungen als Folgen ganzzahliger Werte der Zähnezahlen berücksichtigen.

Die Stufengetriebe, die fast als Sondergebiet des Werkzeugmaschinenbaus gelten können, werden in Abschnitt 422 mitbehandelt, weil ihnen doch eine breitere Bedeutung beigemessen wird und dabei die Normungszahlen eine ganz besondere Rolle spielen. Da manchmal Maschinen wahlweise mit Stufengetrieben und stufenlosen Getrieben ausgestattet werden, so werden die letzteren in Abschnitt 423 berührt. In Abschnitt 424 werden endlich einige Schraubgetriebe und Kurvengetriebe behandelt, soweit sie von den Gesetzmäßigkeiten der Normungszahlen beeinflußt werden.

Da der Verfasser in Abschnitt 332 dafür eintritt, die Drehzahlen auf die Sekunde zu beziehen, wird damit bei den Riemengetrieben gerechnet, während sie bei den Zahnradgetrieben, entsprechend der bisherigen Gewohnheit, auf die Minute bezogen werden, um dem Leser die Gegenüberstellung zu zeigen.

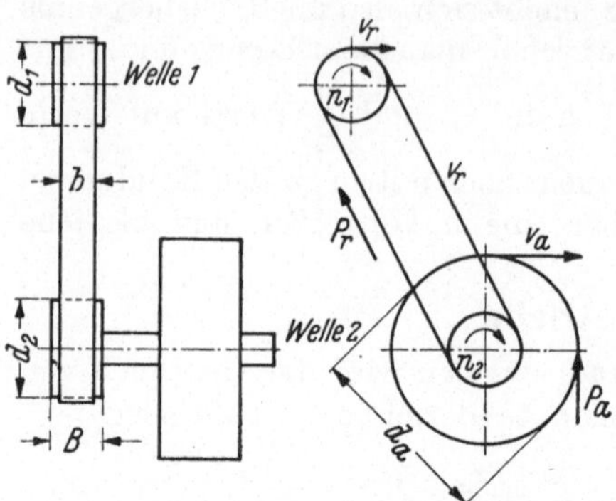

Bild 421/1. Drehzahlen, Geschwindigkeiten und Kräfte an Riemengetrieben.

421 Riemengetriebe.

Mit der Normung der Riemenscheibendurchmesser (DIN 111) und der Lastdrehzahlen (DIN 112) für Wellenleitungen (Transmissionen) ist für alle Riemengetriebe ein Vorbild gegeben (Schr. 19). Stufenscheiben hat PANZER (Schr. 51) in die Normungszahlen einbezogen. Die feinste Stufung ist die der Reihe R 20; für die Berechnung können in diesen Werten auch die Umfangskräfte ausgedrückt werden, um so mehr als sie stets mit Sicherheitszuschlägen eingesetzt werden. In den Gleichungen zu Bild 421/1 (Maße in mm):

Arbeitsgeschwindigkeit $v_a = \pi \cdot d_a \cdot n_2 \cdot 10^{-3}$ [m/sec]

Riemengeschwindigkeit $v_r = \pi \cdot d_1 \cdot n_1 \cdot 10^{-3}$ [m/sec]

Drehzahl getriebener Welle $n_2 = n_1 \dfrac{d_1}{d_2}$ [sec⁻¹]

Arbeitsmoment $M_{da} = \dfrac{1}{2} P_a \cdot d_a \cdot 10^{-3}$ [m kg]

Riemenbelastung $k = \dfrac{P_a}{b} \cdot \dfrac{d_a}{d_2}$ [kg/mm]

Abzugebende Leistung $N_a = 0{,}01 \cdot P_a \cdot v_a$ [kW]

können also für alle denkbaren Fälle alle Glieder in den 20 Zahlen der Reihe R 20 ausgedrückt werden. Ein Blick über das folgende Beispiel genügt, um sich von der Einfachheit dieser meist im Kopf durchzuführenden Rechnungen mit Normungszahlen zu überzeugen.

Für *Arbeitsseite* $P_a = 450$ kg; $v_a = 2{,}8$ m/sec; $d_a = 710$ mm

hieraus: $N_a = 0{,}01 \cdot 450 \cdot 2{,}8 = 12{,}5$ [kW]

100 $M_{da} = \dfrac{1}{2} \cdot 450 \cdot 710 \cdot 10^{-3} = 160$ [m kg]

112

125

140 $n_2 = \dfrac{2{,}8}{\pi \cdot 710} \cdot 10^3 = 1{,}25$ [sec⁻¹]

160 Für *Antriebsseite*
180 gegeben: $n_1 = 4\,\text{sec}^{-1}$; angenommen $\eta = 0,9$
200
224 hieraus $i = \frac{n_1}{n_2} = \frac{4}{1,25} = 3,15$
250
280 $N = 12,5/0,9 = 14$ [kW]
315
355 Für *Riementrieb* angenommen $d_1 = 250$ mm; $k = 2,24$ kg/mm
400
450 hieraus $d_2 = 250\,\frac{4}{1,25} = 800$ [mm]
500
560
630 $v_r = \pi \cdot 800 \cdot 1,25 \cdot 10^{-3} = 3,15$ [m/sec]
710
800 $P_r = \frac{160}{400} \cdot 10^3 = 400$ [kg]
900
1000 $b = \frac{400}{2,24} = 180$ [mm]

$B = 1,12\,b = 200$ [mm]

Wo solche Berechnungen alltäglich sind, kann man wie hier auf den Rand die Zahlen der Reihe R 20 schreiben und kann dann, wenn man z. B. von $d_1 = 250$ mm auf 280 mm umrechnen will, sofort sehen, daß hiermit die nächste Stufe in der Reihe R 20 erreicht wird und daher v_r von 3,15 auf 3,55 m/sec steigt usf.

Es zeigt sich, daß auch die Breiten von Riemen und Scheiben nach Vorzugsmaßen von DIN 3 zu wählen sind. Es wäre also vor allem zu wünschen, daß in den *Riemenlisten* Breiten, Beanspruchungen und zulässige Geschwindigkeiten in Normungszahlen ausgedrückt werden. Daraus erwächst noch ein Vorteil, nämlich der, daß die meisten Zahlentafeln erheblich kleiner werden.

Keilriemen. Die Normung der Keilriemen in DIN 2215 und 2216[1] macht gründlichen Gebrauch von den Normungszahlen. Bei den Querschnitten war eine übliche Größe unbedingt aufzunehmen, nämlich 17×11; geschickt wurde sie an die Stelle der Normungszahlenreihe gesetzt, an der sonst 16×10 stehen würde, 12,5 wurde daher auf 13 gerundet. Das Gesetz der Reihe R 10 wurde auf diese Weise so weit gewahrt, als es der augenblickliche Fall zuließ; wenn einmal die Güte verbessert werden kann, wird man zuerst trachten, den „Normquerschnitt" 16×10 dafür zu setzen. Die Querschnittsverhältnisse $\frac{b}{h_1}$ sind für endlose Keilriemen (Bild 421/2) $\frac{b}{h_1} = 1,6$ über die ganze Reihe gleich.

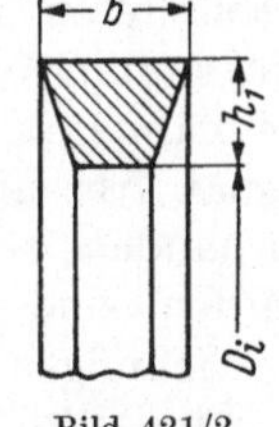

Bild 421/2. Endloser Keilriemen.

[1] Dem Verfasser lagen nur die Entwürfe November 1940 vor.

Breite b	5	6	8	10	13	17	20	25	32	40	50
Höhe h_1	3	4	5	6	8	11	12,5	16	20	25	32
„ H[1] . . .	5	6	7,5	9,5	12,5	15	18	21,5	26	32	40
φ für H	1,18	1,25	1,25	1,32	1,18	1,18	1,18	1,25	1,18	1,25	
Nutzkraft für endlose Keilriemen . . .	0,9	1,8	3,6	7,1	14	22,4	36	56	90	140	224

Dagegen sollte bei den Keilriemen mit endlicher Länge dieses Verhältnis $\frac{b}{H}$ mit wachsendem Querschnitt allmählich von 1 auf 1,25 verändert werden, m. a. W. zwischen $H = 5$ und $H = 40$ mm sollten ebenso viele Stufen (10) eingebaut werden, wie die Reihe R_a 10 (5 ··· 50) für b aufwies. Es ergab sich:

$$\varphi = \sqrt[10]{\frac{40}{5}} = \sqrt[10]{8}$$

$$^q\log \varphi = \frac{1}{10}\,^q\log 8 = 3{,}6$$

also kein Normsprung, vielmehr $3 < \varphi < 4$, also mußte man, wenn man Normungszahlen verwenden wollte, abwechselnd $q^3 = 1{,}18$ und $q^4 = 1{,}25$ verwenden (vgl. Bild 261,5, Linie 4'); daß man sich einmal $\varphi = 1{,}32$ gestattet, liegt zwar nicht in unserer Linie; immerhin ist das Beispiel lehrreich genug, um hier genannt zu werden.

Daß die Riemenkräfte für endlose Keilriemen den Normungszahlen entsprechen, ist ein vortreffliches Beispiel für unsere theoretischen Forderungen.

Für endlose Keilriemen sind auch die Innendurchmesser nach Normungszahlen festgelegt; hier ist eines der seltenen Beispiele für die praktische Anwendung der Reihe R 40 (100 ··· 10000) mm; natürlich sind die Werte aus R 20 als zu bevorzugen hervorgehoben.

422 Zahnradgetriebe.

Bei einfachen Getrieben mit einem oder mehreren hintereinander geschalteten Zahnradpaaren finden die Normungszahlen die gleiche Anwendung wie bei Riemenscheiben; selbstverständlich können für die Zähnezahlen nur ganzzahlige Werte eingesetzt werden. Diese sind gemäß Abschnitt 241 in Reihe R_a 20 bis zu den kleinsten Zähnezahlen vorhanden; sofern dazwischenliegende Werte der Reihe R 40 benötigt werden, sind sie unter 50 auf die nächste ganze Zahl zu runden. Für die Teilungen sind die Module von Zahlentafel 393/1 zu bevorzugen.

Für selbständige Getriebeeinheiten, z. B. Vorsatzgetriebe oder Getriebe zum Anbau an Elektromotoren, ergibt sich folgende Regel:

Das *Übersetzungsverhältnis*, die *größtzulässige Drehzahl* sowie das größte *Drehmoment* an Antriebs- und Abtriebswelle und damit die abgegebene Leistung [kW] seien Normungszahlen aus der Reihe R 10.

[1] H = entsprechendes Nennmaß bei endlichen Keilriemen.

Mehrere hintereinander geschaltete Übersetzungen u_1, u_2 macht man häufig gleich; es ist dann:

$$\text{bei zweien: } u_1 = u_2 = \sqrt{u} = \text{Normungszahl aus R 20}$$

$$\text{bei dreien: } u_1 = u_2 = u_3 = \sqrt[3]{u}$$

Bei letzteren erhält man eine Vorzugsgröße, wenn man die Gesamtübersetzung u aus der Reihe R $\frac{10}{3}$ (Verdoppelungsreihe, siehe Zahlentafel 222/1) entnimmt, z. B. $u = 31{,}5$, $u_1 = 3{,}15$.

Stufengetriebe oder Schaltgetriebe. Darunter seien Getriebe verstanden, die eine Reihe verschiedener Übersetzungen in bestimmten Stufen durch Umschaltung erzielen lassen. Sie kommen bei Winden, bei Mischgebläsen, bei Fahrzeugen und mit den größten Stufenzahlen bei Werkzeugmaschinen vor. Für gestufte Werkzeugmaschinengetriebe haben bedeutende Hersteller (GEBRÜDER BOEHRINGER, Göppingen; DEUTSCHE NILESWERKE, Berlin) die Normungszahlen in die Praxis eingeführt. Hierüber besteht ein umfangreiches Schrifttum; daher wird hier nur das Grundlegende behandelt.

Im allgemeinen bilden die gestuften Drehzahlen eine geometrische Reihe. Im Werkzeugmaschinenbau gilt dieses Gesetz streng, und zwar deshalb, weil die Schnittgeschwindigkeiten für die verschiedenen Werkstoffe und Bearbeitungsarten im ganzen Bereich einer Maschine mit der *gleichen Treffsicherheit* eingestellt werden sollen. Bei Drehbänken und Bohrmaschinen, wo eine *stetige* Reihe von Durchmessern bearbeitet wird, kommt die Forderung hinzu, daß bei jedem Durchmesser d die Schnittgeschwindigkeit zwischen bestimmten größten und kleinsten Schnittgeschwindigkeiten v_g und v_k liegen soll, d. h.

$$v_g = \pi \cdot d \cdot n_m$$

$$v_k = \pi \cdot d \cdot n_{m-1}$$

hieraus

$$\frac{v_g}{v_k} = \frac{n_m}{n_{m-1}} = \varphi; \text{ Treffsicherheit } \pm \frac{\varphi}{2}$$

Dies führt zu dem bekannten Sägenschaubild im doppeltlogarithmischen Netz (Bild 422/1). Dort sind zu d als unabhängiger und v als abhängiger Veränderlicher die Drehzahlen n von 12 Stufen als Parameter eingetragen. Wird ein Drehdurchmesser auf mehr als einen eingetragenen Grenzwert vergrößert, so wird die nächste Drehzahl gewählt; wir finden auf der „Sägelinie“ für jeden beliebigen Durchmesser eine Schnittgeschwindigkeit innerhalb von v_g und v_k, und zwar stets mit einer Treffsicherheit innerhalb des halben Stufensprungs, $\pm \frac{\varphi}{2}$, bei der häufigst angewandten Reihe R 10 also innerhalb des Faktors

$\pm$ 1,12. Hierin liegt das Gesetz von der geometrischen Stufung der Drehzahlen von Werkzeugmaschinengetrieben begründet.

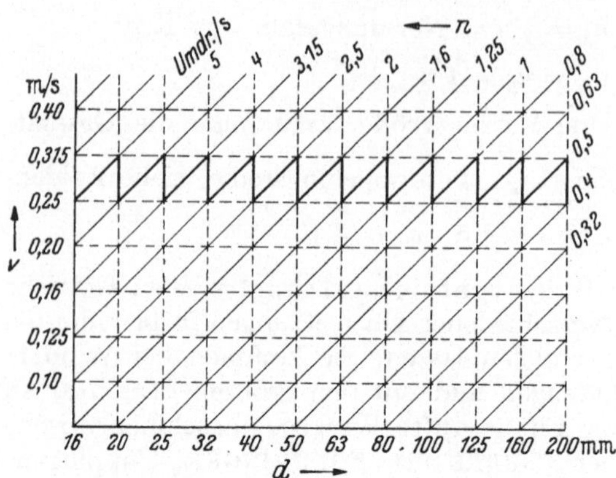

Bild 422/1. Sägen-Schaubild für geometrisch gestuftes Drehbank- oder Bohrmaschinengetriebe.

Eine zweite Begründung für den geometrischen Aufbau liegt in der Kinematik der Vervielfachungsgetriebe. Dies werde am Beispiel eines Stufengetriebes mit zwei Schieberadblöcken (Bild 422/2) erläutert.

Auf der treibenden Welle *1* befinden sich drei Zahnräder *4*, *5*, *6*, in die wahlweise die in dem sog. Dreierblock vereinigten Gegenräder *7*, *8*, *9* eingreifen können. Zwischen den Wellen *1* und *2* bestehen also drei verschiedene Übersetzungen, so daß Welle *2* drei verschiedene Drehzahlen erhält. Diese Drehzahlen werden weiter auf die getriebene Welle *3* wahlweise durch die Räder *10*—*12* oder *11*—*13* übertragen. Es werden also die drei verschiedenen Drehzahlen

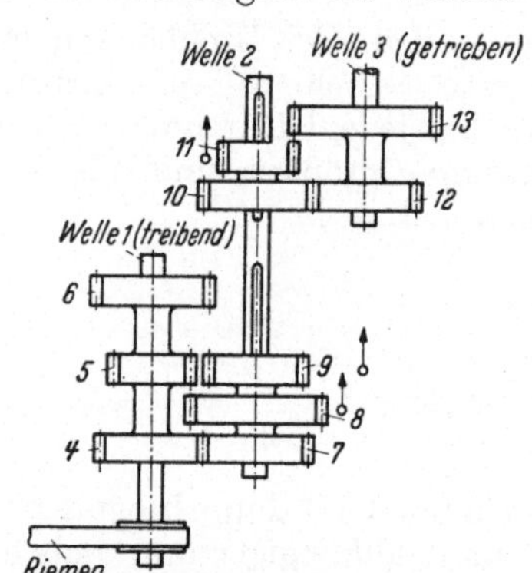

Bild 422/2. Stufengetriebe mit 2 Schieberadblöcken (3 × 2 = 6 Drehzahlstufen).

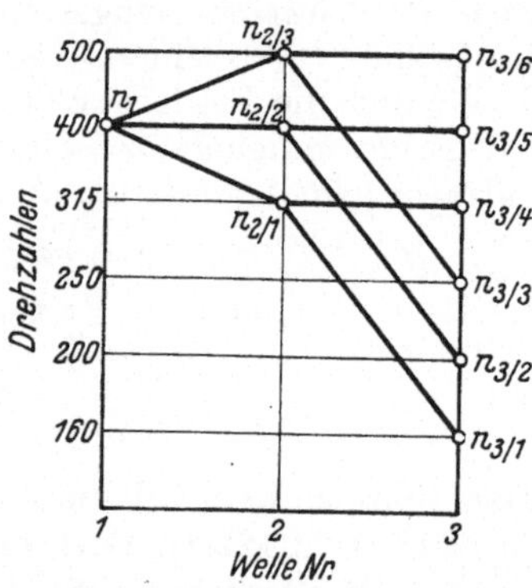

Bild 422/3. Drehzahlschaubild zu Bild 422/2.

der Welle *2* mit den letztgenannten Übersetzungen vervielfacht; gewissermaßen liegt hier ein *Rechengetriebe* mit beschränkter Aufgabe vor. Welle *3* erhält also sechs verschiedene Drehzahlen, von denen wir fordern, daß sie *eine* geometrische Reihe bilden. Ist die Antriebsdrehzahl der Welle $1 = n_1$ und die Übersetzungen auf Welle *2*

$$u_1 \qquad u_2 \qquad u_3$$

so werden ihre Drehzahlen

$$n_1 \cdot u_1 \qquad n_1 \cdot u_2 \qquad n_1 \cdot u_3$$

Da zwischen diesen ein Stufensprung φ besteht, so setzen wir dafür

$$n_1 \cdot u_1 \qquad n_1 \cdot u_1 \cdot \varphi \qquad n_1 \cdot u_1 \cdot \varphi^2$$

Sind die Übersetzungen von Welle *2* auf Welle *3* $= u_4$ und u_5 und ihre Bereichszahl $B_2 = \frac{u_5}{u_4}$, so erhalten wir für deren sechs Drehzahlen

$$\begin{matrix} n_1 \cdot u_1 \cdot u_4 & n_1 \cdot u_1 \cdot u_4 \cdot \varphi & n_1 \cdot u_1 \cdot u_4 \cdot \varphi^2 \\ n_1 \cdot u_1 \cdot u_5 & n_1 \cdot u_1 \cdot u_5 \cdot \varphi & n_1 \cdot u_1 \cdot u_5 \cdot \varphi^2 \end{matrix}$$

Da die letzteren sich wieder an die ersteren mit dem Stufensprung φ anschließen sollen, so muß sein:

$$n_1 \cdot u_1 \cdot u_5 = n_1 \cdot u_1 \cdot u_4 \cdot \varphi^2 \cdot \varphi$$

oder

$$u_5 = u_4 \cdot \varphi^3$$

oder

$$B_2 = \frac{u_5}{u_4} = \varphi^3 \qquad (1)$$

Somit entsteht für Welle *3* die gewünschte Reihe, wobei $n \cdot u_1 \cdot u_4 = n_g$ gesetzt sei:

$$n_g \qquad n_g\,\varphi \qquad n_g\,\varphi^2 \qquad n_g\,\varphi^3 \qquad n_g\,\varphi^4 \qquad n_g\,\varphi^5 \qquad (2)$$

Da das Getriebe mit einer beliebigen Antriebsdrehzahl betrieben werden kann, so sind seine Merkmale nicht in erster Linie die Drehzahlen, sondern die *Drehzahlbereiche* oder die *Übersetzungsbereiche*, die beide die gleichen Bereichszahlen haben. Diese können wir für jede Übersetzung feststellen. Die Bereichszahl B_1 für die Übersetzung von Welle *1* auf Welle *2* ist:

$$B_1 = \frac{n \cdot u_3}{n \cdot u_1} = \frac{u_3}{u_1} = \varphi^2 \qquad (3)$$

Die Bereichszahl B_2 ist bereits in Gleichung (1) festgelegt. Die Bereichszahl für die Gesamtheit der Drehzahlen oder der Übersetzungen ist:

$$B_g = B_1 \cdot B_2 = \varphi^5 \qquad (4)$$

Dies finden wir in der Reihe (2) bestätigt. Wir erkennen hieraus folgende Regel:

Wenn die Bereichszahl B_1 der feingestuften Drehzahlen einer Welle (2) durch eine zweite Übersetzung mit der Bereichszahl B_2 auf die Gesamtbereichszahl $B_g = B_1 \cdot B_2$ erweitert werden soll, dann muß bei geo-

metrischer Folge aller Drehzahlen

$$B_2 = B_1 \cdot \varphi \tag{5}$$

sein[1].

Die umgekehrte Regel wird an Hand eines zweiten Beispiels abgeleitet werden.

Die Drehzahlverhältnisse können sehr anschaulich im sog. „Drehzahlschaubild" dargestellt werden, das ursprünglich von GERMAR entwickelt wurde (Schr. 16). Dazu benutzt man vorteilhaft das in Abschnitt 261 beschriebene NZ-Papier, allerdings ohne die Strahlen für die Reihen. Bild 422/3 gibt das Drehzahlschaubild zum Getriebe nach Bild 422/2 wieder. Auf der Abszisse werden die laufenden Nummern der Wellen aufgetragen, auf die zugehörigen Ordinaten in logarithmischem Maßstab die Drehzahlen, die sich für die verschiedenen Wellen ergeben. Aus diesem Schaubild lesen wir ohne weiteres ab:

Die Drehzahl n_1* von Welle *1* kann auf Welle *2* mit den Übersetzungen 1,25 oder 1 oder 0,8 übertragen werden. Jede dieser Drehzahlen kann von Welle *2* auf Welle *3* mit den Übersetzungen 1 oder 0,5 übertragen werden. Auch können wir hier die oben erwähnten Bereichszahlen der Übersetzungen ohne weiteres ablesen:

auf Welle *2*
$$B_1 = \varphi^2 = 1{,}6 \tag{6}$$

auf Welle *3*
$$B_2 = \frac{n_{34}}{n_{31}} = \frac{n_{35}}{n_{32}} = \frac{n_{36}}{n_{33}} = \varphi^3 = 2 \tag{7}$$

und
$$B_g = \frac{n_{36}}{n_{31}} = \varphi^5 \tag{8}$$

Mit Normungszahlen wird somit die Entwurfsarbeit für ein Stufengetriebe außerordentlich erleichtert. Es bedarf nur noch der Festlegung der Zähnezahlen und damit der wirklichen Übersetzungen, die wir den in Normungszahlen ausgedrückten „Nennübersetzungen" gegenüberstellen. Für die Zahnradpaare zwischen einem und demselben Wellenpaar gilt die bekannte Regel, daß die Zähnezahlensummen gleich sind, es sei denn, daß korrigierte Verzahnungen verwendet werden.

Nehmen wir für das Zahnradpaar *4* und *7* die Zähnezahlen $40 + 40 = 80$ an. Soll der Stufensprung zwischen diesem Räderpaar und dem Räderpaar *5* und *8* $= \varphi = 1{,}25$ sein, so sind die theoretischen Zähne-

---

[1] Mit feingestuft ist gemeint, daß diese Stufung bereits den Stufensprung φ des ganzen Getriebes aufweist. Wird der Regel nicht gefolgt, so kann es auch bei Einhaltung einer geometrischen Folge der Drehzahlen vorkommen, daß ein und dieselbe Drehzahl zweimal auftaucht; damit wäre ein Teil des Getriebes vergeudet.

* Mit Rücksicht auf die gegenwärtige Gewöhnung der Praxis sind in den folgenden Schaubildern die Drehzahlen auf die Minute bezogen.

zahlen für Rad *5* $= \frac{40}{\sqrt{\varphi}}$, für Rad *8* $= 40 \cdot \sqrt{\varphi}$, also in Normungszahlen ausgedrückt:

$$35{,}5 + 45 = 80{,}5$$

Da die Zähnezahlensumme gleich 80 sein muß, so prüfen wir, welche der beiden Übersetzungen $\frac{35}{45}$ oder $\frac{36}{44}$ dem gewünschten Wert 0,8 am nächsten kommt. Wir finden 0,78 und 0,82 und wählen dazwischen nach praktischen Gesichtspunkten, während wir bei Zahnkorrektur mit den Zähnezahlen 36 und 45 genau das Übersetzungsverhältnis 0,8 erreichen könnten.

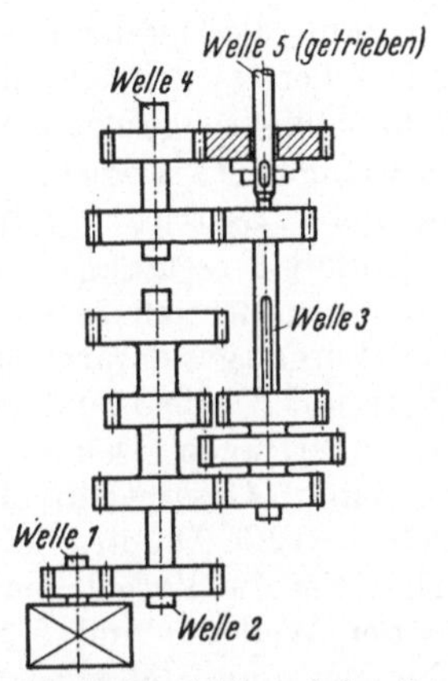

Bild 422/4. Stufengetriebe mit 2 × 3 × 2 = 12 Drehzahlstufen (l. Schieberadblock und 1 Vorgelege, Motor polumschaltbar).

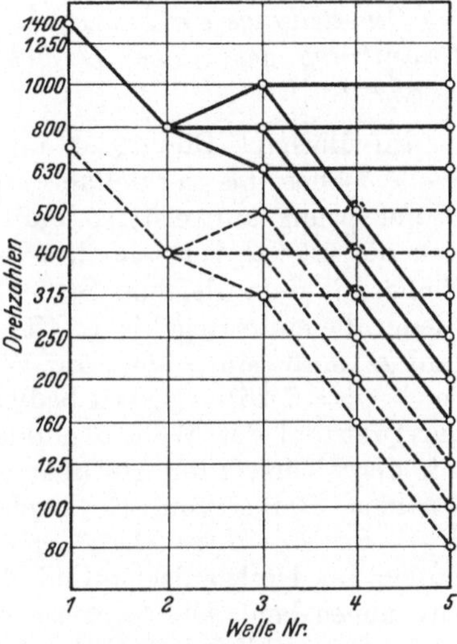

Bild 422/5. Drehzahlschaubild zu Bild 422/4.

Noch ein zweites Beispiel möge die außerordentliche Anschaulichkeit des Drehzahlschaubildes erläutern:

Ein Stufengetriebe nach Bild 422/4 besitze die gleichen Übersetzungsverhältnisse zwischen den Wellen *2* und *3* wie das Getriebe nach Bild 422/2 zwischen den Wellen *1* und *2*. Jedoch erfolge hier der Antrieb nicht durch eine Riemenscheibe, sondern durch einen Elektromotor auf Welle *1*, dessen Drehzahl durch die erste Übersetzung auf das 0,56fache herabgesetzt wird; dieser Motor möge außerdem ein polumschaltbarer Drehstrommotor mit den beiden Lastdrehzahlen 1400 und 710 sein. Im Drehzahlschaubild (Bild 422/5) finden wir also auf Welle *1* die Drehzahlen 1400 und 710, auf Welle *2* 800 und 400 und auf Welle *3* dementsprechend $2 \cdot 3 = 6$ Drehzahlen, die sich geometrisch aneinanderschließen. Wir betrachten wieder die Übersetzungsbereiche $B_1 = 2$ und $B_2 = 1{,}25^2 = 1{,}6$. Wir haben also auf Welle *4* den gleichen Bereich mit der gleichen Stufung erzielt wie nach Drehzahlschaubild 422/3. Die Umschaltbarkeit des Drehstrommotors ist also an Stelle des zweiten Schieberad-Teilgetriebes von Bild 422/2 getreten. Systematisch betrachtet haben wir eine grobe Stufung auf Welle *2* durch den ersten Schieberadblock fein unterteilt. Das ist das umgekehrte Vorgehen, so daß wir hieraus auch die entsprechende umgekehrte Regel ableiten können:

Wenn ein nicht unterteilter grober Bereich mit der Bereichszahl $B_1 = \varphi^n$ in n feinere Stufen φ zerlegt werden soll, so ist die Bereichszahl des Unterteilungsgetriebes $B_2 = \varphi^{n-1}$, und es ergibt sich von selbst eine Erweiterung des ersten Bereichs auf den Gesamtbereich $B_g = B_1 \cdot B_2 = \varphi^{2n-1}$.

Im Beispiel Bild 422/4 und 5 werden nun die Drehzahlen der Welle *3* abermals vervielfacht. Da die Welle *3* bereits den endgültigen Stufensprung aufweist, so muß die Vervielfachung so geschehen, daß sich die stärker vervielfachte Reihe an die weniger stark vervielfachte Reihe mit dem gleichen Stufensprung anschließt. Es tritt also hierbei wieder die erste Regel in Kraft. Die nun folgende Übersetzungsbereichszahl B_3 muß sein = dem auf Welle *3* vorhandenen Bereich $B_g \cdot \varphi = \varphi^5$ $\varphi = \varphi^6 = 1{,}25^6 = 4$. Wir bedienen uns eines Vorgeleges derart, daß wir die Drehzahl der Welle *3* einmal unmittelbar auf Welle *5* und einmal mit der Übersetzung 1/4 über ein Vorgelege übertragen. Das Ergebnis ist eine Reihe von 12 Drehzahlen mit einer Gesamtbereichszahl $B'_g = B_1 \cdot B_2 \cdot B_3 = \varphi^3 \cdot \varphi^2 \cdot \varphi^6 = \varphi^{11} = 1{,}25^{11} = 12{,}5$. Damit alle Drehzahlen im Drehzahlschaubild dargestellt sind, ist die Vorgelegewelle *4* mit angegeben. Die waagerechten Linien der Wellen *3* und *5* zeigen keine Drehzahlen auf Welle *4*, da diese bei der unmittelbaren Übertragung nicht in Tätigkeit tritt.

Mit diesen zwei Beispielen ist nur ein kleiner Ausschnitt aus der Anwendung der Normungszahlen von Stufengetrieben gegeben. Sie mögen für die systematische Einordnung in unsere Gesamtbetrachtung genügen. Für eine weitere Vertiefung wird auf das erwähnte Schrifttum verwiesen.

423 Stufenlose Getriebe.

Für stufenlose Getriebe gilt die bereits in Abschnitt 37 allgemein aufgestellte Regel in der besonderen Form:

Die Grenzdrehzahlen und die Bereichszahl eines stufenlosen Getriebes sollen Normungszahlen sein.

Schon dort ist darauf hingewiesen, daß in der Technik bisweilen gestufte und stufenlose Überdeckungen wahlweise an der gleichen Stelle verwendet werden können. Dies gilt in vollem Umfange für

Stufengetriebe und stufenlose Getriebe. Eine durchgreifende Vereinheitlichung der einzelnen Gruppen von Getrieben muß dies auch für den Fall fordern, daß ein *Teil* eines Stufengetriebes durch ein stufenloses ersetzt wird, ohne daß dadurch vorgeschaltete oder nachgeschaltete Zahnradübersetzungen geändert zu werden brauchen (Schr. 22). Ein Beispiel zeigt das Getriebe nach Bild 423/1. Es ist im Grunde genommen das gleiche Getriebe wie in Bild 422/4, jedoch mit einfachem Motor. An Stelle des Schieberadblocks ist das stufenlose Getriebe L getreten. Sein Bereich ist zu $B_1 = 6{,}3$ angenommen, so daß wir gemäß Drehzahlschaubild 423/2 auf Welle 3 Drehzahlen zwischen 1000 und $160\,\text{min}^{-1}$ erhalten. Soll dieser Bereich erweitert werden, so setzt man ein Vorgelege dazu. Dessen Bereichszahl macht man aber nicht wie beim Stufengetriebe größer, da auf der Welle *4* überhaupt keine

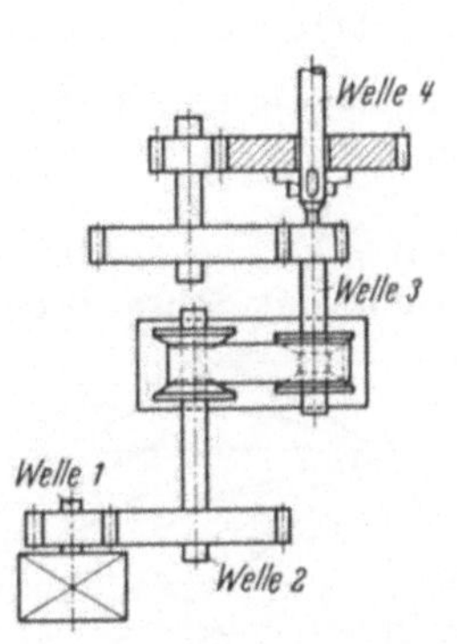

Bild 423/1. Stufenloses Getriebe mit Vorgelege.

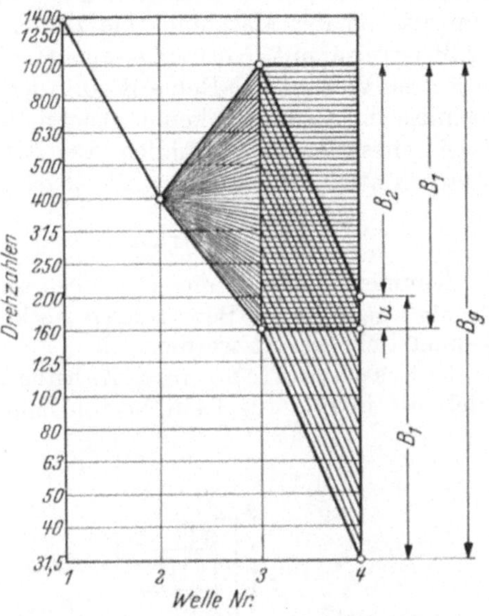

Bild 423/2. Drehzahlschaubild zu Bild 423/1.

„Stufe" oder besser gesagt „Lücke" auftreten soll. Eher sieht man eine Überlappung u vor. Sie bedeutet zwar einen Verlust am Gesamtdrehzahlbereich B_g, hat aber folgenden praktischen Vorteil. Wenn man beispielsweise auf einer Drehbank regelmäßig Wellen zu drehen hat, deren größte und kleinste Durchmesser innerhalb einer Bereichszahl B_w liegen, so kann man mit $U = B_w$ jede Welle drehen, ohne daß man während der Arbeit das Vorgelege umzuschalten hat. Würde man $U = 1$ machen, d. h. die größte Drehzahl mit Vorgelege = kleinster Drehzahl ohne Vorgelege, so könnte es vorkommen, daß der verlangte Drehzahlbereich z. B. zwischen 140 und $180\,\text{min}^{-1}$ liegt und daher das Vorgelege während der Bearbeitung der Welle betätigt werden müßte.

Danach finden wir:

$$B_2 = \frac{B_1}{U} \tag{8}$$

$$B_g = B_1 \cdot B_2 = \frac{B_1^2}{U} \tag{9}$$

Für den Fall, daß eine *Reihe* von Maschinen mit verschiedenen stufenlosen Bereichen ausgestattet werden soll, wird auf Abschnitt 372, Überlappende Teilbereiche, verwiesen.

Weiter kommt die Anwendung der Normungszahlen bei stufenlosen Getrieben für die *Drehzahlskalen* in Betracht. Dem Arbeiter wird schriftlich die jeweils einzustellende Drehzahl vorgeschrieben. Man muß ihm also an der Maschine eine Zahlenskala geben. Diese wird zweckmäßigerweise mit Normungszahlen ausgestattet, u. U. mit den feingestuften Werten der Reihe R 40. Auch wenn sich hierbei aus getriebetechnischen Gründen keine gleichmäßige Einteilung ergibt, so wird doch eines deutlich, nämlich die Tatsache, daß *jeder Zwischenraum zwischen zwei Skalenstrichen die gleiche Treffsicherheit* bedeutet.

424 Schraub- und Kurvengetriebe.

Nunmehr sollen einige Getriebearten betrachtet werden, die gleichförmige geradlinige Bewegungen herbeiführen, deren Geschwindigkeit geometrisch gestuft werden soll.

Schraubgetriebe mit Zahnradantrieb. Als bekanntes Getriebe ist in Bild 424/1 ein Norton-Zahnradgetriebe mit Schraubspindel

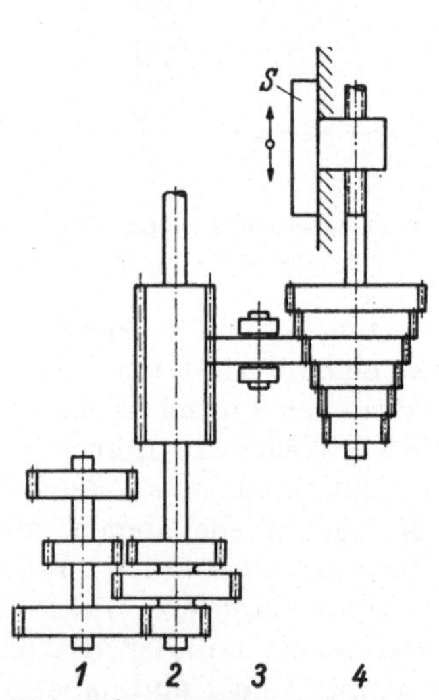

Bild 424/1. Norton-Zahnradgetriebe mit Schraubspindel.

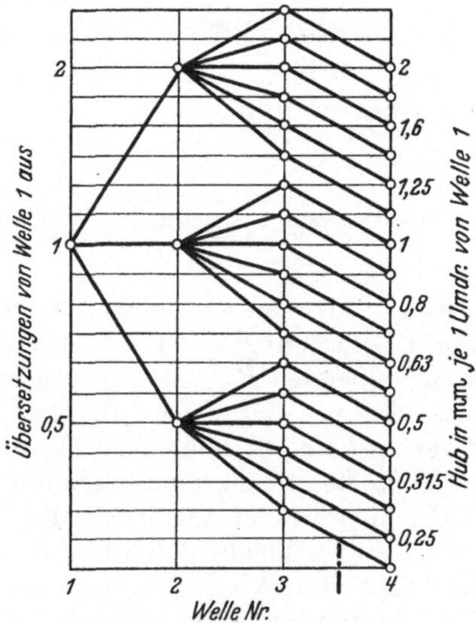

Bild 424/2. Übersetzungsschaubild zu Bild 424/1.

dargestellt. Das zugehörige Schaubild (Bild 424/2) ist diesmal als *Übersetzungsschaubild* beziffert, in dem statt der Drehzahlen die Übersetzungen, bezogen auf die Welle *1*, angegeben sind. Die feine Stufung ergibt sich zwischen Welle *2* und *3*; ihr ist die grobe Stufung zwischen Welle *1* und *2* vorgeschaltet. Auf der Leiter *4* ist der Hub je einer Umdrehung der Antriebswelle *1* angegeben; dort fallen besonders die Doppel- und Halbwerte von 1 mm/Umdr. auf. Das vorgeschaltete Getriebe Welle *1—2* ist wieder ein Vervielfachungsgetriebe, das aus der Übersetzungsreihe des Norton-Getriebes (Welle *2—3*) alle Halbwerte entstehen läßt. Wie diese Reihe des Norton-Getriebes auch aussehen möge, entsteht also in der Gesamtreihe auf Welle *3* stets eine *gruppengeometrische Reihe* (vgl. Abschnitt 243).

Sollen mit einem solchen Getriebe Steigungen für Gewinde oder Schnecken erzeugt werden, so geht daraus eindeutig hervor, daß diese möglichst einer geometrischen Reihe, mindestens aber einer gruppengeometrischen Reihe folgen müssen, wenn die Getriebe einfach bleiben sollen. Hier ist der Beweis dafür gegeben, daß die Reihe für die Schneckenteilungen den Normungszahlen entsprechen soll. So fügt sich in der umfassenden Anwendung der Normungszahlen immer wieder ein Glied zum anderen.

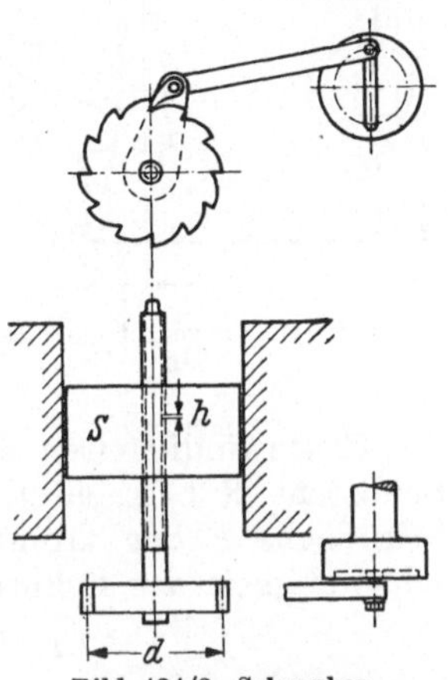

Bild 424/3. Schraubengetriebe mit Sperradantrieb als Stufengetriebe.

S c h r a u b g e t r i e b e m i t S p e r r a d a n t r i e b. Häufig soll ein Schlitten an einer Maschine nicht stetig, sondern ruckweise bewegt werden, wobei die Hübe wieder in geometrischer Stufung einstellbar sein sollten (z. B. an Metallhobel- und Stoßmaschinen). Als Betätigungselement verwendet man Sperrgetriebe, und zwar entweder mit gezahnten oder mit ungezahnten Sperrädern. Bei ungezahnten läßt sich der Hub beliebig, somit entsprechend jeder Normungszahl, einstellen. Hier liegt ein Beispiel für die Stufung von Winkeln nach Normungszahlen vor.

Bei gezahnten Sperrädern ist man natürlich an das Fortschalten um ganze Zähnezahlen gebunden (Bild 424/3). In der Praxis schaltet man häufig entweder um 1 oder um 2 oder um 3 Zähne weiter, d. h. mit Stufensprüngen von 2 oder 1,5. Das ist indes im allgemeinen viel zu grob. Wählt man aber die schon in Abschnitt 243 hervorgehobene

Reihe: 3 4 5 Zähne,

so kann man mit weiteren Verdoppelungen die bekannte gruppengeometrische Reihe mit dem durchschnittlichen Stufensprung 1,25 erzielen. Man verändert zu diesem Zweck die Hübe der antreibenden

Kurbel, so daß sie das Sperrad um die weiteren Zähnezahlen 6 8 10 verdreht, oder schaltet vor die Spindel eine wahlweise Übersetzung 1 oder 2 derart, daß die Sperraddrehung mit der Übersetzung 1 : 1 oder 2 : 1 auf die Spindel übertragen wird. Am Sperrad selbst sollen Zahnteilungen, Außendurchmesser und Zähnezahlen in Übereinstimmung mit Abschnitt 315 und 393 Normungszahlen sein. Damit werden die fortgeschalteten Winkel mit der jeweiligen Fortschalt-Zähnezahl f

$$\varepsilon = 360 \cdot \frac{f}{z} \qquad (10)$$

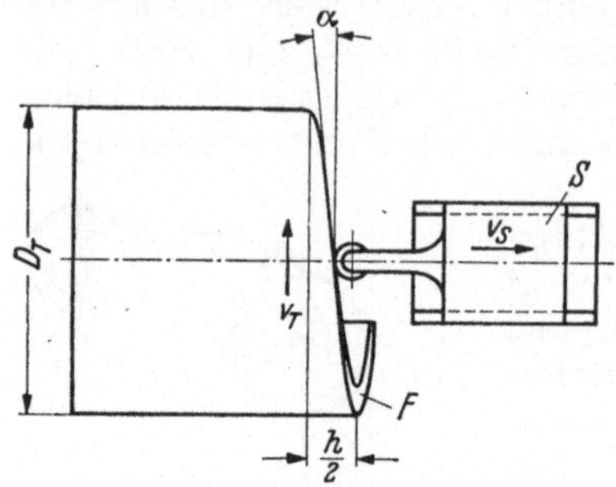

Bild 424/4. Kurvengetriebe mit Trommelkurve F

und der Schlittenhub h mit der Spindelsteigung s

$$h = \frac{\varepsilon}{360} \cdot s = \frac{f}{z} \cdot s \qquad (11)$$

Wir erzielen also wiederum mit Normungszahlen für alle drei rechts stehenden Größen die Hubgröße ebenfalls in Normungszahlen.

Kurvengetriebe. An Hand von Bild 424/4 seien statt der Hübe die Geschwindigkeiten eines durch einen Kurvenkörper verschobenen Schlittens S betrachtet. Eine an ihm angebrachte Rolle berührt die Stirnfläche F der Trommel T. Ist n_T ihre Drehzahl, so ist die Geschwindigkeit des Schlittens

$$v_S = v_T \cdot \operatorname{tg} \alpha = \pi \cdot D_T \cdot n_T \cdot \operatorname{tg} \alpha \text{ [mm/s]} \qquad (12)$$

n_T wird durch ein Zahnradgetriebe gemäß Abschnitt 422 eine Normungszahl; ebenso ist D_T als Normungszahl, und zwar bezogen auf den mittleren Durchmesser der Stirnfläche F aus DIN 3, möglichst als Hauptwert aus Spalte 4 von Zahlentafel 311/1 oder als Hauptwert der Reihe R 20 zu entnehmen. Soll nun v_S auch eine Normungszahl werden, so muß auch tg α eine sein und ist somit aus der Zahlentafel 315/2 zu entnehmen. War man früher beispielsweise bei Werkzeugmaschinen gewohnt, Unterschiede von je einem Grad vorzusehen, so sieht man, daß diese feine Stufung im vorderen Teil unserer Reihe erreicht ist, daß sie aber dann fortschreitend größere Unterschiede aufweist. Das hat zur Folge, daß man in den Bereich von 19° bis 45° nur noch 19 statt wie früher 27 Kurvenstücke benötigt.

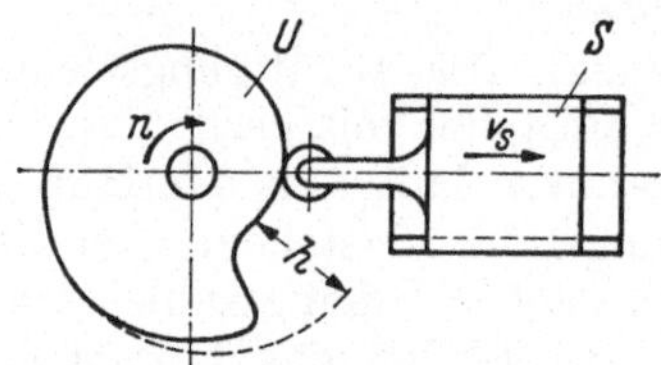

Bild 424/5. Kurvengetriebe mit Umfangskurve (Archimedische Spirale).

An Stelle der Trommelkurve F kann auch gemäß Bild 424/5 eine Umfangskurve treten, deren Leitlinie eine archimedische Spirale ist.

Hierbei ist $v_S = n_U \cdot h$, worin n_U als Drehzahl der Umfangskurve U und h als Spiralsteigung/Umdr. Normungszahlen sind.

43 Hydraulik.

In der Hydraulik tritt uns normentechnisch vor allem das Größenfortpflanzungsgesetz hinsichtlich des Druckes und der Leitungsquerschnitte entgegen. Beide sind in den deutschen Normen nach Normungszahlen gestuft. Dies führt dazu, daß auch die hydraulischen Maschinen und Hilfsgeräte mit ihren Hauptgrößen in das Normungszahlensystem eingeordnet sind. Die folgenden Abschnitte zeigen, daß hier ein großes technisches Gebiet eine zahlenmäßige Ordnung gefunden hat, die an Klarheit und Einfachheit nicht zu übertreffen sein dürfte.

431 Druckstufen.

Eine der ersten Normen, die den Normungszahlen sehr eng gefolgt sind, ist DIN 2401 Druckstufen (Zahlentafel 431/1 siehe S. 240).

Abgesehen von dem ersten Sprung von 1 auf 2 kg/cm² entsprechen die *Nenndrücke* der Reihe R_a 10 (2 ··· 1000). Diese Reihe gilt gleichzeitig für die Betriebsdrücke für Flüssigkeiten, Gase und Dämpfe bis 120°.

Bei höheren Temperaturen läßt man aber in den gleichen Anlagen nur geringere Betriebsdrücke II und III zu. Die Betriebsdrücke II gelten bis 300° und betragen das 0,8fache, die Betriebsdrücke III gelten bis 400° und betragen das 0,63fache der Nenndrücke. Da diese Faktoren selbst Glieder der Reihe R 10 sind, so folgen die Betriebsdrücke II und III gleichfalls der Reihe R 10.

Die Probedrücke bilden bei 1 kg/cm² Nenndruck das 2fache, bis 32 kg/cm² das 1,6fache und darüber das 1,5fache der Nenndrücke. Vermutlich wäre es möglich, hier durchweg im Sinne der Normungszahlen das 1,6fache anzuwenden, um auch für die *Probedrücke* nur die Zahlen der Reihe R 10 zu haben.

Da für alle höheren Drücke von 16 kg/cm² Nenndruck ab für jede Druckstufe andere Leitungsanlagen vorgesehen sind, so ist es praktisch wertvoll, daß man den Inhalt der Norm für diese Zwecke kurz wie folgt fassen kann:

Nenndrücke R 10 (16 ··· 1000) kg/cm²			
Betriebsdrücke	bis 120°	das gleiche:	R 10 (16 ··· 1000) kg/cm²
über 120°	bis 300°	das 0,8fache	R 10 (12,5 ··· 800) „
„ 300°	bis 400°	das 0,63fache	R 10 (10 ··· 630) „
Probedrücke das 1,6fache			R 10 (25 ··· 1600) „

In DIN 2901 sind für Dampfkessel ebenfalls die Größen für Drücke und Leistungen unter Berücksichtigung der Temperaturbereiche nach Normungszahlen gestuft.

Die Druckstufen sind im Anschluß an den Begriff der Atmosphäre in atü = kg/cm² angegeben.

Zahlentafel 431/1.

Druckstufen für Rohrleitungen nach DIN 2401.

Nenndruck kg/cm² ND	Größter zulässiger Betriebsdruck (kg/cm²)				Probedruck kg/cm²
	I (*W*) für Flüssigkeiten, Gase und Dämpfe bis 120° Flansche und Rohre	II (*G*) für Flüssigkeiten, Gase und Dämpfe bis 300° Flansche und Rohre	III (*H*) für Flüssigkeiten, Gase und Dämpfe bis 400°		
			Flansche	Rohre	
1	1	1	—	—	2
—	—	—	—	—	—
—	—	—	—	—	—
2	—	—	—	—	—
2,5	2,5	2	—	—	4
3,2	—	—	—	—	—
4	—	—	—	—	—
5	—	—	—	—	—
6	6	5	—	—	10
8	—	—	—	—	—
10	10	8	—	—	16
12,5	—	—	—	—	—
16	16	13	13	10	25
20	20	16	—	13	32
25	25	20	20	16	40
32	32	25	—	20	50
40	40	32	32	25	60
50	50	40	—	32	75
64	64	50	40	40	96
80	80	64	—	50	120
100	100	80	64	64	150
125	125	100	80	80	190
160	160	125	100	100	240
200	200	160	125	125	300
250	250	200	160	160	375
320[1]	320	250	200	200	480
400	400	320	250	250	600
500	500	400	—	—	750
640[1]	640	500	—	—	960
800	800	640	—	—	1200
1000	1000	800	—	—	1500

[1] Diese Werte stammen aus einer Zeit, wo die Frage 63 oder 64 als Normungszahl noch nicht eindeutig entschieden war.

432 Rohrleitungen.

Die Nennweiten der Rohrleitungen sind gemäß DIN 2402 gleichfalls den Normungszahlen angepaßt, und zwar sind sie in Anlehnung an die Reihen R_a 10 (1 ··· 63) + R_a 20 (63 ··· 4000) gestuft; allerdings waren bei Schaffung der Norm 1926 einige Größen eingeschoben, aber schon im voraus als möglichst zu vermeiden gekennzeichnet. Das ist in Anbetracht der früher schon festgelegten Rohrweiten eine sehr beachtenswerte Anpassung an die Normungszahlen.

Auch die Flanschen sind entsprechend diesen so gestuften Nennweiten angepaßt, wenngleich es hier aus wirtschaftlichen Gründen noch nicht möglich war, sie in ihren anderen Abmessungen genau an die Normungszahlen anzuschließen.

Nach dem Größenfortpflanzungsgesetz sind in die Reihen von Drücken und Nennweiten auch die Armaturen und Druckmesser eingeschlossen.

433 Hydraulische Maschinen und Geräte.

In hydraulischen Maschinen wirkt der Kolben; ist sein Durchmesser d, sein Hub h, seine Geschwindigkeit v m/s und steht er unter dem Druck p kg/mm², so bestehen die bekannten Beziehungen:

$$\text{Kraft} \quad P = p \cdot \frac{\pi}{4} d^2 \quad \text{kg}$$

$$\text{Arbeit} \quad A = p \frac{\pi}{4} d^2 \cdot h \cdot 10^{-3} \quad \text{mkg}$$

$$\text{Leistung} \quad N = 0{,}01 \cdot p \frac{\pi}{4} d^2 \cdot v \quad [\text{kW}]$$

Wenn nun die Nenndrücke und die Betriebsdrücke nach DIN 2401 festgelegt sind, so bedarf es nur noch der Festlegung der Kolbendurchmesser, um zu Baumustergrößen für hydraulische Maschinen, die durch ihre Kräfte bestimmt sind, zu kommen. Der dafür zuständige Ausschuß hat hierfür Normungszahlen, und zwar die Hauptwerte, angenommen; er ist im Sinne der Ausführungen zu DIN 3 (Abschnitt 311) hierbei über 40 mm von den Rundwerten bewußt abgewichen, weil sich sonst für die Kolbenflächen und Kolbenkräfte unerwünschte Abweichungen von der Gleichmäßigkeit der Stufung ergeben hätten. Bild 433/1 zeigt einen Ausschnitt (von 50 ··· 500 mm Kolbendurchmesser) aus der schaubildlichen Übersicht der Kolbenkräfte, die der zuständige Ausschuß für 4 ··· 2500 mm Kolbendurchmesser aufgestellt hat[1]. Als Reihe der Nenndrücke ist in Überein-

[1] Diese Übersicht verdankt der Verfasser Herrn Obering. HÄUSSERMANN, Stuttgart.

stimmung mit DIN 2401 die Reihe R 10 zugrundegelegt, jedoch sind dabei in weiterer Vereinfachung eine Reihe von Werten ausgelassen; unter 160 und über 400 kg/cm² hat man lediglich den Stufensprung 1,6, so daß die Gesamtreihe lautet:

$$\text{R } 5\ (16 \cdots 160) + \text{R } 10\ (160 \cdots 400) + \text{R } 5\ (400 \cdots 1000)$$

Die enge Stufung befindet sich also in der Nähe des als Hauptgröße hervorgehobenen Nenndruckes 200 kg/cm²; diesem ist die Reihe

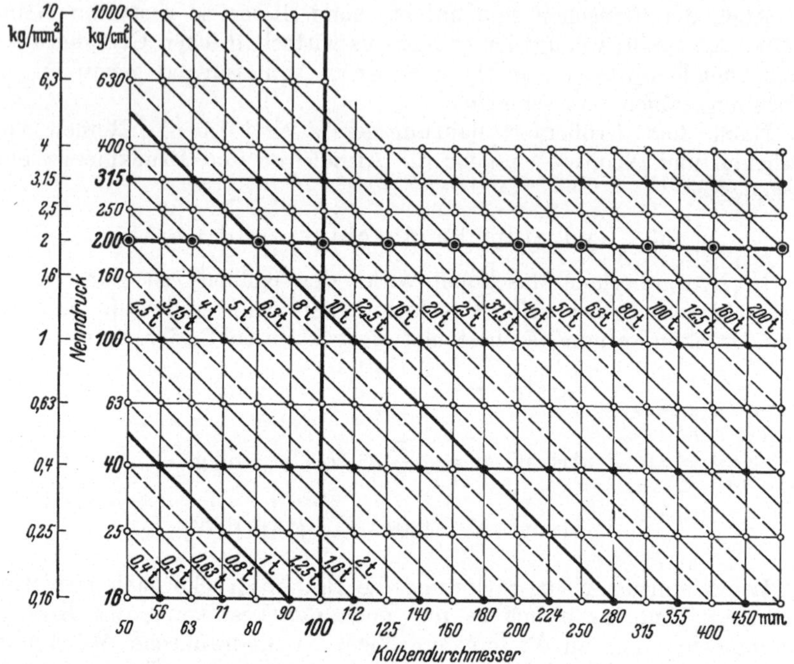

Bild 433/1. Rechentafel für Kolbenkräfte für hydraulische Maschinen.

R 10 der Kolbendurchmesser zugeordnet. Für die weiteren Zuordnungen der Kolbenkräfte ergeben sich die unter 45° verlaufenden ausgezogenen Geraden, die der Reihe R 5 folgen. Falls Zwischenstufen der Kräfte erforderlich sind, so folgen sie der Reihe R 10 und führen auf Kolbendurchmesser der Reihe R 20. Gleiche Kolbenkräfte können also mit verschiedenen Nenndrücken erzielt werden; von diesen bilden nach der Hauptgröße die Werte 16 40 100 315 die zweite Vorzugsreihe, während die übrigen Größen 25 63 160 250 400 die Reihe dritten Ranges bilden; insgesamt ordnen sich damit die Nenndrücke wieder in die allgemeine Normungszahlenreihe ein.

In ebenso klarer Weise wurde die Typnorm für nahtlose Behälter für *Druckwasserspeicher* mit Druckluftbelastung DIN 2760 aufgestellt. Ihr Inhalt ist in Zahlentafel 433/1 (s. S. 244) wiedergegeben, weil sich daran verschiedene wichtige Normungsgesichtspunkte zeigen lassen. Maßgebend für das einzelne Baumuster ist der Betriebsdruck und der Rauminhalt. Während für die Herstellung der Gesamtinhalt maßgebend ist, gilt für die Verwendung der Nutzinhalt an Flüssigkeit im druckluftbelasteten Druckwasserspeicher. Das Verhältnis beider ist durch die Normungszahl 1/10 festgelegt.

$$\text{Nutzinhalt} = {}^1/_{10}\ \text{Gesamtinhalt}.$$

Als Bestimmungsgröße gilt der Nutzinhalt, der damit zum *Nenninhalt* wird. Er entspricht der Reihe

$$\text{R}\,5\ (4 \cdots 100) + \text{R}\,10\ (100 \cdots 2500)\ [\text{l}]$$

Die Druckstufen, für die Druckwasserspeicher in Betracht kommen, liegen zwischen 63 und 400 kg/cm² nach der Reihe R 5 (63 ⋯ 160) + R 10 (160 ⋯ 400) kg/cm². Würde man für jede der sieben Druckstufen jeden der vorgesehenen 24 Rauminhalte vorsehen, so käme man zu 168 Baumustern. Um diese Vielfalt zu verringern, hat man fünf Gruppen gebildet. Die erste Gruppe ist durch große ausgefüllte Punkte, die zweite durch kleine ausgefüllte Punkte gekennzeichnet, beide Reihen sind Vorzugsreihen. Die Norm sagt dazu: „Behälter werden voraussichtlich beibehalten.“ Die dritte Reihe ist durch Kreise gekennzeichnet; die Norm bezeichnet sie als „Ausnahme-Reihe“ und fügt hinzu: „Behälter werden voraussichtlich wegfallen.“ Die vierte Gruppe bilden die beiden in der genannten Normreihe eingeschobenen „Sonderbehälter“ mit den Nenninhalten 2240 und 2800 l, sie „verbleiben nur bis auf weiteres“. Die fünfte Gruppe ist überhaupt nicht für die Ausführung vorgesehen (weiße Felder).

Aus dieser Rangfolge der verschiedenen Größen kann die herstellende und verwendende Industrie klarere Richtlinien entnehmen, als sie mit Worten gegeben werden könnten. Wie man sieht, ist die erste Vorzugsreihe, nämlich für den Betriebsdruck 200 kg/cm², im unteren Bereich sehr grob gestuft ($\varphi = 2{,}5$). Die Reihe für den Nenninhalt bei einem Druck von 200 kg/cm² lautet:

$$\text{R}\,\frac{5}{2}\ (4 \cdots 63) + \text{R}\,5\ (63 \cdots 400) + \text{R}\,10\ (400 \cdots 2500)\ [\text{l}]$$

Es leuchtet ein, daß die Stufung im Bereich der großen Druckwasserspeicher feiner ist, weil dort der Stoffaufwand bei der Herstellung und damit das Gewicht für Beförderung und Einbau erheblich wächst. Für den Raumbedarf allerdings ist die Stufung ziemlich fein. Es ergibt sich dafür ein linearer Stufensprung von $\sqrt[3]{1{,}25} \approx 1{,}08$; dies weist darauf hin, daß auch hierbei noch eine Bevorzugung der Behälter der Reihe

Zahlentafel 433/1.

Nahtlose Behälter für Druckwasserspeicher nach DIN 2760.

Nenninhalt Liter	Gesamt-Rauminhalt Liter	kg/cm² (Betriebsdruck)							Anschluß NW mm
		63 (64)	100	160	200	250	315 (320)	400	
4	40	○	●	○	●	○	●	○	40
6,3	63		○		○		○		40
10	100	○	●	○	●	○	●	○	40
16	160		○		○		○	○	40
25	250	○	●	○	●	○	●	○	63 (65)
40	400		○	○	○	○	○	○	63 (65)
63	630	○	●	○	●	○	●	○	80
100	1000	○	●	○	●	○	●	●	80
125	1250	○	○	○	○	○	○	○	80
160	1600	○	●	○	●	●	●	●	80
200	2000	○	○	○	○	○	○	○	80
224	2240				○		○		80
250	2500		●	●	●	●	●	●	100
280	2800				○		○		100
315	3150		○	○	○	○	○	○	100
400	4000		●	●	●	●	●	●	100
500	5000		●	●	●	●	●	●	100
630	6300		●	●	●	●	●	●	125
800	8000		●	●	●	●	●	●	125
1000	10000		●	●	●	●	●	●	125
1250	12500		●	●	●	●	●	●	125
1600	16000		●	●	●	●	●		160 (150)
2000	20000		●	●	●	●	●		160 (150)
2500	25000		●	●	●	●			160 (150)

R 5 am Platze wäre; an sich gilt sie für jeden Kenner der Normungszahlen.

Noch eine geringfügige normentechnische Einzelheit sei erwähnt. Die Aufstellung erhält einige Werte in Klammern. Sie rühren aus der derzeitigen, schon aus älteren Jahren stammenden Fassung von DIN 2401, Druckstufen, und DIN 2402, Nennweiten, her, die damals noch nicht genau den heutigen Normungszahlen entsprachen. Es ist damit der glückliche Weg gefunden worden, die für die Gesamtordnung für die Zukunft vorgesehenen Normungszahlen nach DIN 323 schon zu verankern, ohne damit sofort die alten Werte außer Kraft zu setzen. Die Norm gibt jedoch an, daß diese „zu gegebener Zeit auf Normungszahlen umgestellt werden" (vgl. Abschnitt 3), gibt also hiermit eine eindeutige Richtlinie für die Zukunft. Daß es sich bei der Änderung der Betriebsdrücke von 64 auf 63 und von 320 auf 315 nur um eine förmliche Änderung handelt, die keinerlei sachliche Folgen hat, sei nur nebenbei erwähnt.

44 Typnormen für Maschinen.

Maschinen wurden ursprünglich zumeist in einzelnen Größen entwickelt. Je nach Bedarf entstanden weitere Größen. Wegen des zeitlichen Abstandes der Entwicklung änderten sich dabei die Formen mehr oder weniger, und nach einigen Jahrzehnten fand sich ein Vielerlei, das man lange Zeit festhalten zu müssen glaubte, um die verschiedenen Kundenwünsche zu befriedigen, denen zu Liebe ja alle Typen entwickelt worden waren.

Als man begann, die Dinge von einem höheren Gesichtspunkt aus zu betrachten, sah man die Möglichkeit, die Gesamtheit der Kundenwünsche mit einer Reihe verschiedener Größen und innerhalb dieser Größen mit einer Reihe verschiedener Arten oder Abarten abzudecken. Damit ergab sich die Möglichkeit, die Anzahl der verschiedenen Typen zu verringern und die Fertigungszahl der einzelnen Type mit den bekannten wirtschaftlichen Vorteilen zu erhöhen. Die Typung selbst geschah auf zwei Arten, einmal in Gestalt der sog. Typenentrümpelung, die lediglich im Streichen nicht unbedingt notwendiger Typen bestand, und in der Gestalt der Typnormung, d. h. in der Entwicklung wohlgeordneter Reihen. Gleichgültig, ob solche Typenreihen im Rahmen eines Werkes oder eines Fachverbandes entstehen, ist ihre Aufstellung nichts anderes als eine Normung.

Die Typung ist daher ein Zweig der Normung (Schr. 42), und man spricht in diesem Sinne von *Typnormung*.

Hierfür gelten die folgenden allgemeinen Ausführungen:

Eine Typnorm ist eine Norm für ein Ding, wenn sie sich auf Art und Größe beschränkt. Auf die einzelne Maschinenart angewandt, bedeutet dies das Herausfinden einer oder einiger weniger Kenngrößen zur Festlegung eines Typs.

Die Beschränkung der Normung auf wenige Kenngrößen der verschiedenen Maschinenarten ermöglichte im Maschinenbau eines der bedeutendsten Normenwerke anzufassen und im Kriege auch in kurzer Zeit weitgehend durchzuführen, obwohl dieses Gebiet eine viel größere Mannigfaltigkeit aufweist als die meisten anderen Gebiete der Technik. Dabei erweisen sich die Normungszahlen als entscheidende Hilfe. Waren schon die früheren Reihen der Natur der Sache nach geometrischen Reihen ähnlich, so lag es nahe, die neutralen, in einem überzeugenden System verankerten Normungszahlen zu wählen, anstatt jede Größe in Beratungen auszuhandeln.

Als Kenngrößen dienen die Hauptgrößen, die bei Planung und Kauf für die Beurteilung genügen, ob ein bestimmter Bedarfsfall gedeckt werden kann; sie werden in Längenmaßen, Raummaßen (l oder cbm Rauminhalt), Gewichtsmaßen (kg oder t Gewicht oder Tragfähigkeit), Leistungsmaßen (kW) u. a. ausgedrückt.

Normentechnisch ist noch wesentlich, daß ein Typ im allgemeinen einen gewissen *Nutzungsbereich* erfüllt, m. a. W., daß er für verschieden große Leistungen (im allgemeinsten Sinn) benutzt werden kann.

Die untere Bereichsgrenze ist meist nur wirtschaftlich bedingt (d. h. es ist wirtschaftlicher, von einer gewissen Leistung ab den nächst kleineren Typ anzuwenden), die obere Bereichsgrenze ist entweder absolut begrenzt (z. B. Inhalt eines Fördergefäßes) oder sie wird in eine übliche Grenze (Normallast) und eine äußerste, nur zeitweilig zulässige Grenze (Überlast) zerlegt. Den Nutzungsbereich könnte man technisch auch „Funktionselastizität“ heißen; er beeinflußt die Stufensprünge entscheidend (vgl. Abschnitt 37).

Eine Typenreihe entsteht in einer Hinsicht durch eine wohlgestufte Aneinanderreihung der Nutzungsbereiche der einzelnen Typengrößen (Größenreihe), in anderer Hinsicht durch eine Aneinanderreihung von Arten (Artreihe).

Die Größenreihen folgen meist einer geometrischen Stufung, für die die Normungszahlen die Grundlage bieten. Es ist jedoch nicht nötig, daß der Stufensprung in der ganzen Reihe gleich bleibt, in diesem Fall werden, mathematisch ausgedrückt, mehrere geometrische Reihen aneinandergereiht.

Bereiche. Die Größenreihen sollten den ganzen Größenbereich eines Dinges ausfüllen; es ist normentechnisch falsch, nur Teilbereiche zu normen. Wo die zweckmäßige Stufung der Anfänge oder Enden noch nicht zu überblicken ist, sollte man wenigstens Richtlinien für die Stufung vorsehen. So entstehen lange Reihen, z. B. für Elektromotoren (Bereich 1000 : 0,1 kW = 10000), Wälzfräsmaschinen (Bereich für den Werkstückdurchmesser 6300 : 63 mm = 100).

Beispiele kurzer Reihen sind Schreibmaschinen (Bereich 630:210 mm Walzenbreite = 3), offene Eisenbahnwagen (Bereich 20:5 t Tragfähigkeit = 4); die letzte Reihe kann so kurz sein, weil die Koppelbarkeit bis zum Achtzigfachen geht.

Koppelbarkeit. Für die Koppelbarkeit kann es von Bedeutung sein, daß zwei oder mehrere Gegenstände zu einer gemeinsamen Leistung gekoppelt werden (Dampfkessel, Stromerzeuger in einem Kraftwerk); wir sprechen dann von Koppelbarkeit[1], mit der beim Benutzer eine Art des Baukastensystems entsteht. Dabei können zweierlei Summenbildungen wünschenswert sein. In einem Falle kommt die Summe mehrerer Größen einer anderen Größe der Reihe gleich oder nahe, z. B. bei allen Reihen, die Verdoppelungen enthalten.

Beispiel: 1 — 1,25 — 1,6 — 2 — 2,5 — 3,15
$2 \times 1{,}25 = 2{,}5$
$2 \times 1{,}6 \approx 3{,}15$

Im anderen Falle fällt die Summe mehrerer Größen gerade zwischen zwei Größen der Reihe. Es kann also beim Benutzer eine feiner gestufte Reihe abwechselnd durch einzelne Größen oder durch Koppelung mehrerer Größen gebildet werden.

Beispiel: $\underline{1{,}6}$ 2 $\underline{2{,}5}$ 3,15 $\underline{4}$ 5
$= 2 \cdot 1 \qquad = 2 \cdot 1{,}6 \qquad = 2 \cdot 2{,}5$

441 Die fünf Stufungsarten.

An den Übergängen können, wie durch die gestrichelten Linien angedeutet ist, Zwischenreihen eingeschoben werden.

Stufungsarten. Nunmehr soll an Hand der in den Jahren 1940 bis 1944 im deutschen Maschinenbau geschaffenen rund 300 Typenreihen ein Bild von den Möglichkeiten und Eigenarten der Typnormung im Maschinenbau gegeben werden. Tiefergehende Einzelheiten, insbesondere der Zusammenhang zwischen Typnormung und Teilnormung, werden im übernächsten Abschnitt 46, Werkzeugmaschinen, behandelt.

In Bild 441/1 sind einige Größenreihen des Maschinenbaus in der bekannten Darstellung auf NZ-Papier herausgezogen. Dazu sind am Fuß die Stufensprungkurven (vgl. Abschnitt 261), mit anderen Worten die zwischen je zwei Größen bestehenden Stufensprünge, eingetragen. Diese Mannigfaltigkeiten ordnen wir nach den fünf Stufungsarten, wie sie theoretisch in Bild 441/2 entwickelt werden (Schr. 43). Es gibt folgende Arten von Stufungen:

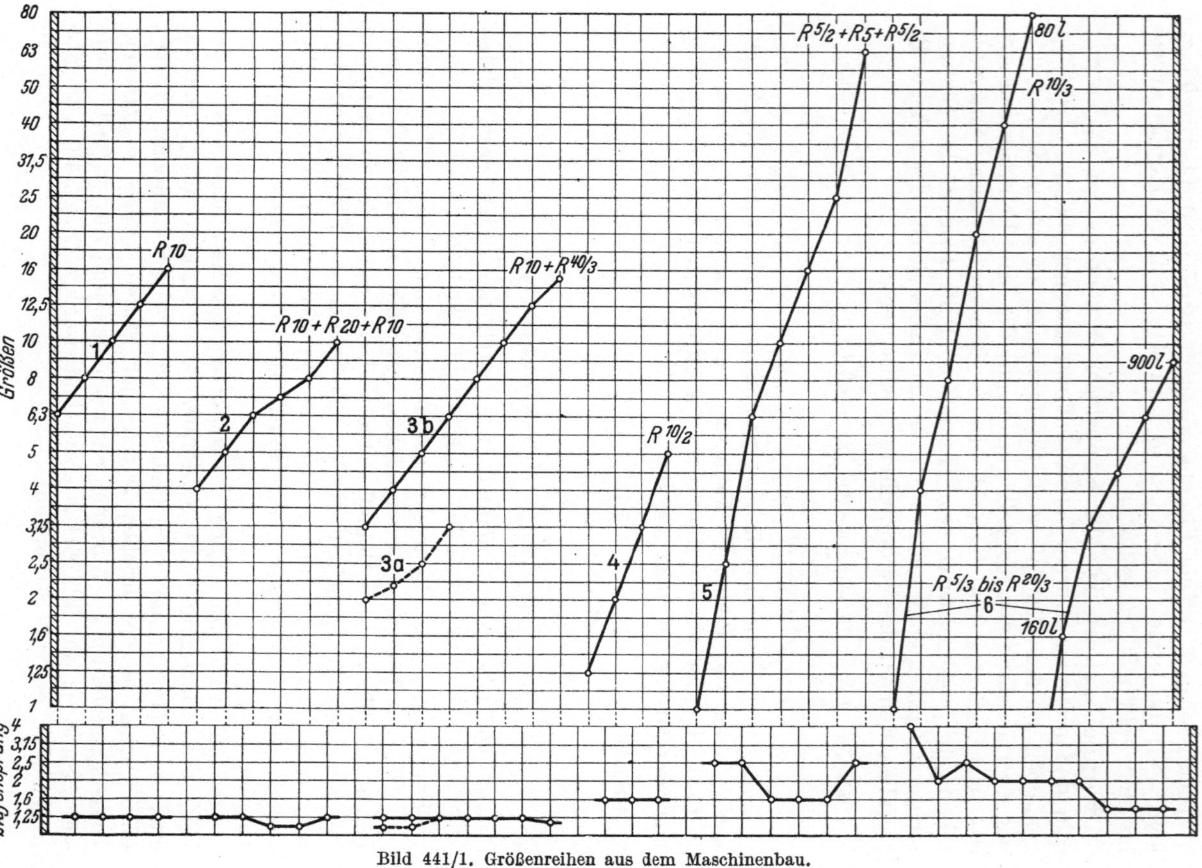

Bild 441/1. Größenreihen aus dem Maschinenbau.

A gleicher Stufensprung über den ganzen Bereich
B im unteren Bereich größerer Stufensprung als im oberen
C umgekehrt wie *B*
D im unteren und oberen Bereich größerer Stufensprung als im mittleren Bereich
E umgekehrt wie *D*

Für alle diese Stufungsarten sind in Bild 441/3—7 einige kennzeichnende Beispiele nun in der einprägsamen Form der Stufensprungkurven zusammengestellt. Was läßt sich nun über die einzelnen Stufungsarten aussagen?

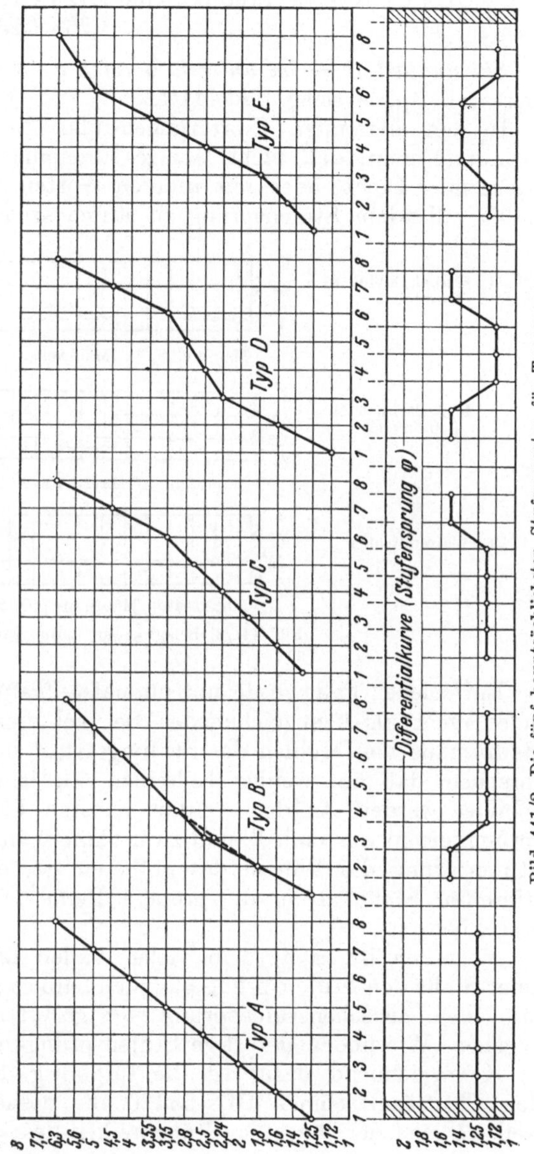

Bild 441/2. Die fünf hauptsächlichsten Stufungsarten für Typnormen.

Stufungsart A — gleicher Stufensprung über den ganzen Bereich. Beispiele siehe Bild 441/3.

Die weitaus häufigste Reihe ist die Reihe R 10 mit dem Stufensprung 1,25, insbesondere für Längenmaße. Ist für die Leistung einer Maschine, z. B. einer Strangpresse, Förderschnecke, Förderrinne, ein Querschnitt maßgebend, so ergibt sich aus dem Längenstufensprung 1,25 der Stufensprung 1,6 für den Querschnitt.

Außerdem findet sich für Querschnitte nicht selten der Stufensprung 1,4, der dadurch gebildet wird, daß das eine Querschnittmaß den Stufensprung 1,25, das andere den Stufensprung 1,12 aufweist. Bei Rauminhalten, Tragkräften,

Stundenleistungen in Kubikmeter, kurz in Fällen, in denen das Wachstum von einer Größe zur nächsten durch drei in den verschiedenen Koordinatenrichtungen liegenden Längenmaße beeinflußt wird, finden wir den Stufensprung

1,6 als Produkt von 1,12 · 1,12 · 1,25 oder
2 „ „ „ 1,25 · 1,25 · 1,25

Stufungsart B — im unteren Bereich größerer Stufensprung als im oberen. Beispiele siehe Bild 441/4.

In den allerersten Erörterungen über Normungszahlen um 1920 vermutete man, daß nicht wenige Erzeugnisse in Größenreihen mit wachsender Dichte oder, mit anderen Worten, mit dauernd und gleichmäßig fallendem Stufensprung zu stufen seien.

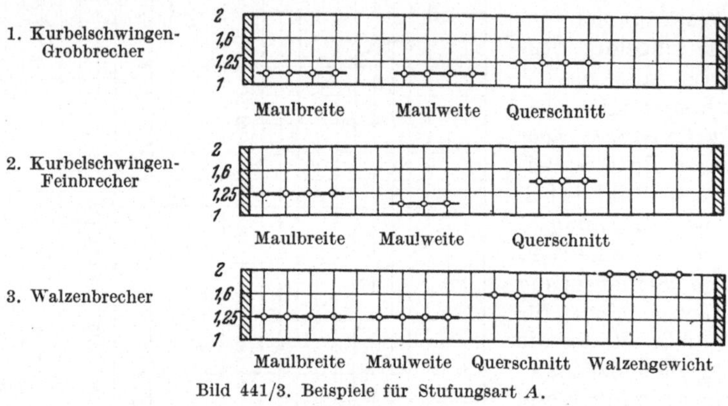

Bild 441/3. Beispiele für Stufungsart *A*.

Ein solcher Fall wurde nur einmal aufgefunden (Linie *1*); er kann indes nicht als kennzeichnendes Beispiel dienen, da im übrigen die Hauptmaße von Mühlen der Stufungsart *A* und *B* in dem Sinne entsprechen, daß nur wenige Teilreihen mit je gleichen Stufensprüngen gebildet werden. In den weitaus meisten Fällen finden wir Stufensprungkurven wie Linie *2*, und zwar zumeist in der Art, daß der feinere Stufensprung die Wurzel des gröberen ist, d. h. daß von einer bestimmten Stelle an in die gröbere Reihe je ein Zwischenglied eingeschoben ist.

Sicherlich ist es aber in vielen Fällen wirtschaftlicher, nicht an einer Stelle den Stufensprung plötzlich halb so groß zu machen, sondern mit einem Zwischenstufensprung vom gröbsten auf den feineren überzugehen. Wir finden derartige Stufensprungkurven daher recht häufig.

Kennzeichnend dafür ist die sorgfältig durchgearbeitete Stufung der Wälzfräsmaschinen DIN 55120, die deshalb hervorgehoben wird, weil sie eine der längsten Größenreihen des Maschinenbaues darstellt, nämlich mit einem Bereich für die größten und kleinsten Werkstückdurchmesser

$$B = \frac{6300}{63} = 100$$

Hier war es wirtschaftlicher, zuerst die kleinen Baumuster mit dem Stufensprung 2 zu stufen, um im mittleren Bereich sofort auf 1,4 und im größeren auf 1,25 herunterzugehen (Linie *3*).

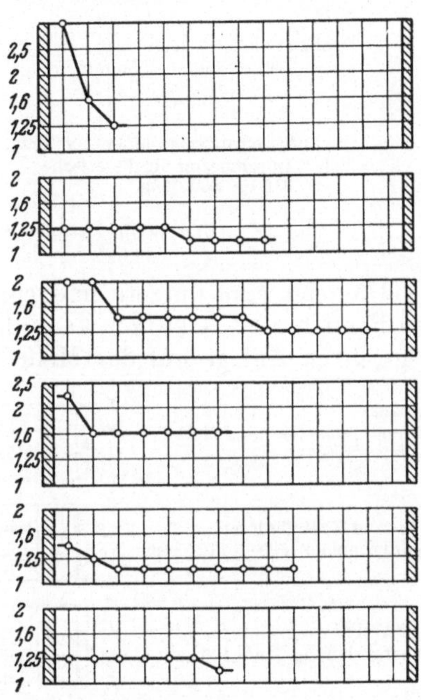

Bild 441/4. Beispiele für Stufungsart *B*.

Eine ziemlich weite Verbreitung weisen auch Stufensprungkurven vom Verlauf 4 und 5 auf. Das sind solche, bei denen der größte Teil der Reihe einen einzigen Stufensprung hat, jedoch am Anfang ein (Linie *4*) oder zwei (Linie *5*) Größen mit größerem Stufensprung angehängt sind. Das ist dann berechtigt, wenn die kleineren Größen verhältnismäßig selten sind oder wenn an dieser Stelle die Preisunterschiede so gering sind, daß man ohne weiteres grob stufen kann. Weniger oft kommt der umgekehrte Verlauf der Stufensprungkurve (Linie *6*) vor, bei der in einer gleichmäßig gestuften Reihe oben noch eine der zweitgrößten näher liegende Größe angehängt wird. Im großen und ganzen dürfte diese Stufungsart auf technisch-wirtschaftlichen Verhältnissen beruhen, bei denen die Vergrößerung eines Baumusters die

Kosten, die der Käufer anzulegen hat, verhältnismäßig stark steigert, oder bei denen die Betriebsunkosten (Kraftverbrauch, Wärmeverbrauch) mit der Größe verhältnismäßig stark ansteigen, sowie dann, wenn man mit einer Entwicklung zu größeren Abmessungen zunächst tastend vorgeht.

Stufungsart C — im unteren Bereich kleinerer Stufensprung als im oberen. Beispiele siehe Bild 441/5.

Nach der letzten Überlegung ist diese Stufungsart verhältnismäßig selten zu erwarten. Das wird auch durch die Erfahrung bestätigt.

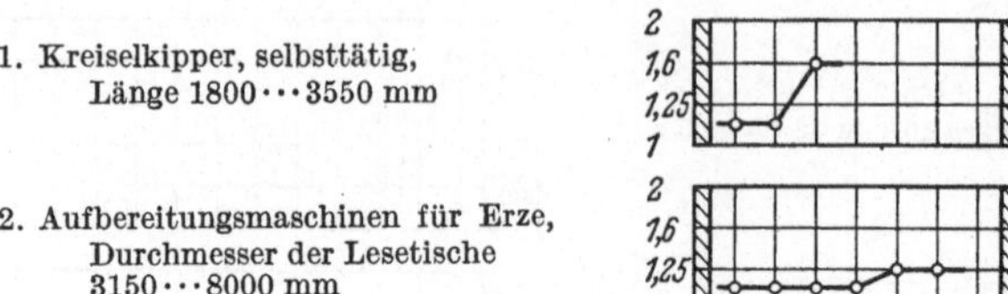

Bild 441/5. Beispiele für Stufungsart *C*.

Bild 441/5 zeigt eine kürzere und eine längere Reihe. Anlaß dazu, im oberen Bereich grob zu stufen, kann der Wunsch geben, bei der Planung einer größeren Anlage auf das Mehrfache einer bisherigen Leistung zu

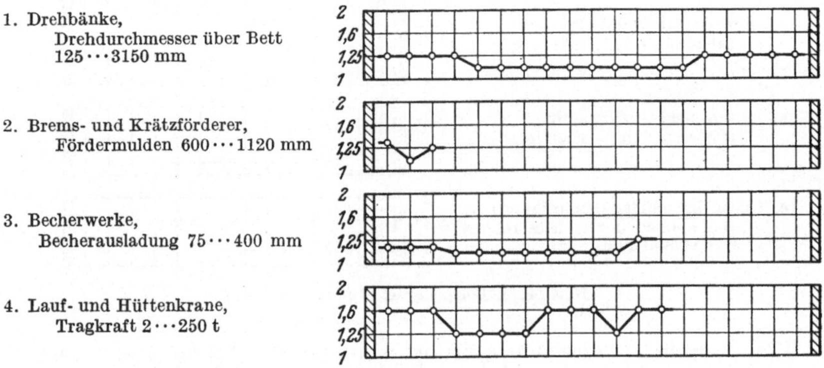

Bild 441/6. Beispiele für Stufungsart *D* (Ausnahme Linie 4).

gehen. Es ist beispielsweise etwas ganz anderes, ob bei einer Drehbankreihe oder einer Kranreihe im Gesamtbild der Verbraucher stufenlos jede Größe gebraucht wird, oder ob man Typen für verschieden große Anlagen, wie z. B. für Kreiselkipper oder für Aufbereitungsmaschinen für Erze, bildet.

Stufungsart D — im unteren und oberen Bereich größerer Stufensprung als im mittleren (siehe Bild 441/6).

Dieser Stufungsart messen wir eine besondere Bedeutung bei und bringen sie mit der Stufungsart *A* in Verbindung. Bei dieser ist offensichtlich auf die Häufigkeit, in der die einzelnen Typen zu fertigen sind, keine Rücksicht genommen. Dies spielt aber häufig eine wichtige Rolle. Durch Zusammenfassung mehrerer Größen zu einer Normgröße wächst deren Stückzahl. Damit fallen die für das Stück anteiligen Kosten für Vorrichtungen, Sonderwerkzeuge und jeweiliges Rüsten der Bearbeitungsmaschinen, und zwar um so stärker, je größer die Stückzahl ist.

Dies ist gleichbedeutend mit der Zusammenfassung von mehreren Größen zu einer Normgröße und somit auch gleichbedeutend mit einem groben Stufensprung. Also: je gröber der Stufensprung, desto größer die Ersparnis an Rüstkosten und Vorrichtungskosten. Aber da eine Bedarfsgröße im allgemeinen nicht durch die nächst kleinere, sondern durch die nächst größere Ausführung befriedigt werden muß, so ist die Maschine in größeren Maßen auszuführen, als für die genau dem Bedarfsfall entsprechende Größe notwendig wäre. Dies bedeutet größere Gewichte und größere Bearbeitungsflächen. Das Mehr an diesen Größen ist nun um so größer, je weiter die Normgröße von der Bedarfsgröße entfernt ist. Also: je größer der Stufensprung, desto mehr Kosten für Stoffe und Bearbeitung sind aufzuwenden.

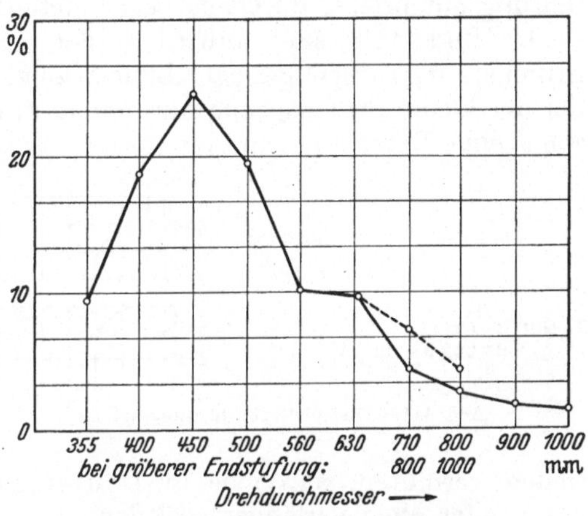

Bild 441/7. Bedarfsverteilung von Drehbänken, nach Drehdurchmesser geordnet.

Wenn die Stückzahlen absolut gering sind, dann sinken die erstgenannten Kosten bei der Zusammenfassung mehrerer Größen stärker, als die Stoff- und Bearbeitungskosten steigen. Bei kleinen Stückzahlen ist daher ein grober Stufensprung im allgemeinen günstig.

Bei absolut großen Stückzahlen sinken die zuerst genannten Kosten verhältnismäßig weniger und werden von den zweitgenannten Mehrkosten ausgeglichen oder gar überschritten, wenn der Stufensprung groß ist. Das heißt, bei großen absoluten Stückzahlen ist der Stufensprung kleiner zu halten als bei kleinen Stückzahlen.

Man muß also bei sorgfältigem Vorgehen den Stufensprung den Fertigungsstückzahlen anpassen. Diese erfaßt man in Häufigkeitskurven, wie in Bild 441/7 für Drehbänke aus der Praxis ermittelt wurde. Die meisten Drehbänke werden zwischen einem größten Drehdurchmesser über Bett von 355—560 mm gebraucht. In diesem Bereich sind sie daher mit Recht nach dem Stufensprung 1,12 gestuft. Setzt man diesen

Stufensprung fort, so findet man bei den Größen 710—1000 mm sehr geringe Fertigungsstückzahlen.

Hier können die Größen 710 und 900 mm ausfallen, d. h. der Stufensprung kann über 630 auf 1,25 erhöht werden. Das bringt den Erfolg größerer Stückzahlen mit sich, wie sie durch den gestrichelten Kurvenverlauf in Bild 441/7 angegeben sind, Typenreihe für Drehbänke von der Mechanikerdrehbank bis zur Kopfdrehbank. Unterhalb dieses soeben besprochenen Bereiches sind ebenfalls die Stückzahlen verhältnismäßig geringer als im mittleren. Auch fallen dort die Kosten für Stoff und Bearbeitung verhältnismäßig weniger ins Gewicht. Damit ist im unteren Bereich der gröbere Stufensprung 1,25, welcher der Erfahrung entspricht, durchaus begründet. (Bild 441/6, Linie *1*)

In Bild 441/6 sind außerdem noch einige Abwandlungen dieser Stufensprungkurven gezeigt. Linie *2* zeigt eine sehr kurze Reihe, bei der der kleine Stufensprung nur einmal in der Mitte vorkommt. Linie *3* zeigt eine Reihe, die an den beiden Enden nur wenige Größen mit gröberem Stufensprung aufweist, so wie es bei der Stufungsart B und C in Linie *4* und *6*, Bild 441/4, bzw. Linie *1*, Bild 441/5, der Fall war. Vergleicht man diese letzteren mit Stufungsart *D*, so kann man bisweilen vermuten, daß jene in *D* übergehen würden, wenn sie nach unten oder oben verlängert würden.

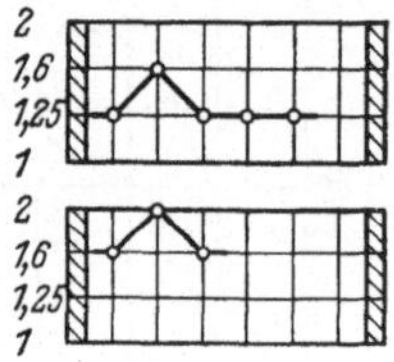

Bild 441/8. Beispiele für Stufungsart *E*.

Es liegen also durchaus triftige Gründe für solche Stufensprungkurven vor. Wenn wir nun einen Verlauf gemäß Linie *4* (Bild 441/6) finden, schließen wir aus den bisherigen Betrachtungen, daß hier willkürlich vorgegangen und die innere Gesetzmäßigkeit nicht beachtet wurde.

Stufungsart E — im unteren und oberen Bereich kleinerer Stufensprung als im mittleren Bereich (umgekehrt wie D); Beispiele siehe Bild 441/8.

Nach dem bisher Gesagten erwartet man diese Stufungsart so gut wie gar nicht. Wenn sie in seltenen Fällen doch vorkommt, so können, sofern man nicht an eine Willkür oder oberflächliche Anpassung an schnell zu entscheidende Verhältnisse denkt, dafür folgende Gründe maßgebend sein:

Die kleinen Größen haben einen kleinen Stufensprung, weil sie häufig vorkommen, die mittleren einen größeren, weil sie selten vorkommen, die großen haben aus den gleichen Gründen wie bei der Stufungsart *B* wieder einen kleineren Stufensprung, weil sie ein stärkeres

Anwachsen, sei es der Herstellkosten, sei es der Betriebskosten, aufweisen.

Nach Ansicht des Verfassers sind diese Zusammenhänge gegenwärtig bestenfalls in großen Zügen abschätzbar. Sie sind aber für die Typnormung des Maschinenbaues von solcher Bedeutung, daß eine umfassende und handliche Durcharbeitung sehr wünschenswert erscheint.

442 Typnormung von Maschinensätzen.

In vielen Fertigungen ist die Leistung mehrerer Maschinen oder Arbeitsplätze auf die gleiche Gesamtfertigung je Zeiteinheit abgestimmt. Die Mengen im Fertigungsfluß lassen sich an Hand von Schaubildern, wie in Bild 442/1, verfolgen. Es treten beispielsweise in der Zeiteinheit die Mengen e_1 und e_2 zweier Ausgangsstoffe in die Fertigung ein. Im Zuge der Fertigung scheiden von e_1 a_1 und a_2 aus, und es verbleibt schließlich die Menge

$$f = e_1 - a_1 - a_2 + e_2$$

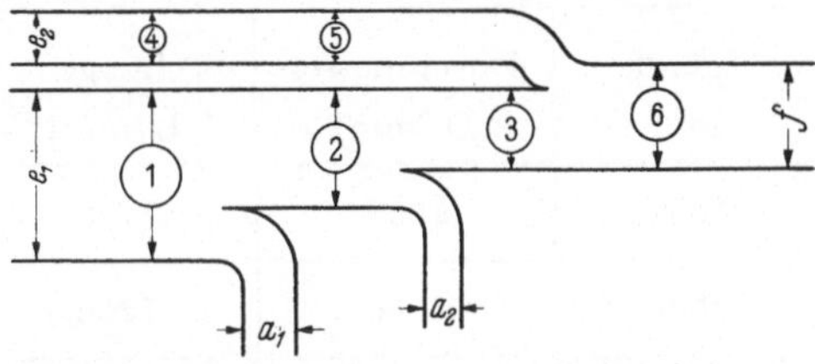

Bild 442/1. Koppelung von Maschinensätzen.

Im Fertigungsfluß mögen nun die mit Maschinen besetzten Arbeitsplätze 1 ⋯ 6 liegen. Dabei kann es sein, daß am einzelnen Maschinenplatz mehrere gleiche Maschinen zu einer gemeinsamen Leistung zusammengestellt sind.

Die am einzelnen Arbeitsplatz zu verarbeitenden Mengen stehen somit nach dem Schaubild in einem bestimmten Verhältnis zueinander:

$$m_1 : m_2 : m_3 : m_4 : m_5 : m_6$$

Oder wenn an den einzelnen Plätzen je z Maschinen sind, so verhalten sich die einzelnen Maschinen zueinander wie:

$$\frac{m_1}{z_1} : \frac{m_2}{z_2} : \frac{m_3}{z_3} : \frac{m_4}{z_4} : \frac{m_5}{z_5} : \frac{m_6}{z_6}$$

Bei den Herstellern solcher Anlagen sind diese Verhältnisse der Typnormung zugrunde zu legen. Die Anlagengröße selbst wird beispielsweise durch die Fertigmenge f gekennzeichnet; wenn verschieden große Anlagen gebraucht werden, so wird für f eine geometrische Reihe zugrunde zu legen sein, dementsprechend auch geometrische Reihen mit denselben Stufensprüngen für die einzelnen Maschinenplätze und die Maschinengrößen:

$$\frac{m_1}{z_1},\quad \frac{m_2}{z_2} \ldots$$

Ein praktisches Beispiel dafür liefert die Molkereiindustrie. SELL (Schr. 64) hat beispielsweise Butterfertiger, Rahmreifer und Milchsäureentwickler in das Verhältnis 40:16:1 gebracht und jede Größe nach R 5 gestuft. Daraus werden in bekannter Weise die Hauptabmessungen abgeleitet. Mit wenigen Zahlen ist damit gemäß Zahlentafel 442/1 die Typenreihe eines solchen Maschinensatzes festgelegt. Hierbei brauchte man für die Abmessungen weniger verschiedene Größen als für die

Zahlentafel 442/1.
Zuordnung von Maschinensätzen, Butterfertiger, Rahmreifer, Entwickler für Milchsäurebakterien.

Butterfertiger			Rahmreifer	Entwickler für Milchsäurebakterien
Inhalt in l	Durchmesser D [mm]	Länge L [mm]	Inhalt 40% Füllung l	Inhalt l
1600	1250	1250	**630**	**40**
2500	1600	1250	**1000**	**63**
4000	1600	2000	**1600**	**100**
6300	2000	2000	**2500**	**160**
R 5	R 10	$R\,\frac{10}{2}$	**R 5**	**R 5**

Inhalte. Man hat z. B. bei den Butterfertigern aus den drei Durchmessern

1250 — 1600 — 2000 mm

und den zwei Längen 1250 und 2000 mm durch geschickte Zuordnung eine stetige, viergliedrige Reihe für den Inhalt erzielt.

Die Verringerung der erwähnten Längenmaße bedeutet natürlich eine erhebliche fertigungstechnische Vereinfachung.

Als weiteres Beispiel zeigt SELL für den Maschinensatz „Milcherhitzer — Rahmerhitzer — Separator — Milchkühler“ Verhältnisse der Mengenleistungen 6,3:1:6,3:6,3 (Zahlentafel 442/2).

Fügt man hinzu, daß für den Milcherhitzer die Reihe R 10/2 (1250 ··· 5000) lautet, so ist damit die Reihe für den Rahmerhitzer ohne weiteres als R 10/2 (200 ··· 800) hinzuzuschreiben. Wir haben also mit einer Größenreihe und einer Verhältnisreihe die Typnorm für den gesamten Maschinensatz.

Zahlentafel 442/2.

Typenreihen für Milch- und Rahmerhitzer, Separatoren und Milchkühler.

Milcherhitzer	Dazugehöriger Rahmerhitzer 16% Entnahme	Separator	Milchkühler
Leistung l/h	l/h	l/h	l/h
1250	200	1250	1250
2000	315	2000	2000
3150	500	3150	3150
5000	800	5000	5000
Reihe R 10/2	R 10/2	R 10/2	R 10/2

443 Marktmäßige Ordnung.

Schon dieses Beispiel weist auf die technische und marktmäßige Ordnung hin, die mit der Typnormung verknüpft ist.

Wie mit ihr in übersichtlicher Weise ganze Gebiete geordnet werden, zeigen die Bilder 443/1—2 aus dem Maschinenbau.

Das erste betrifft Turboverdichter mit einem großen Größenbereich

$$B = \frac{200\,000}{500}\,\mathrm{m^3/h} = 400$$

Aus den Grundreihen der gekühlten und ungekühlten Verdichter sind, wie man sieht, mit den gleichen Luftmengenleistungen die Abarten für Bergwerke, Hochöfen und Stahlwerke abgeleitet. Damit ist die Grundlage gegeben, einheitliche Rohrleitungen an die verschiedenen Bauarten gleicher Leistung anzuschließen.

Bei den Mühlen gemäß Bild 443/2 sind die Reihen kürzer, aber die Anzahl der Bauarten ist wesentlich größer. Wie sehr wird durch eine solche wohlgeplante und wohlgeordnete Stufung jede Planung erleichtert!

Wenn man es mit Mühlenanlagen zu tun hat, hat man hier die hauptsächlichsten Angaben sozusagen im Westentaschenformat zusammengefaßt. Schließlich sei an Hand von Bild 443/3 aus einer früheren Planung in der Maschinenindustrie gezeigt, wie übersichtlich sich die Aufteilung größerer Fertigungsprogramme über eine Reihe von Herstellern A bis G gestaltet. In der Waagerechten sind die Normgrößen 10—50 aufgetragen. Der Hersteller A hat offensichtlich eine größere

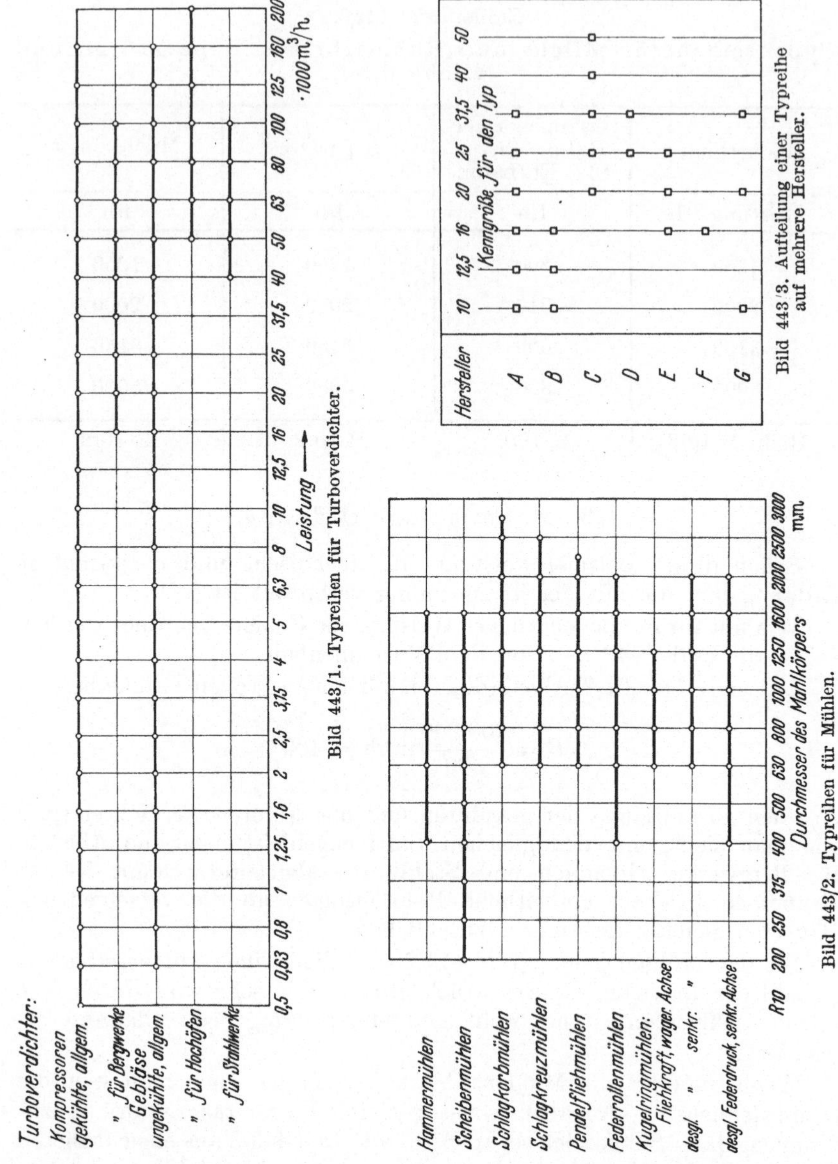

Bild 443/1. Typreihen für Turboverdichter.

Bild 443/2. Typreihen für Mühlen.

Bild 443/3. Aufteilung einer Typreihe auf mehrere Hersteller.

Fabrik, die einen ziemlich großen Teil des Programmes umfaßt, während B sich auf einen kleineren beschränkt. Auch C hat eine große Maschinenfabrik, die die größeren Größen einschließlich der mittleren erledigt.

D und E bewegen sich in der Mitte, wo die häufigsten Stückzahlen vorliegen, F hat sich auf eine Größe spezialisiert, während G ein unausgeglichenes Programm hat.

Die Bilder 443/1—3 zeigten, wie die Rückbeziehung auf eine einheitliche Zahlenreihe eine Ordnung für die Typnormung schafft, die allein schon die Festlegung nach Normungszahlen gerechtfertigt hätte. Der Vorteil ihrer Benutzung wird aber noch wesentlich größer, wenn man daran denkt, daß die meisten Hauptmaße einer Maschine als Längenmaße gleichzeitig die Abmessungen bestimmter Teile festlegen, so daß sich eine gute Stufung in den Hauptmaßen ohne weiteres auf die Stufung einzelner Teile überträgt. Dazu wird im Abschnitt 46 noch ein Beispiel aus dem Drehbankbau behandelt.

45 Kolbenkraftmaschinen.

Für die Größenstufung von Kolbenkraftmaschinen ergeben sich klare Stufungen, wenn man bei gleichbleibender mittlerer Kolbengeschwindigkeit die Kolbendurchmesser geometrisch stuft. Geeignet ist für die Kolbenflächen und die Kurbelkräfte und demnach auch für die Kolbenstangenquerschnitte der Stufensprung 1,25. Die Reihen der Niederdruckzylinder wurden denen der Hochdruckzylinder derart zugeordnet, daß bei gleichen Kolbenhüben die Niederdruckzylinder den doppelten Durchmesser der Hochzylinder hatten.

Berg (Schr. 6) hat diese Erkenntnis vertieft, indem er die Ähnlichkeitsbeziehungen zwischen den verschiedenen Größen hergestellt hat. Ausgehend von den schon eben genannten Voraussetzungen, nämlich bei allen Maschinen einer Reihe die spezifischen Arbeitsdrücke sowie die Geschwindigkeiten gleich zu lassen, ergeben sich bei einem Stufensprung φ der Längen folgende Stufensprünge für die anderen Größen.

Geometrische Größen:

Stufensprung der	Längen	φ	
„ „	Flächen	φ_F	$= \varphi^2$
„ „	Räume	φ_r	$= \varphi^3$
„ „	Gewichte	φ_G	$= \varphi^3$
„ „	Massen	φ_m	$= \varphi^3$
„ „	Widerstandsmomente	φ_w	$= \varphi^3$
„ „	Flächenträgheitsmomente	φ_I	$= \varphi^4$
„ „	Massenträgheitsmomente	φ_Θ	$= \varphi^5$

Arbeitsgrößen:

Stufensprung der	Kräfte	φ_P	$= \varphi^2$
„ „	Momente	φ_M	$= \varphi^3$
„ „	Spannungen	φ_b	$= 1$
„ „	Leistungen	φ_N	$= \varphi^2$
„ „	Drehzahlen	φ_n	$= \varphi^{-1}$
„ „	kritischen Drehzahlen	$\varphi_{n\,k}$	$= \varphi^{-1}$
„ „	Beschleunigung	φ_b	$= \varphi^{-1}$
„ „	Leistungsgewichte	$\varphi_{G/N}$	$= \varphi$
„ „	Literleistung	$\varphi_{N/r}$	$= \varphi^{-1}$

Für den praktischen Bedarf gilt es nun, eine Motorenreihe derart aufzustellen, daß für jede verlangte Leistung bei verschiedenen Drehzahlen ein Motor geliefert werden kann. BERG geht hierbei nach Normungszahlen gemäß Bild 45/1 vor. Für einen Vierzylindermotor $A_1/4$ sei durch den Punkt d_4 eine Leistung von 16 KW bei einer Drehzahl $n = 1600$ U/min festgelegt.

Bei einem Stufensprung $\varphi = 1{,}25$ für die Längen erhält der nächste Vierzylindermotor $A_2/4$ die Leistung $16 \cdot 1{,}25^2 = 25$ KW, bei einer Drehzahl $1600 \cdot 1{,}25^{-1} = 1250$ U/min (Punkt e_4).

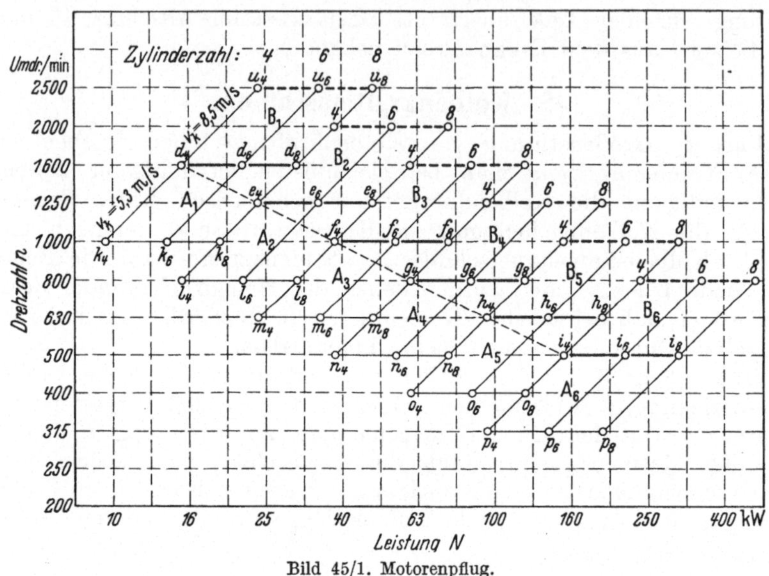

Bild 45/1. Motorenpflug.

Die so begonnene Reihe der Vierzylindermotoren wird durch die Punkte f_4, g_4, h_4, i_4 fortgesetzt. Diese Motoren können wirtschaftlich noch etwa bei 60% der Nenndrehzahlen, in Normungszahlen bei 63% eingesetzt werden, womit die Leistungen ebenfalls bis auf 63% heruntergehen (Punkte k_4, $l_4 \cdots p_4$). Um nun die Reihe noch dichter zu machen, wird für jeden Zylinderdurchmesser außer dem Vierzylindermotor noch ein Sechs- und ein Achtzylindermotor vorgesehen (siehe Punkte d_6, d_8, e_6, e_8, $\cdots$).

Die 63%ige Ausnutzung von d_6 führt auf den Punkt k_6, die von d_8 auf den Punkt k_8. Das Hervorstechende an dieser Stufung ist nun, daß sich die Leistungslinien der Vierzylindermotoren mit deren der nächst kleineren Kolbendurchmesser der Achtzylindermotoren stückweise decken. Dies erklärt sich sehr einfach dadurch, daß ein Achtzylindermotor und der Vierzylindermotor mit dem nächst größeren Kolbendurchmesser gleichgroße Hubräume haben. Der $A_1/8$-Motor hat den doppelten Zylinderinhalt wie der Motor $A_1/4$, weil er zweimal soviel Zylinder hat. Der $A_2/4$-Motor hat den doppelten Zylinderinhalt, weil der Stufensprung φ_r für den Zylinderinhalt $1{,}25^3 = 2$ beträgt. Diese Normungszahlenbeziehung ist also der entscheidende Punkt dafür, daß die Leistungslinien dieser beiden Motoren zusammenfallen. Ein Durchmessertyp bedeckt somit nach BERG ein ganzes Feld, z. B. A_1 das Feld zwischen den Punkten d_4, d_8, k_4, k_8. An diese schließt sich das Leistungsfeld für den Durchmessertyp A_2 und an diesen wieder das Feld A_3 usf., so daß der ganze Bereich lückenlos bedeckt ist. Eine Verbreiterung dieses Bereiches nach obenhin gewinnt BERG durch eine zweite Reihe von Motoren, der B-Reihe, den schnelllaufenden, im Unterschied zu den bisher betrachteten langsam laufenden Dieselmotoren. Die mittleren Kolbengeschwindigkeiten verhalten sich wie 8,5 zu 5,3 m/s (Stufensprung 1,6). Bei gleichem Kolbendurchmesser entsteht damit ein Vierzylindermotor $B_1/4$, der wegen der höheren Geschwindigkeit eine 1,6 mal größere Drehzahl und eine 1,6 mal größere Leistung gegenüber $A_1/4$ aufweist (Punkt u_4).

Seine untere wirtschaftliche Grenze liegt beim gleichen anteiligen Drehzahlabfall genau bei d_4; so schließen sich die Leistungsfelder $B_1, B_2 \cdots$ nicht nur unter sich, sondern auch an die Leistungsfelder $A_1, A_2 \cdots$ lückenlos an.

Damit ist für ein großes Gebiet des deutschen Maschinenbaus die Möglichkeit einer überaus klaren Ordnung gezeigt; in ihr gibt es weder ungewollte Überlappungen, die für den Hersteller unwirtschaftlich sind, noch Lücken, die für den Käufer unwirtschaftlich sind. Auch hier sozusagen: „Ein Fertigungsplan in der Westentasche“.

Für Planung und Verkauf stehen, wie man sieht, für jede Leistung und Drehzahl eine große Reihe Motoren zur Verfügung, z. B. für die Leistung 25 KW die Motoren:

Zahlentafel 45/1 Motoren mit 25 KW Leistung.

Motor	$B_1/4$	$B_1/6$	$A_2/4$	$A_1/8$	$B_2/4$	$A_2/6$	$A_3/4$
Drehzahl	2500	1800	1250	1250	1250	900	630
Belastung in %.	100	71	100	80	63	71	63

Um diese Erkenntnis über den Nutzen der Normungszahlen für die Herstellung von Kolbenkraftmaschinen aus der Praxis zu erhärten, sei auf die 1947 herausgekommene Liste der Lentz-Leichtbau-Einheits-Schiffsmaschinen hingewiesen (Schr. 48). Hieraus gibt die Zahlentafel 45/2 einen kleinen Ausschnitt. Wir beobachten hierbei die normentechnisch wichtige Tatsache, daß die beiden ersten Stufensprünge für jede Leistung = 2 sind und daß bei den größeren Ausführungen der halbe Stufensprung 1,4 gewählt ist. Also ein weiteres Beispiel für den Stufungstyp *B*. Vgl. Abschnitt 441.

Zahlentafel 45/2. Typenreihen für Lentz-Schiffsdampfmaschinen.

Drehzahl u/min	Leistungen in PS_i				
100	36	71	140	200	280
112	40	80	160	224	315
125	45	90	180	250	355
140	50	100	200	280	400
160	56	112	224	315	450
180	63	125	250	355	500
200	71	140	280	400	560
224 usw.	80	160	315	450	630

Zahlentafel 45/3 gibt die entsprechenden Hauptabmessungen für die entsprechenden Motortypen an und zeigt damit, wie sich aus wohlgestuften Typreihen weitere Normungszahlenreihen auch für die Abmessungen ergeben.

Zahlentafel 45/3. Maßreihen in Lentz-Schiffsdampfmaschinen.

Hauptabmessungen der „LLES". Maße in mm					
Zylinder ∅	250	315	400	450	500
Hub	160	200	250	280	315
Kolbenstangen ∅	45	56	71	80	90
Schubstangenlänge	315	400	500	560	630
Kurbelwellen ∅	90	112	132	150	170

46 Werkzeugmaschinen.

Die Tatsache, daß eine der tiefstgreifenden Anwendungen der Normungszahlen, die Drehzahlnormung, schon um 1930 durchgearbeitet war, hat den Werkzeugmaschinenbau früher als andere Gruppen des Maschinenbaus mit den Normungszahlen vertraut gemacht (Schr. 69,

21 u. 34). Dies wurde noch dadurch unterstrichen, daß auch im ISA-Komitee 39, Werkzeugmaschinen, die europäischen Länder 1938 den einmütigen Beschluß gefaßt haben, bestimmte Reihen der Normungszahlen als Drehzahlreihen zu empfehlen. Als erste Norm hierüber ist 1930 das französische Normblatt CNM 113 erschienen, das sich bereits auf das nächste Teilgebiet, nämlich die Normung der Vorschübe je Umdrehung an Drehbänken, erstreckt. Auch in Deutschland haben die Arbeiten von IRTENKAUF und STEHR dazu beigetragen, daß die Vorschubnormung gemäß Normungszahlen abschlußreif wurde.

Wenn SCHLESINGER 1931 (Schr. 59, 60) am Schluß seiner Schrift über die Drehzahlnormung auf die durch sie ermöglichte Schaffung von Einheitsgetrieben hinweist, so wurde im folgenden Jahrzehnt dazu der zweite Schritt getan, um die Normungszahlen in den Werkzeugmaschinenbau einzuführen (Schr. 15 u. 16). Es waren die Arbeiten von IRTENKAUF (Schr. 28, 30) und BOEHRINGER (Schr. 7), die die Gestaltung von Einheitsgetrieben für Drehbänke, Revolverdrehbänke und Rohrbänke weit gefördert haben. Das Ergebnis besteht darin, daß man mit einem einheitlichen Grundaufbau eines Stufengetriebes verschiedene Drehzahlbereiche, verschiedene Lagen des gleichen Drehzahlbereiches und verschiedene Stufensprünge erreichen kann, je nachdem, welche der planmäßig vorgesehenen Zahnräder im jeweiligen Fall eingebaut werden. BOEHRINGER hat nachgewiesen, daß 60 verschiedene Spindelkästen mit nur 63 verschiedenen Rädern ausgeführt werden können. Eine solche Arbeit erwies sich nur deshalb als möglich, weil sie auf dem festen und mathematisch begründeten Gerüst der Normungszahlen beruht. In gleicher Weise können Einheitsgetriebe für Fräsmaschinen und Bohrmaschinen entwickelt werden, so daß sich die Möglichkeit ihrer Fertigung in Sonderwerken abzeichnet.

Der dritte Schritt bestand darin, die Normungszahlen für die Hauptgrößen der Werkzeugmaschinen anzuwenden und ihre Typnormung darauf aufzubauen. Es dürfte keinen Zweig des Maschinenbaues geben, der diese Arbeit folgerichtiger und umfassender auf der Grundlage der Normungszahlen aufgebaut hat. Sind die Hauptabmessungen nach Normungszahlen gestuft, so ergibt sich daraus von selbst, daß auch die Hauptgrößen einzelner Gruppen und Teile nach Normungszahlen gestuft werden können. Darüber hinaus hat aber die Anwendung der Normungszahlen auf Werkzeugmaschinen noch eine wesentlich weitere Bedeutung. Wenn sich nämlich die Hauptgrößen der Werkzeugmaschinen verschiedener Hersteller, gleichgültig ob für sie eine Typnormung vorliegt oder ob es sich um neue Entwicklungen handelt, von Anfang an nach Normungszahlen, und zwar nach den bevorzugten der Reihen R 5 und 10 richten, dann entsteht in den Werkstätten von selbst eine einheitliche Größenstufung und damit jene Ordnung der Größen und Leistungsvermögen, die sich jeder Betriebsleiter wünscht. Sind etwa die Längen der Hobelmaschinen nach den Normungszahlen

2000 2500 3150 4000 5000 mm

festgelegt, so sind diese Längen leicht zu merken, wenn man in dem betreffenden Betrieb überhaupt die Normungszahlen zur Kenntnis genommen hat. Bei der Arbeitsvorbereitung weiß man also, ohne in Karteien oder an der Maschine selbst nachzusehen, welches die jeweils nötige Größe ist. Bei jeder Erweiterung läßt sich der Maschinenpark derart ergänzen, daß die verschiedenen Größenstufen im richtigen Mengenverhältnis zueinander vertreten sind. Von hier aus geht die Auswirkung weiter zur Gestaltung, auch dort darf man heute damit rechnen, daß die Normungszahlen als das Hauptgerippe aller technischen Größen verankert sind. Jeder Gestalter wird sich also in dem Augenblick, da er ein Werkstück etwas größer als nach einem Maß aus der Reihe R 10 festlegen muß, bewußt werden, daß er damit auch die Bearbeitung auf einer nächst größeren und damit nächst teureren Werkzeugmaschine erforderlich macht.

Man ermißt die Bedeutung dieser Tatsache, wenn man sich ihr gegenüber die heutige Art des Gestaltens vorstellt. Da wird im allgemeinen keinerlei Rücksicht auf den Maschinenpark genommen. Und doch weiß jeder Gestalter, daß häufig durchaus die Möglichkeit besteht, sich mit seinen Abmessungen nach solchen wirtschaftlichen Gegebenheiten zu richten, wie wir sie soeben angedeutet haben. Der meisterhafte Gestalter wird darin auch keine hemmenden Bindungen erblicken. Er wird sich der wirtschaftlichen Größe unterordnen, wenn die Güte seines Erzeugnisses darunter nicht leidet, aber er wird sich zu einer anderen Größe entschließen, wenn der Erfolg seiner Gestaltung davon abhängt.

Weiter strahlt die Anwendung der Normungszahlen im Werkzeugmaschinenbau auf die Arbeitszeitberechnung aus, die in Abschnitt 461 näher dargelegt wird. Die jetzt folgenden Abschnitte sollen einen knappen Einblick in die Anwendung der Normungszahlen bei spanenden Maschinen und bei Blechbearbeitungsmaschinen geben, bei den ersteren sind die Drehbänke und Fräsmaschinen als Beispiel behandelt, bei den letzteren die Pressen.

Wenn auf den Werkzeugmaschinenbau mit besonderer Gründlichkeit eingegangen wird, so auch deshalb, weil dessen Gebrauch der Normungszahlen auch ein Vorbild für andere Bearbeitungsmaschinen ist.

461 Drehzahlen und Vorschübe.

461/1 **Drehzahlen.** Aus der allgemeinen Betrachtung der Drehzahlstufung in Abschnitt 332 und der Übersetzungen in Getrieben in Abschnitt 422 dringen wir nun zu der Stufung der Drehzahlen im Sondergebiet der Werkzeugmaschinen vor.

Panzer (Schr. 50) hat 1927 für Bohrmaschinen gezeigt, daß viele Stufensprünge zwischen 1,2 und 1,32 lagen. Eine Zusammenführung auf den Normstufensprung 1,25 ergab sich unschwer.

1927 entwickelte er den Gedanken der Drehzahlnormung auf der Grundlage bestimmter Stufensprünge, deren Kerngröße 1,25 war. Als der Verfasser ihn dann auf die Brauchbarkeit der Normungszahlen für die Drehzahlenreihen hinwies, nahm er diesen Vorschlag 1928 (Schr. 51 u. 52) auf. Damit war eine Grundlage für eine durchdachte Normung der Drehzahlen gegeben, die Schlesinger (Schr. 58) 1929 aufschrieb. In seinem Vorschlag waren die Stufensprünge 1,12 — 1,25 — 1,6 — 2,5 in Betracht gezogen. Die dazwischenliegenden Stufensprünge 1,4 — 2 sind später hinzugetreten. Damit hatte man für die Gesamtheit der spanenden Werkzeugmaschinen alle feinen und groben Stufungen erfaßt. So war zur damaligen Zeit für die Normungszahlen eine der weitestgreifenden Anwendungen ausgesprochen. Auch der französische Werkzeugmaschinenbau hat, wohl auf Anregung von Androuin, die Bedeutung der Normungszahlen für die Drehzahlnormung erkannt. 1930 erschien die französische Norm CNM 113, die die Stufensprünge der Grundreihen oder der abgeleiteten Reihen der Normungszahlen vorsah.

Das ISA-Komitee 39 hat alsdann 1938 einmütig beschlossen, folgende Stufensprünge für Werkzeugmaschinen zu empfehlen:

1,12 — 1,25 — 1,4 — 1,6 — 2

Der nächste Normungsschritt besteht nun darin, den Ausgangspunkt für die Drehzahlreihen zu gewinnen. Dafür sind folgende Forderungen maßgebend:

Die Normdrehzahlen sollen für Vollast gelten und als Nenndrehzahlen auf dem Maschinenschild verzeichnet werden. Da aber die Werkzeugmaschinen im Durchschnitt nicht mit Vollast laufen, so ergeben sich in der Praxis etwas höhere Drehzahlen, so daß der Arbeiter im Vorteil ist, wenn den Stückzeitberechnungen die Nenndrehzahlen auf dem Maschinenschild zugrunde gelegt werden. Die Erfahrungen haben gezeigt, daß es weniger zu Streitigkeiten mit der Werkstatt kommt, wenn die Maschinen etwas schneller laufen, als das Maschinenbild angibt. Die Vollastdrehzahlen der Elektromotoren sollen in den Drehzahlreihen enthalten sein, da in schnellaufenden Werkzeugmaschinen in zunehmendem Maße der unmittelbare, getriebelose Antrieb verwendet wird. Als häufigste Antriebsmotoren sind die Drehstrom-Asynchronmaschinen anzusehen. Ihr Vollastschlupf liegt zwischen 4 und 6%. Die Vollastdrehzahlen je Minute ergeben sich also zu:

(3000 — 6% =) 2820, (1500 — 6% =) 1410, (750 — 6% =) 705 usw.

Diese Zahlenwerte sind in der Reihe R 20 sehr angenähert enthalten, sie werden daher durch die Normungszahlen 2800, 1400, 710 usw.

ersetzt. Da diese Werte nicht in den Normungszahlenreihen R 10 und R 5 enthalten sind, so gelten für gröbere Stufungen die aus der Reihe R 20 „abgeleiteten Reihen" R 20/2 (··· 2800 ···) und R 20/4 (··· 2800 ···) U/min.

Eine dritte Forderung ist die, daß Normdrehzahlreihen mit polumschaltbaren Drehstrommotoren erzielt werden können. Die üblichsten Polpaarzahlen 2 — 3 — 4 ergeben $^1/_2$, $^1/_3$, $^1/_4$ der Drehzahl bei einem Polpaar. Da eine etwaige Unterteilung dieser Drehzahlstufen geometrisch erfolgen muß, so müssen bei Motoren mit 2 und 4 Polpaaren Werte wie $\sqrt{2}$ und $\sqrt[3]{2}$ in den Drehzahlreihen vorkommen. Diese Bedingung wird durch die Reihen mit den Stufensprüngen 1,12, 1,25 und 1,4 bekanntlich erfüllt. Wurzelpotenzen von 3, wie sie bei drei Polpaaren nötig würden, stimmen jedoch nicht mit den empfohlenen Stufensprüngen überein. Aus diesem Grunde scheidet der Motor, der von einem auf drei Polpaare umzuschalten ist, aus dem Antrieb für Werkzeugmaschinen aus (Schr. 29)[1].

So wurden für die Drehzahlen je Minute die Grundreihe R 20 und ihre abgeleiteten Reihen in Aussicht genommen.

R 20	„	$\varphi = 1{,}12$
R 20/2 (··· 2800 ···)	**mit**	$\boldsymbol{\varphi = 1{,}25}$
R 20/3 (··· 2800 ···)	„	$\varphi = 1{,}4$
R 20/4 (··· 2800 ···)	„	$\varphi = 1{,}6$
R 20/4 (··· 1400 ···)	„	$\varphi = 1{,}6$
R 20/6 (··· 2800 ···)	„	$\varphi = 2$

Für den Stufensprung 1,6 müssen zwei verschiedene Reihen vorgesehen werden, je nachdem, ob man von der Motoren-Nenndrehzahl 3000 oder 1500 (Lastdrehzahlen 2800 oder 1400) ausgeht. Die Zahlenwerte dieser Reihen sind leicht aus DIN 323 (Zahlentafel 221/1) zu entnehmen. Dabei ist darauf hinzuweisen, daß sich die Zahlen der Reihen R 20, R 20/2 und R 20/4 in jeder Dekade, die Zahlen der Reihen R 20/3 und R 20/6 aber erst in jeder dritten Dekade wiederholen. Da man meist für die Drehzahlstufung keine feinere Reihe als die

---

[1] Erst später ist dem Verfasser bekannt geworden, daß IRTENKAUF (vgl. Abschnitt 21) gerade beim Studium dieses Zusammenhangs die Normungszahlenreihe entdeckte. Er verglich die Wurzelwerte von 2 (1,4 — 1,25 — 1,19 — 1,12) mit den Wurzelwerten von 10, die er in dem Buch „Elemente der höheren Mathematik" von DR. LOTHAR SCHRUTKA, Verlag Deuticke, Leipzig und Wien 1921, in Abschnitt 255, Die Basis der natürlichen Logarithmen, fand, und hier sah er, daß $\sqrt[3]{2} \approx \sqrt[10]{10}$, $\sqrt[4]{2} \approx \sqrt[40]{10^3}$, $\sqrt{2} \approx \sqrt[20]{10^3}$ ist. So kam er aus der Bedingung der geometrischen Einstufung innerhalb des Drehzahlverhältnisses auf die Normungszahlen, die überdies noch den Vorteil der Zehnerstufung für sich haben.

Reihe R 20/2 mit nur zehn verschiedenen Zahlenwerten benötigt, gilt diese Reihe als *Hauptdrehzahlreihe*.

In Zahlentafel 461/1 (S. 268) sind die Drehzahlen auf die Sekunde bezogen zusammengestellt. Die soeben gemachten Bemerkungen gelten auch für sie. Endigen die Reihen bei den sekundlichen Lastdrehzahlen 23,6 und 47,5, so lautet die Hauptreihe: R 40/4 ($\cdots$ 47,5) s^{-1}.

Die Drehzahlen unterliegen nun gewissen Schwankungen, die einerseits von dem unterschiedlichen Schlupf von Motoren verschiedener Herkunft herrühren (elektrische Toleranz), und andererseits durch baulich notwendige Abweichungen der Übersetzungen von Zahnradgetrieben mit ganzzahligen Zähnezahlen vom Sollwert (mechanische Toleranz) verursacht werden.

Da den Nenndrehzahlen ein Vollasthöchstschlupf von 6% zugrunde liegt, während eingehende Untersuchungen gezeigt haben, daß dieser Schlupf je nach Motorenstärke und Hersteller bis auf 3,5% sinken kann, ergibt sich die elektrische Toleranz als Unterschied dieser Grenzwerte zu $6 - 3{,}5 = +2{,}5\%$. Für den unmittelbaren Antrieb ist die Drehzahltoleranz gleich dieser elektrischen Toleranz. Für die mechanische Toleranz erscheinen 4% als ausreichend. Da die elektrische Toleranz eine reine Plustoleranz ist, wurde beschlossen, die mechanische Toleranz in $\pm 2\%$ aufzuteilen, so daß sich eine Gesamttoleranz von $\begin{smallmatrix}+4{,}5\\-2\end{smallmatrix}\,\%$ ergibt.

Bei dieser Tolerierung besteht die größere Wahrscheinlichkeit dafür, daß die Spindel etwas schneller läuft, als das Maschinenschild angibt, was aus den oben erwähnten Gründen erwünscht ist. Mit den Toleranzen nähert man sich der genauen geometrischen Reihe am besten, wenn man die Grenzdrehzahlen unter Verwendung der Genauwerte berechnet. Dies ist in den beiden linken Spalten von Zahlentafel 461/1 durchgeführt (vergl. Bild 236/1).

Zweckmäßigerweise wendet man diese Drehzahlen auch für andere Arbeitsmaschinen an.

Drehzahlen über 47,5 je Sekunde oder 2800 je Minute. Die Drehzahlreihe für Werkzeugmaschinen, insbesondere für Schleifmaschinen und Holzbearbeitungsmaschinen, muß gemäß der jüngeren Entwicklung verlängert werden. Soweit diese Drehzahlen durch Riemen- oder Zahnradübersetzungen erzielt werden, können die Reihen der Zahlentafel 461/1 fortgesetzt werden. Wenn es sich jedoch um unmittelbare Antriebe handelt, d. h. um solche, bei denen Motor und Arbeitsspindel unmittelbar gekuppelt sind, dann muß auf die physikalischen Voraussetzungen der rascher laufenden Motoren Rücksicht genommen werden. Der sog. Doppelläufermotor liefert nur die doppelte der höchsten Drehzahl und mit doppeltem Schlupf, also 90 je Sekunde.

Eine neue und umfangreiche Drehzahlreihe oberhalb von 47,5 s^{-1} wird mit Hilfe der Schnellfrequenzen erzielt. Während der übliche

Zahlentafel 461/1.

Richtwerte für Lastdrehzahlen von Arbeitsmaschinen nach Normungszahlen (DIN 323) gestuft.

Toleranzfeld $\pm 2\%$ (mechanisch)[1]		$R\frac{40}{2}(\cdots 47,5)$	$R\frac{40}{4}(\cdots 47,5)$	$R\frac{40}{6}(\cdots 47,5)$	$R\frac{40}{8}(\cdots 23,6)$[2]	$R\frac{40}{8}(\cdots 47,5)$[3]	$R\frac{40}{12}(\cdots 47,5)$	$R\frac{40}{2}(\cdots 47,5)$	$R\frac{40}{4}(\cdots 47,5)$	$R\frac{40}{6}(\cdots 47,5)$	$R\frac{40}{8}(\cdots 23,6)$[2]	$R\frac{40}{8}(\cdots 47,5)$[3]	$R\frac{40}{12}(\cdots 47,5)$	$R\frac{40}{2}(\cdots 47,5)$	$R\frac{40}{4}(\cdots 47,5)$	$R\frac{40}{6}(\cdots 47,5)$	$R\frac{40}{8}(\cdots 23,6)$[2]	$R\frac{40}{8}(\cdots 4,75)$[3]	$R\frac{40}{12}(\cdots 47,5)$
untere Grenze	obere Grenze	1,12	1,25	1,4	1,6	1,6	2	1,12	1,25	1,4	1,6	1,6	2	1,12	1,25	1,4	1,6	1,6	2
105	109	Erweiterung der Reihen durch Vervielfachung oder Teilung mit beliebigen Zehnerpotenzen.						1,06		1,06				10,6					
117	121							1,18	1,18			1,18		11,8	11,8	11,8		11,8	11,8
131	136							1,32						13,2					
141	153	0,15	0,15		0,15			1,5	1,5	1,5	1,5		1,5	15	15		15		
164	171	0,17						1,7						17		17			
185	192	0,19	0,19	0,19		0,19	0,19	1,9	1,9			1,9		19	19			19	
205	216	0,212						2,12		2,12				21,2					
232	242	0,236	0,236		0,236			2,36	2,36		2,36			23,6	23,6	23,6	23,6		23,6
261	271	0,265		0,265				2,65						26,5					
293	305	0,3	0,3			0,3		3	3	3		3	3	30	30			30	
328	341	0,335						3,35						33,5		33,5			
368	383	0,375	0,375	0,375	0,375		0,375	3,75	3,75		3,75			37,5	37,5				
413	430	0,425						4,25		4,25				42,5					
464	483	0,475	0,475			0,475		4,75	4,75			4,75		47,5	47,5	47,5		47,5	47,5
520	541	0,53		0,53				5,3											
584	607	0,6	0,6		0,6			6	6	6	6		6						
655	682	0,67						6,7											
735	765	0,75	0,75	0,75		0,75	0,75	7,5	7,5			7,5							
824	858	0,85						8,5		8,5									
925	963	0,95	0,95		0,95			9,5	9,5		9,5								

Ausgehend von den Motor-Lastdrehzahlen ($0,94 \times$ Nenndrehzahl, z. B. $0,94 \times 50\,[s^{-1}] = 47,5\,[s^{-1}]$ ist zur Getriebeberechnung an der Spindel eine Drehzahltoleranz von $\pm 2\%$, bezogen auf Genauwerte, zugelassen.

[1] Dazu noch $+2,5\%$, elektrische Toleranz. [2] endigend mit $23,6 = \frac{1400}{60}$. [3] endigend mit $47,5 = \frac{2800}{60}$.

Drehstrommotor mit der Frequenz von 50 s^{-1} betrieben wird, erzeugt man für den neuen Zweck höhere Frequenzen. Treibt man einen Synchron-Drehstromerzeuger mit einem Gleichstrommotor an, so kann man beliebige Frequenzen erzeugen, damit könnte also eine oder mehrere der Drehzahlreihen der Zahlentafel 461/1 fortgesetzt werden. Im Werkstättenbetrieb zieht man es aber vor, vom üblichen Drehstromnetz auszugehen. Es wird daher gemäß Bild 461/1 ein Motor D mit einer Frequenz von 50 s^{-1} betrieben. Drehstrom mit hoher Frequenz wird in der Maschine E erzeugt, dem sog. Frequenzwandler.

Innerhalb des in der Ständerwicklung umlaufenden Drehfeldes dreht sich der Läufer, in ihm wird eine Spannung mit hoher Frequenz induziert, die an seinen Schleifringen abgenommen und dem Schnellfrequenzmotor A, d. h. dem Arbeitsmotor, zugeleitet wird. Die Umlaufrichtung des Läufers in der Maschine E kann zur Umlaufrichtung des äußeren Drehfeldes gegenläufig oder gleichläufig sein. Ist p_e die Polpaarzahl in der Wicklung des Frequenzwandlers E, n seine Drehzahl, ν_0 die der Ständerwicklung zugeleitete Netzfrequenz, so ist die erzeugte Frequenz $\nu = n \cdot p_e \pm \nu_0$.

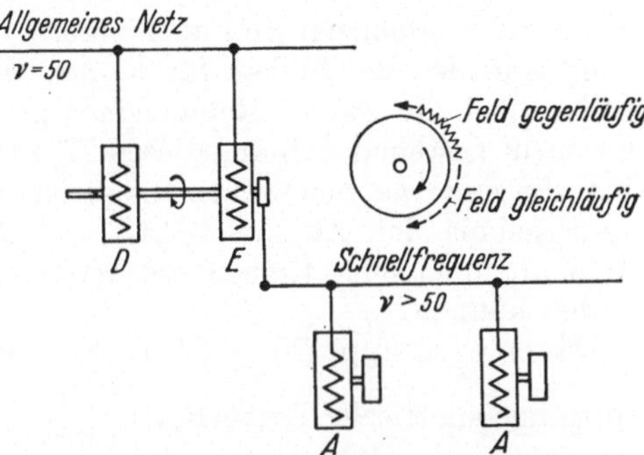

Bild 461/1. Erzeugung hoher Drehzahlen $>47{,}5\ s^{-1}$ durch Schnellfrequenzen. E Frequenzwandler (Stromerzeuger mit Frequenz ν_1). D sein Antriebsmotor. A Arbeitsmotoren.

Für n, die Drehzahl des Motors D, setzen wir zunächst seine Nenndrehzahl ein, sie ist je nach seiner Polpaarzahl a ($a = 1$ oder 2)

$$n = \frac{\nu_0}{a} \qquad \text{damit wird}$$

$$\nu = \nu_0 \left(\frac{p_e}{a} \pm 1\right)$$

wobei das Pluszeichen für Gegenlauf des Frequenzwandlers und das Minuszeichen für Gleichlauf gegenüber dem Drehfeld gilt.

Aus diesem Zusammenhang ergeben sich nun ganz bestimmte Drehzahlen, die alle aus der in Deutschland üblichen Frequenz $\nu_0 = 50$ berechnet werden, siehe Zahlentafel 461/2 (Schr. 4).

Es ergeben sich für Gegenlauf die Schnellfrequenzen ν_1 und für Gleichlauf die Schnellfrequenzen ν_2. Wie man leicht erkennt, entsteht für ν_2 die gleiche Reihe, die lediglich in einem Falle das zusätzliche Glied 50, im anderen Fall die Glieder 25 und 50 aufweist. Drehzahlen

Zahlentafel 461/2. Mögliche Nennfrequenzen.

		Polpaarzahl p_e des Frequenzwandlers							
		1	2	3	4	5	6	7	8
Polpaarzahl $a = 1$	ν_1	100	150	200	250	300	350	400	450
	ν_2	0	50	100	150	200	250	300	350
Polpaarzahl $a = 2$	ν_1	75	100	125	150	175	200	225	250
	ν_2	—	0	25	50	75	100	125	150

aus diesen Frequenzen sind aber bereits im tieferen Bereich vorhanden. Damit scheiden die Reihen für ν_2 aus. Die Reihen für ν_1 sind arithmetisch, wobei die zweite Reihe feiner gestuft ist. Die Normung dürfte nun darin bestehen daß aus diesen Möglichkeiten eine Reihe ausgesucht wird, die einer geometrischen möglichst nahe liegt. Dazu benutzen wir das Ergebnis der Abschnitte 243 und 244. Dort wurde gezeigt, daß kurze arithmetische Reihen als gruppengeometrische Reihen benutzt werden können.

Die erste Gruppe 75—125 ist eine solche Gruppe, aus der sich die gruppengeometrische Reihe $\mathrm{R_{gg}} \left|\begin{matrix}3 & 4 & 5\\ 6 & \cdots\cdots & \end{matrix}\right| \times 25\ \mathrm{s}^{-1}$ herleiten läßt. Damit entsteht die Frequenzreihe gemäß Spalte 1 von Zahlentafel 461/3[1]. Die Spalten 2 und 3 geben die Polpaarzahl des Stromerzeugers E an, und zwar Spalte 2, wenn seine Drehzahl 25 und Spalte 3, wenn sie $50\,\mathrm{s}^{-1}$ ist. Die Lastdrehzahlen liegen um den doppelten Schlupf niedriger, denn einmal weist der Antriebsmotor D einen Schlupf auf und zum anderen der mit Schnellfrequenz betriebene Asynchronmotor A. Für beide Schlupfe setzen wir den üblichen Wert 6% ein und kommen damit auf Lastdrehzahlen, die $= 0{,}9 \times$ der Schnellfrequenz sind (Spalte 4). Der Stufensprung in Spalten 1 und 4 ist durchschnittlich 1,25, worin auch der Stufensprung 2 enthalten ist. In Spalte 5 sind die Reihenbezeichnungen für die Schnellfrequenzen und für die daraus abgeleitete Drehzahlreihe angegeben. Die letztere entsteht aus der ersteren durch Vervielfachen mit 0,9 und lautet demzufolge:

Lastdrehzahlenreihe für Schnellfrequenzmotoren.

$$\mathrm{R_{gg}} \left|\begin{matrix}3 & 4 & 5\\ 6 & \cdots\cdots & \end{matrix}\right| \times 22{,}4\ \mathrm{s}^{-1}$$

[1] Damit ist ein früherer Vorschlag des Verfassers (Schr. 41) überholt und verfeinert.

Zahlentafel 461/3. Lastdrehzahlen bei Schnellfrequenzantrieben.

Schnell-frequenzen	Polpaarzahl des Stromerzeugers * bei n_e =		Lastdreh-zahlen n_a der Arbeits-motoren **	Bemerkungen
s^{-1}	$25\,s^{-1}$	$50\,s^{-1}$	s^{-1}	
1	2	3	4	5
50			47,5	übliche Frequenz zum Vergleich
75	1		67	
100	2	1	90	
125	3		112	
150	4	2	132	
200		3	180	Reihenbezeichnungen:
250		4	224	für Spalte 1
300		5	265	$R_{gg} \left\vert \begin{matrix} 3\ 4\ 5 \\ 6\cdots \end{matrix} \right\vert \times 25\,s^{-1}$
400		7	355	für Spalte 4
500		9	450	$R_{gg} \left\vert \begin{matrix} 3\ 4\ 5 \\ 6\cdots \end{matrix} \right\vert \times 22{,}4\,s^{-1}$
600		11	530	
800		15	710	
1000		19	900	

* In gegenläufigen Feld des Ständers.
** Bei doppeltem Schlupf.

Wir haben damit gezeigt, daß selbst eine so schwierige, durch andere Gesetze vorbelastete Aufgabe sich einwandfrei mit Hilfe unserer Normungszahlen lösen läßt, wenn wir deren Abwandlungen in der gruppengeometrischen Reihe anwenden. Als besonderen Gewinn buchen wir dabei noch die höchst einfachen Bezeichnungen der Reihe, die nichts anderes ist als die sog. harmonische Reihe, vervielfacht mit 22,4. Die Erklärung liegt darin, daß alle ganzen Zahlen bis 20, wie sie in Spalte 3 zum Teil benutzt sind, gemäß Abschnitt 244 mindestens als Rundwerte in der Reihe der Normungszahlen vorkommen.

Die Auswirkung der Drehzahlnormung geht nach zwei Richtungen. Im Werkstättenbetrieb schafft sie eine gute Ordnung, wenn man die gleichen Drehzahlen an verschiedenen Maschinen vorfindet und eine Arbeit, für die eine bestimmte Drehzahl bei der Arbeitsvorbereitung festgelegt wird, an verschiedene Maschinen geben kann. Voll wird dieser Vorteil allerdings erst ausgenutzt, wenn auch die Vorschübe in gleicher Weise genormt werden. In gleicher Richtung liegt der Vorteil für die Berechnung der Bearbeitungszeiten, auf die unten noch näher eingegangen wird. Die andere Auswirkung liegt in der Gestaltung von Getrieben, in dieser Hinsicht wurde oben auf die Arbeit von BOEHRINGER (Schr. 7) hingewiesen.

461/2 **Vorschübe.** Bei den spanenden Werkzeugmaschinen ist neben der Hauptbewegung in Richtung der Schnittgeschwindigkeit eine Vorschubbewegung vorhanden, sei es, daß bei Drehbänken, Bohrmaschinen und Hobelmaschinen das Werkzeug gegenüber dem Werkstück vorgeschoben wird, sei es umgekehrt, wie bei Schleifmaschinen, Bohrwerken und Fräsmaschinen. In allen Fällen handelt es sich um Geschwindigkeiten, die für die Mengenleistung (bearbeitete Flächen je Zeiteinheit) bzw. die Bearbeitungszeit für eine gegebene Fläche (Hauptzeit) maßgebend sind. Bei einigen Maschinenarten wird der Vorschub auf die Umdrehung des Werkstückes bezogen und als Größe „s“ in mm/U bestimmt, so bei Drehbänken und Bohrmaschinen. Ist n die Drehzahl von Werkstück oder Werkzeug je Zeiteinheit, so gilt für die Vorschubgeschwindigkeit s' die Beziehung:

$$s' = n \cdot s \qquad (1)$$

In dieser Gleichung ist die Drehzahl n gemäß dem letzten Abschnitt stets eine Normungszahl. Es liegt daher nahe, auch s oder s' als Normungszahl festzulegen. Dann werden die jeweils dritten Größen von selbst Normungszahlen. Die Vorschubgeschwindigkeit s' kann für technische Zwecke wie auch die Drehzahl auf die Sekunde bezogen werden, für Zwecke der Zeitrechnung ist sie auf die Minuten zu beziehen. Das Verhältnis beider, 1:60, ist eine Normungszahl der Reihe R 40. Ob man bei der Normung von der Vorschubgeschwindigkeit s' oder dem Vorschub s je Umdrehung ausgeht, hängt von der Art des Vorschubantriebes ab. In Betracht kommen:

Zahnräder als Wechselräder oder in Schaltgetrieben (Räderkästen), Kurvengetriebe und hydraulisch betätigte Zylinder und Kolben (Schr. 38). Für die beiden letzteren steht die Größe s' im Vordergrund; vgl. für Kurvengetriebe Abschnitt 424, für die hydraulischen Zylinder Abschnitt 433.

Zu den Zahnradgetrieben gesellen sich die Schraubgetriebe mit Sperradantrieb, siehe Abschnitt 424, wie sie bei ruckweisem Vorschub in Hobelmaschinen und anderen vorkommen.

Im folgenden gehen wir auf die Erfordernisse der Stufung bei Zahnradgetrieben näher ein, deren Vorschub auf eine Umdrehung der Hauptspindel bezogen wird.

Dreierlei Erfordernisse sind zu berücksichtigen:

a) hinsichtlich des Getriebebaues,

b) hinsichtlich des Spanens am Werkstück,

c) hinsichtlich der Berechnung der Hauptzeit.

Zu a) hinsichtlich des Getriebebaues.

Bereits in Abschnitt 422, Bild 422/2—5, und Abschnitt 424, Bild 424/1 und 2, ist allgemein klargemacht worden, daß man auf einem Wellenpaar eine Reihe an sich beliebiger Zahnradpaare anbringen und die dadurch entstehenden Drehzahlen durch Vorgelege oder Schiebradblöcke vervielfachen kann. Dies gilt wie für Hauptgetriebe so auch für Vorschubgetriebe. Das natürlichste wäre, für die Grundreihe und ebenso für die Faktoren Normungszahlen zu wählen, die höchstens mit Rücksicht auf die ganzen Zähnezahlen abgewandelt werden müßten. Danach kann für alle Maschinen vorgegangen werden, mit Ausnahme der Leitspindeldrehbänke, weil dort die Einhaltung der genormten Gewindesteigungen gefordert wird. Diese sind weder im Whitworth- noch im metrischen System nach Normungszahlen gestuft. Dies zwingt nach IRTENKAUF (Schr. 31) zu einem der drei folgenden Wege:

a) Die Gewindesteigungen werden nicht durch das Schaltgetriebe im Räderkasten, sondern durch besondere Wechselräder erzielt.

b) Alle vorgeschriebenen Gewinde sollen durch Schaltung im Räderkasten erzielt werden. Dann werden dessen Getriebe durch die Gewindeforderung bestimmt, und es verbleibt nur die Möglichkeit, aus den damit entstandenen Vorschüben je Umdrehung eine einer geometrischen naheliegende Reihe für die Drehvorschübe zum Langdrehen und Plandrehen auszuwählen.

c) Das Vorschubgetriebe wird in erster Linie für die Vorschübe entwickelt und nur insoweit für Gewinde benutzt, als deren Steigung den vorgesehenen Vorschüben entspricht. Man wird sich dabei natürlich an die Forderung der Gewinde insoweit anschließen, als dies mit tragbaren Abwandlungen der Normungszahlenreihe möglich ist. Normentechnisch ist es sehr aufschlußreich, diesen Vorschlag zu verfolgen.

In Zahlentafel 461/4 wird nach IRTENKAUF von einer Grundreihe der Gewindesteigungen für Steilgewinde ausgegangen (Zeile 1). Wir sehen diese als Gruppe einer gruppengeometrischen Reihe an und entwickeln die Zahlentafel entsprechend der Reihenbezeichnung:

$$R_{gg} \left| \begin{matrix} 28 & 24 & 22 & 20 & 18 & 16 \\ 14 & \cdots & & & & \end{matrix} \right| \text{mm/U}$$

Ihr durchschnittlicher Stufensprung ist, da nach sechs Gliedern eine Verdoppelung auftritt $= \sqrt[6]{2} = 1{,}12$.

Die Abweichung von der echten Normungszahlenreihe ist verhältnismäßig gering (24 statt 25, 22 statt 22,4) und für den Arbeitszweck tragbar. Die in Zahlentafel 461/4 eingeklammerten Größen sind keine Gewindesteigungen, stehen aber für Vorschübe zur Verfügung. Es fehlen nur wenige Gewindesteigungen, wie 0,6—0,7—0,8—0,9—26 mm.

Zahlentafel 461/4.

Vorschlag für Gewindesteigungen nach IRTENKAUF.

1	Grundreihe der Gewindesteigungen in mm	28	24	22	20	18	16
2	abgeleitete Steigungen	14	12	11	10	9	8
3		7	6	5,5	5	4,5	4
4		3,5	3	(2,75)	2,5	2,25	2
5		1,75	1,5	(1,375)	1,25	(1,125)	1
6		(0,875)	0,75	(0,6875)	(0,625)	(0,5625)	0,5

Wie man sieht, ist es also gelungen, alle Steigungen von 1 mm ab zu erfassen, lediglich mit Ausnahme einiger seltener Steigungen von Trapezgewinden. Normentechnisch sei weiter darauf hingewiesen, daß bei Wahl des durchschnittlichen Stufensprungs 1,25 und dem dadurch bedingten Wegfall jedes zweiten Gliedes eine Reihe entsteht, die wieder auf die harmonische Reihe zurückgeführt werden kann, nämlich auf:

$$R_{gg}\left|\begin{matrix}4 & 5 & 6\\ 8 & \cdots\cdots & \end{matrix}\right| \cdot 0{,}25\ \mathrm{mm/U}$$

die ja nichts anderes als die Reihe

$$R_{gg}\left|\begin{matrix}3 & 4 & 5\\ 6 & \cdots\cdots & \end{matrix}\right|$$

darstellt und ihr gegenüber nur um ein Glied verschoben ist (vgl. Abschnitt 243).

Bei manchen Maschinen werden Vorschübe nur durch Wechselräder erzielt. Auch hierfür hat IRTENKAUF gezeigt, daß man eine einwandfreie Reihe geometrisch gestufter Vorschübe mit wenigen Wechselrädern erreichen kann, deren Zähnezahlen Normungszahlen sind.

Zahlentafel 461/5.

Zähnezahlen von Wechselrädern für die Vorschubreihe $R\,\frac{20}{3}$ (0,315 ··· 3,55) mm/U.

Vorschub mm/U	Zählezahlen der Wechselräder				$i = \frac{a}{b} \cdot \frac{c}{d}$
	a	*b*	*c*	*d*	
0,315	20	80	28	100	0,07
0,45	20	80	40	100	0,1
0,63	20	80	56	100	0,14
0,90	20	(80)	(80)	100	0,2
1,25	28	—	—	100	0,28
1,8	40	—	—	100	0,4
2,5	56	—	—	100	0,56
3,55	80	—	—	100	0,8

Gemäß Zahlentafel 461/5 und Bild 461/2 läßt sich die Reihe R 20/3 (0,315 ··· 3,55) mm/U mit dem Stufensprung 1,4 mit nur 6 Wechselrädern erzielen, wie leicht aus der Reihe der Übersetzungen i hervorgeht. Das Ergebnis der betriebstechnischen Betrachtung ist also, daß man mit Zahnradgetrieben Reihen für Vorschübe je Umdrehung nach Normungszahlen oder bei Bindung an Gewindesteigungen in naher Anlehnung an diese bilden kann. Für alle Getriebe besteht also die Möglichkeit, die Vorschubgeschwindigkeit nach Normungszahlen zu stufen.

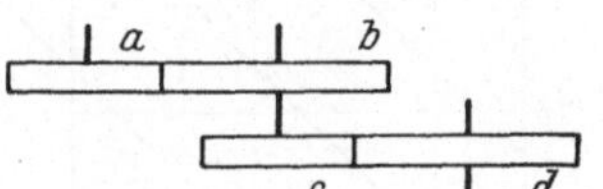

Bild 461/2. Wechselradanordnung zu Zahlentafel 461/5.

Zu b) hinsichtlich des Spanens am Werkstück.

Es gilt nun, den geeigneten Stufensprung aus dem Arbeitsvorgang abzuleiten. Die Beziehung zwischen Schnittgeschwindigkeit, Vorschub je Umdrehung und Standzeit ist bereits in Bild 36/6 dargestellt.

Wir betrachten an den bekannten Standzeit-Schaubildern den Zusammenhang zwischen Standzeit T und Schnittgeschwindigkeit v, und zwar an Hand von Bild 461/3 für das Drehen von St. 42.11 mit Hartmetall S 1 und einem Einstellwinkel $\varkappa = 45°$. Nach KIENZLE (Schr. 71) ist als Parameter die Spandicke $h = s \cdot \sin \varkappa$ vorgesehen. Damit wird die T-v-Beziehung unabhängig von $\varkappa$. Für die Bestimmung der Flächenleistung:

$$f = v \cdot s \cdot 10^3 \text{ mm}^2/\text{s} \tag{2}$$

ist indes die Vorschubgröße s notwendig und daher in Feld *1* so eingetragen, wie sie sich für $\varkappa = 45°$ ergibt. Feld *2* zeigt mit der Parameter-

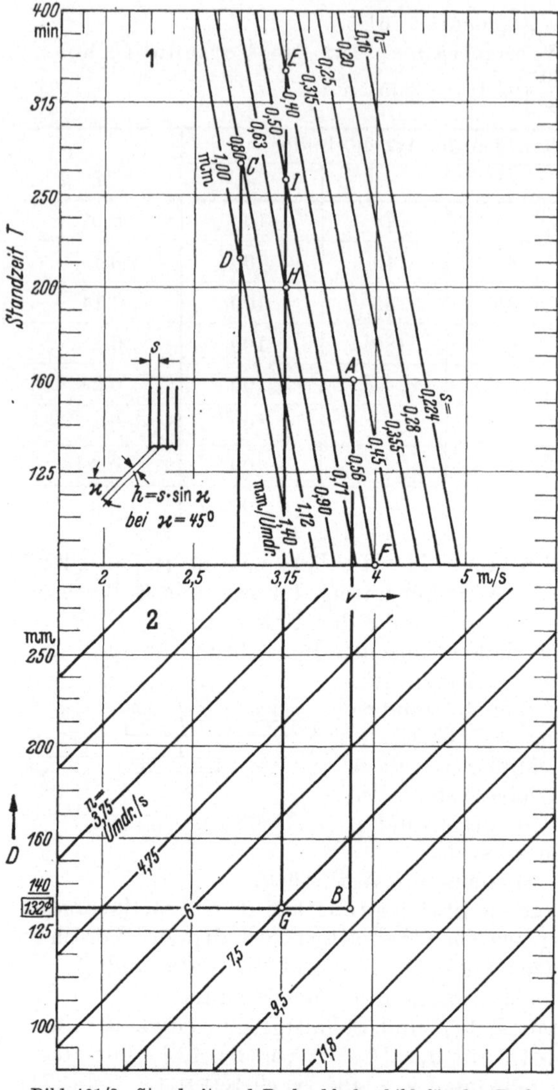

Bild 461/3. Standzeit und Drehzahlschaubild für das Drehen von St 42.11 mit Hartmetall S_1.

schar für die Drehzahl n der in Betracht gezogenen Drehbank den Zusammenhang zwischen v und dem Drehdurchmesser D.

Alle Teilungen und ausgezogenen Linienscharen weisen den Stufensprung 1,25 auf.

Nun laute eine Drehaufgabe, bei der die Motorleistung der Drehbank nicht erreicht werde:

Drehdurchmesser 132 mm, Vorschub je U $s = 0{,}5$ mm, Standzeit 160 min, die zugehörigen Punkte in den Feldern *1* und *2* sind *A* und *B*. Weder Drehzahl noch Vorschub sind trotz des verhältnismäßig kleinen Stufensprungs $\varphi = 1{,}25$ der Aufgabe entsprechend vorhanden.

Wir stellen nun zwei wichtige Tatsachen fest:

a) Gehen wir bei einer bestimmten Schnittgeschwindigkeit v, z. B. $v = 2{,}8$ m/s, von einem Vorschub, z. B. 1,12 (Punkt *C*), auf den 1,25-fachen, also 1,4 mm/U (Punkt *D*), so sinkt die Standzeit auf das 0,8-fache.

b) Gehen wir bei einem bestimmten Vorschub, z. B. 0,56 mm/U, von einer Schnittgeschwindigkeit, z. B. 3,15 m/s (Punkt *E*), auf die 1,25fache oder 4 m/s (Punkt *F*), so sinkt die Standzeit auf das 0,3fache, also viel stärker als bei der Vorschubänderung.

Ähnliche Verschiebungen müssen wir praktisch vornehmen, wenn wir für den aufgegebenen Durchmesser (132 mm) eine passende Drehzahl suchen. Eine höhere können wir wegen der eben erklärten Folge auf die Standzeit nicht nehmen, also müssen wir zu einer niederen greifen (Punkt G). Daraus müßte man zunächst schließen, daß man die Drehzahlen feiner stufen sollte; das wäre aber im Hinblick auf die Standzeitschwankung nur dann erfolgreich, wenn sie durch eine Drehzahlstufe um nicht mehr geändert würde als durch eine Vorschubstufe. Dieser Erfolg träte nur ein, wenn der Stufensprung noch kleiner als 1,12 wäre[1]. Da dieses zu allzu teuren und schwer bedienbaren Spindelgetrieben führen würde, nützt man zum Ausgleich die Vorschubstufung aus. Tatsächlich erweist sich aber eine feine Vorschubstufung als nützlich; zum Punkt G finden wir unweit der verlangten Standzeit 160′ Punkt H auf der Vorschublinie 0,90 mm/U oder, wenn dieser zu groß sein sollte, Punkt I auf der Vorschublinie 0,71 mm/U. Ist dieser noch zulässig, so ergibt sich sogar ein Gewinn in der Flächenleistung:

bei Punktpaar GI $f_2 = 3{,}15 \cdot 0{,}71 \cdot 10^3 = 2240\ \text{mm}^2/\text{s}$

„ „ AB $f_1 = 3{,}75 \cdot 0{,}5 \cdot 10^3 = 1900\ \text{mm}^2/\text{s}$

Noch feiner kann man sich der Aufgabe anpassen, wenn die Vorschübe den Stufensprung 1,12 aufweisen, insbesondere wenn man viel in der Nähe der Leistungsgrenze des Motors arbeitet. Insoweit kommen wir in Übereinstimmung mit IRTENKAUF (Schr. 31) zu folgendem Ergebnis:

1. Für die Normung der Vorschübe je Umdrehung Stufensprünge bis herunter zu 1,12 vorsehen.

2. Wenn die Frage auftaucht, ob die Spindeldrehzahlen oder die Vorschübe je Umdrehung feiner zu stufen seien, dann ist sie für die Vorschübe je Umdrehung zu bejahen.

Die Franzosen haben in ihrer Norm CNM 113 kurzerhand festgelegt, daß Vorschübe je Umdrehung und Vorschubgeschwindigkeiten nach den Normungszahlen festzulegen seien und daß hierbei die Abwandlung zur harmonischen Reihe in Frage komme (also $\varphi = 1{,}25$).

Wir betrachten nun noch den Einfluß der Vorschübe auf die Rauhigkeit nach Bild 461/4. Wenn bei gegebenem Rundungshalbmesser einer Drehmeißelschneide der Vorschub von s_1 auf den kleinen Vorschub s_2 verändert wird, dann ändert sich die Rauhtiefe R_1 auf den Wert R_2 entsprechend der Formel:

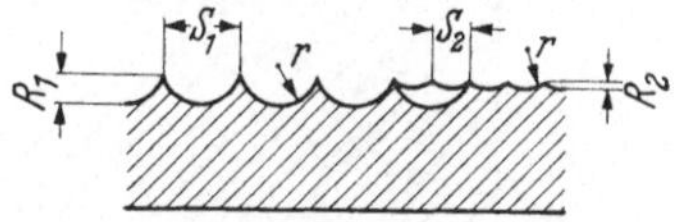

Bild 461/4. Rauhigkeit beim Drehen.

$$\frac{R_1}{R_2} = \frac{s_1^2}{s_2^2} \qquad (3)$$

[1] Der Erfolg würde voll erreicht, wenn die Drehzahlen stufenlos geändert würden.

Der Stufensprung für die Rauhtiefe ist also gleich dem doppelten Stufensprung des Vorschubs für die Umdrehung. Nun sind nach Abschnitt 38 wesentlich andere Eigenschaften der Rauhigkeit erst nach

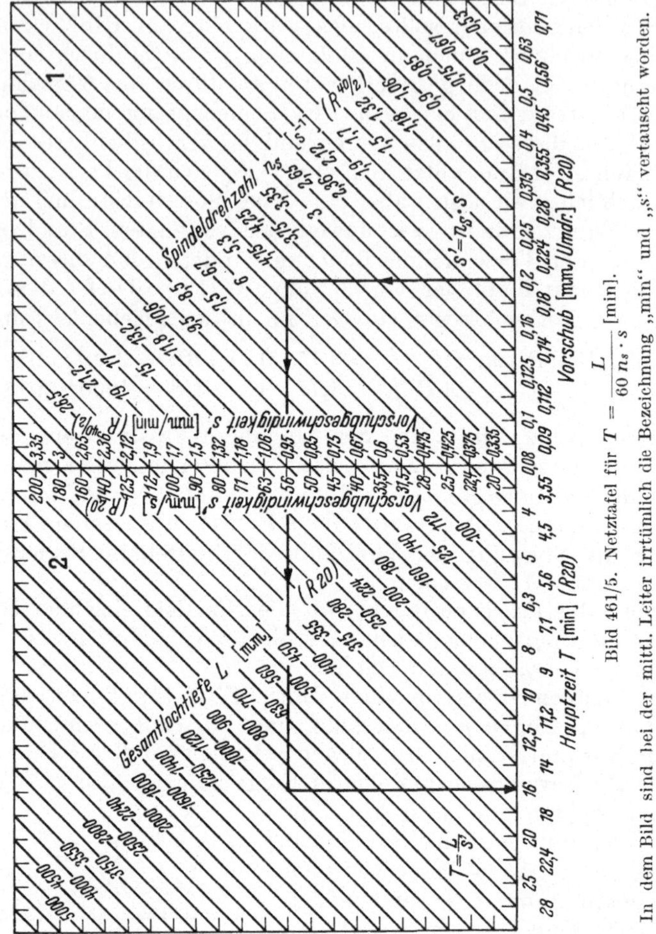

Bild 461/5. Netztafel für $T = \frac{L}{60\, n_s \cdot s}$ [min].

In dem Bild sind bei der mittl. Leiter irrtümlich die Bezeichnung „min“ und „s“ vertauscht worden.

einem Stufensprung $\varphi = 1{,}6$ wahrzunehmen. Auch von diesem Standpunkt aus würde also der Stufensprung für s mit $\sqrt{1{,}6} = 1{,}25$ genügen.

461. 3 **Berechnung der Hauptzeit.** Die Hauptzeit ist nach Refa die Zeit, während der bei spanenden Arbeiten ein Span abgehoben wird. Bei der Dreh- oder Bohrarbeit gilt also für eine Länge der Be-

arbeitungsfläche L mm die Beziehung:

$$t = \frac{L}{s'} \tag{4}$$

hieraus durch Einsetzen von Gleichung (1)

$$t = \frac{L}{n \cdot s} \tag{5}$$

Für Normungszahlen auf der rechten Seite ergibt sich die Hauptzeit auch als Normungszahl und ist daher äußerst bequem bei Übung im Kopf zu berechnen (vgl. Abschnitt 232).

Für den, der das Rechnen mit einer Netztafel vorzieht, ist ein Beispiel in Bild 461/5 dargestellt. Im Feld *1* wird s' aus s und n bebestimmt, im Feld *2* T aus s' und L.

In diesem Schaubild ist überdies gezeigt, daß man in Feld *1* mit den technischen Größen rechnen kann, die auf die Sekunde bezogen sind, und in Feld *2* mit den Zeitrechnungsgrößen, die auf die Minute bezogen sind, daher sind an der Ordinatenachse für s' zweierlei Maßstäbe angegeben. In einer Reihe von Veröffentlichungen des In- und Auslandes ist gerade diese Erleichterung als eines der Hauptziele der Drehzahl- und Vorschubnormung dargestellt. Erst beide zusammen lassen das Ziel erreichen. IRTENKAUF und STEHR (Schr. 31, Schr. 65) und in Frankreich ANDROUIN und DELB (Schr. 1, Schr. 8 u. 9) haben hierauf hingewiesen. ANDROUIN hat aus diesen Bedingungen heraus, wie schon erwähnt, die Normungszahlen für sich entdeckt. So wird aus dem umfangreichen Schrifttum über Drehzahlen und Vorschubnormung augenscheinlich, daß hiervon einerseits Anregungen zur Bildung der Normungszahlen ausgehen, andererseits hier das Feld so vorbereitet war, daß die schließlich entstandenen Normungszahlen in reichem Maße Früchte tragen konnten.

462 Baumaße an Drehbänken.

Bild 462/1 zeigt die von der Firma Niles ausgeführte Drehbankreihe. Die Größenstufung für die Typnorm ist in Abschnitt 44 erwähnt und in Bild 441/6 dargestellt. Die Reihe für die größten Drehzahldurchmesser über Bett ist dort:

$$\text{R}\,10\ (125 \cdots 315) + \text{R}\,20\ (315 \cdots 1000) + \text{R}\,10\ (1000 \cdots 3150)$$

Die Bettlängen sind ebenso nach Normungszahlen gestuft, ihr Stufensprung kann ziemlich grob sein, weil die Spitzenweite durch Verstellung des Reitstocks veränderlich ist.

Man geht daher bis zu 1,6. Bei sehr großen Längen würde zwar hinsichtlich der Kostenstufung dieser große Stufensprung auch tragbar sein, dort entsteht aber als neuer Gesichtspunkt der Raumbedarf in der Werkstatt. Sehr lange Drehbänke werden gewöhnlich für bestimmte Werkstückarten beschafft, und es wäre dann sinnlos, ein Bett für 16 m Spitzenweite zu wählen, wenn 14 m genügen.

Hierin wäre für die größeren Längen eine feinere Stufung begründet, ein Sonderbeispiel für die Stufungsart *B*.

Bisweilen sieht man für die Herstellung der Gußstücke eine Zusammensetzung der Modelle zu verschiedenen Längen vor. Wenn das der Fall ist — auch bei Hobelmaschinenbetten ist dies denkbar —, dann kommt zwecks Erzielung einer möglichst sparsamen Reihe von Teilmodellen eine Zusammensetzung nach dem Gesetz der gruppengeometrischen Reihe (siehe Abschnitt 243) in Betracht.

Bild 462/1. Geometrische Größenreihe von Drehbänken.

Bild 462/2 zeigt an einem Beispiel, wie die Bettlängen aus einem Grundmodell mit der Spitzenweite 1,5 m und einer Anzahl von Zusatzmodellen zusammengesetzt werden können.

Die Reihe der Zusatzmodelle enthält die Längen

$$0{,}5 - 1 - 2 \cdots \text{(m)}$$

Mit ihr lassen sich alle Längen von 0,5 m zu 0,5 m zusammenstellen, somit nicht nur die geometrisch gestuften, die auf 0,5 m gerundet sind, sondern auch etwa notwendig werdende Sondergrößen.

Als Normreihe für die Spitzenweiten erhalten wir:

$$R_{gg} \begin{vmatrix} 3 & 4 & 5 \\ 6 & \cdots\cdots & \end{vmatrix} \cdot 0{,}5 \text{ m}$$

Im folgenden soll nun die Einwirkung der Typnormung auf die Bemessung einzelner Teile aufgezeigt werden. Die Ausgangspunkte sind die Größe der Werkstücke und die Größe der Werkzeuge. Für die

Werkstücke sind mit der Wahl des größten Drehdurchmessers über Bett und der Spitzenweite noch nicht alle Größen entschieden.

Die größten Wellen werden außer durch die Spitzenweite durch den größten Drehdurchmesser über Bettschlitten bestimmt.

Die größten fliegend zu drehenden Stücke werden durch den Drehdurchmesser über der Bettkröpfung bestimmt. Diese drei Durchmesser müssen in bestimmten Verhältnissen zueinanderstehen, die Normungszahlen entsprechen, z. B. 315:500:630 mm (Schr. 37). Man kann nun erwarten, daß sich aus dem größten Drehdurchmesser über Bett

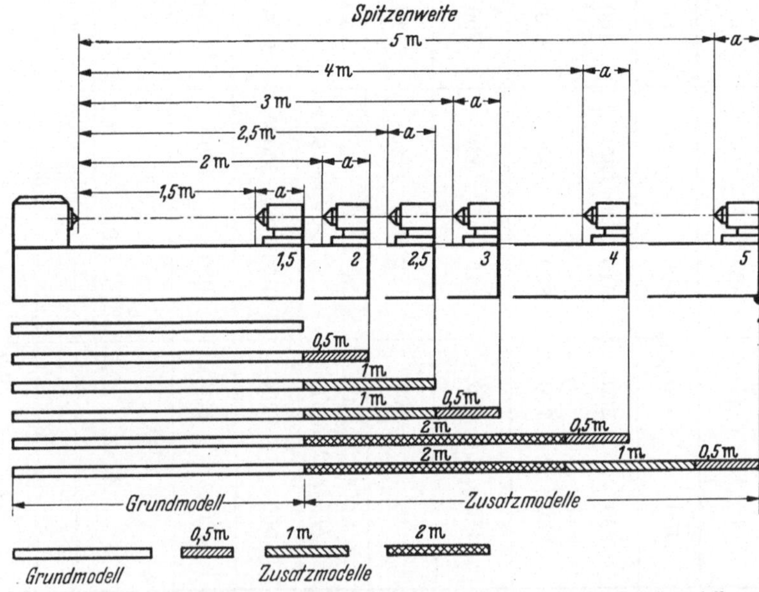

Bild 462/2. Veränderliche Drehbanklängen aus Grundmodell und Zusatzmodell.

ohne weiteres die Reihe für die Planscheibendurchmesser ergibt. Hieraus wäre weiter der Durchmesser der Spindelnase und aus dieser der Kegel für die Körnerspitze abzuleiten. Für Vielmeißel- und Revolverdrehbänke, deren Spindeln mit sog. Spindelflanschen ausgerüstet sind, ist an dieser Stelle deren Durchmesser im Zusammenhang mit den Futterdurchmessern zu bestimmen. Bild 462/3 zeigt die Reihen dieser Größen.

Für die Längenmaße herrscht der Stufensprung 1,12 vor, nur die Morsekegel und die Spitzenweiten (siehe auch Abschnitt 315) sind gröber gestuft. Die Größe der Werkzeuge, nämlich der Querschnitte der Drehmeißel, hängt von den verlangten Dreharbeiten ab. Sie sind nach der Hauptschnittkraft zu bemessen, die sich aus der spezifischen

Zahlentafel 462. Hauptdaten und Hauptabmessungen einer Drehbankreihe nach Normungszahlen.

	Wert und Formel	Einheit	1	2	3	4	5	Stufensprung φ	Reihe
1	Dreh-Ø über Bett D	mm	400	450	500	560	630	1,12	R 20
2	Dreh-Ø über Schlitten D'	mm	250	280	315	355	400	1,12	R 20
3	Dreh-Ø über Kröpfung D''	mm	630	710	800	900	1000	1,12	R 20
4	Planscheiben-Ø	mm	375	425	475	530	600	1,12	R $\frac{40}{2}$
5	Spindel-Ø in vorderem Lager		90	100	112	125	140	1,12	R 20
6	Morsekegel		4 ($D \approx 32$ mm)	4	5	5 ($D \approx 45$ mm)	5		
7	Spitzenweite L	mm	1000	1250	1600	2000	2500	1,25	R 10
8	Größtes Gewicht des Werkstücks G	kg	400	630	1000	1600	2500	1,6	R 5
9	Schnittiefe a *SS*	mm	8	8,5	9	9,5	10	1,06	R 40
	Schnittiefe a *HM*	mm	8	8,5	9	9,5	10	1,06	R 40
10	Vorschub s[1] *SS*	mm	1,6	1,9	2,24	2,65	3,15	1,18	R $\frac{40}{3}$
	Vorschub s[1] *HM*	mm	0,75	0,9	1,06	1,25	1,5	1,18	R $\frac{40}{3}$

11	Spanquerschnitt $a \cdot s$	*SS*	mm²	12,5	16	20	25	31,5	1,25	R 10
		HM		6	7,5	9,5	11,8	15	1,25	R $\frac{40}{4}$
12	Spez. Schnittkraft k_s	*SS*	kg/mm²	112	106	100	95	90	—1,06	R 40
		HM		160	150	140	132	125	—1,06	R 40
13	Hauptschnittkraft $P = k_s \cdot a \cdot s$	*SS*	kg	1400	1700	2000	2360	2800	1,18	R $\frac{40}{3}$
		HM		950	1120	1320	1600	1900	1,18	R $\frac{40}{3}$
14	Drehmoment $M_d = P \frac{D''}{2}$	*SS*	mkg	450	600	800	1060	1400	1,32	R $\frac{40}{5}$
		HM		300	400	530	710	950	1,32	R $\frac{40}{5}$
15	Standzeit T		min	250	280	315	355	400	1,12	R 20
16	Geschwindigkeit v	*SS*	m/s	0,28	0,265	0,25	0,236	0,224	—1,06	R 40
		HM		2	1,9	1,8	1,7	1,6	—1,06	R 40
17	Leistung N	*SS*	kW	4	4,5	5	5,6	6,3	1,12	R 20
		HM		19	21,2	23,6	26,5	30	1,12	R 20
18	Querschnitte der Werkzeugmeißel		mm²	400	400	630	630	1000	1,6	R 5
			mm	16 × 25	16 × 25	20 × 32	20 × 32	25 × 40		

[1] Einstellwinkel $\varkappa = 45°$ angenommen.

Schnittkraft k_s, der Spantiefe a und dem Vorschub s bei einem Einstellwinkel $\varkappa = 45°$ bestimmen läßt.

Zahlentafel 462 zeigt, wie einfach es ist, für eine Drehbankreihe die entsprechenden Größen zu bestimmen. Aus den in Zeile 1 ··· 4 angegebenen Werkstückmaßen ergeben sich in Zeile 8 die größten Wellengewichte, danach werden in Zeile 9—10 Schnittiefen und Vorschübe nach Erfahrungswerten angenommen, nachdem entschieden wurde, ob die Meißelschneide aus Schnellstahl oder aus Hartmetall bestehen soll. In Zeile 11 ist der Spanquerschnitt, in Zeile 12 die spezifische Schnittkraft, die sich mit wachsendem s verringert, angegeben, und daraus wird in Zeile 13 die Hauptschnittkraft und in Zeile 14 das Drehmoment berechnet.

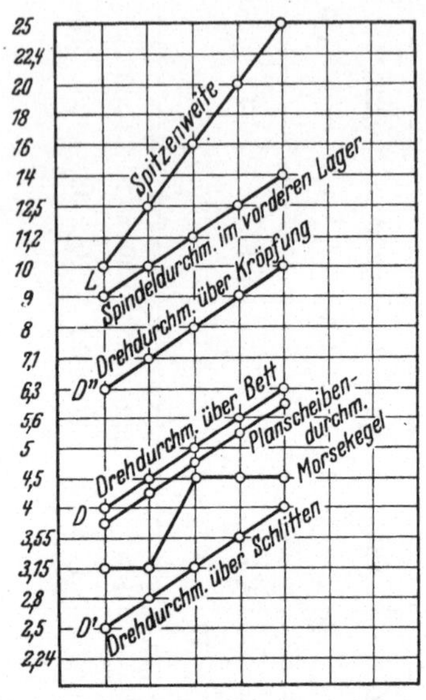

Bild 462/3. Nach Normungszahlen gestufte Abmessungen bei Drehbänken.

Für diese Zwecke bestimmt man die kleinsten und größten Größen von a und s zweckmäßigerweise nach Normungszahlen derart, daß die Zwischenstufen eine Grundreihe oder eine abgeleitete Reihe ergeben. Ebenso plant man die Reihe für k_s, wobei es angesichts des überschlägigen Charakters dieser Reihe nichts verschlägt, wenn man von dem sog. genauen Zerspanwerte etwas abweicht (in Wirklichkeit sind sie für die jeweils angelieferten Werkstoffe gar nicht so genau bekannt).

Zur Berechnung der Leistung ist an die verschiedenen, voraussichtlich zu drehenden Werkstoffe zu denken, die größte Leistung ergibt sich — was manchen überrascht — für den weichsten Werkstoff, weil hier gegenüber härteren Werkstoffen die Schnittgeschwindigkeit stärker ansteigt, als die spezifische Schnittkraft fällt.

Im Beispiel ist der Stahl St 42.11 gewählt. Die Schnittgeschwindigkeit hierfür ergibt sich aus den Standzeitregeln zu den gewählten Vorschüben bei bestimmten Standzeiten. Auch für diese ist in Zeile 15 eine Normungszahlenreihe angenommen, weil man natürlicherweise für die großen Drehbänke an den großen Werkstücken eine größere Standzeit wünscht. Daraus ergibt sich die Geschwindigkeitsreihe Zeile 16 und aus ihr die Leistungsreihe Zeile 17.

Aus dieser Grundrechnung sind eine Reihe von Abmessungen zu bestimmen. Aus der Hauptschnittkraft wird das Hauptlager und der

Reitstock sowie der Querschnitt der Drehmeißel (Zeile 18) bestimmt, aus dem Drehmoment die Spindel und die Zahnräder, aus der Leistung der Motor und der zugehörige Motorflansch. Es leuchtet danach ein, daß man gut daran tut, nicht etwa eine dieser Größen völlig fertig zu gestalten, sondern von Anfang an die Größenreihen gleichzeitig zu gestalten; auf diese Weise hält man sich bewußt bis zum Schlusse die Gelegenheit offen, die Gesichtspunkte der größeren Maschinen auf die kleineren und umgekehrt wirken zu lassen. Der Erfolg davon ist, daß eine solche Reihe einheitlich wirkt, daß sie „ein Gesicht" bekommt.

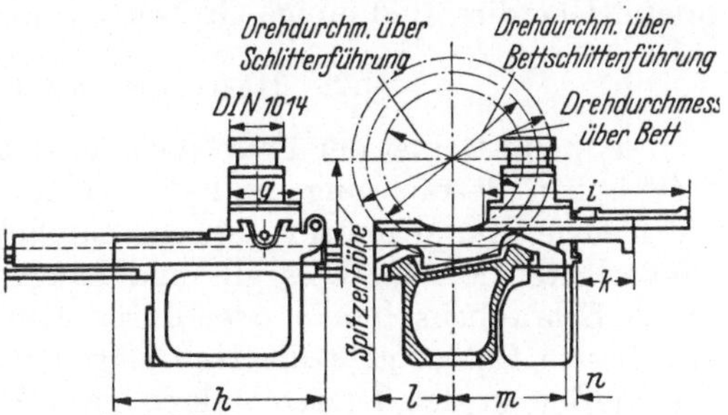

Bild 462/4. Hauptabmessungen einer Revolverdrehbank.

IRTENKAUF im Hause Gebr. BOEHRINGER, Göppingen, hat im Rahmen der Vereinigten Drehbankfabriken bereits 1929 Reihen von Drehbänken und Revolverbänken in dieser Weise entworfen und damit bewiesen, daß die Normungszahlen den Gestalter zu einem völlig neuartigen Schaffen angeregt haben, das der, der es einmal erkannt hat, nie wieder verlassen wird. Auf keine Weise kann ein harmonisches Abgleichen aller Teile besser gesichert werden als auf diesem Wege. Es lohnt sich daher, an Hand einer Arbeit von IRTENKAUF (Schr. 32) aufzuzeigen, wie einige der Dutzende von Größenreihen aussehen, die an einer solchen Drehbank entstehen. Zu dem in Bild 462/4 dargestellten Querschnitt durch eine Revolverdrehbank mit dem Querschlitten zeigt Bild 462/5 einige der zugehörigen Maße auf NZ-Papier.

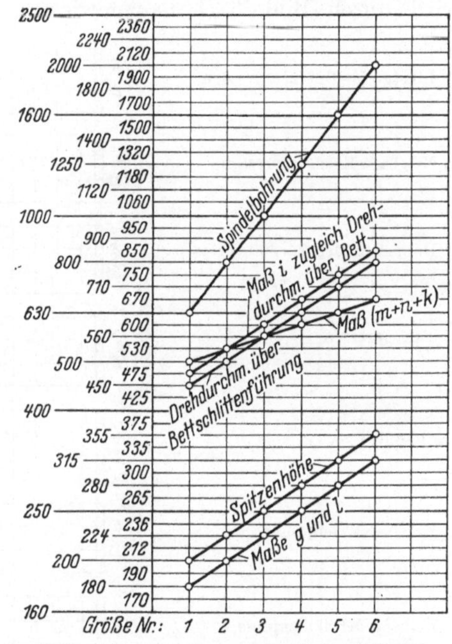

Bild 462/5. Nach Normungszahlen gestufte Abmessungen einer Revolverdrehbank nach Bild 462/4.

In diesem Bild ist als Grundreihe die der Durchmesser über Bett und die davon abgeleitete Reihe der Durchmesser über Schlitten mit angeführt und als nächstwichtige Größe die Spindelbohrung und die Bettbreite. Überdies sind einige Größen für den Revolverkopf mit genannt.

463 Baumaße an Pressen.

Das weite Gebiet der Pressen eignet sich besonders zu einer normentechnischen Betrachtung, weil Pressen für die verschiedensten Zwecke die gleiche Hauptfunktion haben, nämlich Preßkraft auszuüben und Preßarbeiten leisten. Dies gilt unabhängig davon, ob sie hydraulisch, durch Schraubenspindeln oder durch Kurbeln betätigt werden. Auch auf diesem Gebiet geht die Normung von der Typnormung aus. Hierfür wurden in den letzten Jahren zwar bei weitem nicht die Pressen für alle Anwendungsgebiete, aber immerhin diejenigen für die Blechbearbeitung erfaßt.

Für die Blechpressen zeigt sich die Stufungsart *B* (bei kleineren Pressen größerer Stufensprung als bei größeren) als die häufigste. Dies wird durch Bild 463/1 nachgewiesen. Hierin sind die Stufensprung-

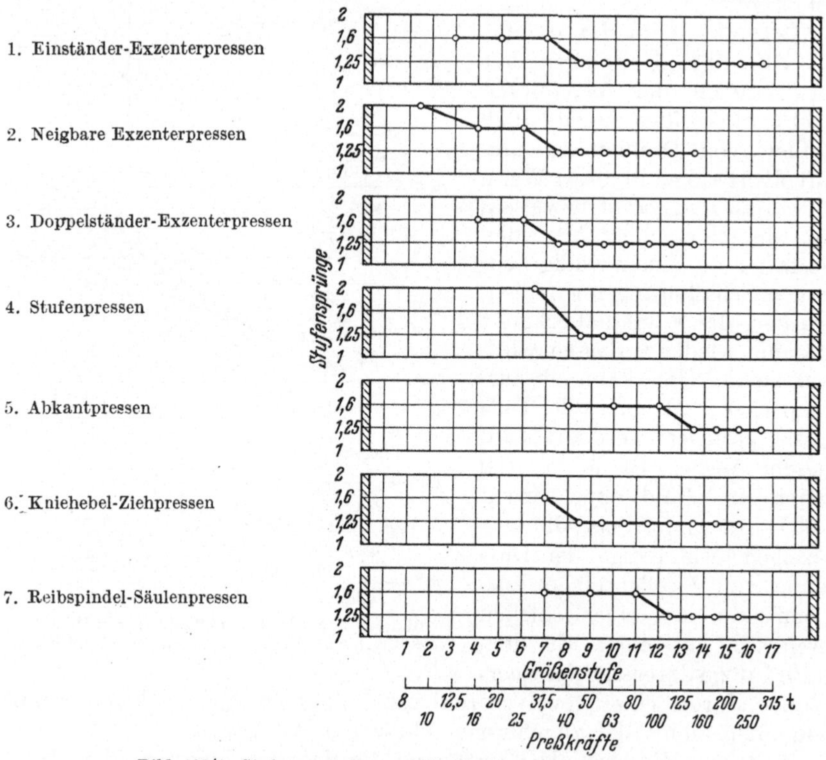

Bild 463/1. Stufensprungkurven für Blechbearbeitungsmaschinen.

kurven im Vergleich zu Bild 261/8 und 44/1 insofern etwas abgewandelt, als in der Abszissenachse nicht die wirklich ausgeführten Größen jeder Pressenart, sondern die denkbaren Größenstufungen 1 ··· 17 entsprechend den Preßkräften 8 t ··· 315 t nach der Reihe R 10 aufgetragen sind.

Hinsichtlich der Typnormung beschränken wir uns auf Kurbelpressen zum Ausschneiden von Blechteilen. Sie geht von runden Scheiben aus, da diese die am häufigsten auszuschneidenden Blechteile sind. Durch die Arbeitsaufgabe werden folgende Größen bestimmt:

größter Scheibendurchmesser D

größte Schnittfläche $F = \pi \cdot D \cdot s$ (1)

worin s die Blechstärke ist.

Wenn k_s die Scherfestigkeit des härtesten zu schneidenden Werkstoffes ist, dann ist die Preßkraft

$$P = \pi \cdot D \cdot s \cdot k_s \tag{2}$$

und die zu leistende Schnittarbeit

$$A_s = a \cdot P \cdot s = a \pi D s^2 k_s \tag{3}$$

worin a ein Erfahrungswert ist, der zwischen 0,6 und 0,66 liegt und für den die Normungszahl 0,63 gesetzt werden kann.

Die Leistung ist:

$$N = \frac{n \cdot A_s}{102} \text{ (kW)} \tag{4}$$

worin n die Hubzahl/Sekunde ist.

Wie man aus Gleichung 2 ersieht, kann die gleiche Preßkraft P bei kleinen Scheibendurchmessern und großer Blechstärke oder bei großem Scheibendurchmesser und kleiner Blechstärke auftauchen. Dasselbe gilt für Tafelscheren, Abkantpressen und Tiefziehpressen. Für die Typnormung folgt hieraus, daß jeder Preßkraft mehrere Ausladungen bzw. lichte Weiten zwischen den Ständern zugeordnet werden müssen. Daraus ergibt sich für diese Gruppe von Blechbearbeitungsmaschinen ein zweidimensionales Typnormbild, wie es beispielsweise in der Netztafel Bild 463/2 dargestellt ist. Ein Theoretiker könnte geneigt sein, dieses Feld gleichmäßig zu besetzen. HERB hat jedoch darauf hingewiesen (Schr. 26), daß man gut daran tut, nur diejenigen der Kombinationen zwischen Preßkraft und lichter Weite in der Fertigungsplanung vorzusehen, die erfahrungsmäßig häufiger gebraucht werden. In Bild 463/2 sind aus der Erfahrung des Werkes wie auch aus Statistiken dritter die früher üblichen Kombinationen eingetragen. So ergaben sich an gewissen Punkten Häufungen, z. B. in dem eingezeichneten Kreis. Trotz der Lücken bietet dieser Typnormaufbau nach Normungszahlen entscheidende Vorteile, weil nämlich bei der Verschiebung des Bedarfs zu anderen Größen ohne weiteres feststeht, daß man nur solche Kombinationen zuläßt, die einem Schnittpunkt in dieser Netztafel entsprechen, m. a. W. in diesem Falle nur Normungszahlen der Reihe R 10.

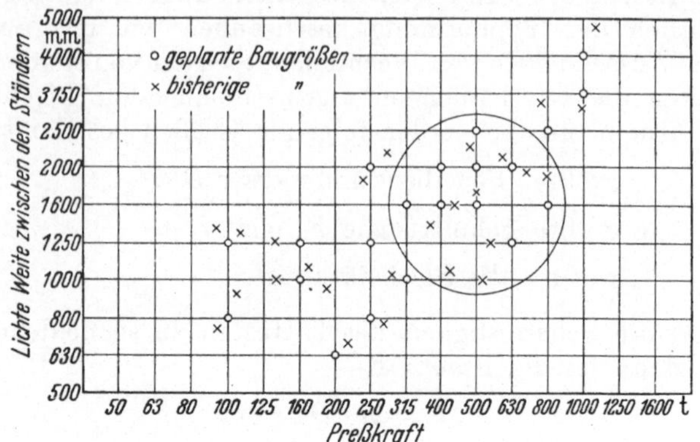

Bild 463/2. Fertigungsplan hydraulischer Ziehpressen.

Hieraus ergibt sich eine ungeheure Vereinfachung der Gestaltungsarbeit. HERB führt aus (Schr. 25 u. 26), daß die Firma L. Schuler A.G. sich bereits 1923 auf Grund der hier erwähnten Überlegungen entschlossen hat, alle wichtigen Baumaße innerhalb ihrer Pressen nach Normungszahlen zu stufen. Eines seiner Beispiele sei im nachstehenden wiedergegeben. Zu dem Querschnitt eines Doppelständers, Bild 463/3, sind in der NZ-Netztafel, Bild 463/4, Querschnittshöhe h mit jeweils zugehöriger Preßkraft P und Querschnittsbreite b einander zugeordnet und die Punkte gleicher Körperweite a miteinander verbunden. Diese Linien laufen nicht gleichmäßig. Ein Theoretiker könnte dazu verführt werden, die Linien gleichmäßig steigen zu lassen. Man hätte hierfür beispielsweise die zu Körperweite $a = 280$ mm gehörige Linie $AFBCD$ zugrunde gelegt, und die links davon liegende Linie für

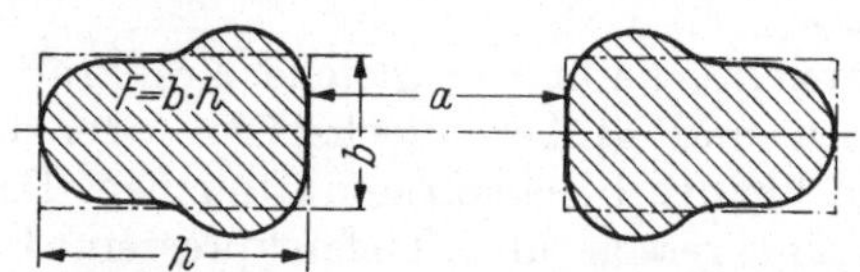

Preß-kraft in kg	Körper-quer-schnitts-höhe h	Querschnittsbreite b bei lichter Weite a						
		250	280	315	360	400	450	500
20000	140	125	140	160	180	180	200	225
25000	160	125	140	160	180	200	200	225
31500	180	140	140	160	180	200	225	225
40000	200	140	160	160	180	200	225	250
50000	225	140	160	180	180	200	225	250
63000	250	160	160	180	200	200	225	250
80000	280	160	180	180	200	225	225	250
100000	315	180	180	200	200	225	250	250

Bild 463/3. Körperquerschnittsbreite b bei angenommener Körperquerschnittshöhe h für Reibspindelpressen.

$a = 250$ mm $EFGD$ zum Teil nach links auf die gepunktete Linie $EHIK$ abgeändert.

Die weiter rechts liegende Linie für $a = 355$ mm $LBMCN$ wäre zu $LPMQN$ geworden.

Der Praktiker ging indes anders vor. Er hat sich zwar im normentechnischen Sinne an die in der NZ-Netztafel festgelegten Normungs-

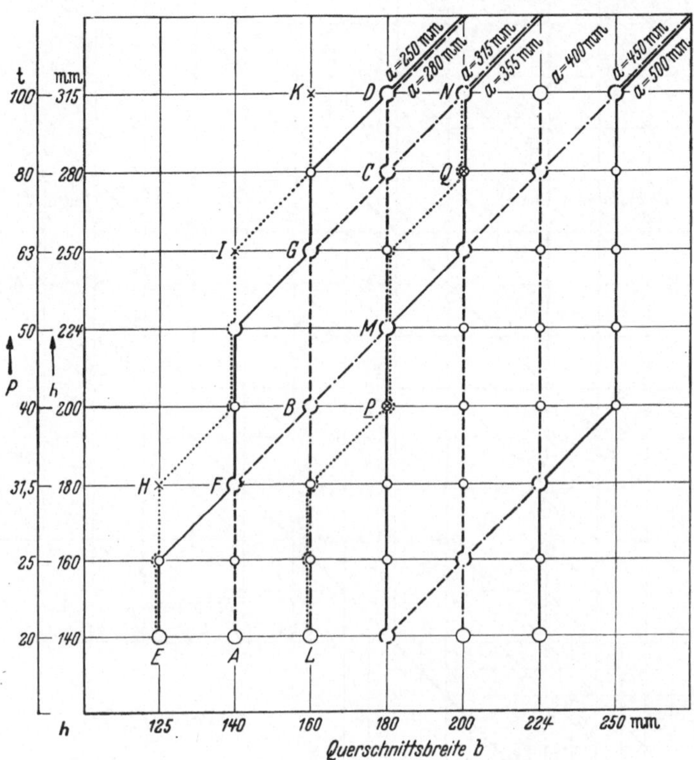

Bild 463/4. Querschnittsabmessungen von Pressengestellen.

zahlen, m. a. W. an die Schnittpunkte gehalten, jedoch das Ansteigen der Breite von der kleinsten bis zur größten Höhe nach praktischen Erfahrungen vorgenommen. Was wäre bei dem theoretischen Vorgehen die Folge gewesen? Der eine Querschnitt z. B. I für $P = 63$ t wäre mit $250 \cdot 140$ mm zu leicht ausgefallen, der andere, z. B. Q für $P = 80$ t wäre mit $280 \cdot 200$ mm statt mit $280 \cdot 180$ mm zu schwer geworden. So zeigt das Beispiel, wie man sich mit den Normungszahlen an den Verlauf von Erfahrungskurven unschwer anschließen kann. Den gesamten rechnerischen Zusammenhang zwischen den durch die Arbeits-

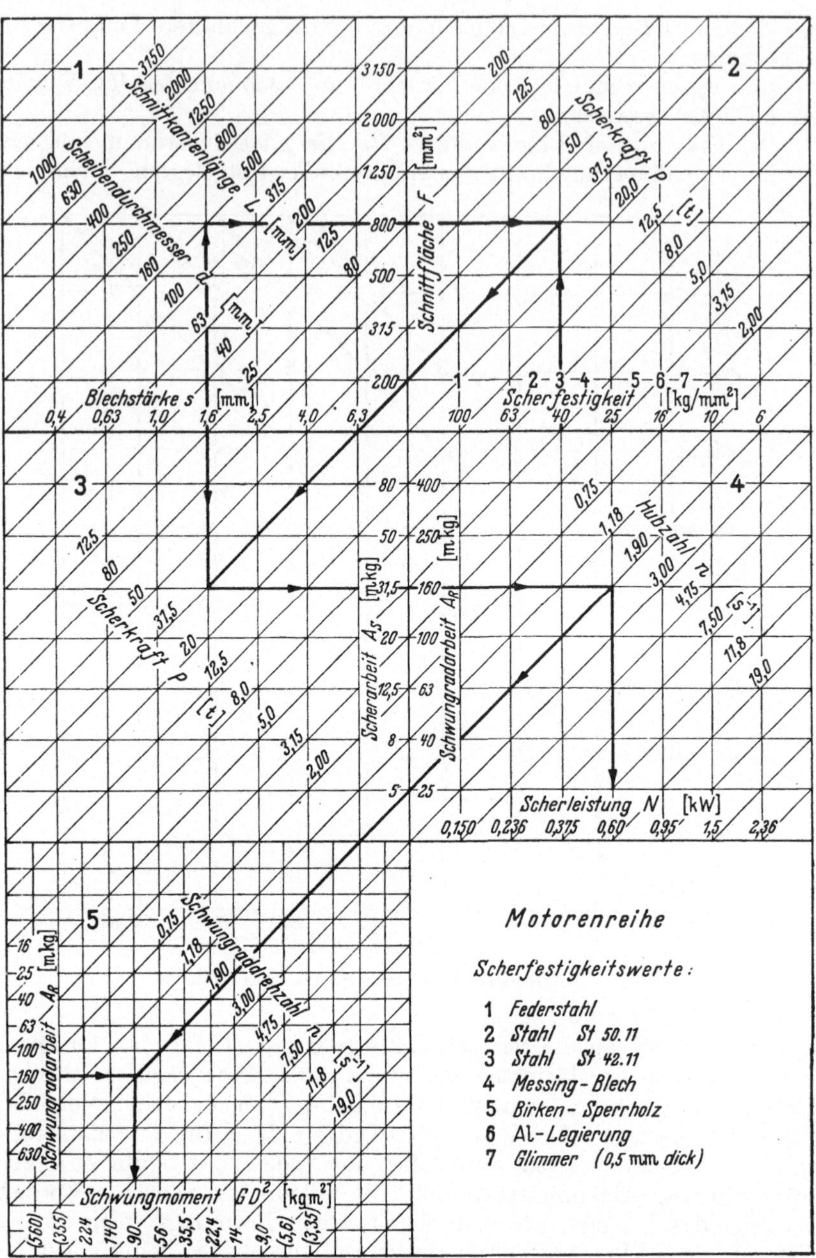

Bild 463/5. Netztafel zur Berechnung von Pressen.
Als Rechengrößen sind nur die Netzpunkte dieser Tafel zu benutzen.

aufgabe gegebenen Größen zeigt Bild 463/5 als fünffache NZ-Netztafel. Hieraus soll die Scherkraft P, Schwungräder an Pressen, Arbeitsvermögen des Schwungrades und Motorleistung bestimmt werden.

In Feld 1 wird die Schnittfläche F nach Gleichung (1) aus Blechstärke und Scheibendurchmesser bzw. allgemein aus der Schnittkantenlänge bestimmt.

In Feld 2 wird die Scherkraft P nach Gleichung (2) ermittelt, indem man von der soeben bestimmten Schnittfläche F bis zur Ordinate mit der entsprechenden Scherfestigkeit k_s geht. P findet man auf der unter 45° eingetragenen Teilung, die nach Feld 3 durchgezogen und zum besseren Verständnis dort nochmal aufgetragen ist. Feld 3 ist wieder eine Vervielfachtafel und führt an der Ordinate zur Scherarbeit nach Gl. (3).

Je nach der Arbeitsart der Presse muß das Arbeitsvermögen des Schwungrades ein bestimmtes Vielfaches dieser bei jedem Hub abzugebenden Nutzarbeit sein. Im Beispiel ist das Arbeitsvermögen des Schwungrades

$$A_R = 5 \cdot A_s$$

Hieraus ist als Hauptgröße für das Schwungrad sein Schwungmoment GD_s^2 zu ermitteln.

$$A_R = \frac{GD_s^2 \cdot \pi^2 n^2}{2g} \quad \text{oder mit } \pi^2 \approx g \approx 10 \qquad A_R = \frac{n^2}{2} GD_s^2$$

Hierin bedeutet D_s den Trägheitsdurchmesser, G das Gewicht des Schwungrades, n seine Drehzahl/Sekunde. Sie ist bei einer Presse ohne Vorgelege, wie sie hier angenommen wird, gleich der Hubzahl. Somit ergibt sich

$$GD_s^2 = \frac{2\,A_R}{n^2} \tag{6}$$

Trägt man in Feld 4 und 5 eine gemeinsame schräge Geradenschar mit n als Parameter ein, so können nun die beiden Schlußrechnungen besonders einfach vollendet werden.

In Feld 4 ist an der Ordinate jeder Scherarbeit A_s (zu Feld 3 gehörig) die Schwungradarbeit A_R nach Gl. (5) zugeordnet. Aus dieser ergibt sich zu jeder Hubzahl nach Gl. (4) in der Abszisse die Scherleistung N. In Feld 5 ist an der linken Ordinate die Schwungradarbeit nochmals aufgetragen. Aus ihr wird nun zu jeder Drehzahl das Schwungmoment GD^2 bestimmt. Der Unterschied zwischen den A_R-Teilungen von Feld 5 und Feld 4 ist darin begründet, daß n in Feld 4 (Gl. 4) in der ersten, in Feld 5 (Gl. 6) jedoch in der zweiten Potenz vorkommt. Für den Fall, daß das Schwungrad auf einem Zahnradvorgelege sitzt, dessen Drehzahl größer als die Hubzahl ist, ist in Feld 5 die Reihe für n als Schwungraddrehzahl anzugeben.

Normentechnisch liegt die Bedeutung einer derartigen mehrfachen NZ-Netztafel nicht nur darin, daß die Teilungen nur in Normungszahlen aufgetragen sind, sondern daß für die Bestimmung der Baumaße nur Maße in Normungszahlen in Betracht gezogen werden.

Es wird also nur mit den *Kreuzungspunkten der eingetragenen Teilung* gerechnet, hierin liegt die normenmäßige Beschränkung.

Als ein Ergebnis einer solchen Berechnung wird nach HERB in Zahlentafel 463/1 ein kleiner Auszug für die Abmessungen von Schwung-

Zahlentafel 463/1. Schwungräder, Schwungkranzabmessungen.

GD_s^2 kg m²	Größe $D \times B$	D_s	b	a	Querschnitt $f = b \cdot a$ in mm²	Gewicht G in kg
9	500 × 80	450	71	63	4 500	45
14	560 × 80	500	71	71	5 000	56
22,5	630 × 90	560	80	71	5 600	71
36	710 × 90	630	80	80	6 300	90
56	800 × 100	710	90	80	7 100	112
90	900 × 100	800	90	90	8 000	140
140	1000 × 112	900	100	90	9 000	180
224	1120 × 112	1000	100	100	10 000	224
$R\frac{20}{4}$ (9 ··· 224)	R 20	R 20			R 20	$R\frac{40}{4}$ (45 ··· 224)
$\varphi = 1{,}6$	$\varphi = 1{,}12$	$\varphi = 1{,}12$			$\varphi = 1{,}12$	$\varphi = 1{,}25$

rädern mit einem Querschnitt gemäß Bild 463/6 gegeben. Wie man sieht, gelingt es unschwer, zu den Schwungmomenten nicht nur den Trägheitsdurchmesser D_s, sondern auch den Außendurchmesser nach Normungszahlen zu stufen, stehen doch für die Breite ebenfalls Normungszahlen, jedoch in freier Zuordnung, zur Verfügung. Wie man aus den Spalten für b und a sieht, schreiten diese abwechslungsweise um eine Stufe vorwärts, und es ergibt sich für das Produkt $f = b \cdot a$ eine stetige Reihe.

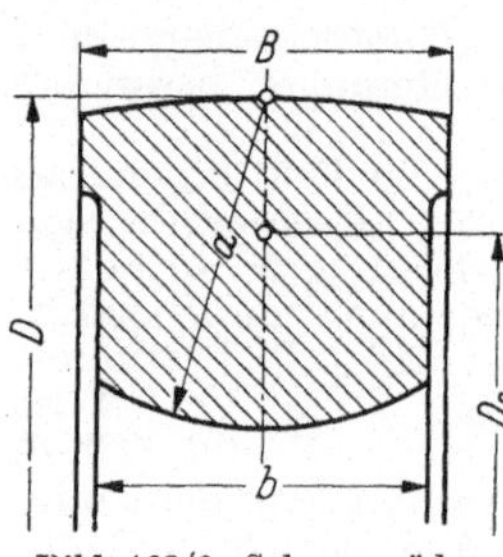

Bild 463/6. Schwungräder, Schwungkranzabmessungen.

So führt auch hier die Stufung nach Normungszahlen, ausgehend von einer zweidimensionalen Typnormung über wohlgestufte Werkstückgrößen, zu den einzelnen Baumaßen.

47 Werkzeuge.

Bei den Werkzeugen ist normentechnisch zwischen solchen zu unterscheiden, die unmittelbar die Form und Größe der von ihnen erzeugten Flächen am Werkstück bestimmen, und solchen, bei denen das nicht der Fall ist. Während die letzteren wie andere Gegenstände frei geformt werden können, besteht bei den ersteren, den maßbestimmenden Werkzeugen, eine strenge Bindung zu den von ihnen erzeugten Werkstücken.

Wenn in solchen Fällen ein Zweifel darüber entstehen sollte, ob die Normungszahlen für die Werkstücke oder für die Werkzeuge anzuwenden sind, dann gilt die eindeutige Regel „für Werkstücke". Der hierfür maßgebende Zusammenhang zwischen Maßgrundnorm und Fertigungsmittel ist in Zahlentafel 47/1 „Maßgrundnorm und Fertigungsmittel" dargelegt.

Zahlentafel 47/1. Maßgrundnorm und Fertigungsmittel.

1. *Grundnormen, die mit Längenmaßen und Winkeln Formen bestimmen (Maßgrundnormen), ziehen grundsätzlich die Normung der entsprechenden Fertigungsmittel nach sich.*

2. Als Fertigungsmittel kommen solche in Betracht, deren arbeitseitige Form mit dem Abbild der durch die Grundnorm festgelegten Norm übereinstimmt oder sonst geometrisch zwangsläufig mit ihr verbunden ist.

   Diese Fertigungsmittel sind:

   21. *Formwerkzeuge*, und zwar:
   Schneidwerkzeuge (Formmeißel, Formbohrer, Formfräser, Räumzeuge, Schnittstempel, Schneidmesser),
   Formwerkzeuge für Urformung (Spritzguß-Kunstharzpreßformen),
   Formwerkzeuge für Umformung (Biegen, Stangenziehen, Tiefziehen, Fließpressen usw.).

   22. *Lehren*, insbesondere *Formlehren*.

   23. *Bezugsformstücke* für nachformende Werkzeugmaschinen (Nachformdrehbänke, Nachformfräsmaschinen).

3. *Die Normung von formgebundenen Fertigungsmitteln setzt die Normung der entsprechenden Werkstückformen voraus* (Umkehrung von Satz 1).

4. Diese normungsmäßigen Wechselbeziehungen bewirken, daß die Fertigungsmittel für das gesamte Feld, für das die Grundnorm gilt, anwendbar werden.

5. *Beispiele*:

51.	Vorangehende Grundnorm, z. B.	Spindelvierkant,
	zu normendes Werkzeug:	Räumnadel,
	zu normende Lehre:	Grenzlehrdorn für Innen-Vierkant, Gutlehre und Ausschußrachenlehre für Außenvierkant.
52.	Vorangehende Werkzeugnorm, z. B.	Schlitzfräser,
	hieraus folgende Grundnorm:	Schlitzbreiten.
53.	Vorangehende Einzelnorm, z. B.	Zahnung von Handsägen durch Angabe von Teilung oder Teilung und Winkel von einzelnen Sägezähnen.
	Daraus folgende Grundnorm:	Reihe der Zahnteilungen mit Winkeln und Ausrundungen (Profilreihe).
	Daraus folgende Werkzeugnorm:	Fräser für Sägezähne.

Aus dem großen Gebiet der Werkzeuge werden nunmehr einige Ausschnitte behandelt, die die Anwendbarkeit der Normungszahlen zeigen. Zunächst werden zwei alte und sehr allgemein eingeführte Normen, Werkzeugkegel und Fräserbohrungen, die nicht nach Normungszahlen, aber etwa geometrisch gestuft sind, kritisch betrachtet. Sodann wird mit normentechnischer Kritik für einige neuere Normen eine vollständige Anwendung der Normungszahlen aufgezeigt. Durch diese Kritiken sollen Wege für die Normung bei künftigen Aufgaben gezeigt und dabei das Lösen von altgewohnten Maßen erleichtert werden. Schließlich werden zwei Vollnormen von Werkzeugen betrachtet.

471 Werkzeugkegel.

Eine der wichtigsten Werkzeuggrundnormen ist die für die Werkzeugkegel. Im deutschen Normenwerk finden wir sowohl die Reihe der *Morsekegel* 0—7 als auch die der metrischen Kegel 4—200 (DIN 233). Die Reihen sind als Linien *1* und *2* in Bild 471/1 dargestellt. Wie man sieht, bilden die Morsekegel, so „krumm“ auch ihre großen Durchmesser sind, eine gute Annäherung an eine Reihe R 20/3 mit dem Stufensprung 1,4, während die Reihe der metrischen Kegel mit dem Stufensprung 1,5 beginnt und mit dem Stufensprung 1,06 endet. Da diese Reihe den Bereich der Morsekegel oben und unten überschreitet, so hat man beide Reihen in DIN 228 vereinigt. Nach unten hin schließen sich die *metrischen* Kegel 6 und 4 gut der Reihe der Morsekegel an. Im oberen Bereich glaubte man in die verhältnismäßig große Stufe zwischen Morsekegel 5 und 6 den Kegel M 50 einfügen zu sollen. Dies führte zu dem Verlauf nach DIN 228 (1925) der Linie *3*. Schon normentechnisch ist daran zu sehen, daß hier ein Bruch in die Reihe hineinkommt und die eingefügte Größe überflüssig ist. Dies wurde auch praktisch erkannt, denn in der neuen Fassung von DIN 228 (1943) schließt sich eine Auswahl der metrischen Kegel ohne Zwischenwert an die Morsekegel 0—6 an, so daß wir von 4 bis rund 200 mm eine Reihe nahe R 20/3 haben. Im oberen Bereich wurde jede zweite Größe der metrischen Kegel DIN 233 gewählt und davon nochmals jede zweite Größe eingeklammert (Linie *4*); mit den eingeklammerten Größen entstünde die Linie *5*, die man damit begründet, daß von diesen Kegeln aus die Gesamtgestalt einer Maschine (Welle — Lager — Antrieb) erheblich beeinflußt wird und bei großen Maschinen eine feinere Stufung erwünscht sei (Stufungsart *B*). Immerhin zeigte sich der Stufensprung von 1,06, der ursprünglich in der Reihe der metrischen Kegel (DIN 233) enthalten war, als viel zu fein.

Diese Betrachtung lehrt uns, daß wir mit unseren normentechnischen Kenntnissen verschiedene Entwicklungsstufen dieser Norm hätten überspringen können.

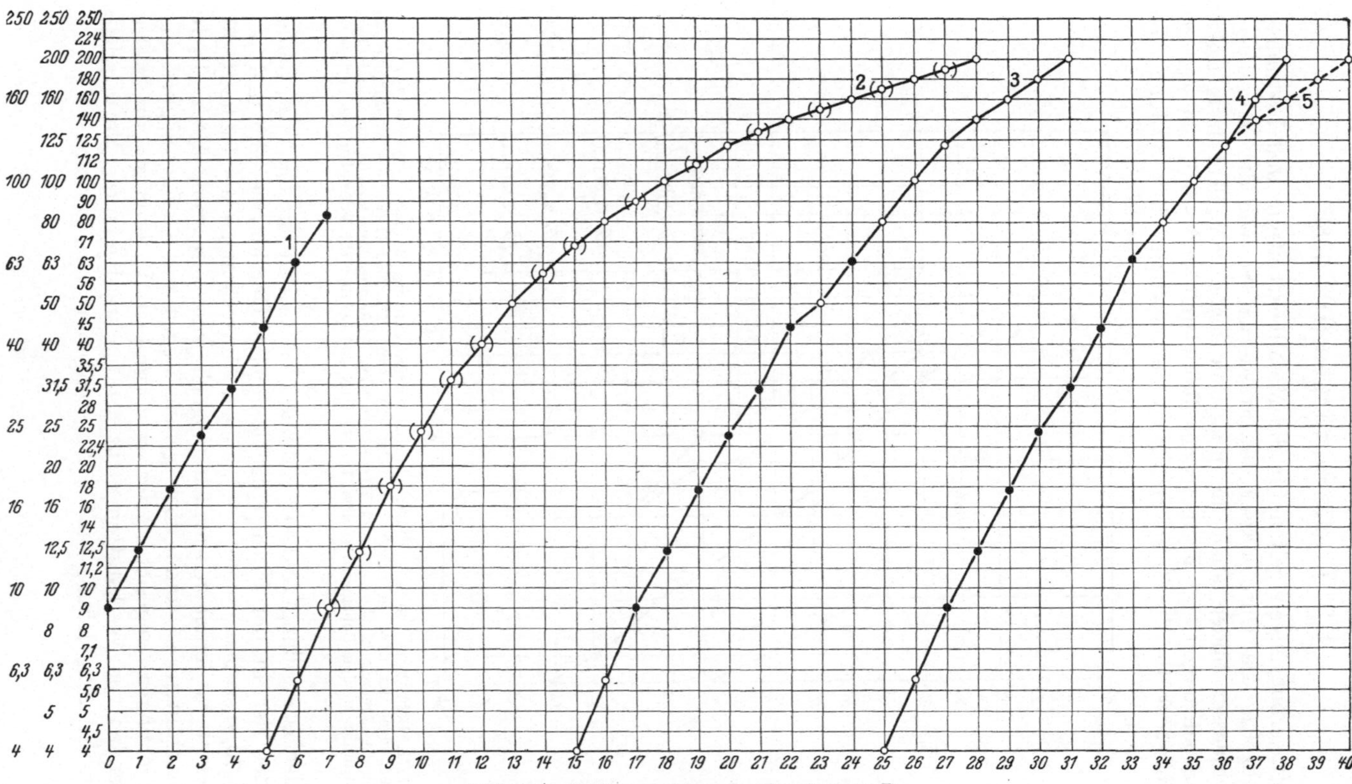

Bild 471/1. Werkzeugkegel großer Durchmesser *D*.
1. Morsekegel DIN 231 (1924). 2. Metrische Kegel DIN 233 (1925). 3. Werkzeugkegel DIN 228 (1925). 4. und 5. Werkzeugkegel DIN 228 (1943).

472 Fräserbohrungen (DIN 138).

Fräserbohrungen gelten für die Metallbearbeitung und bestimmen gleichzeitig die Durchmesser der Fräsdorne. So wie die Morsekegeldurchmesser bilden auch die praktisch schon vor 1914 festgelegten Fräserbohrungen eine geometrische Reihe und sind somit ein weiteres Beweisstück für die Zweckmäßigkeit der geometrischen Stufung. Wie

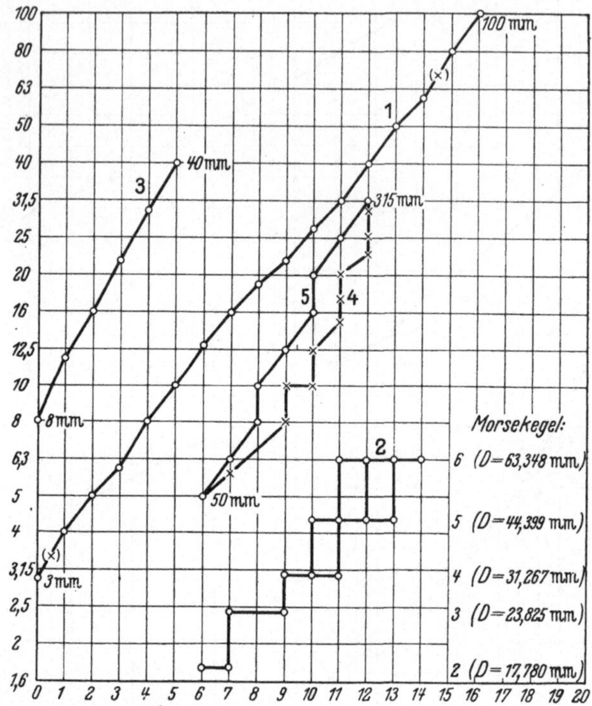

Bild 472/1. Bohrungen von Metallfräsern, Reibahlen und Senkern (1) nach DIN 138 (1943) und Werkzeugkegel der dazu gehörigen Fräsdorne (2) nach DIN 2081 (1947). — Bohrungen von Holzfräsern, Kreissägeblättern (3) nach DIN 8809 (1944), Außendurchmesser von Metallkreissägen in Zuordnung zu den Bohrungen (Kurve 1): (4) DIN 136 (1943); (5) Vorschlag des Verfassers.

aus der Darstellung Bild 472/1, Linie *1* ersichtlich ist, folgt die Reihe, bei der der in der Norm eingeklammerte Durchmesser 3,5 und der Wert 70 auszulassen sind, mit wenigen Abweichungen der Reihe R_a 10. So leicht es demnach sachlich möglich wäre, die reine Reihe R_a 10 durchzuführen, so kann doch gerade wegen der Geringfügigkeit der Abweichungen angesichts der sehr großen Verbreitung in vielen Tausenden von Werkstätten nicht geraten werden, diese Norm allein wegen der Angleichung an die Normungszahlen zu ändern.

Bedauerlich ist die Tatsache, daß der durchschnittliche Stufensprung dieser Reihe (1,25) nicht mit dem der Werkzeugkegel (im Durchschnitt 1,4) übereinstimmt, sonst hätte man jedem Fräsdorn seinen Werkzeugkegel zuordnen können. Linie *2* zeigt gemäß DIN 2081 für Fräsdorne die Zuordnung der Kegel, die wegen dieser Abweichungen Unregelmäßigkeiten zeigen muß (1 Kegel für mindestens 2 *Fräsdorndurchmesser*, aber auch für 1 Fräsdorn mehrere Kegel).

Eine zweite Tatsache ist normentechnisch bedauerlich, nämlich die, daß die Bohrungen für die *Holzfräser* und Holzkreissägen unabhängig davon in einer anderen Stufenfolge festgelegt worden sind. Zwar zeigen auch sie gemäß Linie *3* eine Reihe von ziemlich gleichmäßiger geometrischer Stufung mit dem durchschnittlichen Stufensprung 1,4, also nahe R 20/3. Deren Dornreihe paßt also sehr gut zu den Werkzeugkegeln. Linie *4* zeigt, wie die Außendurchmesser von *Kreissägen* nach DIN 136 (1943) den Bohrungen (Kurve 1) zugeordnet worden sind. In Linie *5* ist ein Beispiel dafür gezeigt, wie die Außendurchmesser von *Fräsern* nach der Reihe R 10 gestuft und den Bohrungen zugeordnet werden könnten, obwohl auch ihr Größenwachstum ein stärkeres ist.

473 Schneidenteilungen an Werkzeugen.

Wie für Zahnräder und Zahnstangen, so sind auch für vielzahnige Werkzeuge die Teilungen wesentliche Kenngrößen. Dies ist allerdings bis jetzt noch wenig erkannt worden. Ja, die meisten Benutzer haben die Teilungen als etwas Unwesentliches betrachtet. Tatsächlich bestimmen sie aber bei der Bearbeitung die Spanfolge und die Größe der Spanlücke.

Schneidenteilungen wurden erstmalig bei der Normung der *Feilen* nach Normungszahlen gestuft. Da es seit langem üblich ist, die Anzahl der Hiebe je Zentimeter anzugeben, so ist diese Übung beibehalten worden. So entstanden folgende Reihen:

Zahl der Hiebe je 10 mm: R 20 (4,5 ··· 90)
Teilungen [mm]: R 20 (2,24 ··· 0,112)

Beim handwerklichen Gebrauch der Feilen empfindet man die gleiche Feinheit, wenn man die längeren und breiteren mit einer größeren Teilung versieht. Daher hat man jeweils unter einem Reihenbegriff, früher z. B. Bastard, jetzt Reihe 1, wachsenden Längen auch wachsende Teilungen zugeordnet. Zahlentafel 473 zeigt die so entstandene *Hiebtafel* DIN 8349, die in vollkommener Weise den Normungszahlen entspricht.

In gleicher Weise können die Teilungen für Sägeblätter, Sägebänder und Räumzeuge genormt werden.

Zahlentafel 473.

Hiebtafel für Einhieb und für Oberhieb der Kreuzhiebfeilen nach DIN 8349 (1947).

Nenn-länge	Hiebnummern der Feilen					
	0	1	2	3	4	5
mm	Anzahl der Hiebe je cm Länge zulässige Abweichungen ± 5%					
80		16	25	35,5	50	71
100	10	14	22,4	31,5	45	63
125	9	12,5	20	28	40	56
160	8	11,2	18	25	35,5	50
200	7,1	10	16	22,4	31,5	45
250	6,3	9	14	20	28	40
315	5,6	8	12,5	18	25	
375	5	7,1	11,2	16		
450	4,5	6,3	10	14		

Werden Schneidenteilungen umlaufenden Werkzeugen, also Fräsern und *Kreissägen* zugeordnet, so entsteht eine ebenso gute normentechnische Ordnung, wie sie für die Zahnräder in Abschnitt 393 aufgezeigt wurde. In der Beziehungsgleichung

$$z \cdot t = \pi \cdot D$$

worin $z =$ Zähnezahl, $t =$ Teilung und D der Außendurchmesser ist, können sämtliche Größen Normungszahlen sein. Dies wird in Abschnitt 477 am Beispiel der Kreissägen gezeigt. Hier sei darauf hingewiesen, daß damit auch die Arbeitszeitberechnung vereinfacht wird. Sie beträgt für eine Fräslänge L $T = \frac{L}{s'}$ min, wobei s' der Vorschub je Minute ist.

Ferner ist
$$s' = s_z \cdot z \cdot n$$

worin s_z die Grundgröße des Fräsens, nämlich den Vorschub je Zahn bedeutet.

In dieser Gleichung ist die Größe n durch die Werkzeugmaschinennormung nach Normungszahlen gestuft.

Wenn nun auch außer der Zähnezahl z die Vorschübe je Zahn danach gestuft sind, so wird die gleiche Vereinfachung erzielt wie bei der *Arbeitszeitberechnung* von Dreharbeiten, vgl. Abschnitt 461.

474 Querschnitte für Halbzeuge aus Werkzeugstahl.

Für Drehmeißel und Drehmeißelhalter legt DIN 770 runde, quadratische und rechteckige Querschnitte fest (Bild 474/1). Allen ist eine Maßreihe gemeinsam, die für die Durchmesser der runden, die Seitenlängen der quadratischen und die Längen der kleinen Seiten bei den rechteckigen gilt, siehe Zahlentafel 474/1. Sie folgen der Reihe R_a 10. Die Seitenverhältnisse für die rechteckigen Querschnitte sind gleichfalls Normungszahlen, nämlich 1,6 — 2 — 4. Damit werden die Höhen h als Produkte der kleinen Seitenlängen und der Verhältniszahlen wiederum Normungszahlen.

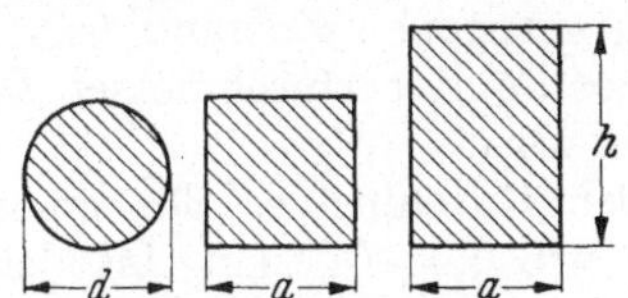

Bild 474/1. Querschnitte von Schneidmeißeln.

Der Inhalt dieser Norm erschöpft sich daher in folgender Angabe:

Seitenverhältnis 1,6 — 2 — 4
Grundmaß R_a 10 4 — 80

Zahlentafel 474/1.
Querschnitte von Schneidmeißeln (DIN 770 gekürzt).

d,a	h bei Seitenverhältnis		
	1 : 1,6	1 : 2	1 : 4
4	6	8	16
5	8	10	20
6	10	12	25
8	12	16	32
10	16	20	40
12	20	25	50

Gerade die Möglichkeit, den Inhalt der ganzen Norm so kurz anzugeben, zeigt, in wie vorbildlicher Weise hierbei die Normungszahlen verwendet wurden. Daß nicht alle Querschnitte bis zur größten Größe im Normblatt enthalten sind, ist normentechnisch unerheblich, um so mehr, als auf diesem zu lesen ist, daß größere Querschnitte, falls erforderlich, nach den angegebenen Reihen zu bilden seien.

Für die Querschnitte von *Handmeißeln* sollte man ein gleiches Vorgehen erwarten. Ursprünglich (1925) waren auch dafür Querschnitte vorgesehen, die mit denen von DIN 770 größtenteils genau übereinstimmten. Es muß daher als normentechnischer Rückschritt verzeichnet werden, wenn in DIN 767, Ausgabe 1940, eine Breitenreihe 14—17—20—23—24—25 vorgesehen wird, die zum Teil eine feinere Stufung als R 40 aufweist.

Es besteht aber kein Zweifel darüber, daß für die Normung der Querschnitte von Halbzeugen aus Werkzeugstahl die Normungszahlen die bestgeeignete Grundlage bilden. So kann u. a. auf die streng nach Normungszahlen festgelegten Breiten der Flachfeilen hingewiesen werden.

475 Tiefziehwerkzeuge.

Zylindrische Hohlkörper aus Blech werden von einem gewissen Verhältnis von Höhe zu Durchmesser ab durch mehrere Ziehringe gezogen. Diese Ziehringe werden von einem Zug zum anderen meist im gleichen Verhältnis verkleinert, ihre Durchmesser bilden daher eine geometrische Reihe.

Für einen beliebigen Hohlkörper liegt nun der Durchmesser im fertig gezogenen Zustand fest. Aus diesem und der Höhe ergibt sich ein bestimmter Durchmesser D_0 für die ebene Scheibe, aus der er gezogen wird.

Der Durchmesser des ersten Zwischenstückes D_1 kann dann so klein wie 0,63 D_0 sein. Ist der Fertigdurchmesser, der nach x Zügen erreicht werden soll, $= D_x$ und ist das Verhältnis zweier aufeinanderfolgender Ziehdurchmesser (Ziehverhältnis) $\beta = D_1/D_2$, so ergibt sich die Anzahl x der Weiterzüge aus Gleichung

$$\beta = \sqrt[x]{\frac{D_1}{D_x}} = \sqrt[x]{\frac{0{,}63\, D_0}{D_x}}$$

oder auf der Basis des q-Logarithmen logarithmiert:

$$x = \frac{{}^q\!\log D_0 - 8 - {}^q\!\log D_x}{{}^q\!\log \beta}$$

β liegt nach AWF (Schr. 2) für Tiefziehstahlblech erfahrungsgemäß in der Nähe von 1,25; es kann gleich einem Normungszahlensprung werden, wenn D_1 und D_x Normungszahlen sind. Das wird aber bei D_x nicht immer und bei D_1 nur selten der Fall sein, infolgedessen werden bei einer derartigen Ermittlung der Ziehringdurchmesser keine Normdurchmesser auftreten.

Diesen Nachteil hat Kaczmarek und nach ihm der Ausschuß für Wirtschaftliche Fertigung durch sein Blatt AWF 5920 mit einem normungstechnischen Kunstgriff überbrückt. Unter der Voraussetzung, daß das Ziehverhältnis zwischen zwei aufeinanderfolgenden Stufen $= 1{,}25$ für Stahl einem allgemeinen Bedürfnis entspricht, wurde ein Ziehringsatz mit Ziehdurchmessern nach der Reihe R 10 $(2 \cdots 400)$ festgelegt. Dieser Ziehringsatz wird nun grundsätzlich für jedes stählerne Ziehstück angewandt; der Zusammenhang ist in einem Beispiel dargestellt (Bild 475/1). Die Scheibe D_0 wird nicht auf D_1, sondern auf den Durchmesser des nächst größeren genormten Ziehringes N_{14} gezogen, danach zieht man der Reihe nach weiter durch die genormten Ziehringe N_{13}, N_{12}, N_{11}, N_{10} und benutzt, falls D_x keine Zahl der Reihe R 10 ist, den Sonderziehring N_x für den Fertigdurchmesser.

Ziehstufenschaubild (Bild 475/1). Die eingezeichnete Linie stellt die genormten Ziehstufen N_1—N_{24} dar. An die Ordinatenachse werden die aus der Aufgabe gegebenen Durchmesser D_x, D_0 und $D_1 = 0{,}6\,D_0$ angeschrieben. Der erste genormte Ziehring ist der nächst D_1 größere, im Beispiel der Ziehring N_{14}, der letzte für diese Aufgabe zu verwendende genormte Ziehring ist der gegenüber dem Ziehring D_x nächst größere, im Beispiel N_{10}. Die dazwischenliegenden genormten Ziehringe N_{11} bis N_{14} gehören selbstverständlich der zu benutzenden Ringreihe an. Die Ziehstufen ergeben sich also aus der Linie $D_0\,D_{14}\,D_{13}\,D_{12}\,D_{11}\,D_{10}\,D_x$.

Es kann dabei u. U. ein Zug mehr nötig sein, als sich für x aus der obigen Formel ergeben würde. Das ist aber grundsätzlich die

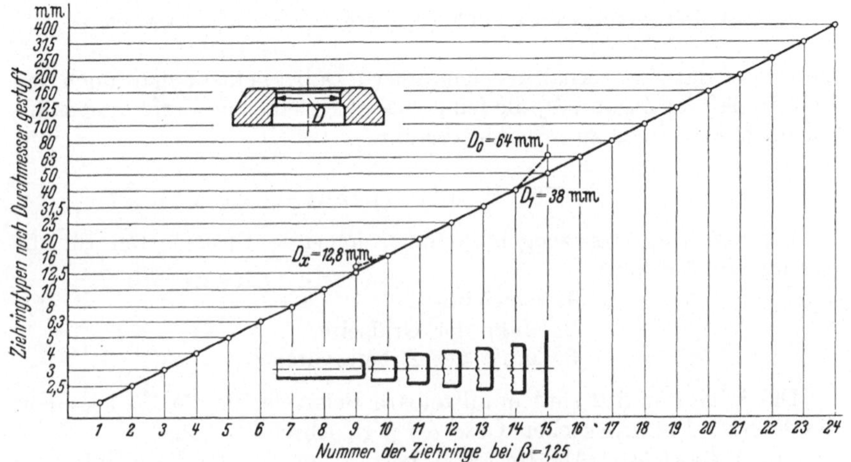

Bild 475/1. Ziehstufen-Schaubild.

gleiche Erscheinung, auf die man bei vielen Normungen stößt, daß nämlich irgendeine Art von Aufwand steigt, während der Gesamtaufwand sinkt. Dieses Sinken ergibt sich daraus, daß man für jedes Stück höchstens *einen* neuen Ziehring (mit Durchmesser D_x) braucht. Selbst diesen kann man aber vermeiden, wenn der Gestalter für den Außendurchmesser des Fertigteils eine Normungszahl der Reihe R 10 gewählt hat (vgl. Abschnitt 47).

Bei kleineren Losen von einigen hundert oder einigen tausend Stück ergibt dieser genormte Ziehringsatz eine außergewöhnliche Ersparnis.

Für andere Blechwerkstoffe gelten andere Ziehverhältnisse bis $\beta = 1{,}8$. Wählt man die β-Reihe wieder nach Normungszahlen, nämlich zu 1,25 — 1,4 — 1,6 — 1,8, so kann man *alle* Ziehstufen mit einem „Baukastensatz" von Ziehringen beherrschen, den man nach R 20 stuft (weil ja 1,4 und 1,8 Werte dieser Reihe sind). Damit kann man, wie Bild 475/2 zeigt, jede Ziehfolge durchführen, ja sogar solche, inner-

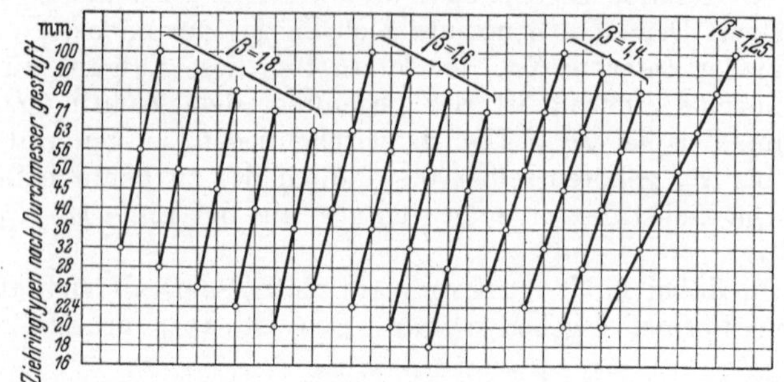

Bild 475/2. Ziehringfolgen bei Ziehverhältnissen $\beta = 1{,}8 — 1{,}6 — 1{,}4 — 1{,}25$.

halb derer das Ziehverhältnis sich ändert. Dabei genießt man noch den Vorteil, daß für D_0 und D_x die feiner gestufte Reihe zur Verfügung steht, die noch sparsamer zu arbeiten erlaubt.

476 Handwerkzeuge.

Bei den Handwerkzeugen kommen folgende Größenarten für die Stufung in Betracht:

1. Gewichte,
2. Maße der Griffseite,
3. Maße der Arbeitsseite.

Die Fälle 1 und 2 sind unmittelbare Beispiele für die Wirksamkeit des WEBER-FECHNERschen Gesetzes (vgl. Abschnitt 13).

476. 1 **Gewichte.** Als Beispiele betrachten wir die Gewichte von Schlosserhämmern (DIN 1041) und Maurerhämmern (DIN 5108) gemäß Bild 476/1. Die ausgezogenen Linien *1* und *4* zeigen die Folge der genormten Größen. Die strichgepunkteten Linien *2* und *5* zeigen die Folgen ohne die auf dem Normblatt eingeklammerten Größen. Diese Reihen verlaufen unregelmäßig, weil hier den altgewohnten Zahlen, die um 25—50—100 oder 250 g gestuft waren, ein zu großer Einfluß eingeräumt wurde. Sachlich ergäbe sich gemäß den gestrichelten Linien *3* und *6*

für die Schlosserhämmer R 20/3 (0,05 ··· 0,4) + R 10 (0,4 ··· 2) kg
für die Maurerhämmer R 20/3 (0,5 ··· 2) kg

Bei den ersteren wäre hienach die Größenanzahl um 1 großer als bei den strichgepunkteten Reihen, bei den letzteren um eine Größe geringer. Bei den Schreinerhämmern (DIN 5109) ist merkwürdigerweise nicht das Gewicht, sondern die Höhe a als Kenngröße gewählt. Sie verläuft nach der Linie *1* in Bild 476/2: an dem abfallenden Ende erkennt man sofort, daß — vermutlich mit Rücksicht auf altgewohnte Größen — das Maß 30 als überflüssig eingeschoben geblieben ist. Nach

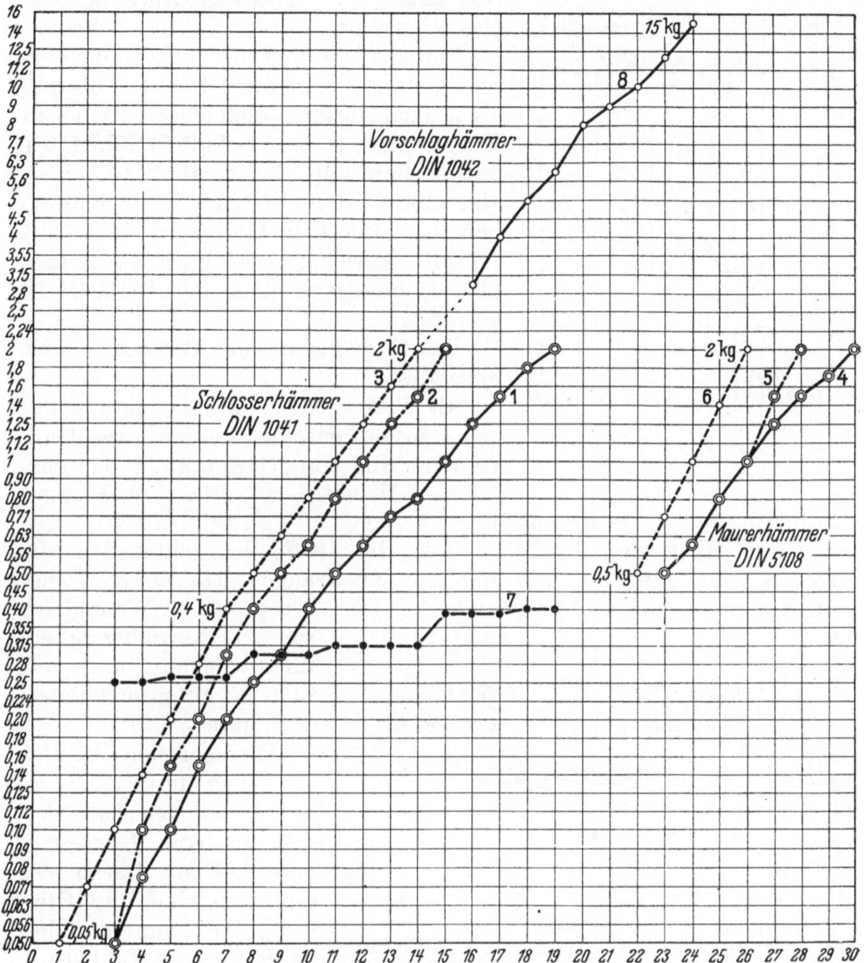

Bild 476/1. Gewichte von Schlosserhämmern und Maurerhämmern.

Linie *2* wäre ein glatter Verlauf nach R 20 möglich. Ihre Gewichte verlaufen gemäß Linie *3* unregelmäßig, jedoch besser, wenn man die Größe 30 mm ausläßt. Das ist ein Zeichen dafür, daß die Breiten und Längen nicht geometrisch gestuft sind. Wie man leicht erkennt, könnte die Gewichtslinie wie die der Schlosserhämmer der Reihe R 10 folgen.

In Bild 476/3 sind die Stufensprünge über den Gewichten aufgetragen. Danach ist kein Zusammenhang mit dem Gewichtsbereich erkenntlich. Physiologisch erwartet man eine einheitliche Stufung; es sind keine handwerklichen Einwände dagegen bekannt.

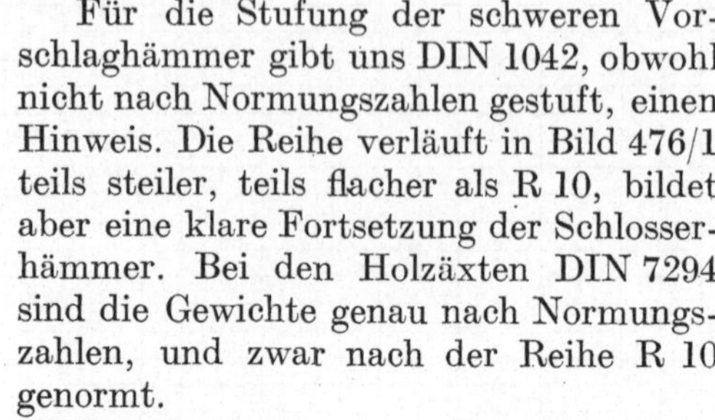

Bild 476/2. Gewichte und Vierkantmaße (Höhe a) von Schreinerhämmern DIN 5109 (1935).

Für die Stufung der schweren Vorschlaghämmer gibt uns DIN 1042, obwohl nicht nach Normungszahlen gestuft, einen Hinweis. Die Reihe verläuft in Bild 476/1 teils steiler, teils flacher als R 10, bildet aber eine klare Fortsetzung der Schlosserhämmer. Bei den Holzäxten DIN 7294 sind die Gewichte genau nach Normungszahlen, und zwar nach der Reihe R 10 genormt.

Das Ergebnis unserer Betrachtung ist folgendes:

Als Kenngröße von Hämmern sollte das Gewicht gewählt werden, weil beim Hammer die Hauptfunktion in der ausgeübten Wucht liegt. Für ihre Stufung ist durchweg der Stufensprung 1,25 geeignet (vgl. Bild 476/3).

476. 2 **Maße der Griffseite.** Für die Griffe betrachten wir die Längen von Hammerstielen und von Kneifzangen. Die ersteren sind den Hammergewichten in Bild 476/1 als Linie *7* zugeordnet. Wenngleich sie den Normungszahlen nicht genau angepaßt sind, so entspricht ihnen doch ihre Stufung.

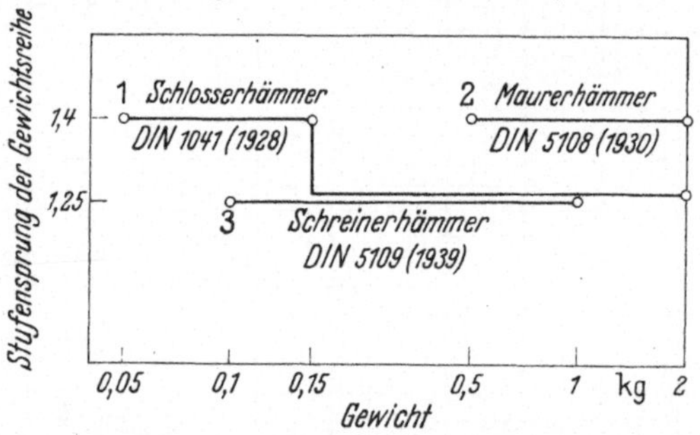

Bild 476/3. Die Stufensprünge in Abhängigkeit von den Gewichten für Schlosser-, Maurer- und Schreinerhämmer.

Hier liegt ein Beispiel für einen geringen Längenbereich innerhalb des viel größeren Gewichtsbereiches vor. Daraus ergibt sich eine feine Stufung. Sie könnten indes im Sinne von Bild 261/6 Linie *6* je zu zweien in gröberen Stufen zusammengefaßt sein. Bei den Zangen sind aus Handelsgründen die Gesamtlängen als Kenngrößen benutzt, ihr Hauptanteil entfällt auf die Grifflängen. Bei ihrer geometrischen Stufung, Hand in Hand mit der geometrischen Stufung der aufgewandten Kräfte, erhalten wir eine geometrische Reihe für die Hauptfunktion der Zangen, nämlich für ihre Klemmkraft. Bei den Kombinationszangen (DIN 5244,

Ausg. 1942) steigen die Längen mit dem Stufensprung 1,12 (Reihe R 20).

Am Schluß, wo man ihn nicht vermutet, folgt ein grober Stufensprung von 1,25 (siehe Bild 476/4, Linie 1). Bei den Vorschneidern (DIN 5252) läßt sich unter Wegfall einer Größe die Reihe R 20 ohne weiteres einhalten, denn eine feinere Stufung ist handwerklich sicherlich nicht notwendig (Linie 2 und 3). Bei den Kneifzangen (DIN 5241, Ausg. 1936) liegt in der Mitte ebenfalls die Reihe R 20, am Anfang und Ende eine etwas gröbere Stufung (Linie 4). Wir finden hier somit ein Beispiel für die Stufungsart *D* (vgl. Abschnitt 441), bei der in der Mitte die häufigste Benutzung liegt.

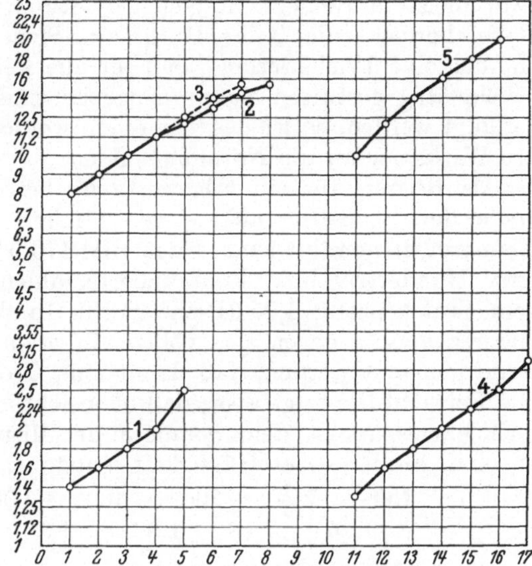

Bild 476/4. Längen von Zangen.

Die Drahtzangen (DIN 5257, Ausg. 1941) sind wohl im Anschluß an handelsübliche Maße nach einer arithmetischen Reihe genormt. Immerhin kommt sie gemäß Linie *5* auch der Reihe R 20 nahe.

Ergebnis: Für Zangenlängen erscheint die Reihe R 20 möglich und günstig.

476. 3 **Maße der Arbeitseiten.** Für die Arbeitseitenmaße, die die entsprechenden Werkstückmaße bestimmen, gilt nach Zahlentafel 47/1 die Stufung der letzteren. Für Werkzeuge, bei denen diese Bindung nicht vorliegt, wählen wir als Beispiel die Feilen. Ihre Arbeitsgrößen sind Längen und Breiten. In den neuen Feilennormen (1947—1948) sind die Normungszahlen, und

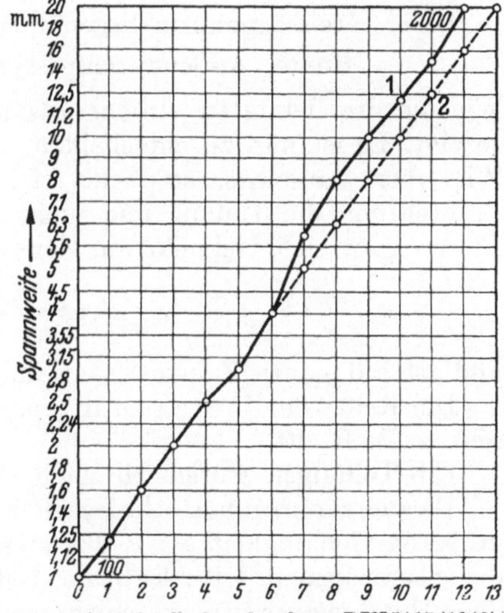

Bild 476/5. Schnellschraubzwingen DIN 5117 (1940).

zwar meist in Reihen mit gleichem Stufensprung, streng angewandt. Dabei herrscht die Reihe R 10 vor. Sicherlich ist es auch für den Handel eine Erleichterung, daß für alle Feilenarten die gleichen und gleichmäßig gestuften Maße anzugeben sind. Wenn die Feilen danach verlangt werden, so ist das wieder ein weiterer Beitrag zur Gewöhnung der Werkstatt an die Normungszahlen.

Als Beispiel für ein Fügewerkzeug betrachten wir die Funktionsmaße der Schnellschraubzwinge, nämlich die Spannlängen, die als Kenngrößen gewählt sind. Nach Bild 476/5 folgt die stark an Zehnerbzw. Hunderter- bzw. Fünfhunderterzahlen angelehnte Stufung etwa dem Stufensprung 1,25 (Reihe R 10). In diesem Falle und in vielen anderen könnte gegen eine völlige Anpassung an diese Reihe der Einwand gemacht werden, daß damit eine Größe mehr entstehen würde. Die Betrachtung zeigt aber, daß offensichtlich diese eine Größe zu Unrecht eingespart ist, denn gerade in der Mitte des Bereiches, also sicher an einer Stelle großer Häufigkeit, entstehen große Stufensprünge:

$$\begin{array}{ccccccccccccc} 200 & & 250 & & 300 & & 400 & & 600 & & 800 & & 1000 \\ & 1{,}25 & & 1{,}18 & & \underline{1{,}32} & & \underline{1{,}5} & & \underline{1{,}32} & & 1{,}25 & \end{array}$$

Es ist also durchaus sachlich begründet, wenn man an dieser Stelle eine größere Dichte fordert, die zugleich zu einer gleichmäßigeren Stufung führt:

$$\begin{array}{ccccccccccccccc} 200 & & 250 & & 300 & & 400 & & 500 & & 630 & & 800 & & 1000 \\ & 1{,}25 & & 1{,}18 & & 1{,}32 & & 1{,}25 & & 1{,}25 & & 1{,}25 & & 1{,}25 & \end{array}$$

477 Kreissägen.

Einer Kreissägennorm liegen folgende Größen zugrunde:

Breite, Außendurchmesser, Zähnezahl, Teilung.

Wie die drei letzteren Größen zusammenhängen, ist in Abschnitt 473 gezeigt. Es ist nun zu entscheiden, von welchen Größen man ausgeht. Wie oben dargelegt, empfiehlt sich aus der zerspanungstechnischen Betrachtung die Teilung und nicht die Zähnezahl als Ausgangsgröße. Diese ergibt sich vielmehr aus der obigen Beziehung:

$$z = \frac{\pi \cdot D}{t}$$

und ist auf ganze Zahlen abzuwandeln (vgl. Abschnitt 241).

Die Reihe der Breiten wird gemäß DIN 3 von selbst eine R_a-Reihe sein, z. B. R_a 10.

Die Teilungen stufen wir nach folgenden Überlegungen:

Da die zerspanungstechnischen Erfordernisse sicher nicht mit einer größeren Genauigkeit als $\pm 6\%$ angegeben werden können, so genügt der Stufensprung 1,12. Daß die Teilung bei gleicher Fräserbreite mit dem Durchmesser wächst, leuchtet ein, da Kreissägen größerer Durchmesser zum Durchschneiden größerer Werkstückdicken dienen und daher die Späne größere Spanlücken erfordern. Diese wachsen mit dem Quadrat der Teilungen. Erfahrungsgemäß wachsen die Teilungen mit dem Durchmesser langsam, nämlich mit dem durchschnittlichen Stufensprung 1,06 gegenüber 1,25 bei den Durchmessern.

Die Spanlückenräume weisen somit einen durchschnittlichen Stufensprung von 1,12 auf. Da aber nach obigem eine feinere Stufung der Teilung als 1,12 keinen Sinn hat, ordnet man jeweils zwei aufeinanderfolgenden Durchmessern gleiche Teilungen mit diesem Stufensprung zu. Andererseits wachsen die Teilungen mit der Breite an, aber auch so langsam, daß zwei aufeinanderfolgenden Breiten gleiche Teilungen zugeordnet werden können.

Zahlentafel 477. Normvorschlag für die Zähnezahlen von Kreissägeblättern für Metall.

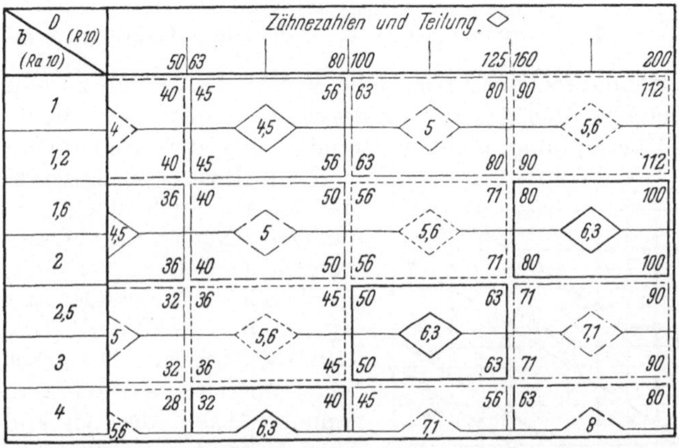

b (Ra 10) \ D (R 10)	Zähnezahlen und Teilung ◇						
	50	63	80	100	125	160	200
1	40	45	56	63	80	90	112
◇	4	4,5		5		5,6	
1,2	40	45	56	63	80	90	112
1,6	36	40	50	56	71	80	100
◇	4,5	5		5,6		6,3	
2	36	40	50	56	71	80	100
2,5	32	36	45	50	63	71	90
◇	5	5,6		6,3		7,1	
3	32	36	45	50	63	71	90
4	28	32	40	45	56	63	80
◇	5,6	6,3		7,1		8	

geordnet werden können. Nach diesen Gesichtspunkten ist die Zahlentafel 477 entworfen, da die entsprechenden Normen DIN 135 und DIN 136 noch nicht auf Normungszahlen umgestellt sind. Darin sind, wie aus dem Gesagten hervorgeht, jeweils für vier Fräsergrößen gleiche Teilungen vorgesehen.

Auch diese Zahlentafel weist, wie jede streng nach Normungszahlen aufgestellte Tafel, gesetzmäßige Rhythmen für Teilungen und Zähnezahlen auf. In ähnlicher Weise kann bei der Normung anderer Fräser und Kreissägen für Metall und Holz vorgegangen werden.

478 Verstellbare Reibahlen.

Wenn eine Reihe verstellbarer Gegenstände innerhalb eines stufenlos zu bedeckenden Gesamtbereiches geometrisch gestuft werden soll, so wird dies am besten erreicht, indem man die Bereichsgrenzen nach Normungszahlen stuft (siehe Abschnitt 37).

Ein Musterbeispiel dafür bilden die verstellbaren Reibahlen, für die indes DIN-Normen noch nicht bestehen.

Gemäß Bild 478/1 liegen die einzelnen Messer zwischen zwei Befestigungsmuttern in einer schrägen Nut mit der Neigung 1 : a. Nach

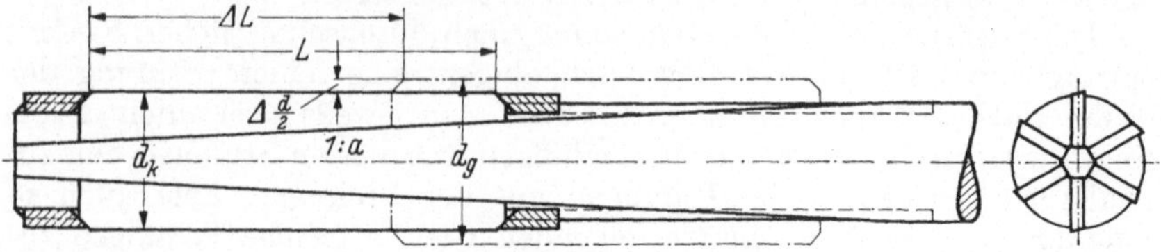

Bild 478/1. Verstellbare Reibahle.

einer Verschiebung um ΔL wächst der Durchmesser um Δd, und es ist $\frac{a \cdot \Delta d}{2} = \Delta L$, worin $\Delta d = d_g - d_k$ (d_g Größtdurchmesser, d_k Kleinstdurchmesser eines Verstellbereiches). Es ist nun zu entscheiden, ob die Bereiche sich gegenseitig überlappen sollen oder nicht. An sich ist eine Überlappung nicht notwendig. Bei den Reibahlen muß sie indes doch vorgesehen werden, damit die Messer auch noch nach mehrmaligem Nachschliff einen Verstellbereich aufweisen, bei dem die Verstellbereiche aneinander anschließen. d_k werde nach der Reihe R 20 (10 ··· 35,5) gestuft. Der anschließende Verstellbereich sei 1,12, die Überlappung 1,06, der Gesamtverstellbereich damit $1{,}12 \cdot 1{,}06 = 1{,}18$. Demnach lautet die Reihe für d_g R 40/2 (11,8 ··· 42,5). a soll aus Fertigungsgründen für die ganze Reihe gleich sein, z. B. = 20. Dann ist gemäß obiger Gleichung $\Delta L = 10 \cdot \Delta d$. Damit lassen sich die Hauptmaße für die Gestaltung gemäß Zahlentafel 478 festlegen. Δd bildet gemäß Abschnitt 37 eine geometrische Reihe, allerdings nicht eine solche von Normungszahlen, siehe Zeile 3. Sie entspricht indes angenähert der Reihe R 20 (Zeile 4). Demnach ergibt sich ΔL als Zehnfaches, also wiederum als Reihe R 20. Der Verlauf von L muß zwar dem von ΔL entsprechen, ist aber nicht ganz eng an ihn gebunden, L steigt langsamer von 36—100 mm. Die Durcharbeitung auf NZ-Papier, Bild 478/2, zeigt zu den drei parallelen Linien für d_k, d_g, ΔL den Verlauf von L, der gemäß Bild 261/5 Zwischenstufen aufweist.

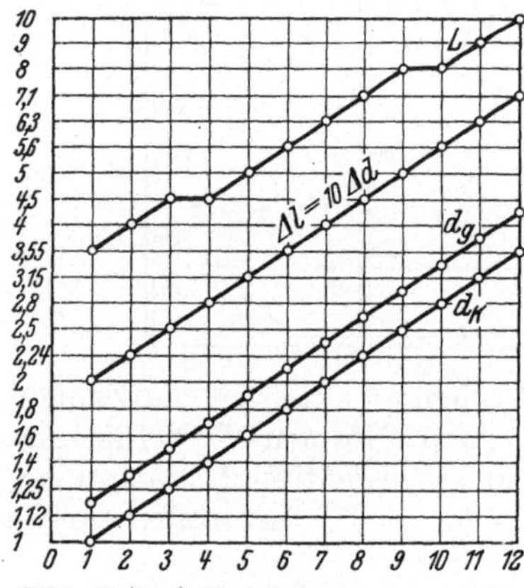

Bild 478/2. Größenstufung von verstellbaren Reibahlen.

Zahlentafel 478. Größenstufung von verstellbaren Reibahlen.

Spalte			Nr. der Reibahle											
			1	2	3	4	5	6	7	8	9	10	11	12
1	d_k		10	11,2	12,5	14	16	18	20	22,4	25	28	31,5	35,5
2	d_g		11,8	13,2	15	17	19	21,2	23,6	26,5	30	33,5	37,5	42,5
3	Δd	genau	1,8	2	2,5	3	3	3,2	3,6	4,1	5	5,5	6	7
4		$\sim NZ$	2	2,24	2,5	2,8	3,15	3,55	4	4,5	5	5,6	6,3	7,1
5	$1 : a$		1 : 20	1 : 20	1 : 20	1 : 20	1 : 20	1 : 20	1 : 20	1 : 20	1 : 20	1 : 20	1 : 20	1 : 20
6	ΔL		20	22,4	25	28	31,5	35,5	40	45	50	56	63	71
7	L		36	40	45	45	50	56	63	70	80	80	90	100

5. Verschiedene Anwendungen.

Die bisherigen Abschnitte haben bereits eine große Mannigfaltigkeit der nützlichen Anwendung der Normungszahlen gezeigt, ihre Reihe könnte noch weiter fortgesetzt werden, jedoch vermutlich ohne daß methodisch wesentlich neue Arten der Anwendung dabei auftreten. Wenn trotzdem in diesem Abschnitt noch einige wenige Beispiele folgen, so nur deshalb, um noch einige Schlaglichter auf bisher nicht berührte Gebiete zu werfen und um auch jene zu überzeugen, die so gern mit der Erklärung bei der Hand sind, daß gewisse fortschrittliche Dinge für alle anderen Gebiete mit Ausnahme ihres eigenen nützlich seien.

51 Papiergrößen und Schriften.

In der Druck- und Zeichentechnik finden wir ein weites Gebiet für die Anwendung geometrisch gestufter Größen, für deren Bewältigung sich die Normungszahlen als brauchbar erweisen.

Bei den bedruckten Papierblättern haben wir die lange Reihe von der Briefmarke bis zum großen Plakat, dazu die Vordrucke von der kleinen Merkkarte bis zur großen Zeichnung. Dementsprechend sind die Schriften nach Größe und Strichdicke weit verschieden; da sie unmittelbar den Gesichtssinn anregen, so gilt für sie im besonderen das WEBER-FECHNERsche Gesetz. Mit der geometrischen Stufung ergeben sich bald aus photographischen oder drucktechnischen Verkleinerungen, bald aus Vergrößerungen durch Bildwurf Formate der gleichen Reihe.

511 Papiergrößen — DIN 476.

Die Papiergrößen für zu beschreibende und zu bedruckende Blätter sind nach dem Grundsatz genormt (Schr. 54):

Jede Größe hat die doppelte Fläche der vorhergehenden und soll ihr geometrisch ähnlich sein.

Somit ist nach Bild 511/1, wenn a und $k \cdot a$ die Seitenlängen sind:

$$\frac{2a}{k \cdot a} = \frac{k \cdot a}{a}$$

$$k = \sqrt{2} = 1{,}4 = q^6 \left(q = \sqrt[40]{10} \approx \sqrt[12]{2} = 1{,}06\right)$$

Geht man von der weiteren Forderung (für die Formatreihe A) aus, daß die Grundgröße

$$a \cdot ka = 1\ \text{m}^2$$

sein soll, so erhält man aus

$$q^6 \cdot a^2 = 1$$

$$a = q^{-3} = 0{,}841\ \text{m} = 841\ \text{mm}$$

Die hieraus entwickelte Reihe ist die in DIN 476 genormte Reihe *A* der Seitenlängen; sie bildet die Normungszahlenreihe

$$R\,40/6\ (\cdots 841 \cdots)\ [\text{mm}]$$

mit dem Stufensprung $\varphi_N = q^6 = \sqrt{2}$

Hierbei werden ausnahmsweise genauere Werte als die Hauptwerte, z. B. 850, eingesetzt, und zwar, weil es bei den Papiergrößen wegen der Halbierungsschnitte auf 1 mm ankommt. Wir haben hier also im Sinne des Abschnitts 24 eine besondere Art der Abwandlung der Normungszahlen vor uns und können so die Formatmaße als eine weitere umfassende und weithin ordnende Anwendung der Normungszahlen verzeichnen. Ebenso erhält man ohne weiteres die anderen Formatreihen.

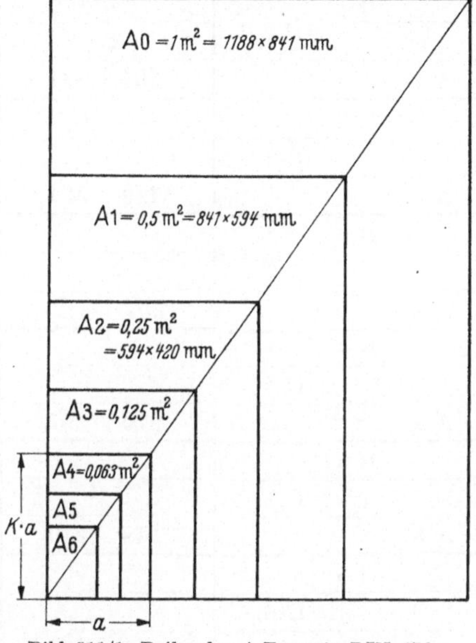

Bild 511/1. Reihe der A-Formate DIN 476.

Formatreihe B: ausgehend von $a = 1\ \text{m} = 1000\ \text{mm}$

$$R\,\frac{20}{3}\ (\cdots 1000 \cdots)$$

Das Verhältnis ihrer Seitenlängen zu denen der Formatreihe A ist $\frac{1000}{841} = q^3$; ihre Seitenlängen bilden also die geometrischen Mittelwerte zu denen der Reihe A. Sie werden als Hüllgrößen verwendet und haben je um $(q^3 - 1) \cdot 100\% = 18\%$ längere Seiten als die A-Formate. Für Fälle, in denen dieser Unterschied zu groß sein sollte, ist die Formatreihe C als geometrische Zwischenstufe zwischen A und B vorgesehen.

Ihre Seitenlängen verhalten sich zu denen der Formatreihe A wie

$$\sqrt{q^3} : 1 = q^{1,5} : 1 = 1,09 : 1$$

Mit diesem Stufensprung greift man auf Glieder der Reihe R 80 zurück, für die hier ein seltenes Beispiel vorliegt, allerdings in der Abwandlung auf Millimetermaße.

Die Flächengrößen und damit die Gewichte jeder Formatreihe, bilden eine Verdoppelungsreihe, und zwar:

$$a \cdot ka,\quad ka \cdot k^2a,\quad k^2a \cdot k^3a$$

mit dem Stufensprung $k^2 = 2$.

Zahlentafel 511/1.

DIN-Formate, *A*-Reihe, mit Zusatzreihen *B* und *C* (nach DIN 476).

Formatbezeichnung	A-Reihe	*Zusatzreihen* B	C
B 0		1000 × 1414	
C 0			917 × 1297
A 0	**841 × 1189**		
B 1		707 × 1000	
C 1			648 × 917
A 1	**594 × 841**		
B 2		500 × 707	
C 2			458 × 648
A 2	**420 × 594**		
B 3		353 × 500	
C 3			324 × 458
A 3	**297 × 420**		
B 4		250 × 353	
C 4			229 × 324
A 4	**210 × 297**		
B 5		176 × 250	
C 5			162 × 229
A 5	**148 × 210**		
B 6		125 × 176	
C 6			114 × 162
A 6	**105 × 148**		
B 7		88 × 125	
C 7			81 × 114
A 7	**74 × 105**		
B 8		62 × 88	
C 8			57 × 81
A 8	**52 × 74**		
B 9		44 × 62	
A 9	**37 × 52**		
B 10		31 × 44	
A 10	**26 × 37**		

Die Reihen sind:

$$\text{Flächenformatreihe A (DIN 476) R}\,\frac{10}{3}\,(\cdots 1 \cdots)\ \text{m}^2$$

$$\text{,, \quad B (DIN 476) R}\,\frac{20}{6}\,(\cdots 0{,}71 \cdots)\ \text{m}^2$$

$$\text{,, \quad C (DIN 476) R}\,\frac{40}{12}\,(\cdots 0{,}85 \cdots)\ \text{m}^2$$

Stuft man nun die Einheitsgewichte[1] (g/m²) der Papiere ebenfalls nach Normungszahlen, so wird das Gewicht jeder Größe wieder eine Normungszahl. Diese Gewichtsstufung hätte den großen Vorteil, daß man es wieder nur mit wenigen Zahlenwerten zu tun hat. Beim Empfang von fertig geschnittenen Formaten würde man durch Wägung von z. B. 16 Blättern A 4 ($2^4 = 16$ Blätter ergeben 1 m²) feststellen, ob das Papier das gewünschte Einheitsgewicht hat. Bei Abweichungen würde man die nächstliegende Normungszahl greifen und so die Papiere für den Gebrauch zweckmäßig einstufen. Da die Hüllformate wieder die Grundlagen der Ablagemöbel sind, so liegt hier eine weitgreifende Anwendungsmöglichkeit der Normungszahlen vor, die am besten durch das von PORSTMANN (Schr. 54) stammende Bild 511/2 angedeutet wird. So steht das ganze Gefolge der Normformate, Zeichengeräte, Vervielfältigungsgeräte, Büromöbel usw. auf der Grundlage der Normungszahlen.

512 Schriften.

Damit das Auge verschieden große Schriften als merklich verschieden wahrnimmt, stuft man, wie schon in Abschnitt 13 angedeutet, die Schrifthöhen, entsprechend dem WEBER-FECHNERschen Gesetz geometrisch. Dies gilt sowohl für Druckbuchstaben, für die vor rund 150 Jahren Normen in Frankreich mit den heute noch gebräuchlichen Bezeichnungen gemäß Zahlentafel 512/1 festgelegt wurden, wie auch für neuere Schriften, wie etwa die gezeichneten. Bei den Druckbuchstaben hängen gemäß Bild 512/1 drei Größen zusammen, nämlich die Buchstabenhöhe h, die Höhe der Letter, genannt typographischer Kegel $= k$, und der Zeilenabstand a. Meist ist $a = k$.

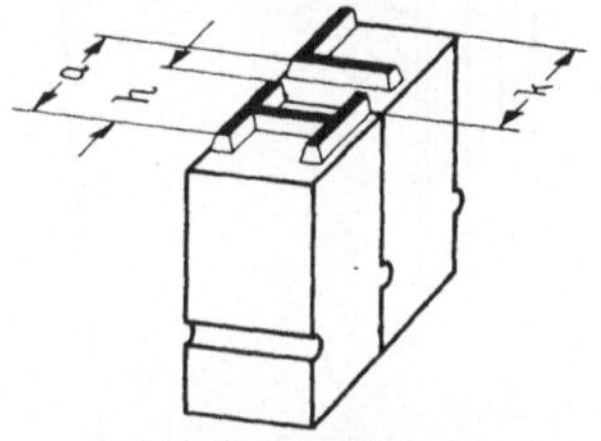

Bild 512/1. Drucktypen.

Die typographischen Kegel werden seit dem Jahre 1805 bis auf den heutigen Tag mit der Maßeinheit 1 Punkt = 0,376 mm gemessen.

[1] Hierbei wären wieder die Toleranzen der Einheitsgewichte auf die Genauwerte zu beziehen (siehe Abschnitt 236.)

Bild 511/2. Das Normformat und sein Gefolge.

In Zahlentafel 512/1 sind in Spalte 2 die Maße für $k = a$ in Punkten angegeben, in Spalte 3 die gleichen Werte in mm. Zahlentafel 512/2 zeigt einen Drucksatz in den verschiedenen Schriftgrößen. Die in senkrechter

Zahlentafel 512/1. Bezeichnungen für Druckbuchstaben.

Wortbezeichnung	„Kegel" k = Zeilenabstand a		Entsprechender NZ-Hauptwert	Schrifthöhe h
	Punkte	mm	mm	mm
Diamant . . .	4	1,5	1,5	1
Perl	5	1,9	1,9	1,2
Nonpareille .	6	2,3	2,36	1,6
Petit	8	3	3,0	2
Korpus . . .	10	3,8	3,75	2,5
Cicero	12	4,5	4,75	3
Reihe			$R\frac{40}{4}(1{,}5\cdots)$	$R_a\,10\,(1\cdots)$

Schrift gedruckten Schriftgrößen bilden, wie man sieht, eine gruppengeometrische Reihe, nämlich:

$$R_{gg}\left|\begin{matrix}4 & 5 & 6\\ 8\ldots\ldots\end{matrix}\right|$$

die mit der schon bekannten Reihe:

$$R_{gg}\left|\begin{matrix}3 & 4 & 5\\ 6\ldots\ldots\end{matrix}\right|$$

bis auf das fehlende Glied 3 übereinstimmt.

Da die Umrechnungszahl von Kegel in mm sehr nahe der Normungszahl 0,375 liegt, so sind auch die Maße in mm solche, die den Hauptwerten der Normungszahlen Spalte 4 naheliegen. Das Verhältnis

Zahlentafel 512/2. Auszug aus den genormten Schriftgraden nach dem typographischen Maßsystem.

Typographische Punkte	Schriftprobe	Benennung
4	Genormte Schriftzüge nach dem typographischen M	Halbpetit oder Diamant
5	Genormte Schriftzüge nach dem typographische	Perl
6	Genormte Schriftzüge nach dem typograph	Nonpareille
8	Genormte Schriftzüge nach dem	Petit
10	Genormte Schriftzüge nach	Korpus oder Garmond
12	Genormte Schriftzüge n	Cicero

zwischen Schrifthöhe und Kegel ist ein festes, so daß sich für die Schrifthöhe h gemäß Spalte 5 ebenfalls Normungszahlen (Rundwerte) ergeben. Wir finden überall den Stufensprung $q^4 = 1{,}25$. Da die Empfindsamkeit des Auges genügt, um noch feinere Stufen zu unterscheiden, so ist es nicht verwunderlich, daß in der Mitte der Zahlentafel, also an einer Stelle großer Häufigkeit, schon in der alten französischen Reihe Zwischenstufen eingefügt wurden, so die Kegel 7 und 9, so daß an dieser Stelle der Stufensprung durchschnittlich auf 1,12 verringert wurde. Dieser erscheint auch für die größeren Schriften angebracht, ist allerdings in der Norm DIN 16522 von 1930 noch nicht verwirklicht.

Für Normschriften nach DIN 1451 bilden die Schriftgrößen genau die Reihe R_a 10, von der kleinen Diamantschrift bis zur Plakatschrift mit Buchstaben von 800 mm Höhe. Einen Auszug aus der Norm bringt Zahlentafel 512/3.

Natürlich ist es, daß auch die Schriftdicken mit den Buchstabenhöhen verhältnisgleich wachsen. Für alle Herstellarten außer dem Druck mit Drucktypen ist die Strichdicke der fetten Schriften etwa $h/7$ und kann also wiederum durch eine Normungszahl ausgedrückt werden, was allerdings in DIN 1451 versäumt wurde.

Zahlentafel 512/3. Abmessungen der Normschrift.
Auszug aus DIN 1451, Seite 3. Für alle Herstellarten außer mit Drucktypen gedruckt.

Schriftgrößen (Vorzugsnennwerte) h mm	Abmessungen (Richtwerte) mm							
	f[1] $\approx {}^5/_7 h$	z[1] $\approx {}^2/_7 h$	mittlere Strichdicken			fette Strichdicken $c \approx {}^1/_7 h$		
			Engschrift	Mittelschrift	Breitschrift	Fette Engschrift	Fette Mittelschrift	Fette Breitschrift
4	2,9	1,2	0,35	0,45	0,55	0,55	0,55	
5	3,6	1,4	0,45	0,55	0,7	0,7	0,7	
6	4,3	1,7	0,55	0,7	0,9	0,9	0,9	
8	5,7	2,3	0,7	0,9	1,1	1,1	1,1	
10	7	2,9	0,9	1,1	1,4	1,4	1,4	
12	8,6	3,3	1,1	1,4	1,7	1,8	1,8	1,8
16	11,4	4,6	1,4	1,7	2,1	2,3	2,3	2,3

[1] f und z: Abmessungen der Buchstaben (siehe DIN 1451).

Außerdem braucht man für jede Schriftgröße je nach der Enge des Satzes eine ganze Reihe von Strichdicken, z. B. folgende:

Zahlentafel 512/4 Strichdicken für Drucktypen nach DIN 1451.

Schrifthöhe mm	Mittlere Strichdicken in mm		Fette Strichdicken in mm		
	Eng-schrift	Mittel-schrift	Breit-schrift Fette Eng-schrift	Fette Mittel-schrift	Fette Breit-schrift
4	0,35	0,45	0,55	0,7	0,9
6	0,45	0,55	0,9	1,1	1,4
10	0,9	1,1	1,4	1,7	2,1
16	1,4	1,7	2,1	2,6	3,3
25	2,1	2,6	3,3	4	5

Wenngleich hierbei die Normungszahlen nicht unmittelbar Pate gestanden haben, so sieht man doch aus der Darstellung auf NZ-Papier (Bild 512/2), daß es sich um einwandfreie geometrische Zahlenreihen mit dem durchschnittlichen Stufensprung 1,25 handelt. Auch dies ist uns ein Beweis dafür, wie sich dieser Stufensprung dem menschlichen Wahrnehmungssinn gegenüber bewährt. Daß sich für Zeichnungen nach dieser Norm ohne weiteres Schriftschablonen und die Strichstärken für Zeichengeräte ergeben, liegt auf der Hand. Die Federn des Pelikan-Graphos weisen z. B. die folgenden Breiten auf:

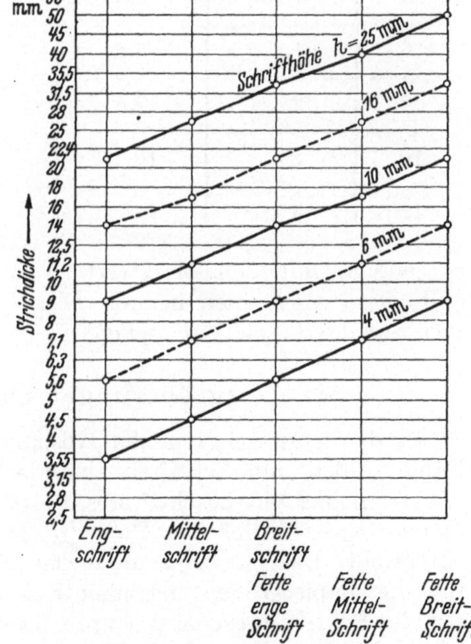

Bild 512/2. Strichdicken für Druckbuchstaben mittel bis fett und Eng- bis Breitschrift.

Schräge Federn für Bandzüge

R 10/2 (0,8 ··· 5) mm

Ziehfedern für feine Linien

R 10 (0,1 ··· 0,6) mm

Linienfedern für breite Linien

R 10 (0,8 ··· 10) mm

Die Strichdicken für Zeichenschrift nach DIN 16 und damit die Schriftschablonen und zugehörigen Röhrchenfedern folgen mit $h/7$ der Reihe R_a 20/2 (0,28 ··· 3,55), haben also auch den Stufensprung 1,25.

513 Skalenteilungen.

Was für die Schriften gilt, findet sinngemäß auch für die Teilungen von Skalen an anzeigenden Geräten Anwendung, sei es im Kesselhaus oder im Feinmeßraum oder im Laboratorium. Man hat gut daran getan, sie in DIN 1451 mit den Sichtweiten zu koppeln. Sie sind von etwa 5 m Sichtweite ab gleich dem tausendsten Teil der Sichtweiten. Ein Auszug samt zugehörigen Strichdicken gibt Zahlentafel 513/1. Auch hierbei sind nur Normungszahlen angewandt, während in der DIN-Norm für die kleineren Sichtweiten unter 0,5 m kleinere Werte angegeben sind.

Zahlentafel 513/1.
Teilung, Strichdicke und Sichtweite nach DIN 1451.

Teilung t [mm]	Strichdicke $= \frac{1}{4} t$ [mm]	Sichtweite nach DIN 1451 [m]	Merkwerte für die Sichtweite in NZ nach R_a 10 [m]
5	1,25	4,5	5
6	1,6	5,5	6
8	2	7,5	8
10	2,5	10	10
12	3	12	12

Selbstverständlich sind für die kleineren Sichtweiten die physiologischen Bedingungen zu berücksichtigen. Für die Betriebsplanung genügt es jedoch, mit den Merkwerten nach Normungszahlen zu rechnen und diese auch hier in den Dienst der zweckmäßigen Größenwahl von Strichteilungen zu stellen.

514 Vergrößerungen und Verkleinerungen.

In den vorausgegangenen Abschnitten haben wir festgestellt, daß Papiergrößen und Schriften einander ähnlich sind. Man sollte daher erwarten, daß ein beschriftetes Blatt nach Vergrößerungen oder Verkleinerungen hinsichtlich Papiergröße *und* Schrift wieder Normgrößen entspricht. Das ist indes nicht der Fall, weil merkwürdigerweise der für die Papiergrößen mathematisch festliegende Stufensprung nicht auf die Schrift übertragen wurde. Das dürfte indes nicht nur in deren geschichtlichen Entstehung begründet sein, sondern auch darin, daß man Schriftgrößen unabhängig von der Papiergröße beurteilt, weil ja ein und derselben Papiergröße stets eine Reihe verschiedener Schriftgrößen zugeordnet sein kann. Immerhin liegt hier eine Störung im System vor.

Praktisch spielen die Verkleinerungen beim Druck eine bedeutsame Rolle. So mancher Werbesatz wird bald ganzseitig, bald viertelseitig benutzt. Da die Formate sich ähnlich sind, so kann ein solcher Satz ohne weiteres photographisch verkleinert werden. Umgekehrt ergeben sich ähnliche Vergrößerungen der Schriftsätze beim Bildwurf von Glasbildern. Damit entsteht ein Zusammenhang zu deren Sichtweiten. Das Auge nimmt bekanntlich nicht eine Länge an sich, sondern die sich ihm darbietende Winkelgröße wahr.

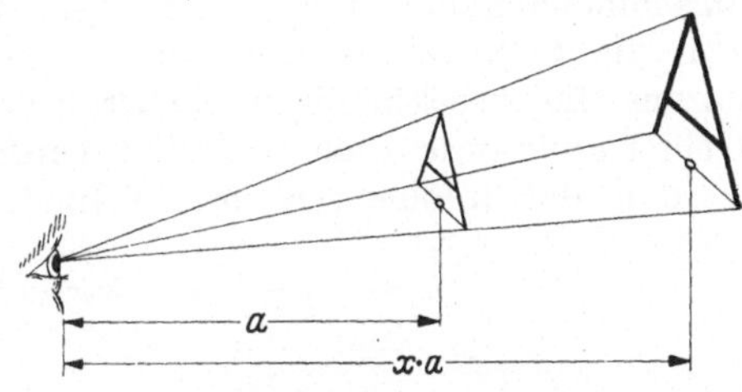

Bild 514/1. Buchstabengröße und ihre Beziehungen zur Sichtweite und zum Sehwinkel.

Wenn wir also gemäß Bild 514/1 in der Sichtweite a einen Buchstaben deutlich wahrnehmen, so erwarten wir für eine Sichtweite $x \cdot a$, daß der Buchstabe unter demselben Winkel eine entsprechend vergrößerte Höhe und Strichstärke hat. Somit ergibt sich, daß man für die Aufstellung von Bildwurfgeräten und zugehörigen Projektionswänden Reihen wählt, die sich der Schriftstufung anpassen. Also z. B. die Reihe R 10 (5 ···) m.

Zahlentafel 514/1.
Sichtweiten nach Normungszahlen (R_a 10).

Schrifthöhe	Sichtweiten in m		
	Engschrift	Mittelschrift	Breitschrift
20	5,6	7	9
25	7	9	11
32	9	11	14
40	11	14	18
50	14	18	22

Die Reihe der Sichtweiten ist außerdem naturgemäß der Enge der Schrift anzupassen. Wenn wir hierzu die Zahlentafel 512/3 vergleichen, so finden wir, daß die Strichdicken verschieden weiter Schriften mit dem Stufensprung 1,25 gestuft sind. Um auf das Auge denselben Stricheindruck zu machen, ergibt sich daraus, daß man die Sichtweiten bei gleicher Schrifthöhe in der Reihe Engschrift — Mittelschrift — Breitschrift ebenfalls um 1,25 stuft. In DIN 1451 ist dies sinngemäß geschehen, wenngleich die Normungszahlen hierfür nicht unmittelbar angewandt wurden.

Immerhin zeigt die folgende Zahlentafel 514/1 „Sichtweiten", in einem Ausschnitt die zugehörigen Möglichkeiten. Damit gewinnen wir gemäß Bild 514/2 den Zusammenhang zwischen der Buchstabengröße auf dem Lichtbild, der optischen Vergrößerung, der Wurfweite, der Sichtweite und der Schrifthöhe des projizierten Buchstabens. Bei den Sichtweiten ist durchaus nicht nur an Lichtbildvorträge, Ausstellungen, Werbungen usw. zu denken, sondern auch an die Arbeitsstätten, in denen vom Arbeitsplatz aus Tafeln, Sicherheitsvorschriften, Wegweiser, Maschinenangaben u. dgl. mehr gelesen werden müssen. Dabei lassen sich die Sichtweiten leicht in die genannten Reihen einordnen und daraus die zweckmäßigen Buchstabenhöhen errechnen. Da auf diesem Gebiet außerordentlich gesündigt wurde, darf die Hoffnung ausgedrückt werden, daß infolge der ausgezeichneten leichten Handhabung sich die

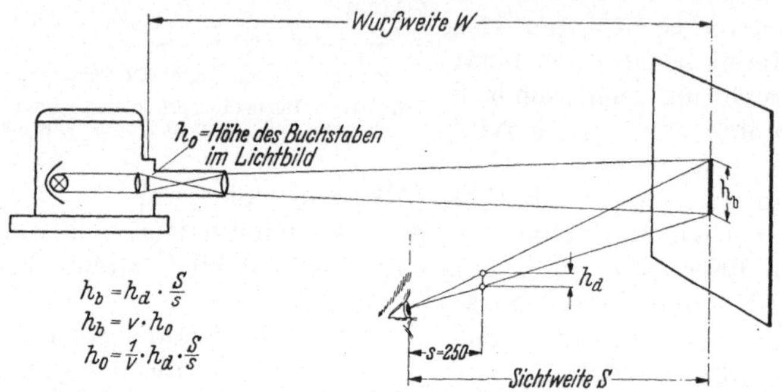

Bild 514/2. Beziehungen zwischen Sichtweite und Buchstabenhöhe bei Bildwerfern.

Betriebsingenieure auch dieser Frage der Normungszahlen mit Erfolg annehmen werden.

So ergeben die Normungszahlen für beschriftete Flächen ein in sich geschlossenes Zahlensystem, das mit den verhältnismäßig wenigen Normungszahlen vollständig beherrscht werden kann und auch für jene Größen gilt, die noch in keiner Norm stehen.

Wer sie kennt oder die Zahlentafel 221/1 (DIN 323) zur Hand hat, der besitzt, ohne zu rechnen, mit den folgenden paar Reihenformeln sämtliche Zahlenwerte.

Zahlentafel 514/2. Reihen im Beschriftungswesen.

Papiergrößen: Reihe A	$R\frac{40}{6}$ (··· 841 ···) m
Schrifthöhen	R 10
Strichstärken (Schreibfedern)	R 10
Zeilenabstände.	R 10
Strichteilungen	R 10
Sichtweiten	R 10

52 Wickelrollen.

Für das Aufwickeln von Papier in Papierbearbeitungsmaschinen hat STRAHRINGER (Schr. 66 u. 67) die Anwendung von Normungszahlen gezeigt. Ähnliche Überlegungen gelten für das Aufwickeln anderer bandartiger Streifen, wie Bleche, Filme, Tuche, so daß auch hier wieder sofort ein breites Anwendungsgebiet sichtbar wird. Bei den Papieren legt STRAHRINGER die Reihe R 40 für die Einheitsgewichte (g/m²), für die Dicken und somit auch für die Wichten (kg/m³) zugrunde. Er bestätigt damit unsere Überlegung in Abschnitt 511. Außerdem stuft er auch die Breiten nach Normungszahlen.

Bei der feinen Stufung nach R 40 kann dabei trotz aller Mannigfaltigkeit jeder Wunsch der Besteller erfüllt werden. Damit ergibt sich die schon in Abschnitt 2 aufgezeigte bequeme Berechnung der Rollengewichte G

$$G = \pi \frac{D^2}{4} \cdot B \cdot \gamma \tag{1}$$

und der Papierbahnlängen

$$L = \pi \frac{D^2}{4} \cdot \frac{1000}{s} \tag{2}$$

(D, L in [m], s in [mm])

Daß für die Produkte nach den gegebenen Voraussetzungen nur Normungszahlen herauskommen, ist selbstverständlich. Wie geschickt die Gebrauchstafeln für den Betrieb angewandt werden, zeigt das folgende Beispiel von STRAHRINGER (Zahlentafel 52/1). Dort sind die Rollengewichte in Abhängigkeit von der Rollenbreite und dem Rollendurchmesser aufgetragen. Da die Produkte von Normungszahlen wieder Normungszahlen sind, so sind auch im Ergebnisfeld nur Normungszahlen zu finden.

Wenn nun für verschiedene Wichten, z. B.

$$850 \qquad 900 \qquad 950 \cdots$$

die Gewichte ausgerechnet werden, die wegen der feinen Breitenstufung nach R 40 selbst nur um den Stufensprung 1,06 wachsen, so ist es selbstverständlich, daß bei einer Wichte, die 1,06 größer ist, dieselben Zahlen, jedoch um eine Stelle versetzt, auftauchen. Damit wird es möglich, dasselbe Zahlenfeld auch für die anderen Wichten zu benutzen, sofern man nur die zugehörige Breitenreihe im Kopf der Zahlentafel um eine Stelle versetzt. So schreibt STRAHRINGER im Kopf der Zahlentafel für die Breite nicht nur eine Reihe, wie es sonst allgemein bei Zahlentafeln üblich ist, sondern mehrere Reihen untereinander, die den entsprechenden Wichten und den Rollengewichten zugeordnet

Zahlentafel 52/1.

Das Rollengewicht G, abhängig vom Rollendurchmesser D, von der Rollenbreite B und der Rollenwichte γ.

Rollengewicht kg							
		bei Rollenbreite B m					
bei γ kg/m³	850	0,9	0,95	1,0	1,06	1,12	1,18
	900	0,85	0,9	0,95	1,0	1,06	1,12
	950	0,8	0,85	0,9	0,95	1,0	1,06
	1000	0,75	0,8	0,85	0,9	0,95	**1,0**
D m	0,63	236	250	265	280	300	315
	0,71	300	315	335	355	375	400
	0,8	375	400	425	450	475	500
	0,9	475	500	530	560	600	**630**
	1,0	600	630	670	710	**750**	**800**

werden. Auch diese so einfache Aufstellung von Zahlentafeln mit vier Veränderlichen wird durch die Normungszahlen überaus erleichtert.

Für diese Maschinen spielt, wie für jede andere Arbeitsmaschine, die Arbeitszeit für das Wickeln eine Rolle. So zeigt sich hier eine Parallele zu der Vorrechnung von Maschinenzeiten an spanenden Werkzeugmaschinen (siehe Abschnitt 461). Auch von dieser bequemen Möglichkeit hat STRAHRINGER Gebrauch gemacht. Dabei hat er die oben aufgezeigte Eigenart der Normungszahlenfelder dazu benutzt, um mit einer einzigen Zahlentafel die Zeiten für verschiedene Papierstärken zu erfassen. In Zahlentafel 52/2 sehen wir die Laufzeiten mit wachsender Umdrehungszahl mit dem Faktor 0,9 sinken. Wir befinden uns damit in der Reihe R 20. Die Formel für die Laufzeit lautet:

(T in min, n in U/min, L in m, s in mm).

$$T = \frac{10}{n}\sqrt{\frac{10\,L}{\pi \cdot s}} \tag{3}$$

Da hierin die Papierdicke s unter der Wurzel steht, so muß also $\sqrt{s}$ in der Zahlentafel auch nach der Reihe R 20, s selbst also nach der Reihe R 10 gestuft sein; wiederum führt dann die Berechnung

Zahlentafel 52/2.

Die Laufzeit T bei Achsenwicklung, abhängig von der Papierbahnlänge L, der Rollendrehzahl n und der Papierstärke s.

bei Laufzeit T min						
		bei n U/min				
bei s mm	0,1	71	80	90	100	112
	0,125	63	71	80	90	100
	0,16	56	63	71	80	90
L m	2500	40	35,5	31,5	28	25
	2800	42,5	37,5	33,5	30	26,5
	3150	45	40	35,5	31,5	28
	3550	47,5	42,5	37,5	33,5	30

auf dieselben Zahlenwerte in den Spalten, wenn man für jede Stufe von s die Kopfreihen der Umdrehungen um einen Schritt seitlich versetzt.

Unsere theoretischen Überlegungen über die Raschheit der Aufstellung einer solchen Zahlentafel (vgl. Abschnitt 238) bestätigt STRAHRINGER, indem er auf folgende Aufstellung dieser Zahlentafel hinweist. Für Zahlentafel 52/1 ist z. B. nur eine Rechnung erforderlich.

STRAHRINGER schreibt zunächst die Reihe der Breiten mit dem Stufensprung 1,06 in waagerechter Richtung und die Reihe der Durchmesser mit dem Stufensprung 1,12 in senkrechter Richtung hin. Sodann berechnet er das Gewicht für einen beliebigen Wert, z. B. für

$$B = 1 \text{ m}, \; D = 1 \text{ m}, \; \gamma = 1000 \text{ kg/m}^3$$

und erhält den Wert 800 kg (rechter unterer Eckwert).

Sodann rechnet er das Gewicht für den nächst kleineren Durchmesser 0,9 m aus und erhält den Wert 630 kg. Somit ist in der Zahlentafel der Gewichte der senkrechte Stufensprung 1,25. Das Gewicht für die nächst kleinere Breite braucht nicht errechnet zu werden. Es ist 750 kg, weil der Stufensprung für $B = 1{,}06$ ist. Durch Fortsetzung der Reihen in waagerechter und senkrechter Richtung können alle weiteren Gewichte hingeschrieben werden. Es brauchen nur noch im Kopf die den einzelnen Wichten entsprechenden Breiten eingetragen zu werden.

Da beide den gleichen Stufensprung haben, sind die folgenden Breitenreihen je um ein Glied der Reihe verschoben. Für das gleiche Gewicht entspricht der kleineren Wichte die größere Breite. Somit entsprechen der Reihe für

	$\gamma =$ 1000	950	900	850 [kg/m³]	in der letzten Spalte
die Breiten	= 1,0	1,06	1,12	1,18 [m]	

Die Rollengewichte fallen vom Eckwert 800 kg mit der Breite nach R 40 und mit dem Quadrat des Durchmessers R 40/4.

Der Vollständigkeit halber sei erwähnt, daß bei dieser Berechnung Feinheiten, die unterhalb des Stufensprunges 1,06 liegen, vernachlässigt sind. So spielt z. B. die Wickelhärte eine Rolle. Diese müßte durch Versuch bestimmt werden. Wo eine größere Genauigkeit als $\pm 3\%$ verlangt ist, kann trotzdem mit Normungszahlen gerechnet werden und nachher der Prozentsatz der Abweichung vom Endergebnis abgezogen oder zugezählt werden. Der Einfluß des Rollenkernes, der in der Formel (1) vernachlässigt ist, kann ohne Schwierigkeiten berücksichtigt werden, sobald er bekannt ist.

53 Querschnitte von Verkehrskanälen.

Unter der Lupe unserer grundsätzlichen normtechnischen Betrachtung erscheinen bisweilen Dinge, die man sonst nicht unter einem gemeinsamen Gesichtspunkt zu sehen pflegt. Wir finden in den Normen die Streckenquerschnitte von Gruben im Bergbau und von Aufzügen in Gebäuden nach Normungszahlen gestuft.

Für die ersteren ist die Reihe R 10 (5 ··· 12,5) + R 20 (12,5 ··· 20) gewählt. Danach werden in Zukunft auch die Streckenquerschnitte benannt. Zum Beispiel R 8[1] hat einen runden Querschnitt von etwa 8 m². Diese Größe ist zwar nicht das genaue Ergebnis der einzelnen Abmessungen des Querschnitts, ihre technische Genauigkeit genügt aber für die meisten Maßnahmen, die auf Grund der Querschnittgröße zu treffen sind. Selbstverständlich ist dieselbe Reihe verschiedenen Ausbauformen zugrunde gelegt, wie dem Bogenausbau und dem Gelenkausbau. Für alle haben sich die Normungszahlen als die geeignete Grundlage gezeigt. Beim Ringausbau Bild 53/1 ist der Zusammenhang zwischen Querschnittdurchmesser und Höhe so einfach, daß sich dafür durchweg Normungszahlen ergeben (Tafel 53/1).

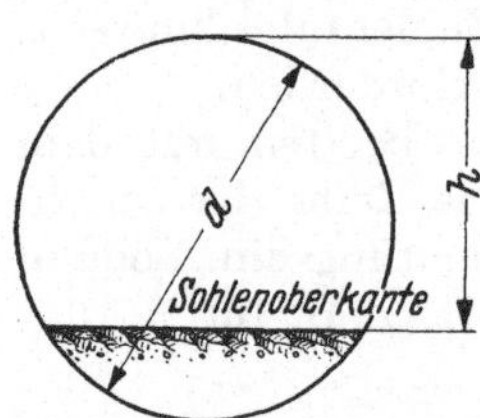

Bild 53/1. Grubenausbauformen im Bergbau. Ringausbau Entwurf DIN 21531 Blatt 4.

Bei Aufzügen zeigt sich nach einem Normentwurf von 1948 (DIN 15001) die Reihe R 10 (1 ··· 1,6) + R 5 (1,6 ··· 25) für die Fahrkorbgrundfläche in m² als brauchbar. Aus dem Stufensprung der

[1] *R* 8 bedeutet Ringausbau und ist hier nicht etwa mit dem Kurzzeichen R für Reihe zu vertauschen.

Zahlentafel 53/1.
Abmessungen des Ringausbaus von Gruben im Bergbau (Entwurf DIN 21 531, Blatt 4).

Kurzzeichen (R=Ringausbau)	R 5	R 6	R 8	R 10	R 12	(R 14)	R 16
Querschnitt m²	5	6,3	8	10	12,5	14	16
d	2800	3150	3550	4000	4500	4750	5000
h	2120	2360	2650	3000	3350	3550	3750

zweiten Teilreihe 1,6 schließen wir, daß bei gleichen Seitenverhältnissen die Seiten mit dem Stufensprung $\sqrt{1,6} = 1,25$ wachsen. Dies ist in Bild 53/2 ersichtlich. Wenn nun mit Rücksicht auf die Eigenart bestimmter Bauwerte Zwischengrößen nötig werden, so bedarf es dazu keiner neuen Breiten oder Tiefen des Fahrkorbes. So ist z. B. die Größe 1120 × 1120 mm mit der Fahrkorbgrundfläche 1,25 m³ in Bild 53/2 als Eckpunkt 1,25 erkenntlich. Auch ohne daß weitere solche Kombinationen in der Norm stehen, sind sie aus ihr doch ohne weiteres eindeutig und zwangläufig abzuleiten.

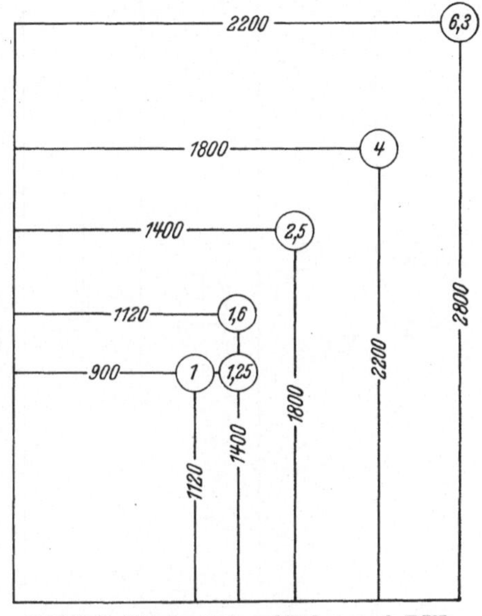

Bild 53/2. Fahrkorb Grundflächen nach DIN-Entwurf 15001 (1948). Die eingekreisten Zahlen bedeuten die Fläche in m².

54 Gesenkschmiedestücke.

In den DIN-Normen 7520 bis 7529 sind technische Richtlinien für die Gestaltung von Gesenkschmiedestücken niedergelegt. Dabei bestand die Aufgabe, verschiedene Maße, wie Mindestdicken, zulässige Versetzungen, Bearbeitungszugaben, Maßtoleranzen, in Abhängigkeit von den Hauptmaßen anzugeben. Methodisch gesehen lag also die Aufgabe vor, die Größenbereiche unabhängiger Hauptmaße zu stufen und den gesuchten Gruppen die abhängigen Werte zuzuordnen. Hierfür wurden die Normungszahlen in mustergültiger Weise angewandt. Zahlentafel 54 möge den Zusammenhang in gedrängter Form zeigen. Auf der linken Seite

Zahlen-

Einheitliche Reihe der unabhängigen

Unabhängige Größen mm					
b oder d	h	b	l	d	NZ
11	12	13	14	15	16
					25—31,5
					31,5—40
					40—50
					50—63
					63—80
					80—100
					100—125
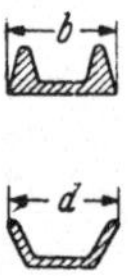	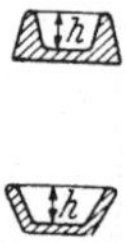	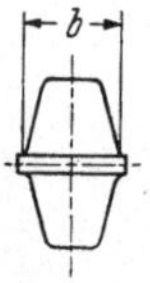	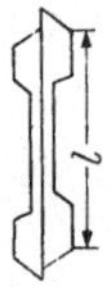		125—160
					160—200
					200—250
					250—315
					315—400
					400—500
					500—630
					630—800
					800—1000
					1000—1600
					1600—2500
DIN 7523 Blatt 2		DIN 7524 Blatt 3		DIN 7527 Blatt 1	$l \gtreqless 3b$ $(3d)$

tafel 54.

Hauptgrößen für Gesenkschmiedestücke.

Kleinste abhängige Größen mm						
Boden-dicke s_1	Wand- oder Rippen-dicke s_2	Breiten-ver-setzung V_1	Längen-ver-setzung V_2	Längen-Grat-Ansatz	Bear-beitungs-zugabe	Toleranz ±
21	22	23	24	25	26	
3	8		0,8	0,8		
		0,5				
5	12		0,8	0,8		
		0,6				
6	20		1,1	1,1	7	2
		0,8				
8	32		1,1	1,1	8	3
		1				
12	50		1,6	1,6	9	
		1,2			10	4
20			1,6	1,6	12	5
		1,6			14	6
30			2,2	2,2	18	8
		2				
			2,2	2,2		
			3	3		
			3	3		
DIN 7523 Blatt 2		bei 400 < l < 630 DIN 7524 Blatt 3			für $H = 63 \cdots 100$ DIN 7527 Blatt 1	

für Normalschmiedestücke

sind die unabhängigen, auf der rechten die von ihnen abhängigen Veränderlichen erfaßt. Den unabhängigen Veränderlichen (Spalte 11 bis 15) ist die gemeinsame Normungszahlenreihe in Spalte 16 zugrunde gelegt. Je nach der im Einzelfalle zweckmäßigen Größe der unabhängigen Gruppen sind verschiedene Stufungen der Normungszahlen benutzt. Das Zahlenskelett aber ist ein einheitliches. Man könnte eine solche Übersicht als Mutternorm für die einzelnen Normen bezeichnen. Wie man sieht, sind für die abhängigen Größen ebenfalls Normungszahlen gewählt. Da je nach den technischen Voraussetzungen das Anwachsen der Abhängigen verschieden ist, so hat man von der Möglichkeit Gebrauch gemacht, im Sinne des Bildes 261/5 mehr oder weniger Glieder in den zu überdeckenden Bereich einzufügen.

Anhang.

Gründe für die Bevorzugung der Zahl 63 vor 64.

Die Zahl 63 entspricht dem Grundsatz möglichst geringer Abweichungen von den Genauwerten wesentlich besser als 64. Dieser Grundsatz ist wesentlich, weil mit den Hauptwerten so gerechnet wird, als ob man die Genauwerte einsetzen würde. Die Zahl 63 wäre nach der genannten Regel jederzeit neu zu bilden, wenn alle Zahlentafeln verschwunden wären.

6,3 entspricht genauer dem Wert $2\,\pi$ als 6,4.

63^2 entspricht genauer dem Wert 4000 als 64^2 (wesentlich für Querschnittberechnungen).

Die Zahl 63 liegt der im „Goldenen Schnitt" festgelegten Verhältniszahl 0,618 näher als 0,64.

64 hätte in der Reihe R 40 die Zahlen 68, 72, 76 im Gefolge. Demgegenüber ergibt 63 eine weniger schöne Einzelstufung, jedoch eine gleichmäßigere Gesamtstufung. Man vergleiche in der Reihe R 40

50 — 53 — 56 — 60 — 64 — 68 — 72 — 76 — 80 — 85

Unterschiede: 3 3 4 4 4 4 4 4 5

gegen

50 — 53 — 56 — 60 — 63 — 67 — 71 — 75 — 80 — 85

Unterschiede: 3 3 4 3 4 4 4 5 5

In der unteren Reihe ist der Rücksprung 4—3 unschön, in der oberen Reihe ist die arithmetische Stufung von 56—80 zu lang. In der

Reihe R 20, die normentechnisch die ungleich wichtigere ist, führt 63 auf eine wesentlich bessere Stufung als 64. Man vergleiche

	50 — 56 — 64 — 72 — 80 — 90
Unterschiede	6 8 8 8 10
gegen	
	50 — 56 — 63 — 71 — 80 — 90
Unterschiede	6 7 8 9 10

63 führt auf den Hauptwert 75, während 64 auf den Hauptwert 76 führen würde. 0,75 entspricht dem häufig verwendeten Bruch $^3/_4$, der aus zwei Normungszahlen gebildet und in der Normungsreihe geradezu unentbehrlich ist. 75 ist eine bevorzugte runde Zahl, die dem Genauwert 74,989 ideal nahe liegt, und zwar näher als 76.

Stangenquerschnitte auf der Grundlage 6,4 werden schwerer als auf der Grundlage 6,3 und zwar Rund- und Quadratquerschnitte um 3 v. H., rechteckige Querschnitte (z. B. 40×64) um 1,5 v. H.

Das gleiche gilt für die Hauptwerte, die 64 im Gefolge hätte, nämlich 68, 72 und 76.

Der Wert 64 als Faktor ergibt Produkte, die zu weit von den Normungszahlen abliegen, während sie ihnen möglichst nahe liegen sollen. z. B. $2 \times 64 = 128$ statt 125.

Der Vorteil von 64 in der Verdoppelungsreihe ist nur ein scheinbarer. Die Verdoppelung von 32 wird wohl besser, die Hälftung von 125 aber schlechter.

Der Überschätzung von 64 als Doppel von 32 ist als Gegengewicht entgegenzuhalten, daß die Zahl π als ein Zentralwert des Systems angesehen werden muß, weil sie sehr genau mit $\sqrt{10}$ übereinstimmt.

3,1623	3,15	3,1416	
Genauwert	Hauptwert	π	$= (\sqrt[10]{10})^5 = \sqrt{10}$

Die Zahl π ist jedem Ingenieur derartig geläufig, daß man ihm ohne weiteres zumuten kann, den Wert 3,15 und nicht 3,2 als einen Hauptwert der Normungszahlen anzusehen, ja er würde geradezu unsicher, wenn er dafür die Normungszahl 3,2 setzen müßte.

Bei der Arbeitszeiterrechnung würde man mit der Drehzahl 640 statt 630 zu kurze Zeiten beim Bohren und Drehen berechnen und damit den Arbeiter schädigen. Die Drehzahlnormung ist daher auf die genaueren Werte angewiesen. Dies war ein entscheidender Grund in Deutschland schon vor Aufnahme der internationalen Verhandlungen, die Änderung von 64 auf 63 ins Auge zu fassen.

Bei den Umrechnungen von Zoll in mm sind die Werte 63 und 64 gleich gut, da 2,5 Zoll = 63,5 mm sind.

Verzeichnis der behandelten DIN-Blätter.

Schrifttumsverzeichnis.

1. ANDROUIN: Recherches sur l'evaluation rapide des temps élementaires des travaux mécaniques (Schnelle Berechnung der Elementarzeiten für spanende Bearbeitung). In: Bull. de la Soc. d'encouragement pour l'Industrie Nationale 1919, Nr. 5.
2. AWF 5920: Zieh- und Schnitt-Ziehringe.
3. BEINERT: Warum Normungszahlen? Anz. für Masch.-Wesen. Essen: Jg. 64 (1942, 27. Juli).
4. BEINERT-BIRETT: Normung der Schnellfrequenzwerte (Hohe Drehzahlen durch Schnellfrequenzantrieb). In: Werkstattbücher H. 84. Berlin: Springer 1940.
5. BERG, Gestaltfestigkeitsversuche der Industrie. ZVDI. Bd. 81 (1937), Nr. 17, S. 483.
6. — Angewandte Normzahl. Berlin: Beuth-Vertrieb 1949.
7. BOEHRINGER: Die Drehzahlnormung und ihre wirtschaftliche Auswirkung im Drehbankbau. Berlin: Springer 1939.
8. DELB, E.: Comment calculer les temps d'usinage (Berechnung der Bearbeitungszeiten). Paris: Librairie des Sciences Practiques des Forges 1937.
9. — Principe et construction des abaques cartésiens basé sur l'emploi de la série géometrique décimale. Application à la mécanique appliquée et au temps d'usinage (Grundlage und Aufbau der kartesischen Rechentafeln. Anwendung auf die Fertigung und die Arbeitszeitberechnung). In: Mécanique Mars-Avril 1938.
10. v. DOBBELER und KIENZLE: Vorzugszahlen und Vorzugsmaße. Maschinenbau Bd. 7 (1928), H. 12, S. 592.
11. v. DOBBELER: Normungszahlen und Normungszahlenreihe. Betrieb, 1. Jg. (1919), H. 11.
12. — Normung von Modellreihen. Technik u. Wirtschaft 1925, H. 3, S. 77.
13. DUBBEL, H.: Taschenbuch für den Maschinenbau, Bd. I, 10. Aufl. Berlin: Springer 1949.
14. FECHNER, G. TH.: Elemente der Psychophysik, 2. Aufl. Wundt, Leipzig 1889.
15. GERMAR, R.: Richtdrehzahlen und ihre günstigste konstruktive Ausnutzung. Werkstattstechnik, Jg. 25 (1931), H. 3, S. 57.
16. — Die Getriebe für Normdrehzahlen. Berlin: Springer 1932.
17. — und E. R. HELLMUND und RICHS: Wirtschaftliche Auswahl von Typenreihen auf Grund der Normungszahl. Gedanken aus der Praxis des amerikanischen Maschinenbaues. In: ZVDI. 1933, H. 29, S. 789.
18. GÜCK: Der Vereinheitlichungsgedanke in der Lagerfabrikation. Technik u. Wirtschaft 1918, S. 23.
19. — Normung der Riemenscheibendurchmesser. Werkstattstechnik 1921, S. 87.
20. GRODZINKI, PAUL: Preferred numbers in the Inch-System. The Machinist 2. 12. 1939.

21. HEGNER: Normung im Werkzeugmaschinenbau. Werkstattstechnik und Werksleiter Bd. 31 (1937), S. 129.
22. — Drehzahlbereiche stufenloser Getriebe. Werkstattstechnik u. Werksleiter Bd. 32 (1938), H. 12, S. 296.
23. HELLMUND, R. E.: Experiences and suggestions relating in the preferred numbers System. ASA-Bull. Jan. 1931.
24. — und R. GERMAR: Wirtschaftliche Auswahl von Typenreihen auf Grund der Normungszahl. Gedanken aus der Praxis des amerikanischen Maschinenbaues. ZVDI. 1933, H. 29, S. 789.
25. HERB: Vorzugszahlen. Mechanical Engineering Jan. 1927, S. 35/36.
26. — Anwendung der Normungszahlen bei der Gestaltung und Berechnung von Pressen. Werkstattstechnik und Werksleiter Bd. 33 (1939), H. 19, S. 461.
27. HOFMANN: Zur Frage der Normungszahlen. Betrieb 2. Jg. (1920), H. 9.
28. IRTENKAUF: Beitrag zur Ermittlung des zweckmäßigsten Getriebeplanes für Drehbankspindelkästen. Werkstattstechnik Jg. 25 (1931), H. 7, S. 177.
29. — Die Normdrehzahltabelle und ihre Berücksichtigung beim Antrieb einer Drehbank durch polumschaltbaren Motor mit zwei Drehzahlen. Die Werkzeugmaschine H. 6, 1932.
30. — Die Drehzahlnormung, Anwendung und Auswirkung bei spanabhebenden Werkzeugmaschinen. Masch.-Bau-Betrieb Bd. 12 (1933), H. 2, S. 39.
31. — Die Vorschubnormung bei den spanabhebenden Werkzeugmaschinen. Werkstattstechnik und Werksleiter Bd. 33 (1939), H. 2, S. 25
32. — Die Normungszahlen und ihre Anwendung bei der Gestaltung von Dreh- und Revolverdrehbänken. In: Werkstattstechnik und Werksleiter Bd. 34 (1940), H. 1, S. 1—4.
33. KIENZLE, OTTO: Beitrag Normung. In: Dubbel, Betriebstaschenbuch. 1923.
34. — Normungszahlen und Drehzahlnormung. Die neue Fassung der Normungszahlen. Werkstattstechnik Jg. 24 (1930), H. 19.
35. — Ein System für Verzahnpassungen. In: Werkstattstechnik und Maschinenban Bd. 39, H. 5, 1949,
36. — Die internationale Vereinheitlichung der Normungszahlen (zu DIN 323). Werkstattstechnik und Werksleiter Bd. 31 (1937), H. 10, S. 236.
37. — Anwendung der Normungszahlen auf die Größenabstufung von Drehbänken. Werkstattstechnik und Werksleiter Bd. 31 (1937), H. 21, S. 481.
38. — Trommelkurven für geometrisch gestufte Vorschübe. Werkstattstechnik und Werksleiter Bd. 32 (1938), H. 10, S. 238.
39. — Die Normungszahlen und ihre Anwendung. ZVDI. 83 (1939), Nr. 24, S. 717/724.
40. — Durchmesser und andere Baumaße, Rundungen, Kegel in Anlehnung an Normungszahlen. Werkstattstechnik und Werksleiter Bd, 34 (1940), H. 7, S. 124.
41. — Schnelldrehzahlen und Schnellfrequenzen. In: Klingelnberg, Technisches Hilfsbuch, 12. Aufl. Berlin: Springer 1940, S. 718.
42. — Die Typung, ein Zweig der Normung. Werkstattstechnik und Werksleiter, Bd. 35 (1941) H. 2, S. 21.
43. — Die Typnormung im Erzeugungsbild des deutschen Maschinenbaus. ZVDI. 1949, H. 12, S. 373.
44. — und v. DOBBELER: Vorzugszahlen und Vorzugsmaße. In: Maschinenbau Bd. 7 (1928), H. 12, S. 592.
45. KLINGELNBERG: Technisches Hilfsbuch, 12. Aufl. Berlin: Springer 1940.

46. Koch: Die Abhängigkeit der Normen voneinander unter besonderer Berücksichtigung der Vorzugsmaße. In: Mitt. d. Arb.-Gem. deutscher Betriebsingenieure H. 13, vom 25. 3. 1921.
47. Landois: Lehrbuch der Physiologie des Menchen. Bearb. von Dr. R. Rosemann, 21. Aufl. Wien: Urban & Schwarzenberg 1935, § 235, S. 679.
48. Lentz: Lentz-Leichtbau-Einheits-Schiffsmaschine. Hugo Lentz & Co., Berlin-Charlottenburg 5. Firmenkatalog.
49. Neufert: Bauordnungslehre. Berlin: Bauwelt-Verlag 1944.
50. Panzer: Die Drehzahlnormung im Werkzeugmaschinenbau. In: Werkstattstechnik Bd. 21 (1927), H. 3, S. 73.
51. — Einzelheiten über die Drehzahlnormung im Werkzeugmaschinenbau. In: Werkstattstechnik 1928, H. 15, S. 425.
52. — Die Anwendbarkeit der VDW-Richtlinien für die Stufensprünge der Getriebe von Werkzeugmaschinen bei dem Bohrmaschinenbau. Werkstattstechnik Bd. 23 (1929), H. 23, S. 661.
53. Porstmann, W.: Grundlagen, Reform, Organisation der Maß- und Normensysteme. In: Normenlehre. Leipzig: Haase 1917.
54. — DIN-Formate und ihre Einführung in die Praxis, 3. Aufl. Berlin: DIN-Norm 1923.
55. Rüdenberg: Über den Entwurf technischer Modellreihen. ZVDI 1918, S. 406.
56. — Vorschubnormung von Drehzahlen. In: Betrieb, Jg. 2 (1920), H. 14.
57. Samson, H. W.: How Standardization works at Genral Electric (Wie die Normungsarbeit in der General Electric durchgeführt wird). In: Industrial Standardization 1939, S. 64.
58. Schlesinger: Die VDW-Richtlinien für die Stufensprünge der Getriebe von Werkzeugmaschinen und für die Werkzeug- und Werktückdrehzahlen im Werkzeugmaschinenbau. Werkstattstechnik Bd. 23 (1929), H. 2, S. 47.
59. — Nutzanwendung der Drehzahlnormung. Werkstattstechnik, Bd. 23 (1929), H. 21, S. 605.
60. — Wesen und Auswirkung der Drehzahlnormung. RKW-Veröffentl. Nr. 66. Berlin 1931.
61. Schmaltz, G.: Technische Oberflächenkunde. Berlin: Springer 1936.
62. Schwerdtfeger, F.: Normungszahlen und Versuchswesen. Bisher unveröffentlichter Aufsatz.
63. Seidel: Die Gewichtsklassen von Graugußstücken. In: Hamburger Druckschrift, 1.—3. Aufl.
64. Sell: Normungszahlen im Molkereimaschinenbau. Die Molkerei-Zeitung, Jg. 1948, Nr. 1/2, S. 54.
65. Stehr: Ein Beitrag zur Vorschubnormung im Werkzeugmaschinenbau vom Standpunkt der Arbeitszeitberechnung. Werkstattstechnik und Werksleiter Bd. 31 (1937), H. 12, S. 280.
66. Strahringer: Rollenberechnung auf der Grundlage der Normungszahlen. Wochenbl. f. Papierfabrikation 1940, Nr. 23/24, S. 1—6.
67. — Neue Tafeln für die Rollenberechnung. Papierzeitung 1940, S. 1—4.
68. Theophanopoulos: Gesetzmäßigkeiten beim Einbau von Schrauben, insbesondere von Kopfschrauben. Berlin: Springer 1941.
69. Wallichs-Schöpke: Die Getriebeberechnung unter besonderer Berücksichtigung der Drehzahlnormung. Berlin: VDI-Verlag 1936.
70. Weber, E. H.: Der Tastsinn und das Gemeingefühl. In: R. Wagners Handwörterbuch der Physiologie. Braunschweig 1846, S. 481.
71. Kienzle: Blätter des Lehrstuhls für Werkzeugmaschinen der technischen Hochschule Hannover. (Nicht veröffentlicht.)
72. AWF 158: Schnittgeschwindigkeiten für Reinaluminium.

Sachverzeichnis.

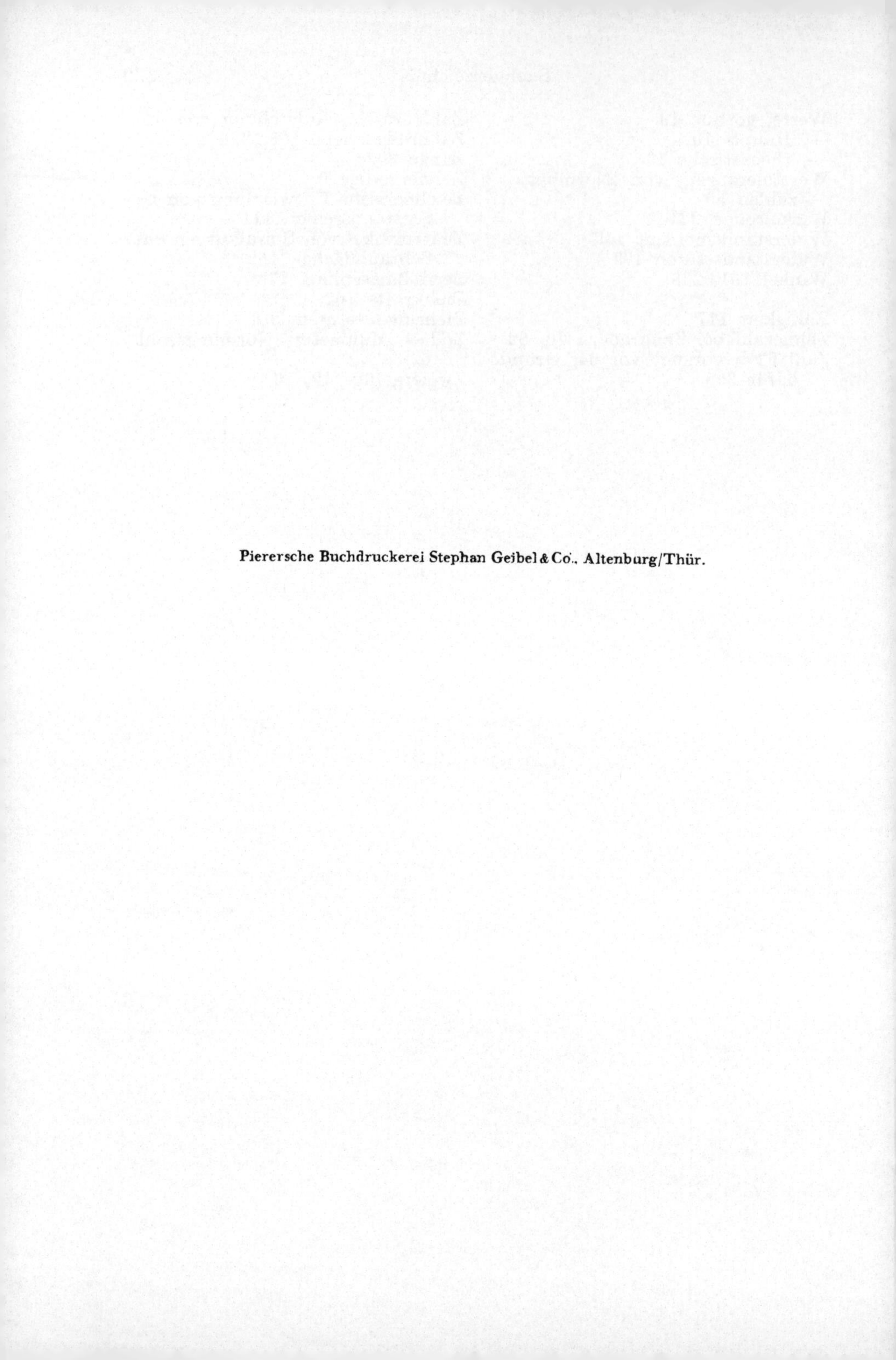

Pierersche Buchdruckerei Stephan Geibel & Co., Altenburg/Thür.